普通高等教育材料类系列教材

材料成形检测与控制

主　编　杭争翔
参　编　曲迎东　常云龙　黄宏军
主　审　夏家宽

机械工业出版社

本书从材料成形检测与控制的基本理论及应用角度出发，按照由浅入深、从理论到实践、先分析后综合的原则，系统地介绍了材料成形检测与控制的基础知识；常用传感器及测量电路的工作原理；各种测量显示仪表的原理、特点与使用；温度检测技术；应力应变测量技术；继电接触式控制技术、直流伺服电动机与步进电动机的原理及其驱动控制技术；自动控制理论基础；自动控制系统分析技术；液压传动元器件及液压基本回路等。

本书可作为材料成形及控制工程专业的教材，也可供材料成形领域工程技术人员参考使用。

图书在版编目（CIP）数据

材料成形检测与控制/杭争翔主编．—北京：机械工业出版社，2010.9（2025.1 重印）
普通高等教育材料类系列教材
ISBN 978-7-111-31582-7

Ⅰ.①材… Ⅱ.①杭… Ⅲ.①工程材料-成型-检测-高等学校-教材②工程材料-成型-控制-高等学校-教材
Ⅳ.①TB3

中国版本图书馆 CIP 数据核字（2010）第 158467 号

机械工业出版社（北京市百万庄大街 22 号　邮政编码 100037）
策划编辑：冯春生　责任编辑：冯春生　丁昕祯
版式设计：霍永明　责任校对：任秀丽
封面设计：张　静　责任印制：刘　媛
北京中科印刷有限公司印刷
2025 年 1 月第 1 版·第 11 次印刷
184mm×260mm · 17.25 印张 · 424 千字
标准书号：ISBN 978-7-111-31582-7
定价：49.00 元

凡购本书，如有缺页、倒页、脱页，由本社发行部调换

电话服务　　　　　　　　网络服务
客服电话：010-88361066　　机 工 官 网：www.cmpbook.com
　　　　　010-88379833　　机 工 官 博：weibo.com/cmp1952
　　　　　010-68326294　　金 书 网：www.golden-book.com
封底无防伪标均为盗版　　　机工教育服务网：www.cmpedu.com

前 言

材料成形检测与控制是研究材料成形工程技术领域有关参量的检测原理与控制技术的一门学科。检测是人们认识客观事物的重要手段，通过检测可以揭露事物的内在联系和变化规律，从而帮助人们认识和利用它；控制是实现某种客观事物的重要手段，通过控制可以实现某种运动规律，推动科学技术的不断进步。从科学技术发展的过程来看，很多新的发明和发现都和检测与控制技术分不开，同时科学技术的发展，又大大促进了检测与控制技术的发展，为检测与控制技术提供更新的方法和设备。

"材料成形检测与控制"是材料成形与控制工程专业的一门技术基础课，通过本课程的学习，使读者能够建立材料成形检测与控制的基本概念，了解各种物理量或参量的测量原理和控制技术，为以后进行科学试验和生产过程的检测与控制打下基础。

本书从应用角度出发，按照由浅入深、从理论到实践、先分析后综合的原则，把全书内容分为8章。第1章介绍了材料成形检测与控制的重要性，以及材料成形中经常检测与控制的物理量。第2章介绍了材料成形及控制工程中常用传感器的结构及其工作原理、应用基础，包括热电式传感器、电阻式传感器、电感式传感器、电容式传感器、压电式传感器、霍尔传感器、光电式传感器及传感器的信号处理和适用原则。第3章介绍了材料成形及控制工程中常用的检测及显示技术，包括测温用磁电动圈式仪表、电位差计、温度的测量、电阻应变仪的工作原理及应用技术、应力和应变的测量、数字式仪表的构成及工作原理。第4章介绍了继电器接触器控制技术、直流伺服电动机与步进电动机的工作原理及其驱动控制技术。第5章介绍了自动控制理论基础，包括自动控制系统的构成及建立数学模型的方法、传递函数、自动控制系统框图及其变换。第6章介绍了自动控制系统的基于时域的分析方法；典型输入信号及一阶系统、二阶系统的输出响应；自动控制系统稳定性及稳定判据、稳态误差分析；速度控制系统、弧长控制系统的分析技术。第7章介绍了在铸造、焊接、锻压领域常用的液压传动基础，主要介绍液压泵动力元件、液压缸执行元件、液压阀控制元件、液压辅助元件等构造、工作原理及其应用技术。第8章介绍了在铸造、焊接、锻压领域常用的液压基本控制回路的构成及其工作原理，具体介绍压力控制回路、速度控制回路、多缸工作回路以及其他控制回路。

本书可作为材料成形及控制工程专业的教材，也可供材料加工及成形领域的工程技术人员参考使用。

本书由沈阳工业大学杭争翔教授主编，曲迎东教授、常云龙教授、黄宏军教授参加编写，夏家宽教授主审。第1、3、4、6章由杭争翔编写；第2章由黄宏军编写；第5章由常云龙编写；第7、8章由曲迎东编写；杭争翔负责全书统稿。

由于编者水平有限，书中难免存在缺点和不足之处，恳请读者批评指正。

编 者

目 录

前言
第1章 绪论 ………………………………… 1
  1.1 材料成形检测与控制的重要性 …… 1
  1.2 材料成形中经常检测与控制的
      物理量 ………………………………… 1
  1.3 本书的主要内容 …………………… 2
第2章 材料成形及控制工程中常用的
      传感器 ………………………………… 3
  2.1 传感器的基本概念 ………………… 3
    2.1.1 传感器的定义与组成 ………… 3
    2.1.2 传感器的分类 ………………… 4
  2.2 热电式传感器 ……………………… 5
    2.2.1 热电偶 ………………………… 5
    2.2.2 金属热电阻 …………………… 10
    2.2.3 热敏电阻 ……………………… 11
  2.3 电阻式传感器 ……………………… 13
    2.3.1 电位器式电阻传感器 ………… 13
    2.3.2 应变式电阻传感器 …………… 15
  2.4 电感式传感器 ……………………… 17
    2.4.1 变磁阻式传感器 ……………… 17
    2.4.2 互感式传感器 ………………… 19
    2.4.3 电涡流式传感器 ……………… 21
  2.5 电容式传感器 ……………………… 22
    2.5.1 基本工作原理 ………………… 22
    2.5.2 变间隙型电容式传感器 ……… 22
    2.5.3 变极板面积型电容式传感器 … 23
    2.5.4 变介质型电容式传感器 ……… 24
    2.5.5 电容式传感器等效电路 ……… 24
  2.6 压电式传感器 ……………………… 25
    2.6.1 压电效应和压电材料 ………… 25
    2.6.2 石英晶体的压电特性 ………… 26
    2.6.3 压电陶瓷的压电现象 ………… 28
    2.6.4 压电式传感器等效电路和测量
         电路 …………………………… 29
    2.6.5 压电式传感器的应用 ………… 30
  2.7 霍尔传感器 ………………………… 31
    2.7.1 霍尔效应 ……………………… 31
    2.7.2 霍尔元件的主要技术参数 …… 33
    2.7.3 霍尔传感器的应用 …………… 34
  2.8 光电式传感器 ……………………… 34
    2.8.1 光电效应传感器 ……………… 35
    2.8.2 CCD（电荷耦合器件）图像
         传感器 ………………………… 40
  2.9 传感器的信号处理 ………………… 42
  2.10 传感器的适用原则 ……………… 47
  复习思考题 ……………………………… 48
第3章 材料成形及控制工程中常用
      检测及显示技术 …………………… 49
  3.1 磁电动圈式仪表 …………………… 49
    3.1.1 磁电动圈式仪表的特点及
         分类 …………………………… 49
    3.1.2 磁电动圈式仪表的结构及
         工作原理 ……………………… 49
    3.1.3 磁电动圈式仪表的测量电路 … 53
    3.1.4 磁电动圈式温度指示调节
         仪表的断偶保护电路 ………… 54
  3.2 电位差计 …………………………… 55
    3.2.1 手动平衡直流电位差计 ……… 56
    3.2.2 自动平衡电子电位差计 ……… 59
  3.3 温度的测量 ………………………… 62
    3.3.1 测温方法的分类 ……………… 62
    3.3.2 热电偶测温 …………………… 63
    3.3.3 热电阻测温 …………………… 71
  3.4 电阻应变仪 ………………………… 77
    3.4.1 电阻应变仪的分类 …………… 77
    3.4.2 电阻应变仪的工作原理 ……… 78
    3.4.3 电阻应变仪主要组成部分的作用
         及性能 ………………………… 79
    3.4.4 常用电阻应变仪介绍 ………… 81
  3.5 应力和应变的测量 ………………… 83
    3.5.1 应用应变测量应力和应变 …… 83
    3.5.2 应变片的工作特性及其主要性能
         参数 …………………………… 84
    3.5.3 应变片粘贴工艺 ……………… 85

3.5.4 应用电阻应变片测试应力和
应变 …………………………… 86
3.5.5 测点选择、布片和选片原则 ……… 90
3.6 数字式仪表 …………………………… 92
3.6.1 数字式仪表的特点及构成 ……… 92
3.6.2 数字式仪表构成环节的工作
原理 …………………………… 93
3.6.3 虚拟仪器简介 ………………… 96
复习思考题 ………………………………… 97

第4章 材料成形及控制工程中常用的驱动控制技术 …………… 98
4.1 继电接触式控制系统 ………………… 98
4.1.1 电气控制线路的图形符号和
文字符号 ……………………… 98
4.1.2 电气原理图画法 ……………… 101
4.1.3 笼型电动机的起动控制线路 …… 101
4.1.4 电气控制线路设计基础 ……… 103
4.1.5 电气控制线路设计的基本
规律 …………………………… 105
4.2 直流伺服电动机及其驱动控制
技术 …………………………………… 110
4.2.1 直流伺服电动机的分类及其
结构 …………………………… 111
4.2.2 直流伺服电动机的特性 ……… 115
4.2.3 直流伺服电动机的转速控制
方式 …………………………… 118
4.2.4 直流伺服电动机的驱动及
调速 …………………………… 119
4.2.5 直流伺服电动机的选用 ……… 122
4.3 步进电动机及其驱动控制技术 ……… 123
4.3.1 反应式步进电动机的构造和工作
原理 …………………………… 123
4.3.2 步进电动机的基本特性 ……… 127
4.3.3 步进电动机的驱动电源 ……… 133
4.3.4 步进电动机的选用 …………… 136
复习思考题 ………………………………… 138

第5章 自动控制理论基础 ………………… 139
5.1 自动控制系统的分类 ………………… 139
5.1.1 按控制系统的工作原理来
分类 …………………………… 139
5.1.2 按输入信号的变化规律来
分类 …………………………… 140

5.1.3 按系统的特性来分类 ………… 140
5.1.4 按系统参数是否随时间而变化来
分类 …………………………… 141
5.1.5 按系统信号的形式来分类 …… 141
5.2 开环和闭环控制系统 ………………… 142
5.3 控制系统的组成及对控制系统的
要求 …………………………………… 143
5.4 数学模型的分类及建立 ……………… 145
5.4.1 数学模型的分类 ……………… 145
5.4.2 数学模型的建立 ……………… 146
5.5 拉普拉斯变换及传递函数的概念 …… 147
5.5.1 拉普拉斯变换 ………………… 147
5.5.2 传递函数的概念 ……………… 151
5.6 典型环节及其传递函数 ……………… 155
5.6.1 典型环节及其传递函数 ……… 155
5.6.2 机电系统 ……………………… 160
5.7 自动控制系统的框图及其变换 ……… 162
复习思考题 ………………………………… 167

第6章 自动控制系统分析 ………………… 170
6.1 自动控制系统时域分析 ……………… 170
6.2 时域性能指标 ………………………… 172
6.3 一阶系统分析 ………………………… 173
6.3.1 一阶系统的数学模型 ………… 173
6.3.2 一阶系统的单位阶跃响应 …… 173
6.4 二阶系统分析 ………………………… 176
6.4.1 二阶系统的数学模型 ………… 176
6.4.2 二阶系统的单位阶跃响应 …… 179
6.5 稳定性与代数判据 …………………… 183
6.6 稳态误差分析 ………………………… 188
6.6.1 误差及稳态误差的定义 ……… 188
6.6.2 典型外作用下系统的稳态误差
分析 …………………………… 189
6.6.3 稳态误差与开环放大系数的
关系 …………………………… 192
6.7 速度控制系统分析 …………………… 193
6.7.1 开环调速系统 ………………… 193
6.7.2 转速负反馈闭环调速系统 …… 194
6.7.3 电压负反馈直流调速系统 …… 196
6.7.4 电流正反馈和补偿控制规律 …… 197
6.7.5 电流补偿控制直流调速系统的数学
模型和稳定条件 ……………… 200
6.8 焊接电弧控制系统分析 ……………… 201
6.8.1 等速送丝焊接电弧控制系统 …… 201

6.8.2　均匀调节电弧控制系统 …………… 204
　复习思考题 ……………………………………… 206
第7章　液压传动元器件 ……………………… 208
　7.1　液压传动的工作原理、系统组成 ……… 208
　7.2　液压泵的工作原理、分类以及
　　　 主要性能参数 …………………………… 210
　　6.2.1　液压泵的工作原理和分类 ………… 210
　　7.2.2　液压泵的性能参数 ………………… 211
　　7.2.3　液压泵的实际工作压力 …………… 212
　7.3　齿轮泵、叶片泵、柱塞泵 ……………… 213
　　7.3.1　齿轮泵 ……………………………… 213
　　7.3.2　叶片泵 ……………………………… 215
　　7.3.3　柱塞泵 ……………………………… 217
　7.4　双作用单、双活塞杆式液压缸 ………… 218
　　7.4.1　双作用单杆活塞液压缸的工作原理
　　　　　 及特点 …………………………… 220
　　7.4.2　双作用双杆活塞液压缸 …………… 221
　　7.4.3　柱塞液压缸 ………………………… 221
　7.5　单、双叶片式摆动液压缸及增压
　　　 液压缸 …………………………………… 222
　　7.5.1　单叶片摆动液压缸 ………………… 222
　　7.5.2　双叶片摆动液压缸 ………………… 222
　　7.5.3　增压液压缸 ………………………… 223
　7.6　液压阀的分类 …………………………… 224
　7.7　方向控制阀 ……………………………… 224
　　7.7.1　单向阀 ……………………………… 225
　　7.7.2　换向阀 ……………………………… 226
　7.8　压力控制阀 ……………………………… 234

　　7.8.1　溢流阀 ……………………………… 234
　　7.8.2　减压阀 ……………………………… 237
　　7.8.3　顺序阀 ……………………………… 238
　　7.8.4　平衡阀 ……………………………… 239
　　7.8.5　卸荷阀 ……………………………… 240
　　7.8.6　压力继电器 ………………………… 241
　7.9　流量控制阀 ……………………………… 241
　　7.9.1　节流口的形式 ……………………… 241
　　7.9.2　节流口的流量特性 ………………… 243
　　7.9.3　调速阀 ……………………………… 244
　复习思考题 ……………………………………… 245
第8章　液压基本回路 ………………………… 247
　8.1　压力控制回路 …………………………… 247
　　8.1.1　调压回路 …………………………… 247
　　8.1.2　保压回路 …………………………… 249
　　8.1.3　增压回路 …………………………… 250
　　8.1.4　减压回路 …………………………… 250
　　8.1.5　卸荷回路 …………………………… 251
　8.2　速度控制回路 …………………………… 253
　　8.2.1　调速回路 …………………………… 253
　　8.2.2　增速回路 …………………………… 258
　　8.2.3　速度换接回路 ……………………… 260
　8.3　多缸工作回路 …………………………… 261
　　8.3.1　同步回路 …………………………… 261
　　8.3.2　顺序动作回路 ……………………… 263
　　8.3.3　其他多缸回路 ……………………… 265
　复习思考题 ……………………………………… 267
参考文献 ……………………………………… 268

第1章 绪 论

材料成形工艺主要包括铸造、焊接和锻压。材料成形检测与控制技术是一门专门研究如何保证铸造、焊接和锻压产品质量的学科。本章介绍材料成形检测与控制的重要性、材料成形中经常检测与控制的物理量,简要介绍了本书的主要内容。

1.1 材料成形检测与控制的重要性

在材料成形工艺过程中,有很多参量需要检测及显示,例如在铸造、焊接和锻压热加工过程中的温度参数,经常需要检测及显示,有时还需要对该参量进行控制,使之参量按照一定规律变化,所以检测与控制决定热加工的工艺过程。

材料成形检测与控制这门课程主要介绍铸造、焊接和锻压领域中各种物理量的检测与控制的基本原理及基本方法,它是进行科学试验和生产过程参量测量与控制必不可少的理论基础。检测是人们认识客观事物的重要手段,通过检测可以揭露事物的内在联系和变化规律,从而帮助人们认识和利用它;控制是实现某种客观事物的重要手段,通过控制可以实现某种运动规律,推动科学技术的不断进步。从科学技术发展的过程来看,很多新的发明和发现都和检测与控制技术分不开,同时科学技术的发展,又大大促进了检测与控制技术的发展,为检测与控制技术提供更新的方法和设备。

检测技术是自动控制的基础,通常是在检测的基础上进行控制。随着自动控制生产系统的广泛应用,为了保证系统高效率地运行,必须对生产流程中的有关参数进行测试采集,以准确地对系统实现自动控制。

1.2 材料成形中经常检测与控制的物理量

铸造、焊接和锻压生产中,经常需要检测及控制的物理量和有关主要参数概括如下:
(1) 温度的检测与控制 温度是铸造、焊接和锻压生产中的重要工艺参数,金属材料的成形基本上都是在高温状态下进行的,因此只有准确地检测及控制温度的变化,才能正确控制材料加工工艺,从而获得高质量的产品。
(2) 位移、速度及加速度的检测与控制 这是铸造、焊接和锻压生产过程中的基本参量,准确地检测及控制位移、速度及加速度是实现高质量生产过程的基础。
(3) 应力与应变的测量 在研究构件的强度与变形、焊接结构的应力应变、铸造应力及锻压塑性变形时,都涉及到应力、应变的测量。
(4) 力学性能 如抗拉强度、屈服极限、伸长率、断面收缩率、冲击韧度、显微硬度、布氏硬度等。
(5) 电流、电压等工艺参数的检测与控制 例如焊接过程中的焊接电流、电弧电压决定焊接质量,焊接过程中需要很好地检测与控制这些参数。

(6) 位置检测及运动控制　例如焊接过程中焊接到哪个位置需要进行检测；焊接工艺运动过程需要电动机驱动控制；铸造及锻压工艺过程的机械动作需要液压驱动及控制；焊接、铸造及锻压工艺动作过程的程序过程需要程序控制。

这里列举的只是铸造、焊接和锻压生产中的一些常见工艺参数。事实上生产过程是复杂的，涉及到的物理量还有很多。

1.3　本书的主要内容

本书主要介绍材料成形工艺过程中涉及的检测与控制的基本原理。材料成形检测与控制课程是材料成形及控制工程专业的技术基础课，其主要内容是学习测量与控制各种参量的原理和方法。根据材料成形及控制工程专业的特点，本课程重点介绍检测与控制的基本概念，材料成形及控制工程中常用的检测及显示技术，继电器、接触器及程序控制技术，拖动及其驱动控制技术，自动控制理论基础，材料成形领域常用的速度控制系统、焊接电弧控制系统，在焊接、铸造、锻压领域常用的液压传动基础、常用的液压基本控制回路的构成及其工作原理、压力控制回路、速度控制回路、多缸工作回路以及其他控制回路。

材料成形检测与控制涉及知识面较广，为学好这门课需要掌握数学、力学、电工学、物理学、物理化学和金属学等多方面的内容。因此在学习的过程中，要掌握检测与控制的基本原理和方法，侧重灵活运用这些知识解决实际问题。另外材料成形检测与控制是一门实践性很强的技术，它在动手试验能力方面要求较高，侧重实际测量与控制技能的培养。

第 2 章 材料成形及控制工程中常用的传感器

检测技术在材料科学与工程学科中占有重要的地位，检测分析技术的完善和发展推动着现代材料科学技术的进步。同时，检测技术的发展又得益于其他科学技术的研究成果。在材料科学实验和工程制备工艺中所涉及的检测参数主要是非电量的过程参数和机械参数等，因此对其检测主要是对非电量的检测，其中关键是选用适当的传感器，由它将被测参数变换成电参数，再由测量电路完成被测量的显示和记录。

传感器是一种能够感受外界信息，如力、热、声、磁、光、色、味、位移、尺寸等信息变化，并按一定规律将其转换成电信号的装置。在非电量测量中，必须通过传感器将其转换成电量，然后再用电测装置进行信号处理，最终获得被测量。在现代科学技术发展远程中，非电量（压力、应变、速度、加速度、温度、流量、液位、浓度、成分、pH 值、反应速率、血压、脉搏等）检测技术已经应用于国民生产的各个领域，是测量技术中的关键环节，一切与测量相关的技术均以传感器为核心展开。此外，随着自动化技术在国民经济中应用范围的不断扩大，传感器成为自动控制系统中不可缺少的组成部分，利用传感器提供的准确数据，是任何控制系统中实现反馈控制的前提条件。

2.1 传感器的基本概念

2.1.1 传感器的定义与组成

在非电量测量中，传感器是将被测非电量信号转换为与之有确定对应关系电量输出的器件或装置。传感器也称变换器、换能器、探测器和检测器。

传感器一般利用某种材料所具有的物理、化学和生物效应或原理按照一定的加工工艺制备出来的电器元件，由于传感器原理存在差异之处，故传感器的组成也不同。一般情况下，传感器可以抽象出由敏感元件、传感元件、信号转换和调节电路、其他辅助元件组成的辅助电路，如图 2-1 所示。

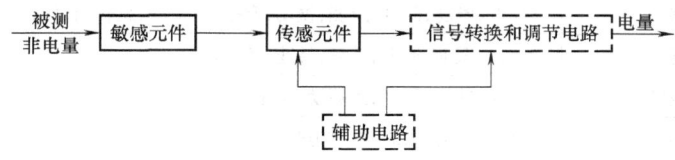

图 2-1　传感器组成

敏感元件是直接感受被测非电量，将被测量转换成与之有确定关系的其他量（一般为非电量）的元件。如在电感式传感器中，当铁心和衔铁距离变化时，两者的磁阻也发生改变，位移和磁阻间建立了一定关系，因此衔铁是位移敏感元件。

传感元件又称变换器,是将敏感元件感受到的非电量直接转换成电信号的器件,这些电信号包括电压、电量、电阻、电感、电容、频率等。在前面的例子中,铁心上连接线圈后,当磁阻变化时,线圈感知了磁阻的变化并使自身的电感也随之发生相应的变化,因此,线圈起到传感元件的功能。

传感器都包含敏感元件与传感元件,分别完成感知被测量和将被测量转换成电量的过程。但在有些传感器中,敏感和传感元件区别不是很明显。如果敏感元件直接输出电量,它就同时兼为传感元件;如果传感元件能直接感受被测非电量而输出与之成确定关系的电量,它同时兼为敏感元件。可见,敏感元件和传感元件两者合二为一的例子在传感器中也很常见,例如压电晶体、热电偶、热敏电阻等。

信号转换和调节电路是位于传感器和终端之间的各种元件的总称,其作用是将传感器输出的信号转换为便于显示、记录、处理和控制的信号,常用的信号处理电路包括放大、滤波、调制、A/D 和 D/A 转换等。

辅助电路通常指电源,包括直流电源和交流电源,由传感器类型而定。由于交流电源不需要额外的转换电路,在传感器辅助电路中应用最广泛。此外,有些传感器系统也常用电池供电。

传感器技术包括传感器原理、传感器设计、传感器开发和应用等多项综合技术,正朝着高精度、智能化、微型化和集成化的方向发展,新材料的开发和加工工艺技术水平的提高是传感器技术发展的基础。

2.1.2 传感器的分类

各生产领域中所涉及的被测对象千差万别,采用的传感器也不同,可见被测量的差异性决定了传感器种类的多样性,一般传感器可分为如下几类:

1. 按输入物理量分类

这种方法是根据输入量的性质进行分类,每一类物理量又可抽象为基本物理量和派生物理量两大类。例如力可视为基本物理量,而压力、拉力、重量、应力、力矩、电磁力等为派生物理量,对上述物理量的测量,只要采用力传感器就可以完成。现将常见的基本物理量和派生物理量列于表 2-1。

表 2-1 基本物理量和派生物理量

基本物理量	派生物理量
位移(线、角位移)	长度,厚度,高度,应变,振动,磨损,不平度,旋转角,偏转角,角振动等
速度(线、角速度)	速度,振动,流量,动量,转速,角振动等
加速度(线、角加速度)	振动,冲击,质量,角振动,扭矩,转动惯量等
力(压力、拉力)	重量,应力,力矩,电磁力等
时间(频率)	周期,计数,统计分布等
温度	热容量,气体速度,涡流等
光	光通量与密度,光谱分布等

以输入量性质不同分类传感器,其优点是比较明确地表达了传感器的检测对象,便于使

用者根据具体的使用用途选用传感器。但是，对于同一个物理量可以采用不同的传感器进行检测，故以输入量分类传感器的方法并不能体现传感器的工作原理，每种传感器在工作机理上的共性和差异难以被区分。所以，这种分类方法不利于初学者学习传感器的一些基本原理及分析方法。

2. 按测量时传感器与被测对象接触与否进行分类

测量时与被测对象接触的传感器称为接触式传感器；而与被测对象无直接接触的传感器，则称之为非接触式传感器，如超声波传感器、光传感器、热辐射传感器等均为非接触式传感器。由于非接触式传感器不接触被测对象，故传感器和被测对象间不会产生交互影响。

3. 按工作原理分类

根据物理、化学等学科的各种原理、规律和效应，可将传感器分为压电式、热电式、光电式等传感器。这种分类法的优点是传感器的工作原理明确，有利于初学者掌握传感器的各种工作原理，本书将按这种分类法介绍各种传感器。

4. 按输出信号的性质分类

可将传感器分为模拟式和数字式传感器。数字式传感器便于与计算机联用，抗干扰性较强，近些年发展较为迅速。传感器还有其他分类方法，这里不过多讨论。

2.2 热电式传感器

热加工领域中几乎所有的加工对象都涉及到温度，例如合金的熔炼和浇注、焊接熔池的温度、锻造过程中的始锻温度和终锻温度等，对温度的测量和控制是实现各种加工对象质量控制的一个有效途径，因此温度测量在热加工领域中有重要意义。本节主要介绍接触式的热电式传感器。

热电式传感器是一种可将温度转化为电阻、磁导或电动势等电量的元件。在各类热电式传感器中，以把温度转换为电动势和电阻的方法最为普遍。将温度转换为电动势的热电式传感器叫热电偶；将温度转换为金属电阻的热电式传感器叫热电阻，其中半导体热电阻式传感器简称热敏电阻。

2.2.1 热电偶

1. 热电效应

把两种不同的金属 A 和 B 连接成闭合回路，如图 2-2 所示，其中一个接点的温度为 T，而另一端温度为 T_0，则在回路中有电流产生，这一现象称为热电效应，由赛贝克（Seebeck）于 1823 年发现。如果在回路中接入电流计，就可以看到电流计指针的偏转。在这种情况下产生的电动势叫热电动势，用 $E_{AB}(T, T_0)$ 来表示。

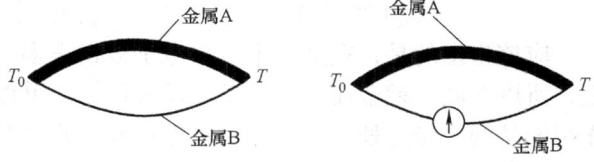

图 2-2 热电效应原理图

通常把两种不同金属的这种组合称为热电偶，A 和 B 称为热电极，温度高的接点称为热端（或称工作端），温度低的接点称为冷端（或称自由端、参考端）。利用热电偶把被测温度转换为热电动势，通过仪表测出电动势大小，便可计算出被测量的温度。由物理学可知，热电

动势 $E_{AB}(T,T_0)$ 由接触电动势和温差电动势两部分组成。

（1）接触电动势产生的原因　所有金属都具有自由电子，金属种类的不同，自由电子的浓度也不同。因此，当两种不同金属 A 和 B 接触时，因电子浓度不同而使接触处发生电子扩散。若金属 A 的自由电子浓度大于金属 B 的自由电子浓度，则在同一瞬间由金属 A 扩散到金属 B 中的电子将比由金属 B 扩散到 A 中去的电子多，因而金属 A 因失去电子而带正电荷，金属 B 因获得电子而带负电荷。由于正、负电荷的存在，在接触处便产生电场，该电场将力图阻碍扩散的进行。上述过程的发展，直至扩散作用和阻碍扩散的作用达到动态平衡，即由金属 A 扩散到金属 B 的自由电子与由金属 B 扩散到金属 A 中的自由电子（形成漂移电流）相等，由此 A 和 B 两金属之间便产生了接触电动势，它的数值取决于两种金属的性质和接触点的温度，而与金属的形状及尺寸无关。

由物理学可知，接触电动势可表达为：

$$E_{AB}(T) = \frac{kT}{e}\ln\frac{n_A}{n_B} \tag{2-1}$$

式中，k 为波耳兹曼常数（$k = 1.38 \times 10^{-23}$ J/K）；T 为热力学温度；n_A，n_B 分别为材料 A、B 的自由电子密度；e 为电子电荷（$e = 1.6 \times 10^{-19}$ C）。

（2）温差电动势产生的原因　对于同一种金属，当它两端温度不同时，两端的自由电子浓度也不同。温度高的一端浓度大，具有较大的动能；温度低的一端浓度小，动能也小。因此，由高温端向低温端扩散的净自由电子数目多，高温端失去电子而带正电，低温端得到电子而带负电，金属导体两端形成电场，阻碍自由电子的扩散。与接触电动势相同，自由电子的扩散最终在金属两端要达到动态平衡，从而在两端形成温差电动势，又称汤姆森电动势。

综上所述，两种不同金属组成的闭合回路所产生的热电动势应等于接触电动势和温差电动势的代数和。

1）金属 A 和金属 B 的两个接点在温度为 T、T_0 时，产生的接触电动势为 $E_{AB}(T,T_0)$，即

$$E_{AB}(T,T_0) = E_{AB}(T) - E_{AB}(T_0) \tag{2-2}$$

式中下标 A、B 的顺序代表电位差的方向。当下标顺序变更时，$E_{AB}(T,T_0)$ 的正负号也需要变更。

2）金属 A 两端温度为 T、T_0 时，形成的温差电动势为 $E_A(T,T_0)$。

3）金属 B 两端温度为 T、T_0 时，形成的温差电动势为 $E_B(T,T_0)$。

因此，整个闭合回路总的热电动势 $E_{AB}(T,T_0)$ 为

$$E_{AB}(T,T_0) = [E_{AB}(T) - E_{AB}(T_0)] + [E_B(T,T_0) - E_A(T,T_0)] \tag{2-3}$$

应该指出的是，在金属中自由电子数目很多，以致温度不能显著地改变它的自由电子浓度，所以在同一种金属内的温差电动势极小，可以忽略。因此，在一个热电偶回路中起决定作用的是两个接点处产生的与材料性质和该点所处温度有关的接触电动势，故式（2-3）可简化为

$$E_{AB}(T,T_0) = E_{AB}(T) - E_{AB}(T_0) = \frac{kT}{e}\ln\frac{n_A}{n_B} - \frac{kT_0}{e}\ln\frac{n_A}{n_B} = \frac{k}{e}(T - T_0)\ln\frac{n_A}{n_B} \tag{2-4}$$

从式（2-4）中可以看出，回路的总热电动势随 T 和 T_0 变化，即总电动势为 T 和 T_0 差的函数。由于在实际使用中很不方便，为此，在标定热电偶时，使 T_0 为常数，则有

$$E_{AB}(T, T_0) = K_c(T - T_0) \tag{2-5}$$

式中，K_c 为一系数（非常数），与电子密度有关，不随温度而变化。可见，当热电偶回路的冷端温度保持不变时，则热电偶回路的总电动势 $E_{AB}(T, T_0)$ 只随热端的温度变化，即回路中的总电动势仅为 T 的函数，这给工程中使用热电偶测量温度带来极大的方便。对于不同的热电偶，温度与热电动势之间有着不同的函数关系，一般用试验确定这种关系，并将所测得的结果绘成曲线，或列成表格（称为热电偶分度表），供使用时查阅。

2. 热电偶基本定律

1）只有化学成分不同的两种金属材料组成的热电偶，且两端点间的温度不同时，热电动势才会产生。热电动势的大小与材料的性质及其两端点的温度有关，而与形状、大小无关。

2）化学成分相同的材料组成的热电偶，即使两个接点的温度不同，回路的总热电动势也等于零。应用这一定律可以判断两种金属是否相同。

3）化学成分不同的两种材料组成的热电偶，若两个接点的温度相同，回路中的总热电动势也等于零。

4）在热电偶中插入第三种材料，只要插入材料两端点的温度相同，对热电偶的总热电动势没有影响。

这一定律对工程实际具有特别重要的意义。因为利用热电偶来测量温度时，必须在热电偶回路中接入电气测量仪表，也就相当于接入第三种材料，如图 2-3 所示。图 2-3a 是将热电偶的一个接点分开，接入第三种材料 C。设接点 2 和接点 3 的温度相同（T_0），这时热电偶回路总的热电动势为

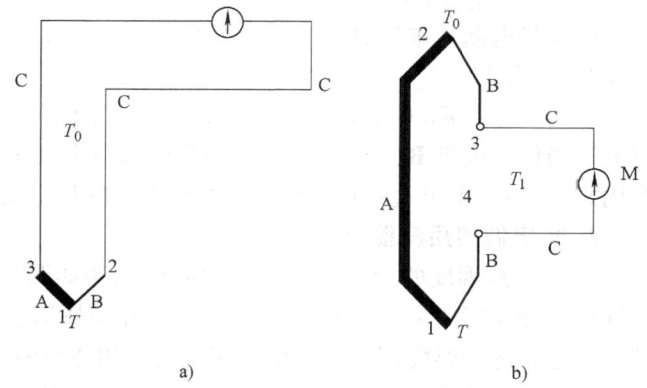

图 2-3 热电偶中加入第三种材料
a) 从冷端接入 b) 从某一热电极中间接入

$$E = E_{AB}(T) + E_{BC}(T_0) + E_{CA}(T_0) \tag{2-6}$$

由前面介绍可知，如果热电偶回路各接点温度相同，回路中总的热电动势为零。所以，当接点 1、2 和 3 的温度都为 T_0 时，有：$E = E_{AB}(T_0) + E_{BC}(T_0) + E_{CA}(T_0) = 0$，经变换后得 $E_{BC}(T_0) + E_{CA}(T_0) = -E_{AB}(T_0)$，将该式代入式(2-6)中得：$E = E_{AB}(T) - E_{AB}(T_0)$，该式和式(2-4)完全相同。

如果按照图 2-3b 的方式接入第三种材料，则回路总热电动势为

$$E = E_{AB}(T) + E_{BC}(T_1) + E_{CB}(T_1) + E_{BA}(T_0) \tag{2-7}$$

因为 $E_{CB}(T_1) = -E_{BC}(T_1)$，将其带入式(2-4)得：$E = E_{AB}(T) + E_{BA}(T_0) = E_{AB}(T) - E_{AB}(T_0)$，证毕。

可见，热电偶回路中的热电动势，绝不会因为在其电路中接入第三种两端点温度相同的材料而有所改变。热电偶的这一特性，不但可以允许在其回路中接入电气测量仪表，而且也允许采用焊接方法来焊接热电偶。但是，如果接入第三种材料的两端温度不等，热电偶回路的总热电动势将会发生变化，其变化取决于材料的性质和接点的温度。对于图 2-3b 来说，

改变值相当于 B 与 C 组成的附加热电偶的热电动势。因此，接入第三种材料不宜采用与热电极的热电性质相差很远的材料，否则，热电偶测量精度将受到影响。

5）如果两种导体分别与第三种导体组成的热电偶所产生的热电动势已知，则此两种导体组成热电偶的热电动势也已知，如图 2-4 所示。

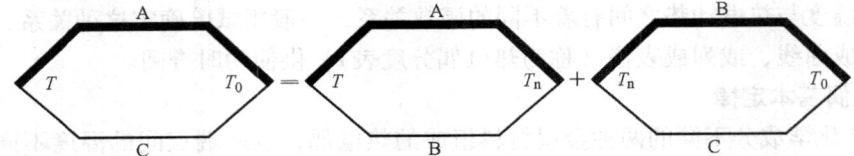

图 2-4　热电偶的中间导体定律

如图 2-4 所示，AC、AB 和 BC 三个热电偶，其接点温度一端都为 T，另一端为 T_0，则有

$$E_{AC}(T, T_0) = E_{AC}(T) - E_{AC}(T_0), \quad E_{AB}(T, T_0) = E_{AB}(T) - E_{AB}(T_0)$$

两式相减得：

$$E_{AC}(T, T_0) - E_{AB}(T, T_0) = E_{AC}(T) - E_{AB}(T) - [E_{AC}(T_0) - E_{AB}(T_0)]$$

根据热电偶基本定律 4）可知：$E_{AC}(T) - E_{AB}(T) = E_{BC}(T)$，$E_{AC}(T_0) - E_{AB}(T_0) = E_{BC}(T_0)$，因此

$$E_{AC}(T, T_0) - E_{AB}(T, T_0) = E_{BC}(T) - E_{BC}(T_0) = E_{BC}(T, T_0) \tag{2-8}$$

可见，当任一电极 B、C、D…与一标准电极 A 组成热电偶产生热电动势为已知时，就可以利用式 (2-8) 求出这些热电极组成的热电偶的热电动势，通常采用铂作为标准电极。

3. 热电偶实用测量电路

（1）单点温度的测温线路　基本测量电路如图 2-5 所示，A、B 为热电偶，C、D 为补偿导线，冷端温度为 T_0，E 为铜导线（实际使用时，可把补偿导线延伸到配用仪表的接线端子，这时冷端温度即为仪表接线端子所处的环境温度），M 为毫伏计或数字仪表。此时回路中总热电动势为 $E_{AB}(T, T_0)$，流过毫伏计的电流为

$$I = \frac{E_{AB}(T, T_0)}{R_Z + R_C + R_M} \tag{2-9}$$

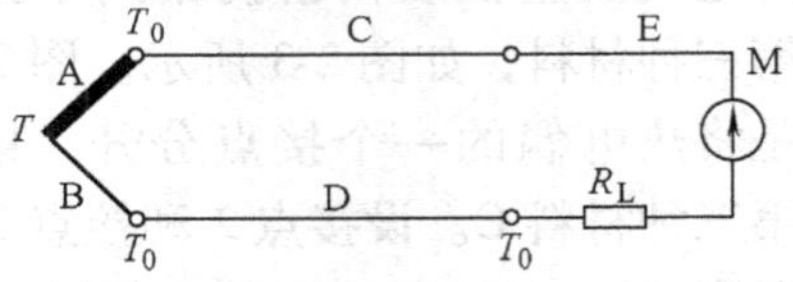

图 2-5　基本测量电路

式中，R_Z、R_C、R_M 分别为热电偶、导线（包括铜导线、补偿导线、平衡电阻）和仪表的内阻（包含负载电阻 R_L）。

（2）测量两点之间温差的测温线路　测量温差的线路如图 2-6 所示，这是测量两个温度 T_1 和 T_2 差的一种连接方式。用两只同型号的热电偶，配用相同的补偿导线，这时可测得 T_1 和 T_2 的温差。证明如下。

回路内的总电动势为

$$E_r = E_{AB}(T_1) + E_{BD}(T_0) + E_{DB}(T_0) + E_{BA}(T_2) + E_{AC}(T_0) + E_{CA}(T_0) \tag{2-10}$$

因为 C、D 为补偿导线，其热电性质分别与 A、B 材料性质相同，所以有：$E_{BD}(T_0) = 0$（同一材料不产生热电动势）。同理可知

$$E_{DB}(T_0) = 0, \quad E_{AC}(T_0) = 0, \quad E_{CA}(T_0) = 0 \tag{2-11}$$

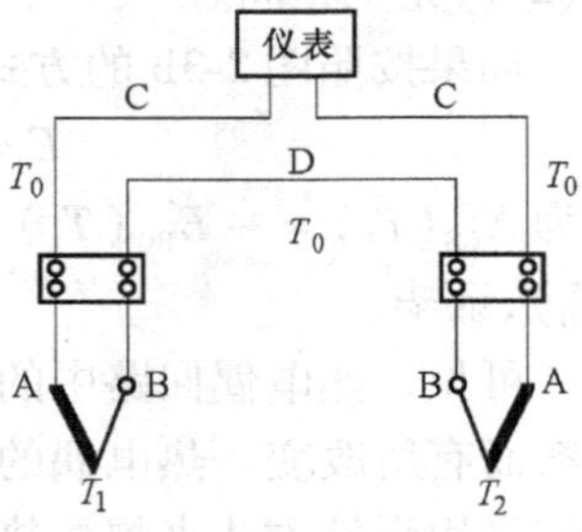

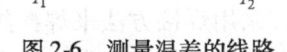

图 2-6　测量温差的线路

将式（2-11）代入式（2-10）中得

$$E_r = E_{AB}(T_1) + E_{BA}(T_2) = E_{AB}(T_1) - E_{AB}(T_2) \quad (2\text{-}12)$$

如果连接导线用普通铜导线，必须保证两热电偶的冷端温度相等，否则测量的结果不准确。

（3）测量平均温度的测温线路　通常用几只同型号的热电偶并联在一起测量平均温度，如图2-7所示，要求三只热电偶都工作在线性段，此时仪表中指示的电动势值为三只热电偶的平均电动势。在每一只热电偶线路中，分别串接均衡电阻 R_1、R_2 和 R_3，它们的作用是为了在 T_1、T_2 和 T_3 不相等时，使每一只热电偶线路中流过的电流免受电阻不相等的影响，与每一只热电偶的电阻变化相比，R_1、R_2 和 R_3 的阻值必须很大。

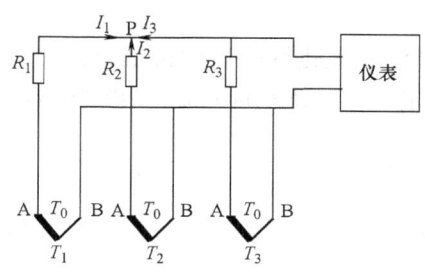

图2-7　测量平均温度的线路

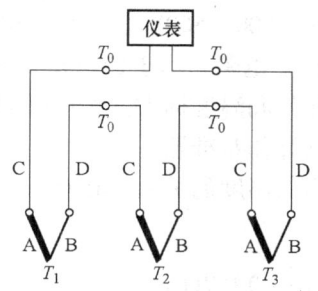

图2-8　求温度和的电路

（4）测量几点温度之和的测温线路　利用同类型的热电偶串联，可以测量几点温度之和，也可以测量几点的平均温度。图2-8所示为求温度和的电路。这种线路可以避免并联线路的缺点。当有一只热电偶烧断时，总的热电动势消失，可以立即知道有热电偶烧断。同时由于总热电动势为各热电偶热电动势之和，故可以测量微小的温度变化，图中C、D为补偿导线，回路的总热电动势为

$$E_T = E_{AB}(T_1) + E_{DC}(T_0) + E_{AB}(T_2) + E_{DC}(T_0) + E_{AB}(T_3) + E_{DC}(T_0) \quad (2\text{-}13)$$

因为C、D为A、B的补偿导线，与A、B的热电性质相同，即

$$E_{DC}(T_0) = E_{BA}(T_0) = -E_{AB}(T_0) \quad (2\text{-}14)$$

将其代入式（2-13）中得

$$\begin{aligned}E_T &= E_{AB}(T_1) - E_{AB}(T_0) + E_{AB}(T_2) - E_{AB}(T_0) + E_{AB}(T_3) - E_{AB}(T_0) \\ &= E_{AB}(T_1, T_0) + E_{AB}(T_2, T_0) + E_{AB}(T_3, T_0)\end{aligned} \quad (2\text{-}15)$$

即回路的总热电动势为各热电偶的热电动势之和。

辐射高温计中的热电动势就是根据这个道理将几个同类型的热电偶串接在一起的。

（5）若干只热电偶共用一台仪表的测量线路　在多点温度测量时，为了节省显示仪表，若干只热电偶通过模拟式切换开关共同连接在一台测量仪表上，如图2-9所示，各热电偶的型号相同，测量范围均在显示仪表的量程内。在生产现场中，如大量测量点不需要连续测量，只需要定时测量时，就可以把若干只热电偶通过手动或自动切换开关接至一台测量仪表上，以轮流或按要求显示各测量点的被测数值。切换开关的触点有十几对到数百对，这样可以大量节省显示仪表数目，也可以减小仪表箱的尺寸，达到多点温度检测的目的。

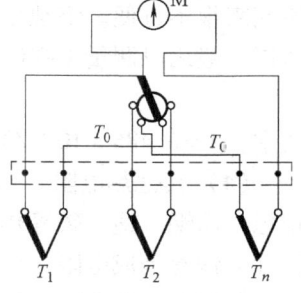

图2-9　多点温度测量电路

2.2.2 金属热电阻

金属热电阻作为一种感温材料，是利用其电阻随温度而变化的特性对温度进行测量的。因此，要求热电阻材料必须具备以下特点：电阻温度系数要尽可能大、稳定，电阻率高，电阻与温度之间呈线性关系，并且在较宽的测量范围内具有稳定的物理和化学性质。目前应用得较多的热电阻材料有铂、铜和镍。

热电阻由电阻体、保护套接线盒、内引线等部件组成。其结构可根据实际需要制作成多种形状，通常是将双线电阻丝绕在用石英、云母陶瓷和塑料等材料制成的骨架上，其测温范围大部分在 $-200 \sim 500\text{℃}$。常用热电阻如下所示。

(1) 铂热电阻　由于铂电阻物理、化学性能在高温和氧化性介质中很稳定，它可作为工业测温元件和温度标准。按国际温标 ITS—1990 规定，在 $-259.34 \sim 630.74\text{℃}$ 温域内，以铂电阻温度计作基准器。

铂电阻与温度的关系，在 $0 \sim 630.74\text{℃}$ 以内为

$$R_T = R_0(1 + AT + BT^2) \tag{2-16}$$

在 $-190 \sim 0\text{℃}$ 以内为

$$R_T = R_0[1 + AT + BT^2 + C(T-100)T^3] \tag{2-17}$$

式中，R_T、R_0 分别为温度为 T 和 0℃ 时的电阻值；A、B、C 为分度系数：$A = 3.9687 \times 10^{-3}/\text{℃}$，$B = -5.84 \times 10^{-7}/\text{℃}^2$，$C = -4.22 \times 10^{-12}/\text{℃}^4$。

(2) 铜热电阻　在测量精度不高、测温范围不大的情况下，可以采用铜电阻来代替铂电阻，用以降低成本，同时也能达到精度要求。工业用铜电阻一般在 $-50 \sim 150\text{℃}$ 的温度范围内使用，此时电阻与温度近似呈线性关系

$$R_T = R_0(1 + aT) \tag{2-18}$$

式中，R_T 为温度为 T 时的电阻值；R_0 为温度为 0℃ 时的电阻值；a 为温度系数。

铜电阻的缺点是电阻率低，热惯性大，在 100℃ 以上易氧化，因此只能用于低温以及无侵蚀性的介质中。通常用直径 0.1mm 的漆包线或丝包线双线绕制，然后浸以酚醛树脂成为一个铜电阻体，再用镀银铜线作引出线，穿过绝缘套管。

(3) 镍热电阻　镍电阻的温度系数较大，约为铂热电阻的 1.5 倍，故用纯镍制成的镍热电阻比铂和铜热电阻更灵敏、体积更小、电阻率更大，其缺点是误差比较大、非线性严重、不易提纯。正因为纯镍的提炼有困难，至今没有国际上公认的阻值与温度的分度表，使用起来很不方便。镍热电阻的测温范围为 $-50 \sim 300\text{℃}$，但由于在 200℃ 左右存在奇异点，所以一般用以测量 150℃ 以下的温度。镍电阻与温度关系可表示为

$$R_T = R_0(1 + AT + BT^2 + CT^4) \tag{2-19}$$

式中，$A = 5.485 \times 10^{-1}/\text{℃}$，$B = 6.65 \times 10^{-2}/\text{℃}^2$，$C = 2.805 \times 10^{-9}/\text{℃}^4$。

(4) 其他热电阻　铂、铜、镍热电阻均是标准热电阻，在低温和超低温测量时性能不理想，而铟、锰、碳等热电阻材料却是测量低温和超低温的理想材料。铟电阻用 99.999% 高纯度铟丝绕成电阻，可在室温~4.2K 温度范围内使用，实验证明，在 $-268.8 \sim -259\text{℃}$ 温度范围内，铟电阻灵敏度比铂高 10 倍，其缺点是材料软，复制性差；锰电阻在 $-271 \sim -260\text{℃}$ 测温时，电阻随温度变化大，灵敏度高，缺点是材料脆，难拉丝；碳电阻在 $-273 \sim$

-268.5℃测温时,适合作液氦温域的温度测量,其优点是价廉,对磁场不敏感,但热稳定性较差。

2.2.3 热敏电阻

热敏电阻是用半导体材料制作的热电元件,其温度系数远远大于热电阻,一般是金属导体热电阻的4~9倍;热敏电阻的温度系数有正有负,这是半导体热敏电阻与金属导体热电阻的另一个区别;热敏电阻的电阻率大,适合于点温、表面温度和快速变化的温度测量。热敏电阻的最大缺点是线性度较差,元件的稳定性及互换性差,一般不能用于350℃以上的高温检测。

1. 热敏电阻的结构形式

热敏电阻由一些金属氧化物,如钴、锰、镍的氧化物,或它们的碳酸盐、硝酸盐和氯化物等做原料,采用不同比例的配方,经烧结而成。将烧结好的半导体热敏电阻采用不同的封装形式,制成珠状、片状、杆状、垫圈状等各种形状,如图2-10所示。片状的厚度为1~3mm,圆形的直径为3~10mm,柱状的外径为1~3mm。热敏电阻主要由热敏元件2、引线3和壳体1组成,如图2-10a所示。

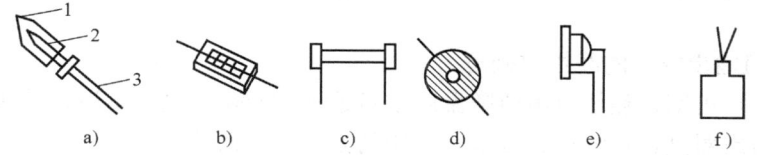

图2-10 热敏电阻结构形式
a) 珠状 b) 片状 c) 杆状 d) 垫圈状 e) 薄膜状 f) 平板形

2. 热敏电阻的温度特性

热敏电阻的温度特性分为三种类型,即负电阻温度系数的热敏电阻(NTC);正电阻温度系数的热敏电阻(PTR)和在某一特定温度下电阻值会发生突变的临界温度系数的电阻器(CTR)。它们的特性曲线如图2-11所示。可见,CTR型热敏电阻是组成控制开关十分理想的材料。在温度测量中,主要采用NTC或PTC型热敏电阻,使用最多的是NTC型热敏电阻,阻值与温度的关系可表示为

$$R_T = R_0 \exp B\left(\frac{1}{T} - \frac{1}{T_0}\right) \tag{2-20}$$

式中,R_T、R_0分别为温度T和T_0的电阻值;B为热敏电阻的材料常数,一般情况下,$B = 2000 \sim 6000K$,在高温下使用时,B值将增大。

若定义$dR_T/(R_T dT)$为热敏电阻的温度系数a_T,则由式(2-20)得

$$a_T = \frac{1}{R_T}\frac{dR_T}{dT} = \frac{1}{R_T}R_0 \exp B\left(\frac{1}{T} - \frac{1}{T_0}\right)B\left(-\frac{1}{T^2}\right) = -\frac{B}{T^2} \tag{2-21}$$

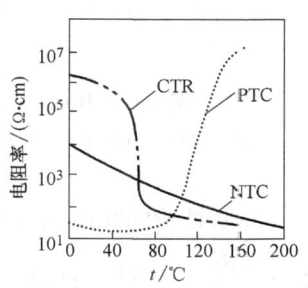

图2-11 半导体热敏电阻的特性

可见,a_T随着温度降低而迅速增大,a_T决定热敏电阻在全部工作范围内的温度灵敏度,热敏电阻的测温灵敏度比金属丝的灵敏

度高很多。例如 B 值为 4000K，当 $T = 293.15K$（20℃）时，热敏电阻的 $a_T = 4.65\%/℃$，约为铂电阻的 12 倍。由于温度变化引起的阻值变化大，因此测量时引线电阻影响小，并且体积小，非常适合测量微弱温度变化。但是，热敏电阻非线性严重，所以，实际使用时要对其进行线性化处理。

常用热敏电阻的主要参数见表 2-2。

表 2-2 常用热敏电阻的主要参数

型 号	用 途	标准阻值 (25℃)/kΩ	材料常数 /K	额定功率 /W	时间常数 /s	耗散系数 /(mW/℃)
MF-11	温度补偿	0.01~15	2200~3300	0.5	≤60	≥5
MF-13	温度补偿	0.82~300	2200~3300	0.25	≤85	≥4
MF-16	温度补偿	10~1000	3900~5600	0.5	≤115	7~7.6
RRC_2	测控温	6.8~1000	3900~5600	0.4	≤20	7~7.6
RRC_7B	测控温	3~100	3900~4500	0.03	≤0.5	7~7.6
RRP7~8	作可变电阻器	30~60	3900~4500	0.25	≤0.4	0.25
RRW_2	稳定振幅	0.8~500	3900~4500	0.03	≤0.5	≤0.2

3. 热敏电阻输出特性的线性化处理

由式（2-20）可知，热敏电阻值随温度呈指数规律变化，也就是说，其非线性程度十分严重。一般应考虑对其进行线性化处理，常用的方法有下面几种。

（1）线性化网络 对热敏电阻进行线性化处理的最简单方法是用温度系数很小的精密电阻与热敏电阻串联或并联构成电阻网络（常称线性化网络）以代替单个热敏电阻，其等效电阻与温度呈一定的线性关系。

图 2-12 中热敏电阻 R_T 与补偿电阻 r_c 串联，串联后的等效电阻 $R = R_T + r_c$，只要 r_c 的阻值选择适当，可使温度在某一范围内与电阻的倒数呈线性关系，所以电流 I 与温度 T 呈线性关系。图 2-13 中热敏电阻 R_T 与补偿电阻 r_c 并联，其等效电阻 $R = R_T r_c(R_T + r_c)$，可见，R 与温度 T 的关系曲线变得比较平坦，因此可以在某一温度范围内得到线性的输出特性。

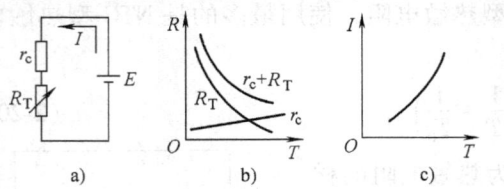

图 2-12 热敏电阻串联补偿
a）电路图 b）R-T 特性曲线 c）I-T 曲线

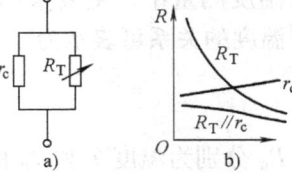

图 2-13 热敏电阻的并联补偿
a）电路图 b）R-T 特性曲线

并联补偿的线性电路常用在电桥测温电路中，如图 2-14 所示。当电桥平衡时，$R_1 = R_4$，$R_3 = \dfrac{r_c R}{r_c + R}$，$U = 0$，这时温度为 T_0。当温度变化时，R_T 将变化，使得电桥失去平衡，$U \neq 0$，输出的电压值就对应了变化的温度值。

（2）计算修正法 在使用微处理机的测量系统中，就可以用软件对传感器进行处理。

当已知热敏电阻的实际特性和要求的理想特性时,可采用线性插值等方法将特性分段,并把分段点的值存放入计算机的内存中,计算机将根据热敏电阻的实际输出值进行校正计算,给出要求的输出值。

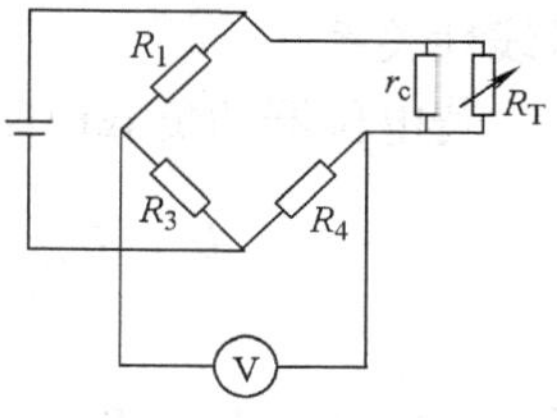

（3）利用温度-频率转换电路改善非线性 该电路利用 RC 电路充放电过程的指数函数和热敏电阻的指数函数相比较的方法来改善热敏电阻的非线性,此时温度与频率间有如下的关系

$$f = CT \tag{2-22}$$

式中,C 为常数。该式说明,输出频率与 T 呈正比的线性关系。所以,通过测量出电路中的频率,便可计算出温度,也可使热敏电阻输出的非线性得到改善,该转换电路用于热敏电阻线性化处理的结果较理想。

图 2-14 并联补偿桥式测量电路

2.3 电阻式传感器

电阻式传感器利用电阻作为传感元件,将非电量如力、位移、形变、速度和加速度等物理量,变换成与之具有一定函数关系的电阻值的变化,再通过电测装置测量电阻值,以达到测量物理量的目的。电阻式传感器主要分为两大类:电位计（器）式电阻传感器和应变式电阻传感器。前者分为线绕式和非线绕式两种,它们主要用于非电量变化较大的测量场合；后者分为金属应变片和半导体应变片式电阻传感器,它们用于测量变化量相对较小的情况,具有灵敏度高的优点。

2.3.1 电位器式电阻传感器

1. 线绕电位器式电阻传感器

线绕电位器式电阻传感器的工作原理与滑动变阻器的工作原理基本相同,可由图 2-15 来说明。若线绕电位器的绕线截面积均匀,则电阻 R_x 与滑动位移 x 间呈线性变化关系,通过测量电阻的变化量,便可以求出被测量位移 x。图 2-15 中的 U_i 为工作电压,U_o 为输出电压；R_x 为电位器电刷移动长度为 x（物理量移动的距离）时对应的电阻,R_L 为长度为 L 的电位器的总电阻,R_U 为电测装置内阻（电位器的负载电阻）。

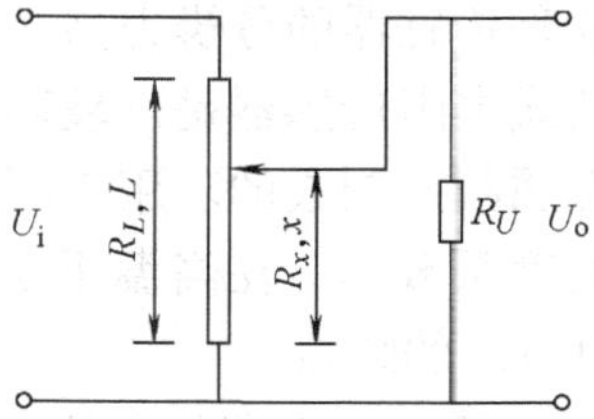

若电位器的负载电阻 $R_U = \infty$,根据分压原理,得

图 2-15 线绕电位器式电阻传感器的工作原理

$$U_o = U_i \frac{R_x}{R_L} \tag{2-23}$$

对应的电阻变化为

$$\frac{R_x}{R_L} = \frac{x}{L}, \quad R_x = R_L \frac{x}{L} = S_R x \tag{2-24}$$

将式（2-24）代入式（2-23）,得

$$U_o = U_i \frac{x}{L} = S_V x \tag{2-25}$$

式中,$S_R = R_L/L$,$S_V = U_i/L$ 分别称为线绕电位器的电阻灵敏度和电压灵敏度,反映了电刷

单位位移所能引起的输出电阻和输出电压的变化，S_R、S_V 均为常数。上式表明，x 与 $U_\circ$ 间呈线性关系。

若电位器的负载电阻 $R_U \neq \infty$，则输出电压 $U_\circ$ 应为

$$U_\circ = I\frac{R_x R_U}{R_x + R_U} = \frac{U_i}{\dfrac{R_x R_U}{R_x + R_U} + (R_L - R_x)} \cdot \frac{R_x R_U}{R_x + R_U} = \frac{U_i R_x R_U}{R_L R_x + R_L R_U - R_x^2} \quad (2\text{-}26)$$

设 $r = R_x/R_L$，$K_U = R_U/R_L$，$X_R = x/L$，$Y = U_\circ/U_i$，将这些参数代入式（2-26），得

$$Y = \frac{r}{1 + \dfrac{r}{K_U} - \dfrac{r^2}{K_U}} \quad (2\text{-}27)$$

由式（2-27）可知，当负载电阻 $R_U \neq \infty$ 时，Y 与 r 为非线性关系；当 $K_U = R_U/R_L \to \infty$，选取的负载电阻满足 $R_U \to \infty$，可得 $Y \to r$，此时 $U_\circ$ 与 x 才满足线性关系。故在选择电测装置时，负载电阻越大，传感器的输入和输出间越接近线性关系，当满足 $R_U \gg R_L$ 时，可将其近似为线性系统。图 2-16 给出了几个负载特性曲线的例子。

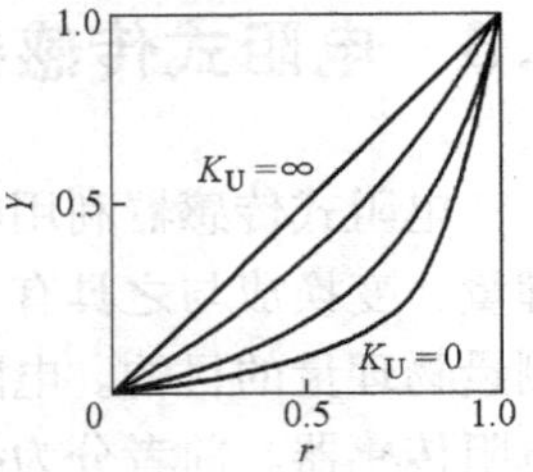

2. 非线绕电位器式电阻传感器

线绕电位器式电阻传感器的优点是精度高，性能稳定，易于实现线性变化；其缺点是分辨力低、耐磨性差、寿命较短等。因此在一些应用中，常采用非线绕电位器式电阻传感器检测。非线绕电位器式电阻传感器可分为三类：

图 2-16 负载特性曲线

（1）膜式电位器式电阻传感器 膜式电位器式电阻传感器有两种：一种是碳膜电位器式电阻传感器，另一种为金属膜电位器式电阻传感器。碳膜电位器式电阻传感器是在绝缘骨架表面喷涂一层均匀的电阻液，经烘干聚合后制成。电阻液由石墨、炭黑、树脂配制而成。这种传感器的分辨力高、耐磨性强、线性度好；缺点是接触电阻大、噪声大等。金属膜电位器式电阻传感器是以玻璃、陶瓷或胶木为基体，用高温蒸镀或电镀等方法在其表面涂覆一层金属膜而制成的。用于制作金属膜的合金为锗铑、铂铜、铂铑、铂铑锰等。这种传感器具有温度系数小，在高温下仍能正常工作的优点，但存在耐磨性差、功率小、阻值不高（1～2kΩ）的缺点。

（2）导电塑料电位器式电阻传感器 这种电位器式电阻传感器由塑料粉及导电材料粉（合金、石墨、炭黑等）压制而成，也称实心电位器式电阻传感器。其优点是耐磨性好、寿命长、电刷允许的接触压力大，适用于在振动、冲击等恶劣条件下工作，阻值范围大，能承受较大的功率；但该种传感器受温度影响大，同时具有接触电阻大、精度不高的缺点。

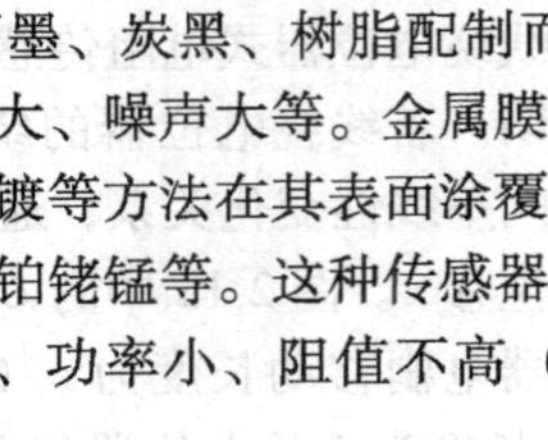

（3）光电电位器式电阻传感器 上述两种传感器均采用接触式电位器，共同的缺点是耐磨性较差、寿命较短。光电电位器是一种非接触式电位器，它以光束代替电刷，克服了上述几种电位器的缺点。光电电位器式电阻传感器的结构如图 2-17 所示，基体上先沉积一层硫化镉（CdS）或硒化镉（CdSe）光电导层，然后再沉积一条金属导电条做导电电极，并在光电

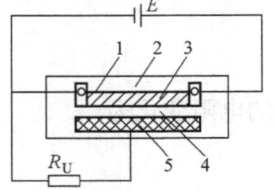

图 2-17 光电电位原理图
1—光电导层 2—基体 3—薄膜电阻带 4—电刷的窄光束
5—导电电极

层之下沉积一条薄膜电阻带,使电阻带和导电电极之间形成间隙,当窄光束照射在此间隙上时,相当于把电阻带和导电电极接通,在外电源 E 的作用下,负载电阻 R_U 上便有电压输出;无光束照射时,因其暗电阻极大,可视为电阻带与导电电极之间断路,这样,输出电压随着光束位置的移动而变化。

2.3.2 应变式电阻传感器

应变式电阻传感器可用于测量力、力矩、压力、加速度、重量等物理量。根据电阻的变化机理不同,应变式电阻传感器可分为基于应变效应的力(压力)—应变—电阻转换的金属电阻应变传感器和基于压阻效应的力(压力)—硅压阻转换的半导体电阻应变传感器。

1. 金属电阻应变片式传感器

金属导体受到外界力作用时,产生长度或截面变化的机械变形,从而导致阻值变化,这种因应变而使阻值发生变化的现象称为"应变效应"。应变效应的产生,是因为导体电阻 $R=\rho L/A$ 与其几何尺寸 L、A 有关(ρ 在金属导体变形时基本不变,但在半导体应变中却是主导作用),当金属导体在受力作用时,这两个参数都会发生变化,所以会引起电阻的变化。通过测量阻值的大小,就可间接求出作用力的大小。

(1) 结构和组成 电阻应变片种类繁多,但结构大体相似,现以金属丝绕式应变片为例加以说明,如图 2-18 所示。将金属电阻丝粘贴在基片上,并在它的上面覆一层薄膜,使它们变成一个整体,这就是电阻丝应变片基本结构。

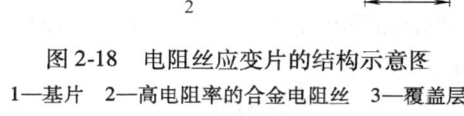

图 2-18 电阻丝应变片的结构示意图
1—基片 2—高电阻率的合金电阻丝 3—覆盖层
4—引线 L、b—敏感栅的长度和宽度

(2) 工作原理 金属导体的初始电阻 R 为

$$R = \rho \frac{L}{A} \tag{2-28}$$

式中,L 为金属丝的长度(m);A 为金属丝的横截面面积(m^2);ρ 为金属丝的电阻率($\Omega \cdot m$)。

如果沿电阻丝长度方向施加作用力,则 ρ、L、A 的变化($d\rho$、dL、dA)将引起电阻 dR 的变化,dR 可通过式(2-28)的全微分求得

$$dR = \frac{\rho}{A}dL + \frac{L}{A}d\rho - \frac{\rho L}{A^2}dA \tag{2-29}$$

将式(2-29)两端除以 R,则以相对变化量表示的全微分方程为

$$\frac{dR}{R} = \frac{dL}{L} + \frac{d\rho}{\rho} - \frac{dA}{A} \tag{2-30}$$

若电阻丝是圆形的,则 $A = \pi r^2$,r 为电阻丝的半径,对 r 微分得 $dA = 2\pi r dr$,则

$$\frac{dA}{A} = \frac{2\pi r dr}{\pi r^2} = 2\frac{dr}{r} \tag{2-31}$$

令 $dL/L = \varepsilon_x$(金属丝的轴向应变),$dr/r = \varepsilon_r$(金属丝的径向应变)。由材料力学的理论可知,在弹性范围内金属丝受拉力时,它沿轴向伸长,沿径向缩短,轴向应变和径向应变的关系可表示为

$$\varepsilon_r = -\mu\varepsilon_x \tag{2-32}$$

式中，μ 为金属材料的泊松比。将式（2-31）和式（2-32）代入式（2-30），整理可得

$$\frac{\mathrm{d}R}{R} = (1+2\mu)\varepsilon_x + \frac{\mathrm{d}\rho}{\rho} \quad \text{或} \quad \frac{\mathrm{d}R/R}{\varepsilon_x} = (1+2\mu) + \frac{\mathrm{d}\rho/\rho}{\varepsilon_x}$$

令

$$K_s = \frac{\mathrm{d}R/R}{\varepsilon_x} = (1+2\mu) + \frac{\mathrm{d}\rho/\rho}{\varepsilon_x} \tag{2-33}$$

式中，K_s 为灵敏系数，其物理意义是单位应变所引起的电阻相对变化。K_s 受两个因素影响，一是受力后材料几何尺寸的变化，即 $(1+2\mu)$ 项；另一个是受力后电阻率的变化，即 $\mathrm{d}\rho/\varepsilon_x$ 项。对于金属材料，$(1+2\mu)$ 和 $\mathrm{d}\rho/\varepsilon_x$ 均为常数，后者值很小，故 $(1+2\mu)$ 项起主导作用，其值在 1.5~2 之间，故 K_s 近似为

$$\frac{\mathrm{d}R}{R} = K_s \varepsilon_x \quad \text{或} \quad K_s = \frac{\mathrm{d}R/R}{\varepsilon_x} \tag{2-34}$$

2. 半导体电阻应变片式传感器

半导体电阻应变片式传感器是以压阻效应为理论基础设计的传感器。所谓压阻效应，是指锗、硅等半导体材料，当某一轴向受到力的作用时，因电阻率的变化而带来电阻变化的现象，图 2-19 所示为一半导体应变片。

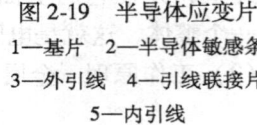

图 2-19 半导体应变片
1—基片 2—半导体敏感条
3—外引线 4—引线联接片
5—内引线

根据前面的分析，当应变片受力时，电阻相对变化的表达式为

$$\frac{\Delta R}{R} = (1+2\mu)\varepsilon_z + \frac{\Delta\rho}{\rho} \tag{2-35}$$

式中，$\Delta\rho/\rho$ 为半导体应变片的电阻率相对变化，其值与半导体敏感条在轴向所受的应力之比为常数，即

$$\frac{\Delta\rho}{\rho} = \pi\sigma = \pi E\varepsilon_z \tag{2-36}$$

式中，π 为半导体材料的压阻系数。

将式（2-36）代入式（2-35）中

$$\frac{\Delta R}{R} = (1+2\mu+\pi E)\varepsilon_z$$

式中，$(1+2\mu)$ 项随几何形状而变化，πE 为压阻效应项，随电阻率而变化。实验证明：半导体应变片式的 πE 比 $(1+2\mu)$ 大近百倍，所以 $(1+2\mu)$ 可忽略，因而半导体应变片的灵敏系数为

$$K_B = \frac{\Delta R/R}{\varepsilon_z} = \pi E \tag{2-37}$$

半导体应变片最突出的优点是体积小，灵敏度高，频率响应范围很宽，输出幅值大，不需要放大器便可直接与记录仪连接使用；其缺点是温度系数大，应变时非线性比较严重，电阻率随半导体材料的晶体取向密切相关等。

2.4 电感式传感器

电感式传感器是利用电磁感应现象将被测量如位移、压力、流量、振动等转换成线圈的自感系数 L 或互感系数 M 的变化,再由测量电路将其转换为电压或电流的变化,实现非电量到电量的转换。

电感式传感器具有以下特点:结构简单,传感器无活动触点,工作可靠、寿命长;灵敏度和分辨率高,能测出 $0.01\mu m$ 的位移变化;传感器的输出信号强,一般每毫米的位移可达数百毫伏的输出,电压灵敏度高;线性度和重复性都比较好,在一定位移范围(几十微米至数毫米)内,传感器非线性误差可做到 $0.05\% \sim 0.1\%$,稳定性较好。电感式传感器能实现信息的远距离传输、记录、显示和控制,它在工业自动控制系统中被广泛采用。但电感式传感器的频率响应较低,不宜快速动态测控。

2.4.1 变磁阻式传感器

1. 结构和工作原理

变磁阻式传感器的结构如图 2-20 所示,它由线圈、铁心和衔铁三部分组成。铁心和衔铁由导磁材料如硅钢片、坡莫合金、镍铁合金等制成。在铁心和活动衔铁之间有气隙,气隙厚度为 δ。传感器的运动部分与衔铁相连。当衔铁移动时,气隙厚度 δ 发生变化,从而使磁路中磁阻变化,进而使电感线圈的电感值变化,这样可以计算被测量的位移大小。

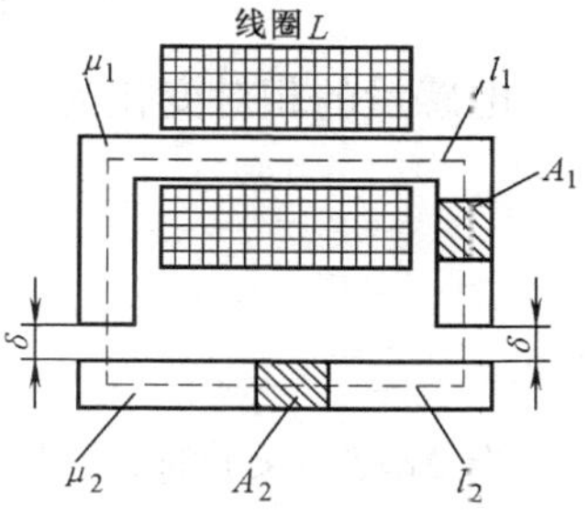

根据电工学的知识,线圈的电感 L 可表达为

$$L = \frac{N^2}{R_M} \tag{2-38}$$

图 2-20 变磁阻式传感器结构

式中,N 为线圈匝数;R_M 为单位长度上磁路的总磁阻,可表达为

$$R_M = R_F + R_\delta \tag{2-39}$$

式中,R_F 为总的铁心磁阻;R_δ 为空气气隙磁阻。R_F 和 R_δ 可以表达为

$$R_F = \frac{l_1}{\mu_1 A_1} + \frac{l_2}{\mu_2 A_2}, \qquad R_\delta = \frac{2\delta}{\mu_0 A} \tag{2-40}$$

式(2-39)中,第一项为铁心磁阻;第二项为衔铁磁阻。式(2-40)中,l_1 为磁通通过铁心的长度(m);A_1 为铁心的横截面积(m^2);μ_1 为铁心材料的磁导率(H/m);l_2 为磁通通过衔铁的长度(m);A_2 为衔铁的横截面积(m^2);μ_2 为衔铁材料的磁导率(H/m);δ 为气隙厚度(m);A 为气隙的横截面积(m^2);μ_0 为空气的磁导率($4\pi \times 10^{-7}$ H/m)。

由于 $\mu_1 = \mu_2 \gg \mu_0$,故 $R_F \ll R_\delta$,R_F 可以忽略,因此,线圈的电感可近似表达为

$$L \approx \frac{N^2}{\frac{2\delta}{\mu_0 A}} = \frac{\mu_0 A N^2}{2\delta} \tag{2-41}$$

由式(2-41)可知,电感 L 与 δ 之间为双曲线关系,与 A 呈线性关系,如图 2-21 所示。当

线圈匝数确定后,只要改变 δ 和 A 均可使电感发生变化。因此,变磁阻式传感器又可分为变气隙厚度 δ 和变气隙面积 A 的传感器。在各类应用中,使用最广泛的是变气隙式电感传感器,其原因在于采用差动连接的形式可以改善非线性误差的影响。

2. 变气隙式电感传感器输出特性

输出特性是指电桥输出电压与传感器衔铁位移量之间的关系。设电感传感器初始气隙为 δ_0,初始电感为 L_0,衔铁位移引起的气隙变化量为 $\Delta\delta$,从式(2-41)可知 L 和 δ 之间是非线性关系,初始电感 L_0 可表示为

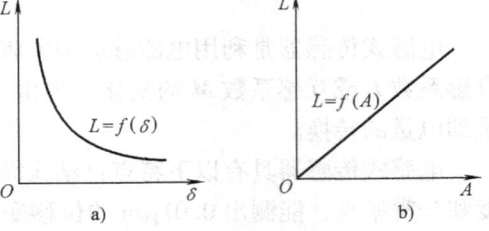

图 2-21 电感 L 的变化
a) 气隙 δ 与 L 的关系 b) 面积 A 与 L 的关系

$$L_0 = \frac{\mu_0 A N^2}{2\delta_0}$$

当衔铁下移 $\Delta\delta$ 时,传感器气隙增大 $\Delta\delta$,即 $\delta_0 + \Delta\delta$,则电感量减少,电感变化量 ΔL_1 为:

$$\Delta L_1 = L - L_0 = \frac{N^2 \mu_0 A}{2(\delta_0 + \Delta\delta)} - \frac{N^2 \mu_0 A}{2\delta_0} = \frac{N^2 \mu_0 A}{2\delta_0}\left(\frac{2\delta_0}{2\delta_0 + 2\Delta\delta} - 1\right) = L_0 \frac{-\Delta\delta}{\delta_0 + \Delta\delta}$$

电感量的相对变化为

$$\frac{\Delta L_1}{L_0} = \frac{-\Delta\delta}{\delta_0 + \Delta\delta} = \left(\frac{1}{1 + \frac{\Delta\delta}{\delta_0}}\right)\left(\frac{-\Delta\delta}{\delta_0}\right)$$

当 $\Delta\delta/\delta_0 \ll 1$ 时,上式可展开成傅里叶级数形式

$$\frac{\Delta L_1}{L_0} = -\frac{\Delta\delta}{\delta_0} + \left(\frac{\Delta\delta}{\delta_0}\right)^2 - \left(\frac{\Delta\delta}{\delta_0}\right)^3 + \cdots \tag{2-42}$$

当衔铁上移 $\Delta\delta$ 时,$\delta = \delta_0 - \Delta\delta$,则电感的相对变化展开成傅里叶级数为

$$\frac{\Delta L_2}{L_0} = \frac{\Delta\delta}{\delta_0}\left[1 + \frac{\Delta\delta}{\delta_0} + \left(\frac{\Delta\delta}{\delta_0}\right)^2 + \cdots\right] = \frac{\Delta\delta}{\delta_0} + \left(\frac{\Delta\delta}{\delta_0}\right)^2 + \left(\frac{\Delta\delta}{\delta_0}\right)^3 + \cdots \tag{2-43}$$

在式(2-42)和式(2-43)中,忽略掉包括两次项以上的高次项,则 ΔL_1 和 ΔL_2 和 δ 成线性关系。由此可见,高次项是造成非线性的主要原因,且 ΔL_1 和 ΔL_2 是不相等的。$\Delta\delta/\delta_0$ 越小,高次项也越小,非线性得到改善。这说明了输出特性和测量范围之间存在矛盾,故电感式传感器用于测量微小位移量更精确些。为了减少非线性误差,实际测量中一般都采用差动式电感传感器。

由式(2-42)和式(2-43)忽略两次以上项后,可得到传感器灵敏度的表达式

$$S = \left|\frac{\Delta L}{\Delta\delta}\right| = \left|\frac{L_0}{\delta_0}\right| \tag{2-44}$$

可见,凡是有利于减小衔铁和铁心间的初始距离和增加初始电感的措施都能提高传感器的灵敏度,一般采用的方法是增加线圈匝数和采用磁导率大的材料。

3. 差动电感传感器

（1）结构和工作原理　单个变气隙电感传感器的缺点是存在严重的非线性误差。由前面的推导可知，其原因在于高阶项，尤其是二阶项的存在。为了减小非线性误差，可以利用两只完全对称的单个电感传感器合用一个活动衔铁构成差动式电感传感器，如图 2-22 所示。其结构特点是上、下两个磁体的几何尺寸、材料、电气参数均完全一致。传感器的两只电感线圈接成交流电桥的相邻桥臂，另外两只桥臂由电阻组成，它们构成四臂交流电桥，供桥电源为 U_i（交流），桥路输出交流电压 U_o。初始状态时，衔铁位于中间位置，两边空隙相等，因此，两只电感线圈的电感量相等，电桥输出 $U_o=0$，即电桥处于平衡状态。当衔铁偏离中间位置，向上或向下移动时，造成两边气隙不一样，使两只电感线圈的电感量一增一减，电桥不平衡。电桥输出电压的大小与衔铁移动的大小成比例，其相位则与衔铁移动的方向有关。若向下移动，输出电压为正，而向上移动时，输出电压则为负。因此，

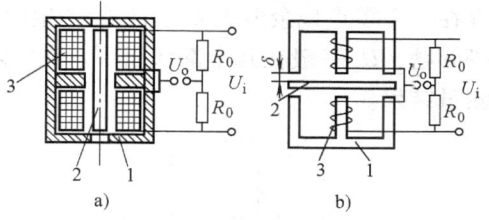

图 2-22　差动式变气隙电感传感器
a）结构　b）原理
1—铁心　2—衔铁　3—线圈

只要能测量出输出电压的大小和相位，就可以决定衔铁位移的大小和方向。衔铁带动联动机构就可以测量各种非电量，如位移、液面高度、速度等物理量。

（2）输出特性　当构成差动电感传感器后，根据图 2-22，电桥输出电压将与 ΔL 有关

$$\Delta L = L_2 - L_1 = 2L_0 \left[\frac{\Delta \delta}{\delta_0} + \left(\frac{\Delta \delta}{\delta_0} \right)^3 + \left(\frac{\Delta \delta}{\delta_0} \right)^5 + \cdots \right] \tag{2-45}$$

式中，$L_1 = \mu_0 A N^2 / [2(\delta_0 + \Delta \delta)]$，$L_2 = \mu_0 A N^2 / [2(\delta_0 - \Delta \delta)]$，$L_0$ 为衔铁在中间位置时单个线圈的电感。从式（2-45）可知，不存在偶次项，显然，差动式电感传感器的非线性在 $\pm \Delta \delta$ 工作范围内要比单个电感传感器小很多。差动式电感传感器的灵敏度 S，可由式（2-45）忽略高次项后得到

$$S = 2L_0 / \delta_0 \tag{2-46}$$

它比单个线圈传感器的灵敏度提高一倍。

2.4.2　互感式传感器

互感式传感器是将被测量的变化转换为变压器的互感变化的电子器件。变压器一次线圈输入交流电压，二次线圈输出感应电动势。由于二次线圈常接成差动形式，故又称为差动变压器式传感器。螺管形差动变压器可以测量 1～100mm 的机械位移，具有测量精度高、灵敏度高、性能可靠等优点。

1. 结构与工作原理

螺管型差动变压器的结构如图 2-23 所示。它由一次线圈 P，两个二次线圈 S_1、S_2 和插入线圈中央的圆柱形铁心 b 组成，结构形式又有三段式和两段式等之分。

差动变压器原理如图 2-24 所示，二次线圈 S_1

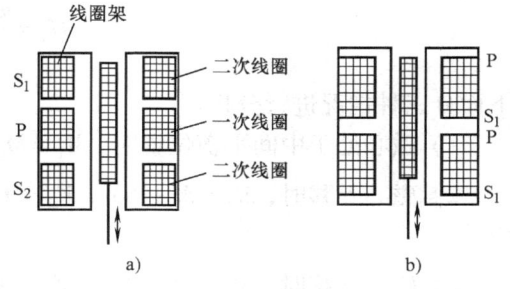

图 2-23　螺管型差动变压器结构
a）三段　b）二段

和 S_2 反极性串联，当一次线圈 P 加上某一频率的正弦交流电压 U_i 后，二次线圈产生感应电压为 U_1 和 U_2，它们的大小与铁心在线圈内的位置有关。U_1 和 U_2 反极性连接便得到输出电压 U_o。当铁心位于线圈中心位置时，$U_1 = U_2$，$U_o = 0$；当铁心向上移动时，$U_1 > U_2$，$|U_o| > 0$，M_1 大，M_2 小；当铁心向下移动时，$U_2 > U_1$，$|U_o| > 0$，M_1 小，M_2 大。

铁心偏离中心位置时，输出电压 U_o 随铁心偏离中心位置 U_1 和 U_2 逐渐加大，如图 2-25 所示，但相位相差 180°。实际上，铁心位于中心位置时，输出电压 U_o 并不是零电位，而是存在一个零点残余电压 U_z。U_z 的产生原因很多，不外乎是变压器的制作工艺和导磁体安装等问题，U_z 一般在几十毫伏以下。在实际使用时，必须设法减小 U_z，否则将会影响传感器测量结果。

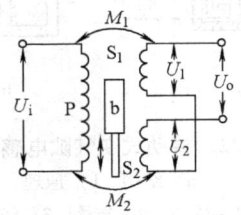
图 2-24　螺管型差动变压器

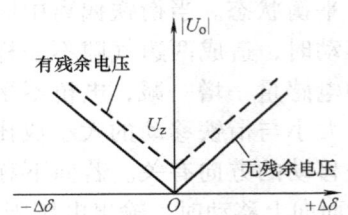
图 2-25　螺管型差动变压器的输出特性

2. 等效电路

差动变压器的理论计算结果和实际应用参数相差很大，往往还要借助于实验和经验数据来修正。如果考虑差动变压器的涡流损耗、铁损和寄生（耦合）电容等，其等效电路很复杂，在忽略上述因素后，差动变压器的等效电路如图 2-26 所示。

图 2-26 中，L_p、R_p 分别为一次线圈电感和损耗电阻；M_1、M_2 分别为一次线圈与两二次线圈间的互感系数；U_i 为一次线圈激励电压；U_o 为输出电压；L_{s1}、L_{s2} 分别为两二次线圈的电感；R_{s1}、R_{s2} 分别为两二次线圈的损耗电阻；ω 为激励电压的频率。

差动变压器输出电压为

$$U_o = -j\omega(M_1 - M_2)\frac{U_i}{R_p + j\omega L_p} \quad (2\text{-}47)$$

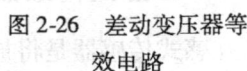
图 2-26　差动变压器等效电路

输出电压的有效值为

$$U_o = \frac{\omega(M_1 - M_2)U_i}{\sqrt{R_p^2 + (\omega L_p)^2}} \quad (2\text{-}48)$$

下面分三种情况进行分析。

1) 磁心处于中间平衡位置时，$M_1 = M_2 = M$，$U_o = 0$。

2) 磁心上移时，$M_1 = M + \Delta M$，$M_2 = M - \Delta M$，$U_o = 2\omega\Delta M U_i / \sqrt{R_p^2 + (\omega L_p)^2}$，$U_o$ 与 U_1 同级性。

3) 磁心下移时，$M_1 = M - \Delta M$，$M_2 = M + \Delta M$，$U_o = -2\omega\Delta M U_i / \sqrt{R_p^2 + (\omega L_p)^2}$，$U_o$ 与 U_2 同极性。

2.4.3 电涡流式传感器

电涡流式传感器是根据涡流效应进行工作的，常用于位移、厚度、转速、温度等非电量的测量。所谓涡流效应，是指当交变电感线圈产生的磁力线经过金属导体时，金属导体就会产生感应电流，该电流的流线呈闭合回线，类似图 2-27a 所示的水涡形状，故称为电涡流效应。

理论分析结果表明，电涡流是金属导体的电阻率 ρ、相对磁导率 μ_r、金属导体厚度 H、线圈激励信号频率 ω 以及线圈与金属块之间的距离 z 等参数的函数。因为涡流渗透深度与传感器线圈的激励信号频率有关，下面以高频反射式涡流传感器为例说明其原理和特性。

1. 基本原理

电涡流式传感器的原理如图 2-27b 所示。当通有一定交变电流 I（频率为 f）的电感线圈 L 靠近金属导体时，在金属周围产生交变磁场，在金属表面将产生电涡流 I_1，电涡流也将形成一个方向相反的磁场。此电涡流的闭合流线的圆心和线圈在金属板上的投影的圆心重合。

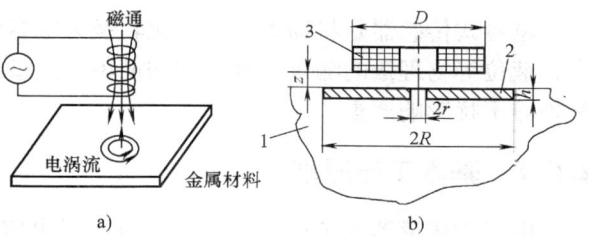

图 2-27 电涡流式传感器
a) 电涡流效应 b) 原理图
1—金属导体 2—电涡流区 3—电感线圈

涡流区和线圈几何尺寸的关系为：$2R = 1.39D$，$2r = 0.52D$。其中 R、r 分别为电涡流区的内、外径。涡流渗透厚度 $h = 5000\sqrt{\rho/(\mu_r f)}$，其中 ρ 为导体电阻率；f 为交变磁场的频率。

在金属导体表面感应的涡流所产生的电磁场又反作用于线圈 L 上，力图改变线圈电感的大小，其变化程度与线圈 L 的尺寸大小、距离 x、ρ、μ_r 等有关。

2. 等效电路

涡流式传感器的等效电路如图 2-28 所示。空心线圈可看做变压器的一次线圈 L，金属导体中涡流回路视做变压器二次线圈。当对 L 施加交变激励信号时，则在线圈周围产生交变磁场，环状涡流也产生交变磁场，其方向与线圈 L 产生的磁场方向相反，因而抵消部分原磁场，线圈 L 和环状电涡流之间存在互感 M。其大小取决于金属导体和线圈之间的距离 x。根据基尔霍夫定律可列出如下方程

$$\begin{cases} RI + j\omega LI - j\omega MI_1 = U_1 \\ -j\omega MI + R_1 I_1 + j\omega L_1 I_1 = 0 \end{cases} \quad (2-49)$$

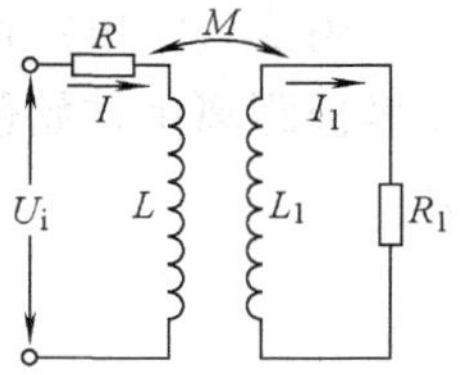

式中，R、L 分别为空心线圈的电阻和自感；R_1、L_1 分别为涡流回路的等效电阻和自感；M 为线圈与金属导体之间的互感。

图 2-28 涡流式传感器的等效电路

由式 (2-49) 解得：

$$I = \frac{j\omega MI}{R_1 + j\omega L_1} = \frac{M\omega^2 L_1 I + j\omega MR_1 I}{R_1^2 + (\omega L_1)^2}$$

当线圈与被测金属导体靠近时（考虑到涡流的反作用），线圈的等效阻抗为

$$Z = \frac{U_1}{I} = \left[R + \frac{\omega^2 M^2}{R_1^2 + (\omega L_1)^2} R_1 \right] + j\omega \left[L - \frac{\omega^2 M^2}{R_1^2 + (\omega L_1)^2} L_1 \right] \tag{2-50}$$

电涡流式传感器等效电路参数与互感系数 M 和电感 L、L_1 有关,故把它归类到电感式传感器中。

2.5 电容式传感器

电容式传感器是将物理量的变化转换为电容变化的一种传感器,可用于位移、振动、压力、液位等物理量的测量,具有结构简单、灵敏度高、动态响应快等优点,缺点是寄生电容和外界干扰影响严重。

2.5.1 基本工作原理

电容式传感器的工作原理可用平行极板电容器来说明,如图 2-29 所示。当不考虑由非均匀电场引起的边缘效应时,由两个平行板组成的电容器的电容为

$$C = \frac{\varepsilon_r \varepsilon_0 A}{d} \tag{2-51}$$

式中,ε_r 为电容极板间介质的相对介电常数,对于真空,$\varepsilon_r = 1$;ε_0 为真空介电常数,$\varepsilon_0 = 8.854 \times 10^{-2}$ F/m;A 为两平行板所覆盖的面积;d 为两平行板之间的距离;C 为电容量。

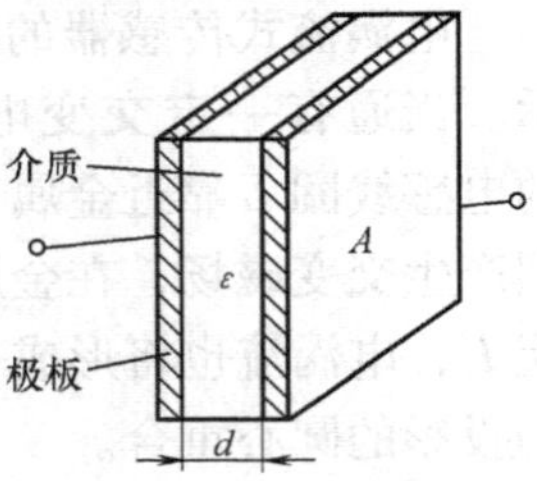

当被测物理量引起 A、d 或 ε_r 发生变化时,C 也随之变化。如果保持其中两个参数不变而仅改变另一个参数,就可在该参数与电容间建立一一映射关系。常见电容式传感器有三种类型:变间隙型(改变 d)、变面积型(改变 A)、变介质型(改变 ε_r)。在实际使用中,多采用变间隙式电容传感器,因为这样获得的灵敏度较高。变间隙式电容传感器可以测微米级的位移,而变面积式的传感器只能测量厘米级的位移。

图 2-29 平行板电容器

2.5.2 变间隙型电容式传感器

由式(2-49)可知,电容量 C 与极板距离 d 不是线性关系,而是双曲线关系。若电容器极板距离由初始值 d_0 缩小了 Δd 的微位移,则极板距离变化前后的电容 C_0 和 C_1 分别表示为

$$C_0 = \frac{\varepsilon A}{d_0}$$

$$C_1 = \frac{\varepsilon A}{d_0 - \Delta d} = \frac{\varepsilon A}{d_0(1 - \Delta d/d_0)} = \frac{\varepsilon A(1 + \Delta d/d_0)}{d_0(1 - \Delta d^2/d_0^2)} \tag{2-52}$$

当 $\Delta d \ll d_0$ 时,$1 - \Delta d^2/d_0^2 \approx 1$,式(2-52)可以简化为

$$C_1 = \frac{\varepsilon A(1 + \Delta d/d_0)}{d_0} = C_0 + C_0 \frac{\Delta d}{d_0} \tag{2-53}$$

可见,C_1 与 Δd 近似呈线性关系,Δd 越小,线性关系越好,由式(2-53)得:

$$C_1 - C_0 = \Delta C = C_0 \Delta d / d_0$$

则灵敏度 $K_C = \Delta C/C_0 = \Delta d/d_0$。可见，电容传感器的灵敏系数 K_C 与间隙 d_0 有关，当 d_0 较小时，电容变化量 ΔC 较大，从而使传感器的灵敏度提高。但 d_0 过小时，容易引起电容器击穿。改善击穿条件的办法是在极板间放置云母片，如图 2-30 所示。此时电容 C 变为

$$C = \cfrac{A}{\cfrac{d_g}{\varepsilon_g \varepsilon_0} + \cfrac{d_0}{\varepsilon_0}} \tag{2-54}$$

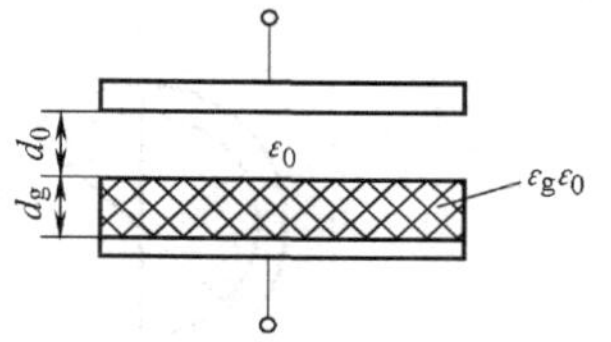

式中，ε_g 为云母的相对介电常数，$\varepsilon_g = 7$；ε_0 为空气的介电常数；d_g 为云母片的厚度；d_0 为空气隙厚度。

云母的介电常数为空气的 7 倍，击穿电压不小于 10^3 kV/mm，而空气的击穿电压仅为 3kV/mm。即使厚度为 0.01mm 的云母片，它的击穿电压也不小于 10kV。因此在极板间加入云母片，极板间的初始距离 d_0 可以大大减小。同时，式 (2-54) 分母中的 $d_g/(\varepsilon_g \varepsilon_0)$ 项是定值，它能使传感器输出特性的线性度得到改善，只要云母片厚度选取得当，就能获得较好的线性关系。一般电容式传感器的起始电容在 2 ~ 30pF 之间，极板距离在 25 ~ 200μm 的范围内，最大位移应该小于极板距离的 1/10。

图 2-30 放置云母片的电容器

在实际应用中，为了提高传感器的灵敏度和克服某些外界因素（例如电源电压、环境温度等）对测量的影响，常常把传感器做成差动的形式，其原理如图 2-31 所示。当动极板移动后，C_1 和 C_2 呈差动变化，即其中一个电容量增加，而另一个电容量则相应减少，这样可以消除外界因素所造成的测量误差。

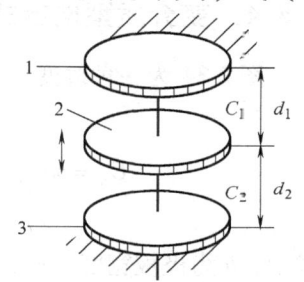

图 2-31 差动电容传感器
1、3—定极板 2—动极板

2.5.3 变极板面积型电容式传感器

图 2-32 是一只角位移电容式传感器的原理图。当动极板移动 θ 角度时，与定极板的重合面积就发生改变，从而改变了两极板间的电容量。当 $\theta = 0°$ 时

$$C_0 = \frac{\varepsilon_1 A}{d} \tag{2-55}$$

式中，ε_1 为介电常数。当 $\theta \neq 0$ 时

$$C_1 = \frac{\varepsilon_1 A (1 - \theta/\pi)}{d} = C_0 - C_0 \frac{\theta}{\pi} \tag{2-56}$$

可以看出，这种形式的传感器电容量 C 与角位移 θ 成线性关系。

图 2-33 为圆柱形电容式位移传感器。在初始位置（即 $d = 0$）时，动、定极板相互覆盖，此时电容

$$C_0 = \frac{\varepsilon_1 l}{1.8 \ln(D_0/D_1)} \tag{2-57}$$

式中，l、D_0 和 D_1 分别是动极板长度（cm）、直径（mm）和定极板直径（mm）。当动极板移动 a 后，有

$$C = C_0 - C_0 \frac{a}{l} \tag{2-58}$$

即 C 与 a 呈线性关系。采用圆柱形电容器的原因，主要是考虑到动极板稍作径向移动时不影响其输出特性。

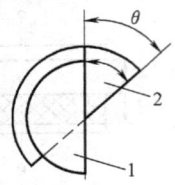

图 2-32　电容式角位移传感器原理
1—定极板　2—动极板

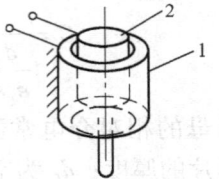

图 2-33　圆柱形电容传感器
1—定极板　2—动极板

2.5.4　变介质型电容式传感器

图 2-34 为一种改变工作介质的电容式传感器，当发生位移 a 时，其电容量为

$$C = C_A + C_B \tag{2-59}$$

$$C_A = ba\frac{1}{\dfrac{d_2}{\varepsilon_2}+\dfrac{d_1}{\varepsilon_1}},\ C_B = b(l-a)\frac{1}{\dfrac{d_1+d_2}{\varepsilon_1}} \tag{2-60}$$

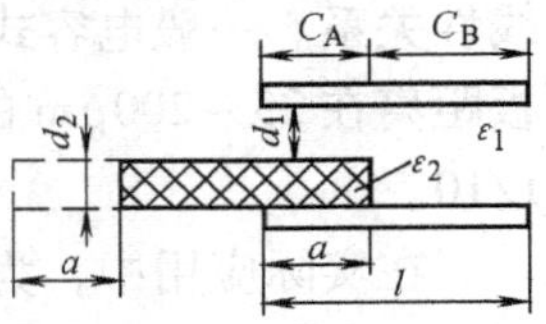

式中，b 为极板宽度；ε_1、ε_2 分别为空气和介质的介电常数。

设在电极中无介质时的电容量为 C_0，即 $C_0 = \varepsilon_1[bl/(d_1+d_2)]$。

把 C_A、C_B 和 C_0 代入式（2-59）可得

图 2-34　并联式变介电常数电容传感器

$$C = ba\frac{1}{\dfrac{d_2}{\varepsilon_2}+\dfrac{d_1}{\varepsilon_1}} + b(l-a)\frac{1}{\dfrac{d_1+d_2}{\varepsilon_1}} = C_0 + \frac{C_0}{l}\frac{(\varepsilon_2-\varepsilon_1)d_2}{(\varepsilon_2 d_1+\varepsilon_1 d_2)}a \tag{2-61}$$

式（2-61）表明，电容 C 与位移 a 呈线性关系。

对于电容式传感器的三种类型，均可分为线位移和角位移两种。每一种又依据传感器的形状不同分成平板型和圆筒型两种类型。电容式传感器也还有其他的形状，但一般很少见。

一般来说，差动式电容传感器要比单片式的传感器好，具有灵敏度高、稳定性高等优点。绝大多数电容式传感器可制成一极多板的形式，几层重叠板组成的多片型电容传感器的电容量是单片电容器的（$n-1$）倍。

2.5.5　电容式传感器等效电路

电容式传感器的等效电路可以用图 2-35 中的电路表示，图中考虑了电容器的损耗和电感效应，R_p 为并联损耗电阻，它代表极板间的泄漏电阻和介质损耗。这些损耗在低频时影响较大，随着工作频率增高，容抗减小，损耗电阻的影响就减弱。R_s 代表串联损耗，即引线电阻、电容器支架和极板的电阻。电感 L 由电容器本身的电感和外部引线电感组成。

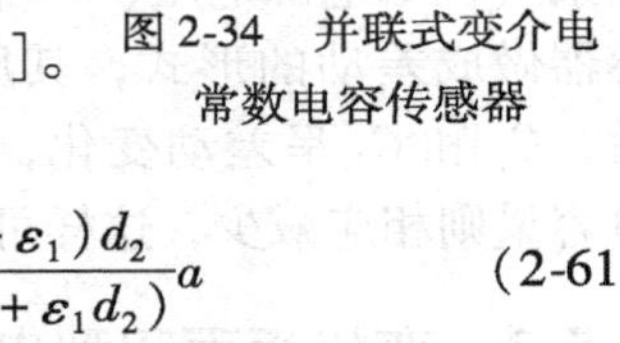

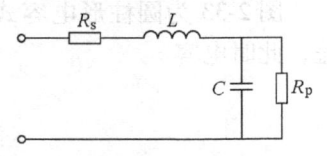

图 2-35　电容式传感器的等效电路

由图 2-35 可知，等效电路有一个谐振频率，通常为几十兆

赫。当工作频率等于或接近谐振频率时,谐振频率就破坏了电容的正常工作状态。因此,应该选择低于谐振频率的工作频率,否则电容传感器不能正常工作。

2.6 压电式传感器

压电式传感器是根据压电效应制作的传感器,可以实现压力、加速度、转矩等物理量的测量。压电式传感器是一种典型的有源传感器,又称自发电式传感器,适用于动态变化的物理量检测,其优点是灵敏度高、信噪比高、结构简单等。压电式传感器广泛用于工程力学、生物医学、电声学等领域。

2.6.1 压电效应和压电材料

1. 压电效应

当沿物质的某一方向施加压力或拉力时,该物质将产生变形,使其两个表面产生符号相反的电荷;当去掉外力后,它又重新回到不带电状态,这种现象被称为压电效应,也称为"顺压电效应"。反之,在某些物质的极化方向上施加电场,它会产生机械变形,当去掉外加电场后,变形也随之消失,这种现象称为电致收缩效应,也称"逆压电效应"。具有压电效应的物质称为压电材料或压电晶体,在自然界中,大多数晶体都具有压电效应,但很多晶体的压电效应十分微弱。随着对压电材料的深入研究,发现石英晶体、钛酸钡、锆钛酸铅等人造压电陶瓷是性能优良的压电材料。

压电效应分三种类型,即纵向压电效应、横向压电效应和切向压电效应,如图 2-36 所示。

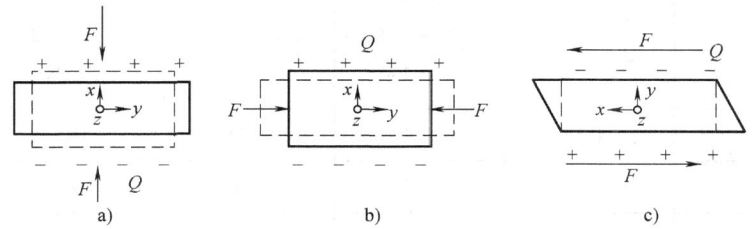

图 2-36 压电晶体的三种压电效应
a) 纵向压电效应 b) 横向压电效应 c) 切向压电效应

图 2-36a 为纵向压电效应,电荷 Q 与作用力 F 成正比,与石英元件尺寸无关;图 2-36b 为横向压电效应,电荷与作用力和石英尺寸均有关;图 2-36c 为切向压电效应,电荷 Q 与剪切力 F 成正比。

2. 压电材料简介

压电材料可分为压电单晶材料、压电多晶材料(压电陶瓷)和压电有机材料。它们都具有较好的压电特性:压电常数大,力学性能优良,时间稳定性好,温度稳定性好等,是比较理想的压电材料。

(1)压电单晶体 石英晶体是一种压电单晶体,有天然和人造石英之分,前者经历亿万年老化，性能更稳定。石英的化学成分为 SiO_2，压电常数 $d_{11}=2.31\times 10^{-12}C/N$。在几百摄氏度的温度范围内，压电常数稳定不变，固有频率 f_0 十分稳定，能承受 700~1000MPa 的压力，是理想的压电材料。

除了上述压电材料外，还有水溶性压电晶体，如酒石酸钾钠（$NaKC_4H_4O_6\cdot 4H_2O$）、酒石酸乙烯二铵（$C_6H_4N_2O_6$）、磷酸二氢钾（KH_2PO_4，正方晶系）、磷酸二氢氨（$NH_4H_2PO_4$，正方晶系）；钽酸锂（$LiTaO_3$，三方晶系）。

(2) 压电陶瓷　压电陶瓷是人造多晶系压电材料，可分为二元系压电陶瓷和三元系压电陶瓷。常用的压电陶瓷有钛酸钡、锆钛酸铅、铌酸盐系压电陶瓷。它们的压电常数比石英晶体高，如钛酸钡（$BaTiO_3$）的压电常数 $d_{33}=190\times 10^{-12}C/N$，是石英晶体的几十倍。压电陶瓷的品种多，性能各异，可根据它们自身的特点制作各种压电传感器，这是一种很有发展前途的压电材料。压电陶瓷的缺点是介电常数、力学性能不如石英好。

(3) 高分子压电材料　某些高分子聚合物薄膜经拉伸延展和电场极化处理后具有压电性，这类薄膜称做高分子压电薄膜。常用的高分子压电薄膜有 PVF_2（聚二氟乙烯）、PVF（聚氟乙烯）、PVC（聚氯乙烯）、PMG（聚 R 甲基-L 谷氨酸酯）、聚碳酸酯和尼龙 11 等。高分子压电材料与 PZT 无机材料比较，单位应力所产生的电压大，灵敏度高。另外，高分子材料的声阻抗远小于无机材料，是做水声传感器和生物医用传感器很好的材料。常用压电材料性能如表 2-3 所示。

表 2-3　常用压电材料性能

压电材料 性　能	石英	钛酸钡	锆钛酸铅 PZT-4	锆钛酸铅 PZT-5	锆钛酸铅 PZT-8
压电常数（pC/N）	$d_{11}=2.31$ $d_{14}=0.73$	$d_{15}=260$ $d_{31}=-78$ $d_{33}=190$	$d_{15}\approx 410$ $d_{31}=-100$ $d_{33}=230$	$d_{15}\approx 670$ $d_{31}=-185$ $d_{33}=600$	$d_{15}\approx 330$ $d_{31}=-90$ $d_{33}=200$
相对介电常数 ε	4.5	1200	1050	2100	1000
居里点温度/°C	573	115	310	260	300
密度/($10^3 kg/m^2$)	2.65	5.5	7.45	7.5	7.45
弹性模量/10^9 MPa	80	110	83.3	117	123
机械品质因素	$10^5\sim 10^6$	—	$\geqslant 500$	80	$\geqslant 800$
最大安全应力/($10^5 N/m^2$)	95~100	81	76	76	83
体积电阻度/($\Omega\cdot m$)	$>10^{12}$	$10^{10}(25°C)$	$>10^{10}$	$10^{11}(25°C)$	—
最高允许温度/°C	550	80	250	250	—

2.6.2　石英晶体的压电特性

石英晶体是单晶结构，其形状为六角形晶柱，如图 2-37 所示。石英晶体在各个方向的特性并不相同，z 轴为晶体的光轴，与六个平行面平行的方向，沿 z 轴方向施加作用力不产生压电效应，光线通过 z 轴时不发生折射；x 轴为电轴，它垂直于光轴 z，x 轴平行于相邻棱柱面内夹角的等分线,沿 x 轴施加作用力时产生的压电效应最强,此时的压电效应称为纵向压电效应;y 轴为机械轴,垂直于 z 轴和 x 轴组成的平面,在电场作用下,沿 y 轴方向产生的机械变形最明显,y 轴施加作用力时产生的压电效应称为横向压电效应。

若从石英晶体上沿 y 方向切下一块如图 2-37b 所示的晶体片,当在电轴方向施加作用力 F_x 时,在与电轴(x)垂直的平面上将产生电荷 q_x,其大小为

$$q_x = d_{11} F_x \tag{2-62}$$

式中,d_{11} 为 x 轴方向受力的压电常数;F_x 是作用力。

若在同一切片上,沿机械轴 y 方向施加作用力 F_y,则在与 x 轴垂直的平面上仍将产生电荷,其大小为

$$q_y = d_{12} \frac{a}{b} F_y = -d_{11} \frac{a}{b} F_y \tag{2-63}$$

式中,d_{12} 为 y 轴方向的压电常数,因为石英晶体轴对称,所以 $d_{12} = -d_{11}$;a、b 分别为晶体片的长度和厚度。电荷 q_x 和 q_y 的符号由作用力的方向决定。q_x 与晶体几何尺寸无关,而 q_y 则与晶体几何尺寸有关。

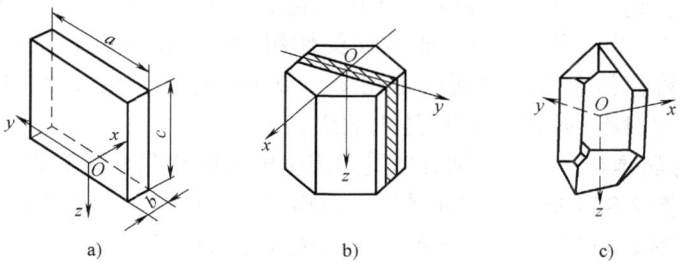

图 2-37 石英晶体
a) 沿 x 方向切割 b) 晶轴 c) 晶体外形

为了解石英的压电效应及其各向异性的原因,将一个晶体单元中的硅离子和氧离子在垂直于 xy 平面上的投影,等效为图 2-38a 中的正六边形排列。图中"⊕"表示 Si^{4+} 离子,"⊖"代表氧离子 $2O^{2-}$,在一个晶体单元中有 3 个 Si^{4+} 和 6 个 $2O^{2-}$,它们交替排列。

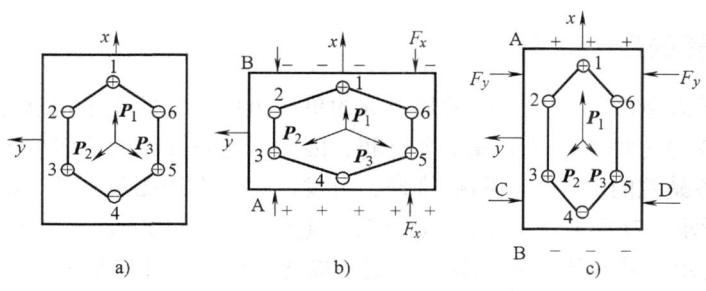

图 2-38 石英晶体压电模型
a) 未受力 b) x 轴方向受力 c) y 轴方向受力

当石英晶体未受外力作用时,带有4个正电荷的Si^{4+}和带有4个负电荷的$2O^{2-}$正好分布在正六边形的顶角上,形成三个大小相等,互呈120°夹角的电偶极矩P_1、P_2和P_3,如图2-38a所示。电偶极矩定义为电荷q与正负电荷间距l的乘积$P=ql$,电偶极矩方向从负电荷指向正电荷。此时,正、负电荷中心重合,电偶极矩矢量和等于零,即$P_1+P_2+P_3=0$,电荷平衡,所以晶体表面不产生电荷,呈电中性。

当石英晶体受到沿x轴方向的压力作用时,将产生压缩变形,正负离子的相对位置随之变动,正负电荷中心不再重合,如图2-38b所示。硅离子1被挤入氧离子2和6之间,氧离子4被挤入硅离子3和5之间,电偶极矩在x轴方向的分量$(P_1+P_2+P_3)_x<0$,结果表面A上呈负电荷,B上呈正电荷;如果在x轴方向施加拉力,A、B面上电荷符号将与图2-38b所示的电荷符号相反。这种沿x轴施加力,而在垂直于x轴晶面上产生电荷的现象,即为前面所说的"纵向压电效应"。

当石英晶体受到沿y轴方向的压力作用时,晶体产生如图2-38c所示的变形。电偶极矩在x轴方向的分量$(P_1+P_2+P_3)_x>0$,即硅离子3和氧离子2以及硅离子5和氧离子6都向内移动同样数值;硅离子1和氧离子4向A、B面扩伸,所以C、D面上不带电荷,而A、B面分别出现正、负电荷。如果在y轴方向施加拉力,A、B表面上电荷符号将与图2-38c所示的电荷符号相反。这种沿y轴施加力,而在垂直于y轴的晶面上产生电荷的现象即为前述的"横向压电效应"。当石英晶体在z轴方向受作用力时,由于硅离子和氧离子对称平移,正、负电荷中心始终保持重合,电偶极矩在x、y方向的分量为零,所以表面无电荷出现,故沿光轴方向施加力时石英晶体不产生压电效应。

图2-39所示为晶体在x轴和y轴方向受力产生电荷的情况。图2-39a是x轴方向受压力时电荷分布情况,图2-39b是x轴方向受拉力时电荷分布情况,图2-39c是y轴方向受压力时电荷分布情况,图2-39d是y轴方向受拉力时电荷分布情况。

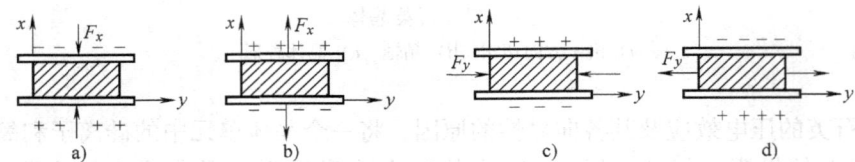

图2-39 晶体片上电荷极性与受力方向的关系
a) x方向受压力 b) x方向受拉力 c) y方向受压力 d) y方向受拉力

2.6.3 压电陶瓷的压电现象

压电陶瓷属于人造多晶体,是由无数微细的单晶组成,它的压电机理与石英晶体并不相同。压电陶瓷材料内的每个单晶形成单个电畴,因此压电陶瓷中有许多自发极化的电畴。在极化处理以前,各晶粒内电畴方向随机排列,自发极化的作用相互抵消,陶瓷内极化强度为零,如图2-40a所示。在陶瓷上施加外电场时,电畴自发极化方向转到与外加电场方向一致,如图2-40b所示,此时压电陶瓷具有一定的极化强度。当外电场撤消后,各电畴的自发极化在一定程度上按原外加电场方向取向,陶瓷极化强度并不立即恢复到零,如图2-40c所示,存在一定的剩余极化强度,使得陶瓷片两端出现束缚电荷,一端为正,另一端为负,如图2-41所示。在束缚电荷的作用下,在陶瓷片的极化两端很快吸附一层来自外界的自由电荷，最终束缚电荷将与自由电荷数值相等、极性相反，因此陶瓷片对外不呈现极性。

如果在压电陶瓷片上加一个与极化方向平行的外力，陶瓷片产生压缩变形，片内的束缚电荷之间的距离变小，电畴发生偏转，极化强度变小，因此，吸附在压电陶瓷表面的自由电荷有一部分被释放而呈放电现象。当撤消压力时，陶瓷片恢复原状，极化强度增大，因此又吸附一部分自由电荷而呈充电现象。在压电陶瓷工作时，吸、放的电量与外力成正比关系，即

$$q = d_{33}F \tag{2-64}$$

式中，d_{33} 为压电陶瓷的压电常数；F 为作用力。

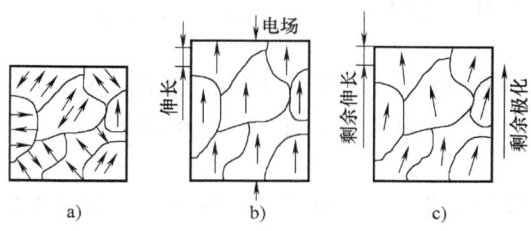
图 2-40　BaTiO$_3$ 压电陶瓷的极化
a) 极化前　b) 极化　c) 极化后

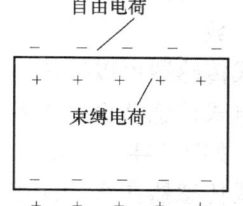
图 2-41　压电陶瓷电荷排列图

2.6.4　压电式传感器等效电路和测量电路

1. 压电晶片的连接方式

压电式传感器的物理基础是压电效应，外力作用使压电材料产生电荷，该电荷只有在无泄露的情况下才会长期保存，这就要求测量电路具有无限大的输入阻抗，而实际上这是不可能的，所以压电传感器不宜作静态测量，只能在其上不断加交变作用力，电荷才能不断得到补充。使用压电式传感器时，可采用两片或两片以上的压电晶片粘贴在一起。由于压电晶片有电荷极性，因此连接方式有并联和串联两种，如图 2-42 所示。

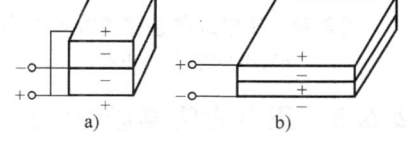
图 2-42　压电片的连接方式
a) 并联　b) 串联

并联连接的压电式传感器的输出电容 C' 和极板上的电荷 q' 分别为单块晶体片的 2 倍，而输出电压 U 与单块晶体片上的电压 U 相等，即：$q' = 2q$，$C' = 2C$，$U' = U$。串联连接式压电传感器输出总电荷 q' 等于单块晶体片上的电荷，输出电压为其 2 倍，总电容应为其 1/2，即：$q' = q$，$C' = C/2$，$U' = 2U$。

由此可见，并联接法虽然输出电荷大，但由于本身电容也大，故时间常数大，只适宜低频信号的测量、输出电荷的情况；串联接法输出电压高，本身电容小，适宜于输出电压、测量电路输入阻抗很高的地方。

在加工压电式传感器时，要使压电晶片有一定的预应力。这是因为压电晶片在加工时即使磨得很光滑，也难以保证接触面的绝对平坦，如果没有足够的压力，就不能保证全面的均匀接触，将影响压电传感器的灵敏度。压电传感器的灵敏度在出厂时已作标定，但随着使用时间的增加会有些变化，为了保证传感器的测量精度，最好每隔半年进行一次灵敏度校正。石英晶体的长期稳定性很好，灵敏度不变，故无需校正。

2. 压电式传感器的等效电路

当压电晶体片受力时，在晶体片的两个表面上聚集着等量的正、负电荷，晶体片的两表面相当于电容的两个极板，两极板间的物质等效于介质，因此压电晶体片相当于一只平行板电容器，如图2-43所示。其电容为

$$C_e = \frac{\varepsilon S}{d} \quad (2\text{-}65)$$

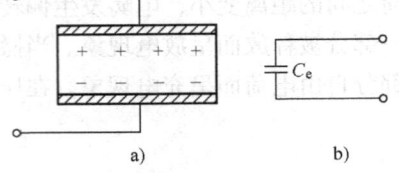

图 2-43 压电晶体片的等效电路
a) 结构图 b) 电路图

式中，S 为极板面积；d 为压电晶体片厚度；ε 为压电材料的介电常数。

压电式传感器可以等效为一个电压源 $U = q/C_e$ 和一只电容 C_e 串联的电路，如图2-44a所示。压电式传感器也可等效为一个电荷源与电容的并联电路，此时，该电路被视为一个电荷发生器，如图2-44b所示。

压电式传感器在实际使用时总是要与测量仪器或测量电路相连接，因此还必须考虑连接电缆的等效电容 C_c、放大器的输入电阻 R_i 和输入电容 C_i，这样压电式传感器在测量系统中的等效电路就应如图2-45所示。

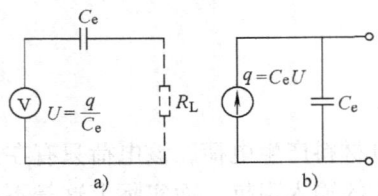

图 2-44 压电式传感器的等效电路
a) 电压源 b) 电荷源

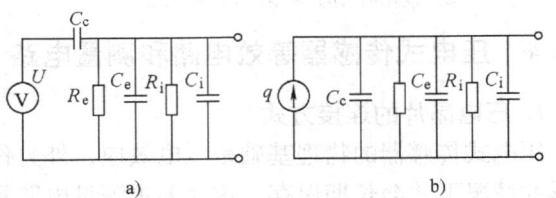

图 2-45 压电式传感器在测量系统中的等效电路
a) 电压源 b) 电荷源

2.6.5 压电式传感器的应用

压电式传感器结构简单、体积小、质量轻、功耗小、寿命长，特别是它有良好的动态特性，因此适合测量有很宽频带的周期作用力和高速变化的冲击力。

（1）力测量 压电式力传感器主要利用石英晶体的纵向和剪切的压电效应，因为石英晶体刚度大、滞后小、灵敏度高、线性好、工作频率宽、热释电效应小。力传感器除可测单向作用力外，还可以利用不同切割方向的多片晶体依靠其不同的压电效应测量多方向力，如空间作用力3个方向的分力。

（2）压力测量 压电式压力传感器主要是利用弹性元件（膜片、活塞等）收集压力变成作用于晶体片上的力，因此弹性元件所用材料的性能对传感器的特性有很大影响。

（3）加速度测量 压电式加速度传感器是利用质量块（质量为 m）由预紧力压在晶体片上，当测得减速度为 a 时，晶片上会受到惯性力 $F = ma$，由此产生压电效应。因此质量块的质量决定了传感器的灵敏度，也影响着传感器的高频响应。

造成压电式传感器误差的主要因素有：环境湿度和温度；压电材料老化；横向干扰；电缆和器件噪声等四个方面。

2.7 霍尔传感器

霍尔传感器是利用霍尔效应将磁场强度转换为电信号的一种传感器。霍尔效应自 1879 年被发现至今已有 100 多年的历史，但直到 20 世纪 50 年代，由于微电子学的发展，才被人们重视和利用并开发出了多种霍尔元件。我国从 20 世纪 70 年代开始研究霍尔器件，经过 20 余年的研究和开发，到 20 世纪 90 年代已经能生产各种性能的霍尔元件，例如普通型、高灵敏度型、低温度系数型、测温测磁型和开关式的霍尔元件。

由于霍尔传感器具有灵敏度高、线性度好、稳定性高、体积小和耐高温等特性，它已广泛应用于非电量测量、自动控制、计算机装置和现代军事技术等各个领域。

2.7.1 霍尔效应

如图 2-46 所示的一块半导体薄片，其长度为 L，宽度为 b，厚度为 d，当它被垂直置于磁感应强度为 B 的磁场中，如果在它的两边通以控制电流 I，且磁场方向与电流方向正交，则在半导体另外两边将会产生一个大小与控制电流 I 和磁场强度 B 乘积成正比的电动势 U_H，即 $U_H = K_H IB$，其中 K_H 为霍尔元件的灵敏度。这一现象称为霍尔效应，该电动势称为霍尔电动势，半导体薄片就是霍尔元件。霍尔效应是半导体中自由电荷受磁场中的洛仑兹力作用而产生的。

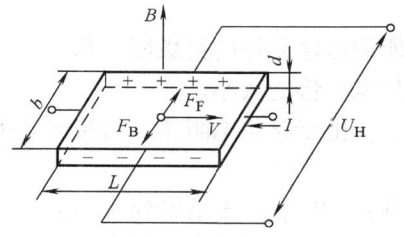

图 2-46 霍尔效应原理图

设霍尔元件为 N 型半导体，当它通以电流 I 时，半导体中的自由电荷即载流子（电子）将受到磁场中洛仑兹力 F_H 的作用，其大小为

$$F_H = -evB \tag{2-66}$$

式中，v 为电子速度；B 为垂直于霍尔元件表面的磁场强度。在磁场作用下，电子向垂直于磁场和自由电子的运动方向偏移，使半导体一端面产生负电荷积聚，另一端面则为正电荷积聚。由于电荷聚积，产生静电场，即为霍尔电场。该静电场对电子的作用力 F_E 与洛仑兹力方向相反，将阻止电子继续偏转，其大小为

$$F_E = -eE_H = -eU_H/b \tag{2-67}$$

式中，E_H 为霍尔电场；e 为电子电量。

当静电力 F_E 与洛仑兹力 K_H 相等时，电子积累达到动态平衡，即 $-evB = -eU_H/b$，有

$$U_H = bvB \tag{2-68}$$

流过霍尔元件的电流 I 为

$$I = \frac{dQ}{dt} = bdvn(-e) \tag{2-69}$$

式中，b、d 为与电流方向垂直的截面积；n 为单位体积内自由电子数（载流子浓度）。

将式（2-69）代入式（2-68）得

$$U_H = IB/ned \tag{2-70}$$

若霍尔元件为 P 型半导体，则

$$U_H = IB/ped \tag{2-71}$$

式中，p 为单位体积内空穴数（载流子浓度）。

在式（2-71）中，分别取

$$R_H = 1/pe \tag{2-72}$$

则式（2-71）将变换为

$$U_H = R_H \frac{BI}{d} \tag{2-73}$$

式中，R_H 为霍尔传感器的霍尔系数。很明显，R_H 由半导体材料的性质决定，它决定霍尔电动势的强弱，设

$$K_H = R_H/d \tag{2-74}$$

则 K_H 为霍尔元件的灵敏度，式（2-73）可写为

$$U_H = K_H IB \tag{2-75}$$

所谓霍尔元件的灵敏度（K_H），就是指在单位磁感应强度和单位控制电流作用时，输出的霍尔电动势的大小。

由于材料电阻率 ρ 与载流子浓度和其迁移率 μ 有关，即

$$\rho = 1/n\mu Q \quad 或 \quad \rho = 1/p\mu Q$$

则 $\rho = R_H/\mu$，于是得到 $K_H = \rho\mu$。由此可见，若想获得较强的霍尔电动势，材料的电阻率必须要高，且迁移率也要大。金属导体中的载流子迁移率很大，但存在电阻率低的不足；而绝缘体的电阻率很大，但存在载流子迁移率低的不足。因此，只有半导体材料同时具有载流子迁移率大和电阻率高的特点，是用来制作霍尔传感器的理想材料。表 2-4 列出了一些霍尔元件的材料特性。霍尔电动势除了与材料载流子的迁移率和电阻率有关外，同时还与霍尔元件的几何尺寸有关。一般要求霍尔元件灵敏度越大越好；霍尔元件的厚度 d 与 K_H 成反比，因此，霍尔元件的厚度越小，灵敏度越高。当霍尔元件的宽度 b 加大，或 L/b 减小时，载流子在偏转过程中的损失将加大，使 U_H 下降。通常要对式（2-73）加以形状效应修正。

表 2-4 霍尔元件的材料特性

材料	迁移率/[cm²/(V·s)]		霍尔系数 R_H /(cm²/C)	禁带宽度 /eV	霍尔电动势温度系数/(%/℃)
	电子	空穴			
Ge1	3600	1800	4250	0.60	0.01
Ge2	3600	1800	1200	0.80	0.01
Si	1500	425	2250	1.11	0.11
InAs	28000	200	570	0.36	-0.1
InSb	75000	750	380	0.18	-2.0
GaAs	10000	450	1700	1.40	0.02

$$U_H = R_H \frac{1}{d} IB f(L/b)$$

式中，$f(L/b)$ 为形状效应系数，其修正值见表 2-5。

表 2-5 形状效应系数

参数	取值						
L/b	0.5	1.0	1.5	2.0	2.5	3.0	4.0
$f(L/b)$	0.370	0.675	0.841	0.923	0.967	0.984	0.996

2.7.2 霍尔元件的主要技术参数

1. 额定功耗 P_0

霍尔元件在环境温度 $T=25℃$ 时,允许通过霍尔元件的电流 I 和电压 U 的乘积,分最小、典型、最大三档,单位为 mW。当供给霍尔元件的电压确定后,根据额定功耗可以计算出额定控制电流 I,因此有些产品仅提供额定控制电流,不给出额定功耗 P_0。

2. 输入电阻 R_i 和输出电阻 R_o

R_i 是指控制电流极之间的电阻值,R_o 指霍尔元件电极间的电阻,单位为 Ω。R_i 和 R_o 可以在无磁场,即 $B=0$ 时,用欧姆表等测量,一般为 $100\sim2000\Omega$,且输入电阻略大于输出电阻。

3. 不平衡电动势 E

在额定控制电流 I 之下,不加磁场时,霍尔电极间的空载霍尔电动势称为不平衡(不等)电动势,单位为 mV。不平衡电动势和额定控制电流 I 之比为不平衡电阻 r_o。有些产品也提供不平衡电阻参数值。

4. 霍尔电动势温度系数 a

在一定的磁感应强度和控制电流下,温度每变化 1℃ 时,霍尔电动势变化的百分率称为霍尔电动势温度系数 a,单位为 (%/℃)。如果工作的环境温度很高,则需采用温度补偿电路。

5. 内阻温度系数 β

霍尔元件在无磁场及工作温度范围内,温度每变化 1℃ 时,输入电阻 R_i 与输出电阻 R_o 变化的百分率称为内阻温度系数 β,单位为 1/℃,一般取不同温度时的平均值。

6. 灵敏度 K_H

其定义见式(2-74),有时某些产品给出无负载时的灵敏度,即在一定控制电流和强度磁场下,输出开路时元件的灵敏度。

砷化镓(GaAs)是一种十分理想的霍尔器件半导体材料,具有灵敏度高、电子迁移率大、温度稳定性好的优点,N 型锗(Ge)的加工简单、综合性能好,也是常用的霍尔器件半导体材料。此外,常用的霍尔元件半导体材料还包括锑化铟(InSb)、砷化铟(InAs)等。表 2-6 列出中国科学院半导体研究所生产的砷化镓(GaAs)霍尔元件的主要技术参数。

表 2-6 砷化镓霍尔元件的主要技术参数

性能	符号	测试条件($T=25℃$)	最小值	典型值	最大值	单位
额定功耗	P_0	$T=25℃$	10	25	50	mW
无负载灵敏度	K_H	$I=1\text{mA},B=0.1\text{T}$	20	200	300	mV/(mA·T)
不平衡电动势	V_o	$I=1\text{mA},B=0\text{T}$	0.01	0.1	1.0	mV

(续)

性　能	符　号	测试条件（$T=25℃$）	最小值	典型值	最大值	单　位
输入电阻	R_i	$I=1mA$，$B=0T$	200	500	1500	Ω
输出电阻	R_o	$I=1mA$，$B=0T$	200	500	1500	Ω
磁线性度	r	$I=1mA$，$B=0\sim1T$	0.1	0.2	0.5	%
电线性度	—	$I=1\sim10mA$，$B=0.1T$	0.05	0.1	0.5	%
内阻温度系数	α	$T=0\sim150℃$	—	0.3	—	%/℃
霍尔电动势温度系数	β	$I=1mA$，$B=0.1T$，$T=0\sim150℃$	<0.5	1	5	10^{-4}/℃

2.7.3　霍尔传感器的应用

霍尔传感器主要是取恒定的控制电流，U_H 的大小反映传感器中霍尔元件所处磁场 B 的大小，被测量是通过 B 反映到 U_H 上，主要有以下几种应用。

（1）微位移检测　其关键是建立一个对横轴有梯度的磁场，当通有恒定控制电流的霍尔元件移动到此磁场的不同位置处时，就有与 B 大小相对应的 U_H 输出，由此可以检测到横轴方向的位移。当然若此位移是由压力导致弹性元件变形，那么 U_H 的大小就可以反映压力；若是某振动源推动霍尔元件在此磁场中振动，那么 U_H 的大小就可反映此振动。

（2）磁探伤　这是一种无损检测。对于顺磁材料（主要是铁磁材料），若其内部出现缺陷（裂纹、气孔、夹杂物等），对其磁化时，由于这些缺陷的磁导率与材料的磁导率差异很大，因此使磁力线的分布发生改变，部分磁力线在缺陷处会因其磁导率低而离开材料，泄漏到空气中。缺陷越严重，泄露越多，用霍尔元件来检测此泄露磁通，得到 U_H 输出，由此来指出缺陷部位和严重程度。

（3）无接触发信　通入恒定控制电流的霍尔元件，其输出 U_H 出现的变动可反映其所处磁场发生的变化，而磁场的变化是由被测量的作用所导致的。如：①霍尔元件所处的磁场中某导磁体在被测量的作用下发生变化（消失、出现或移动等）；②产生磁场的磁铁与元件间发生相对移动，这些常用于对导磁体的计数、转数的测量或往复运动的记录，以及做接近开关等。

2.8　光电式传感器

将被测量参数转换成电参量——电动势（电流、电荷），除了利用前述的电磁感应、热电、热释电、压电霍尔等效应外，光电效应的应用也有着极其重要的作用。其原因是被转换的光信号本身可能就是一个带有被监测信息的信号（如辐射测温），此外，当光作为载体时，可按照几何光学和物理光学的原理，通过种种办法使光接受被测参数的调制，令光的幅值、相位、频率乃至偏振态等发生变化，这些变化均可用来反映被测参数量值的变化，这样就在检测技术中形成了光电检测的重要分支。这种检测有如下突出的优点：①非接触，几乎不干扰被测对象；②光信号的传播保密性好，防爆，抗电磁干扰，且便于遥测；③响应速度快，通常可达到 $10^{-1}\sim10^{-6}$ s；④高准确度、高分辨率；⑤检测区域宽，可测某一点或被测对象整体；⑥容易实现自动、连续检测；⑦检测对象宽广，可作大量相关应用。

但是，这种检测方法也存在如下缺点：①受背景光、外界干扰光的影响大；②对光信号的相位、频率、偏振态的测量比较困难；③一般信号比较微弱，因此转换和处理比较困难；④使用的温度范围小，不能用于高温环境。

正因为如此，在构成光电式检测系统时，不仅要研究检测方法本身，还要特别注意光电传感器（习惯上称为光电探测器）的使用条件。这使系统中除了有对微弱信号的变换、放大、处理外，还常应用各种检测补偿措施，因此系统比较复杂。

光电式传感器是一种能量转换型传感器，它将光能转换成电能。根据工作原理不同，可将光电式传感器分为四类：①利用光电效应的光电式传感器，如光电倍增管、光电阻等；②利用材料对红外线的选择性吸收制成的红外热释电探测器；③利用光电转换成像的 CCD 图像传感器和 MOS 图像传感器；④光纤传感器。光电式传感器具有高精度、高分辨率、高可靠性、高抗干扰能力等优点，除了可以用来测量光信号外，还可间接测量温度、压力、速度、加速度等物理量，在工业各个领域均有广泛的应用。

2.8.1 光电效应传感器

1. 光电效应

光电效应分为外光电效应和内光电效应两大类。

（1）外光电效应 在光线的作用下，物体内的电子逸出物体表面向外发射的现象称为外光电效应。向外发射的电子叫光电子。众所周知，光子是具有能量的粒子，每个光子具有的能量可由下式确定

$$E = h\nu \tag{2-76}$$

式中，h 为普朗克常数，其值为 $6.626 \times 10^{-34} \text{J} \cdot \text{s}$；$\nu$ 为光的频率（s^{-1}）。

物体中的电子吸收了入射光子的能量，当足以克服逸出功 A_0 时，电子就逸出物体表面，产生光电子发射，此时光子能量 $h\nu$ 必须超过逸出功 A_0，超出的能量表现为光电子的动能。根据能量守恒定理

$$h\nu = \frac{1}{2}mv_0^2 + A_0 \tag{2-77}$$

式中，m 为电子质量；v_0 为电子逸出速度。该方程称为爱因斯坦光电效应方程。

（2）内光电效应 当光照射在物体上，使物体的电导率（$1/R$）发生变化，或产生光生电动势的效应叫内光电效应，内光电效应可分为光电导和光生伏特效应两类。

1）光电导效应。在光线作用下，电子吸收的光子能量从键合状态过渡到自由状态，而引起材料电导率的变化。这种现象被称为光电导效应，光敏电阻就是基于光电导效应制作的光电器件。

当光照射到光电导体上时，若这个光电导体为本征半导体材料，而且光辐射能量又足够强，光电导体材料价带上的电子将被激发到导带上去，如图 2-47 所示，从而使导带的电子和价带的空穴增加，致使光电导体的电导率变大。为了实现能级的跃迁，入射光的能量必须大于光电导材料的禁带宽度 E_g，即

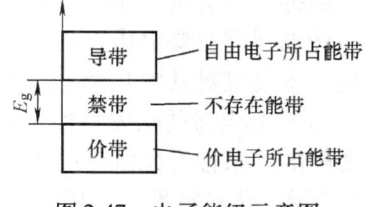

图 2-47 电子能级示意图

$$h\nu = \frac{hc}{\lambda} = \frac{1.24}{\lambda} \geqslant E_g \tag{2-78}$$

式中，ν、λ 分别为入射光的频率和波长。该式说明，对于一种光电导体材料，总存在一个光波长限 λ_o，只有波长 $< \lambda_o$ 的光照射在光电导体上，才能产生电子能级间的跃迁，从而使光电导体的电导率增加。

2）光生伏特效应。在光线作用下能够使物体产生一定方向电动势的现象称为光生伏特效应，基于光生伏特效应的光电器件有光电池和光敏二极管、光敏晶体管。

①势垒效应（结光电效应）。半导体 PN 结中，当光线照射其接触区域时，便产生光电动势，这就是结光电效应。以 PN 结为例，光线照射 PN 结时，设光子能量大于禁带宽度 E_g，使价带中的电子跃迁到导带而产生电子空穴，在阻挡层内电场的作用下，被光激发的电子移向 N 区外侧，被光激发的空穴移向 P 区外侧，从而使 P 区带正电，N 区带负电，形成光电动势。

②侧向光电效应。当半导体光电器件受不均匀光照时，载流子浓度梯度将会产生侧向光电效应。半导体的光照部分吸收入射光子的能量便产生电子空穴对，使得该部分载流子浓度比未受光照部分的大，就出现了载流子浓度梯度，因而使载流子进行扩散。一般电子迁移率比空穴大，空穴的扩散不明显，则电子向未被光照部分扩散，就造成光照射的部分带正电，未被光照射的部分带负电，光照部分与未被光照部分产生了光电动势的现象。

以上是各种光电效应产生的机理，利用外光电效应和内光电效应可制作各种光电器件。

2. 光电管

光电管是利用外光电效应制作的器件，有真空、充气光电管两类，其结构与电路见图 2-48。它们由一个阴极和一个阳极构成，密封在真空玻璃管内。阴极装在玻璃管内壁上，其上涂有光电发射材料。阳极通常用金属丝弯成矩形或圆形，置于玻璃管中央。当光照射阴极时，中央阳极可收集从阴极上逸出的电子，在外电场的作用下形成电流 I，如图 2-48b 所示。充气光电管内充有少量的惰性气体，如氩或氖，当阴极被光照射后，光电子在飞向阳极的途中和气体的原子发生碰撞而使气体电离，增加了光电流，从而使光电管的灵敏度增加。但是，充气光电管的光电流与入射光强度不成比例

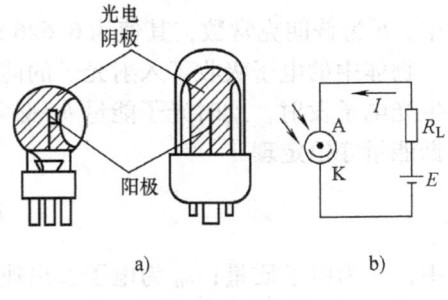

图 2-48 光电管
a) 结构 b) 电路

关系，因而存在稳定性较差、惰性大、容易衰老等缺点。目前，由于放大技术的提高，真空式光电管的灵敏度也不断提高。在自动检测仪表中，由于要求温度影响小和灵敏度稳定，所以一般都采用真空式光电管。

光电器件主要由伏安特性、光照特性、光谱特性、响应时间、峰值探测率和温度特性来描述，本书仅对其中几个主要的特性作简单叙述。

（1）光电管的伏安特性 在一定的光照射下，光电器件阳极所加电压与阳极产生的电流之间的关系称为光电管的伏安特性。真空和充气光电管的伏安特性分别如图 2-49a 和图 2-49b 所示，伏安特性是使用光电传感器时应考虑的主要性能指标。

（2）光电管的光照特性 当光电管的阳极和阴极之间加一定电压时，光通量与光电流

之间的关系称为光照特性，如图 2-50 所示。曲线 1 表示氧铯阴极光电管的光照特性，光电流 I 与光通量呈线性关系，曲线 2 为锑铯阴极的光电管光照特性，它呈非线性关系。光照特性曲线的斜率（光电流与入射光光通量之比）称为光电管的灵敏度。

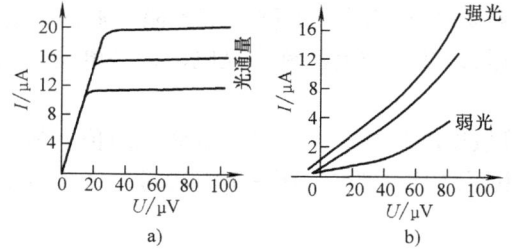

图 2-49 光电管的伏安特性
a) 真空光电管　b) 充气光电管

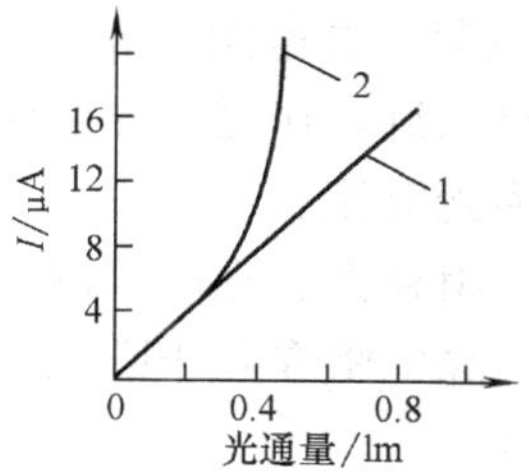

图 2-50 光电管的光电特性

（3）光电管的光谱特性　对于光电阴极材料不同的光电管，其红限频率 ν_0 也不同，因此它们可用于不同光谱的检测，这就是光电管的光谱特性。对不同波长的光，应选用不同材料的光电阴极。国产 GD-4 型光电管的阴极由锑铯材料制成，其红限 $\lambda_0 = 70\text{nm}$，它对可见光范围的入射光的灵敏度高，转换效率可达 25%～30%，这种管子适用于白光源，因而被广泛应用于各种自动检测仪表中。对红外光源，常用银氧铯阴极，构成红外探测器。对紫外光源，常用锑铯和镁镉阴极。另外，锑钾钠铯材料的光谱范围较宽，为 300～850nm，灵敏度也较高，与人的视觉光谱特性很接近，是一种新型的光电阴极材料。有些光电管的光谱特性和人的视觉差异很大，因而这些光电管可以担任人眼所不能胜任的工作，如坦克和装甲车上的夜视镜等。

3. 光敏电阻

光敏电阻是利用光敏材料的内光电效应制作的一种光敏元件，它是一种体型元件，由于光电导效应仅限于表面薄层，因此光敏半导体材料一般都做成薄层，光敏电阻的结构见图 2-51a，在玻璃底板上均匀地涂上薄薄的一层半导体物质，半导体的两端装上金属电极，使电极与半导体层有可靠的接触，然后，将它们压入塑料封装体内。为了防止周围介质的污染，在半导体光敏层上覆盖一层漆膜，漆膜成分的选择应该使它在光敏层最敏感的波长范围内透射率最大。把光敏电阻连接到外电路上，在外加电压的作用下，用光照射就能改变电路中电流的大小，见图 2-51b 所示的接线电路。

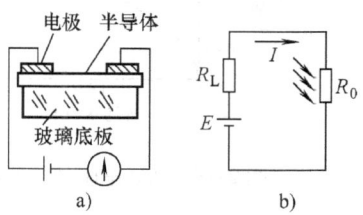

图 2-51 光敏电阻
a) 结构　b) 电路

光敏电阻在受到光的照射时，由于内光电效应使其导电性能增强，电阻 R_0 值下降，所以流过负载电阻 R_L 的电流及其两端电压也随之变化。光线越强，电流越大。当光照停止时，光电效应消失，电阻恢复原值，因而可将光信号转换为电信号。

并非一切纯半导体都能显示出光电特性，对于不具备这一条件的物质可以加入杂质使之具备光电效应，如硫化镉、硫化铊、硫化铋、硒化铅、碲化铅等。光敏电阻的使用取决于它的性能，如暗电流、光电流、伏安特性、光照特性、光谱特性、频率特性、温度特性以及灵敏度、时间常数和最佳工作电压等。

由于光敏电阻具有灵敏度高、光谱特性好、使用寿命长、稳定性能好、体积小以及制造工艺简单的优点，所以被广泛地用于自动化技术中。

（1）暗电阻、亮电阻与光电流　光敏电阻在未受到光照时阻值称为暗电阻，此时流过的电流称为暗电流。在受到光照时的电阻称为亮电阻，此时的电流称为亮电流，亮电流与暗电流之差称为光电流。

一般暗电阻越大、亮电阻越小，光敏电阻的灵敏度就越高。光敏电阻的暗电阻值一般在兆欧数量级，亮电阻在几千欧以下。暗电阻与亮电阻之比一般在 $10^2 \sim 10^6$ 之间，这个数值是相当可观的。

（2）光敏电阻的伏安特性　伏安特性描述的是光敏电阻两端电压与光电流之间的关系。一般光敏电阻，如硫化铅、硫化铊的伏安特性曲线如图 2-52 所示。由该曲线可知，所加的电压越高，光电流越大，而且没有饱和现象。在给定的电压下，光电流的数值将随光照增强而增大。

（3）光敏电阻的光照特性　光敏电阻的光照特性用于描述光电流 I 和光照强度之间的关系，一般的光敏材料的光照特性可用图 2-53 所示的非线性曲线描述，可见光敏电阻不宜作线性测量元件，常用作开关式的光电转换器。

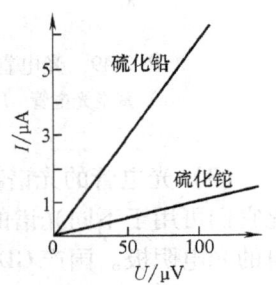

图 2-52　光敏电阻的伏安特性

（4）光敏电阻的光谱特性　光谱特性描述了光敏电阻对不同波长的光谱的选择性吸收作用，如图 2-54 所示。对于不同波长的光，光敏电阻的灵敏度也不同，因此在光敏电阻选取时，应以光源的光谱特征作为依据，如光源在可见光区域，可选用硫化镉光敏材料；光源在红外区域，可选用硫化铅光敏材料。

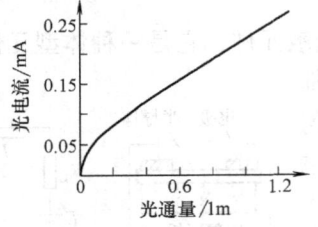

图 2-53　光敏电阻的光照特性

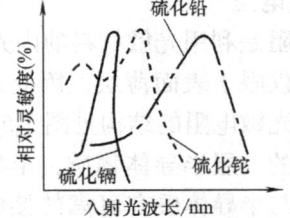

图 2-54　光敏电阻的光谱特性

4. 光电池

光电池是将光量转变为电动势的光电元件，它本质上属于电压源。光电池的种类很多，有硒光电池、硫化铊光电池、硫化镉光电池、锗光电池、硅光电池、砷化镓光电池等。其中应用最广泛的是硅光电池和硒光电池，它们的优点是性能稳定、光谱范围宽、频率特性好、转换效率高、能耐高温辐射等。另外，由于硒光电池的光谱峰值位置在人眼的视觉范围内，所以很多分析仪器、测量仪表也常常用到它。

硅光电池是在一块 N 型硅片上，用扩散的方法掺杂一些 P 型杂质（例如硼）形成 PN 结，如图 2-55 所示。光照射在 PN 结上时，若光子能量大于半导体的禁带宽度 E_g，则在 PN

结内产生电子—空穴对,在内电场的作用下,空穴移向 P 区,电子移向 N 区,使 P 区带正电,N 区带负电,因而 PN 结产生电动势。硒光电池采用氧化镉和硒形成 PN 结,其中硒为 P 型半导体材料,含有过剩的空穴;氧化镉是 N 型半导体材料,含有过剩的电子。硒光电池是在铝片上涂硒,用溅射的工艺,在硒层上形成一层半透明的氧化镉,然后在正反两面喷上低熔合金作为电极,如图 2-56 所示。光电池的主要特性有:

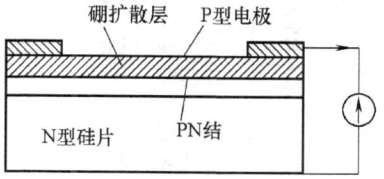

图 2-55 硅光电池结构

(1) 光电池的光谱特性 图 2-57 所示为硒光电池和硅光电池的光谱特性曲线,从曲线上可以看出,不同的光电池,光谱峰值的位置不同,例如硅光电池在 800nm 附近,硒光电池在 540nm 附近。硅光电池的光谱范围广,在 450~1100nm 之间,硅光电池常用于太阳能转换;硒光电池的光谱范围为 340~750nm,因此硒光电池适合用在可见光的光谱范围,常用于照度计测定光的强度。

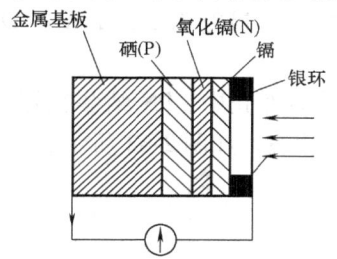

图 2-56 硒光电池结构

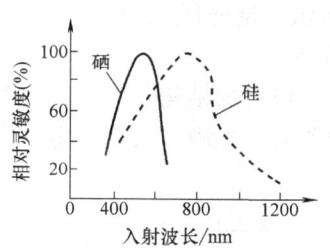

图 2-57 硫化铅光敏电阻的光谱特性

在实际使用中,光电池的选取应以光源为依据,以便获得最佳的光谱响应,例如硅光电池对于温度为 2850K 白炽灯,能够获得最佳的光谱响应。但需注意的是,光电池的光谱特性不仅和光电池的材料和制造工艺有关,而且也随着温度变化。

(2) 光电池的光照特性 光电池在不同的光强照射下可产生不同的光电流和光生电动势,硅光电池的光照特性曲线如图 2-58 所示。从曲线可以看出,短路电流在很大范围内与光强呈线性关系。开路电压随光强变化呈非线性特性,并且当照度在 2000lx(勒克斯)时就趋于饱和了,因此把光电池作为测量元件时,应把它当做电流源的形式来使用,不宜用做电压源。

(3) 光电池的频率特性 光电池用于测量、计数、

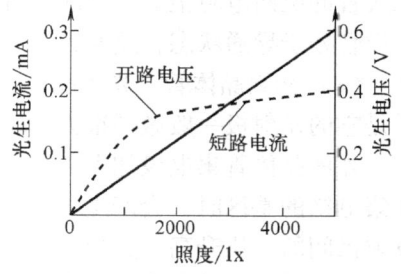

图 2-58 硅光电池的光照特性

接收元件时,一般采用交变光作为光源,其频率特性就是反映光频率和电流的关系,如图 2-59 所示。从曲线可知,硅光电池的频率响应较好,可用在高速计数、有声电影等方面。

(4) 光电池的温度特性 光电池的温度特性主要描述光电池的开路电压和短路电流随温度变化的情况。由于它关系到光电池的温度漂移,影响到测量精度或控制精度等主要指标,因此温度特性是光电池的重要特性之一。光电池的温度特性曲线如图 2-60 所示。从曲线可以看出,开路电压随温度升高而下降的速度较快,而短路电流随温度升高缓慢增加。因此,当光电池作测量元件时,在系统设计中就应该考虑到温度的漂移,从而采取相应的措施

来进行补偿。

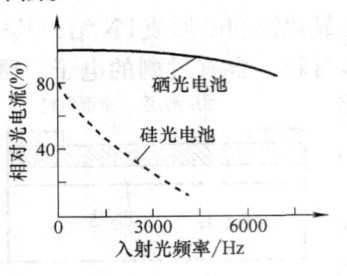

图 2-59　光电池的频率特性

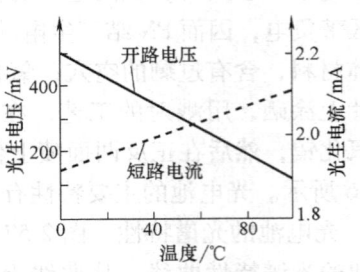

图 2-60　光电池的温度特性

5. 光敏二极管和光敏晶体管

（1）光敏二极管　光敏二极管是一种利用 PN 结单向导电性的结型光电器件，其符号如图 2-61 所示。锗光敏二极管有 A、B、C、D 四类，硅光敏二极管有 2CU1 A～D 系列和 1 DU1～4 系列。

光敏二极管的结构与一般二级管相似，它装在透明玻璃外壳中，PN 结装在管颈，可直接受光的照射。光敏二极管在电路中一般是处于反向工作状态，如图 2-62 所示。

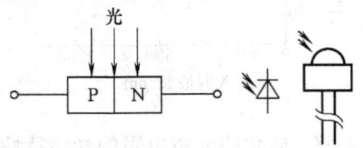

图 2-61　光敏二极管符号图

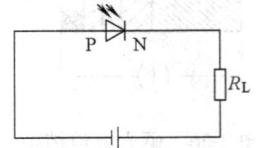

图 2-62　光敏二极管接线法

光敏二极管的光照特性是线性的，所以适合检测等方面的应用。在没有光照射时，光敏二极管的反向电阻很大、反向电流很小，此时光敏二极管处于截止状态；受光照射时，光敏二极管处于导通状态，此时光敏二极管的工作原理与光电池的工作原理很相似。

（2）光敏晶体管　光敏晶体管有 PNP 型和 NPN 型两种，其结构与一般晶体管很相似，只是它的发射极一般做得很大，以扩大光的照射面积，且基极往往不接引线。

光敏晶体管集电极加上正电压，基极开路，此时集电极处于反向偏置状态。当光线照射在集电结的基区时，会产生电子—空穴对，光电子被拉到集电极，基区留下空穴，使基极与发射极间的电压升高，大量的电子流向集电极，形成输出电流，且集电极电流为光电流的 β 倍。由于锗管的暗电流比硅管大，因此锗管的性能较差。故在可见光或探测赤热状态物体时，一般选用硅管。但对红外线进行探测时，多采用锗管。对于光敏晶体管而言，当光照足够时，会出现饱和现象，故它既可作线性转换元件，也可作开关元件。

2.8.2　CCD（电荷耦合器件）图像传感器

CCD 是利用内光电效应由众多的光敏元件构成的集成化的光传感器，其结构单元如图 2-63 所示。它包括电荷转移、光信号转换、存储、传输和处理的集成光敏传感器，具有体积小、功耗小等优点，用于可见光、紫外光、X 射线、红外光和电子轰击等成像过程。

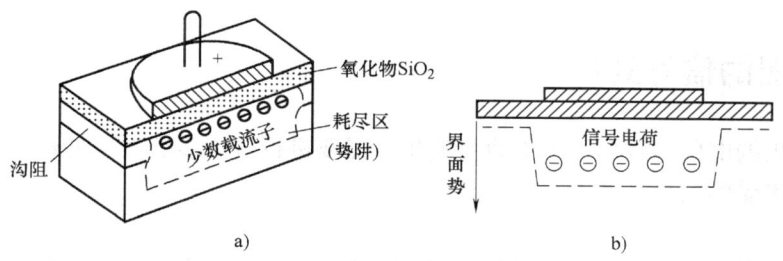

图 2-63　CCD 结构单元
a) 光敏元　b) 光生电子示意图

当光照射 MOS 电容器时，半导体吸收光子，产生电子—空穴对，光生电子会被吸收到势阱中。势阱内所吸收的光生电子的数量与入射到该势阱附近的光强成正比：光强越大，产生电子—空穴对越多，势阱中收集的电子数就越多；反之，光越弱，收集的电子数越少。这样一个 MOS 光敏元叫做一个像素，将相互独立的成百上千个 MOS 光敏元放在同一半导体衬底上，这样就形成了几百甚至几千个势阱。因为势阱中电子数目的多少可以反映光的强弱，能够说明图像的明暗程度，所以当照射到这些光敏元上的光呈一幅强度不同的图像时，那么就生成一幅与光强成正比的电荷图像，这是 MOS 的工作原理。

多个 MOS 光敏元依次相邻排列，使得势阱交叠、耦合在一起，从而使得相邻势阱中的电子在脉冲作用下有控制地从一个势阱流动到下一个势阱，如图 2-64 所示，图中 ϕ_1、ϕ_2、ϕ_3 为三个驱动脉冲。在 t_1 时刻，$\phi_1=1$，而 $\phi_2=\phi_3=0$，如图 2-64a 所示，在 ϕ_1 对应的 MOS 下出现势阱，并陷入电子；在 t_2 时刻，$\phi_2=1$，此时 ϕ_2 对应的 MOS 下也出现势阱，ϕ_1 下势阱向 ϕ_2 下势阱转移，如图 2-64b 所示；在 t_3 时刻，$\phi_1=1/2$，势阱变浅，ϕ_1 下势阱中更多的电子向 ϕ_2 下势阱转移，如图 2-64c 所示；在 t_4 时刻，$\phi_1=0$，势阱消失，ϕ_1 下势阱中的电子全部转移到 ϕ_2 下势阱中，此时 ϕ_2 势阱中电子也向 ϕ_3 下势阱中转移，如图 2-64d 所示。这样的过程一直重复下去，实现电荷的移位过程，以上介绍的是三相驱动，还存在其他驱动方式。由于在传输过程的同时光照仍然进行，使信号电荷发生重叠，图像会变得模糊。因此 CCD 摄像区应和传输区分开，并在时间上保证信号电荷从摄像区转移到传输区的时间远小于摄像时间。

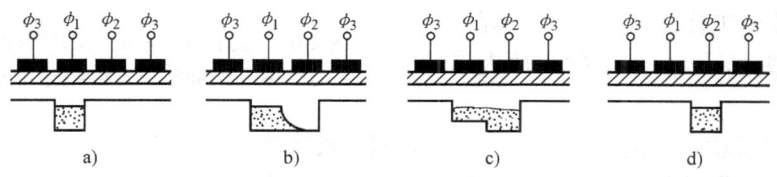

图 2-64　电荷转移过程
a) $t=t_1$　b) $t=t_2$　c) $t=t_3$　d) $t=t_4$

从结构上看，CCD 图像传感器可分为线型电荷耦合和面型电荷耦合两种。随着电子技术、计算机技术的日益发展，CCD 图像传感器的性能也不断提高。

2.9 传感器的信号处理

传感器输出的电信号较弱,不能直接输出,需要进行进一步变换、处理,转换成仪表显示、记录所能接受的信号形式。

1. 电桥

电桥是在电阻式传感器、电感式传感器、电容式传感器中广泛应用的测量电路,它将某个传感器的敏感元件作为其中的某个桥臂,可以将电阻、电感、电容等参数的变化变换为电压或电流的变化。根据电源的性质不同,电桥可分为直流电桥和交流电桥两类。直流电桥的电路如图 2-65 所示,其等效电路如图 2-66 所示。

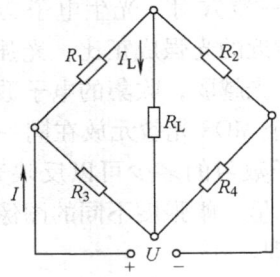

图 2-65　直流电桥电路

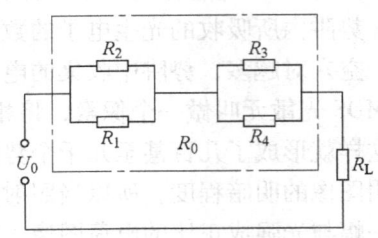

图 2-66　直流电桥的等效电路

2. 载波放大

电桥的输出信号一般都很微小,故必须采用放大器将信号进行放大,为记录器或指示仪表提供能够正常工作所需要的信号大小,可见,放大器是将微弱信号放大的测量元件。

放大器一般采用交流放大,其频率特性如图 2-67 所示。幅频和相频的特性表明,在 $\omega_H \sim \omega_B$ 范围内,放大器的放大倍数最大并保持恒定值 K_0,相差 $\phi(\omega) = \pi$ 为常数。可见,在信号检测时,对放大器的一个基本要求是使其在 $\omega_H \sim \omega_B$ 的频带内工作,才不会产生幅频失真和相频失真,$\omega_H \sim \omega_B$ 称为放大器的工作频带。

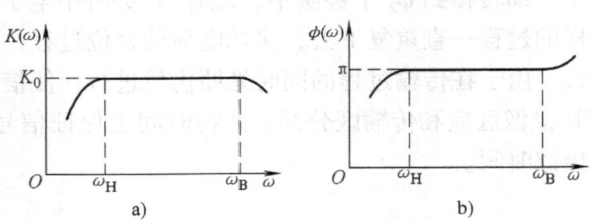

图 2-67　交流放大器的频率特性曲线
a) 幅频特性曲线　b) 相频特性曲线

前面对被测量动态变化的频谱结果分析表明,被测信号的频率一般处于 $0 \sim n\Omega$ 范围内,此频率范围与放大器的频率范围并不一致,如何才能把物理量的频率范围提高到放大器的工作频带上去是进行信号放大必须解决的首要问题,其方法是采用载波调制或载波放大。

所谓载波调制,就是用音频载波电源[频率为 ω,且 $\omega \geq (7 \sim 10)n\Omega$]作为测量电桥的供桥电源,使被测量的频率范围提高到放大器的工作频带,其实质是将高频载波信号与调制信号相乘,期间载波的幅值发生了变化,但这种变化融合了调制信号的相关信息。

现对载波调制的原理进行分析。

设供桥电源为一正弦交流电压，波形如图 2-68a 所示，其表达式为

$$u = U\sin\omega t$$

式中，U 为供桥电压的幅值；ω 为供桥电压的圆频率。

假设工作桥臂的电阻变化的 $\Delta R/R = K\varepsilon$，则电桥的电压输出为

$$\Delta u_H = \frac{1}{4}\frac{\Delta R}{R}U\sin\omega t = \frac{1}{4}UK\varepsilon\sin\omega t \tag{2-79}$$

式中，K、ε 分别为应变片的灵敏系数和应变。

可见，电桥输出电压与应变成正比，即被应变所调制，称调幅输出。现对不同的应变情况进行讨论。

（1）静态拉应变　此时 ε_0 为正值，则

$$\Delta u_H = \frac{1}{4}UK\varepsilon_0\sin\omega t \tag{2-80}$$

可见输出电压的幅值为与 ε_0 成正比的函数，其频率与供桥电源（载波）的频率相同，相位也相同，如波形图 2-68b 所示。由此可知，原被测信号的频率为 0（静态应变），通过载波供桥，其输出频率提高到 ω。

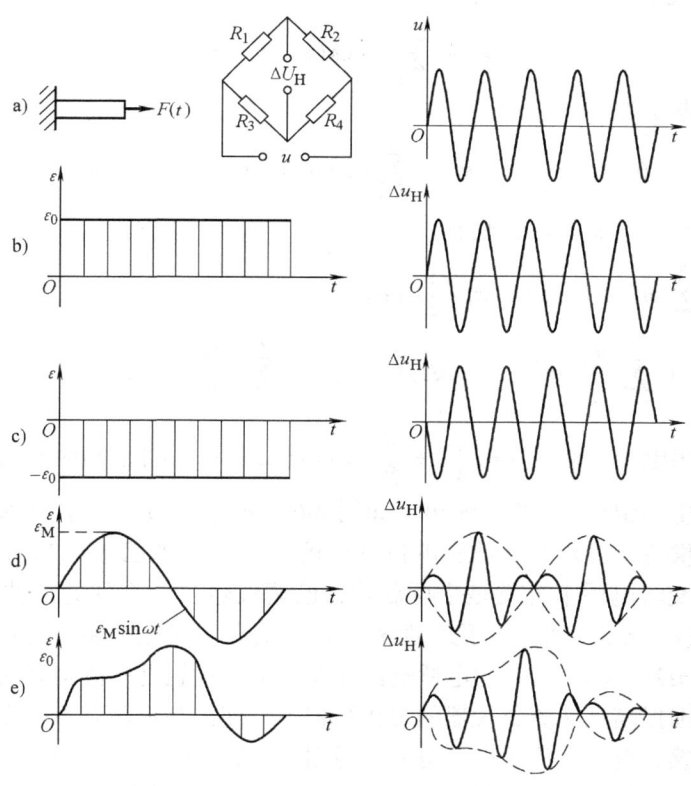

图 2-68　载波调制输出波形

a）电桥及载波　b）正应变及调制波　c）负应变及调制波
d）简谐应变及调制波　e）一般应变及调制波

(2) 静态压应变 此时 ε_0 为负值，则

$$\Delta u_H = \frac{1}{4}KU(-\varepsilon_0)\sin\omega t = \frac{1}{4}KU\varepsilon_0\sin(\omega t + \pi) \tag{2-81}$$

可见输出电压的幅值是与 ε_0 成正比的函数，其频率与载波频率相同，但相位差为 180°，其波形如图 2-68c 所示。

(3) 动态简谐变化应变 此时应变 $\varepsilon = \varepsilon_M \sin\Omega t$，$\varepsilon_M$、$\Omega$ 分别为简谐应变的幅值和圆频率，则电桥的输出为

$$\Delta u_H = \frac{1}{4}UK\varepsilon_M\sin\Omega t\sin\omega t = \frac{1}{8}K\varepsilon_M U[\cos(\omega-\Omega)t - \cos(\omega+\Omega)t] \tag{2-82}$$

上式说明，当应变为动态简谐（正弦函数）应变时，电桥输出电压的幅值由应变决定，如是调幅波即其幅值被应变所调制，其波形如图 2-68d 所示。需要注意的是，输出波形相位的变化规律也受动态应变信号决定：当应变信号处于正半周期时，输出波形的相位与载波相位相同；当应变信号处于负半周期时，输出波形的相位与载波相位反相。此外，电桥输出的调幅波可分解成两个频率不同的等幅波，分别为载波频率与应变频率之差 $(\omega-\Omega)$ 以及它们的和 $(\omega+\Omega)$。

(4) 一般动态应变 设周期性动态应变为

$$\varepsilon = \varepsilon_0 + \sum_{n=1}^{n}\varepsilon_n\cos(n\Omega t + \varphi_n) \tag{2-83}$$

则电桥的输出电压为

$$\Delta u_H = \frac{1}{4}KU\left[\varepsilon_0 + \sum_{n=1}^{n}\varepsilon_n\cos(n\Omega t + \varphi_n)\right]\sin\omega t$$

令 $U_0 = 1/(4KU\varepsilon_0)$，$\varepsilon_n/\varepsilon_0 = m_n$，则有

$$\Delta u_H = U_0\left[1 + \sum_{n=1}^{n}m_n\cos(n\Omega t + \varphi_n)\right]\sin\omega t$$

$$= U_0\left\{\sin\omega t + \sum_{n=1}^{n}\frac{m_n}{2}\sin[(\omega+n\Omega)t + \varphi_n] + \sum_{n=1}^{n}\frac{m_n}{2}\sin[(\omega-n\Omega)t + \varphi_n]\right\} \tag{2-84}$$

由此可见，输出电压的幅值 $\left\{U_0\left[1 + \sum_{n=1}^{n}m_n\cos(n\Omega t + \varphi_n)\right]\right\}$ 随时间而变，被应变 ε 所调制，所以交流电桥是调幅（AM）输出，如图 2-68e 所示。按无线电的术语：把被测量 ε 的变化称调制波；供桥电压称为载波；电桥输出的电压波（即已被调制信号调制后的电压波）称为已调波。交流电桥本身就是个调制器，已调波包含一系列的谐波成分：一个载波 ω，n 个上边频波 $(\omega+n\Omega)$ 和 n 个下边频波 $(\omega-n\Omega)$，可见电桥输入的频率通过载波已由 $0\sim n\Omega$ 提高到 $(\omega-n\Omega)\sim(\omega+n\Omega)$ 的电桥输出频率范围，这就是载波调制的原理，目的是把被测信号的频率范围提高到交流放大器的工作频带上，使被测量可以不失真地被放大。

载波调制对电感、电容式传感信号也同样适用。传感器输出信号通过以音频为供桥电源的电桥调制后，输出的信号（已调波）便可通过交流放大器进行放大。但是，已调波用光线示波器难以记录（因其频率过高），同时它不是我们最终所需要的测量信号，我们需要的是它的已调波的包络线。因此，在放大信号输入到光线示波器前，必须对已调波进行"解调"，恢复被测信号的原形，完成这一功能的器件是相敏检波。

3. 相敏检波

相敏检波器是一种只有相敏效果而没有放大能力的检波电路,它可用于恢复调制波信号。相敏检波器与一般的检波器不同,能鉴别信号的相位极性,常用的相敏检波器有:半波和全波相敏检波器。图 2-69a 为半波相敏检波器的电路图。VD_1、VD_2 为二极管,u_x 为被测的信号电压(经载波放大后的信号),u_2 为控制电压(也称参考电压)。要求 u_2 的幅值远远大于 u_x 的幅值,两者频率相同(都是载波频率)。由图可知,当 $u_x=0$ 时,电压表上的输出电压等于零。当 u_2 为正半周时,二极管 VD_1、VD_2 导通;当 u_2 为负半周时,VD_1、VD_2 截止,因为 u_2 的幅值远远大于 u_x 的幅值,故 u_x 的存在不影响 u_2 对二极管 VD_1、VD_2 导通或截止的控制作用。因此,u_2 对二极管起控制作用,它相当于一个控制开关。图 2-69b 为半波相敏检波的动作原理图。当 u_2 为正半周时,VD_1、VD_2 均处于导通状态,相当于开关 K 把电路接通;当 u_2 为负半周时,VD_1、VD_2 处于截止状态,相当于开关 K 把电路断开。电表的输出电压 u_o 除受 u_2 的开关控制外,其波形还与 u_x 的大小和相位有关。注意仅当 u_2 处于正半周时,u_o 才有输出。图 2-70 为一相敏检波的例子。图 2-70a 为被测电压 u_x 的波形,它是已调波,虚线表示被测物理量的变化(图示为先拉后压的应变形式);图 2-70b 为控制电压的波形;图 2-70c 为检波器输出电压 u_o 的波形;图 2-70d 为输出电压 u_o 经滤波后的电压波形。可见,经半波相敏检测后,u_o 输出信号的包络线基本反映了被测信号的曲线形状,但由于仅在 u_2 的正半周期相敏检波才有波形输出,故部分信息被丢失,影响检测精度。

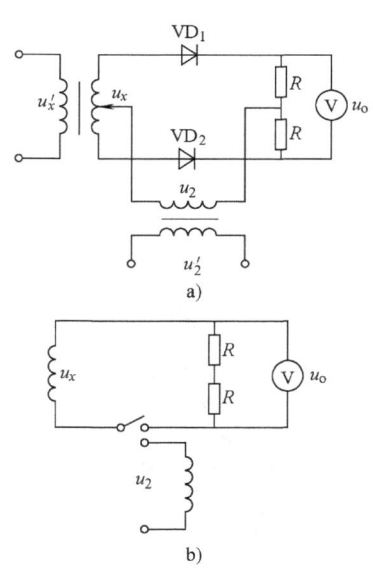

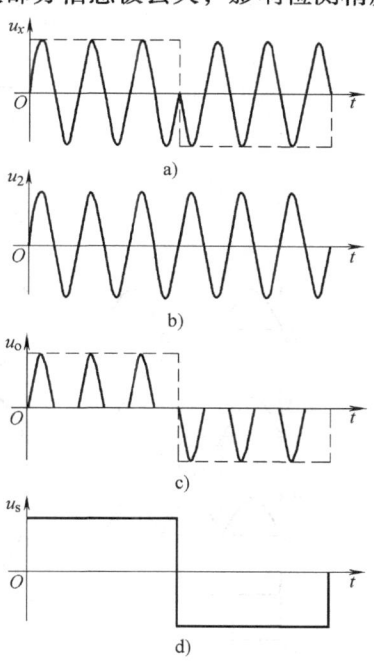

图 2-69 半波相敏检波工作原理图
a) 电路图 b) 动作原理图

图 2-70 半波相敏检波的检波图
u_x—被测电压 u_2—控制电压 u_o—检波输出电压 u_s—滤波后电压

为使相敏检波结果更逼近真实值,可采用全波相敏检波器,如图 2-71 所示。全波相敏检波器的工作原理与半波检波器大致相似。u_2 仍起开关控制作用,控制二级管 VD_1、VD_2、VD_3、VD_4 的导通与截止:当 u_2 为正半周时,VD_1、VD_2 导通,而 VD_3、VD_4 截止,相当于动作原理图(图 2-71b)的开关 K 往上接通电路的 1、3 点;当 u_2 为负半周时,VD_3、VD_4 导通,而 VD_1、VD_2 截止,相当于开关往下接通 2、3 点。无论当 u_2 处于正半周期,还是处于负半周期,电表的电压 u_o 都有输出,其波形主要与 u_x 的大小及相对于 u_2 的相位有关。与半波相敏检波的不同之处在于,当全波相敏检测器的 u_x 与 u_2 同相位时,电表上电压输出 u_o 都是正值,见图 2-72a;当 u_x 与 u_2 有 180°相位差时,电表的输出 u_o 都是负值,见图 2-72b。由此可见,相敏检波的输出能鉴别被测信号的相位极性。当 u_x 与 u_2 相位差 $\pi/2$ 时,其输出电压波形如图 2-72c 所示:u_2 为正时,u_o 的前 1/4 周为负,后 1/4 周为正,平均输出为零;u_2 为负时,可得类似的结果。故 u_x 与 u_2 的相位差为 $\pi/2$ 时,其平均输出为零。根据电桥的分析,由电容不平衡而引起的输出电压与载波电压的相位差为 $\pi/2$,即与 u_2 的相位差为 $\pi/2$。所以相敏检波不能反映电容的不平衡状况。可见,全波相敏检波的输出电压 u_o 中包含的信息比半波相敏检波的多一倍。

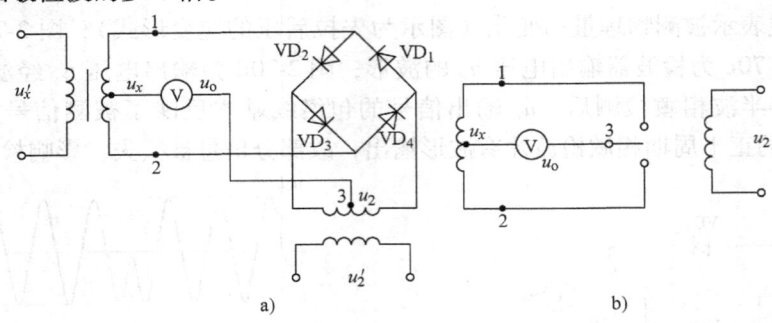

图 2-71 全波相敏检波原理
a) 电路图 b) 动作原理图

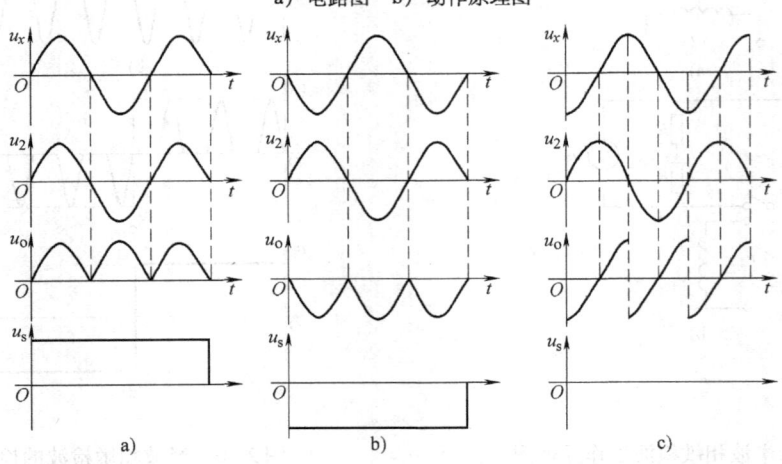

图 2-72 全波相敏检波器的检波图形
a) u_x 与 u_2 同相位 b) u_x 与 u_2 反相位
c) u_x 与 u_2 相位差 $\pi/2$

u_x—被测电压 u_2—控制电压 u_o—检波输出电压 u_s—滤波输出电压

图 2-73 是一般动态应变下载波调制输出和相敏检波输出的波形图。

无论是半波相敏检波,还是全波相敏检波,检波器的输出波形均为一系列的峰波,为使峰波的包络线能真实地反映出被测量的变化过程,就希望峰波越密越好,即希望其载波频率要高,这是载波频率 ω 为调制信号最高频率的 7~10 倍的原因。同时,经相敏检波后的峰波可以认为是与被测物理量的低频谐波 $0 \sim n\Omega$ 和更高次的谐波成分所组成,其低频成分(包络线)才是被测量的变化过程。所以,为了使示波器能记录下被测量的变化过程(波形),就必须在检波器与示波器间加一滤波器。一般是采用低通滤波器,使 $0 \sim n\Omega$ 的谐波成分即工作信号通过,而把更高次的谐波成分滤掉。经滤波器后输出的波形如图 2-73d 和图 2-73c 所示。可见滤波器的输出波形与被测量的变化过程是一致的。

4. 滤波

经传感器转换、放大器放大和相敏检波后的电信号含有多种频率信号,为了只将其中的有用信号检测出来,滤波器是必须选用的电测装置,其作用是使信号中特定的频率成分通过,抑制或衰减其他频率成分。

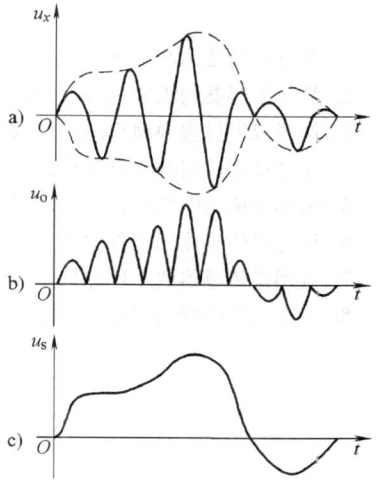

图 2-73 半波相敏检波器的检波图形
u_x—被测电压 u_o—检波输出电压
u_s—滤波后电压

5. 模数、数模转换

随着数字技术的发展,数字计算机、数字仪表在自动检测、控制以及计算和数据处理等方面的广泛运用,都需要采用数字量描述信号,为此要求信号从模拟量变换到数字量,完成这一功能的电子元件称之为 A/D 转换器;同时,各类控制系统对执行机构进行控制的信号大多数为模拟量,为此,数字控制器件的输出应由数字量转换为模拟量,完成这一功能的电子元件称之为 D/A 转换器。可见,在各类数字仪器、计算机控制中,A/D 转换器和 D/A 转换器是不可缺少的两个元件。

2.10 传感器的适用原则

近些年传感器技术的研制和发展非常迅速,智能传感器、生物传感器等各式各样的新式传感器应运而生,为选用传感器带来了很大的灵活性。对于同一个被测非电物理量,可以选用不同的传感器实现其测量,如何选择最适合的传感器,是使用者必须考虑的问题。因此,有必要讨论传感器的选择依据,并制定出几条选用传感器的原则。一般地,选择传感器时应从如下几方面的条件考虑。

(1) 与测量条件有关的因素 测量目的;被测量的物理、化学性质;测量范围;被测信号的动态性质;精度要求;测量需要的时间。

(2) 与传感器有关的技术指标 灵敏度;精度;稳定性和可靠性;响应特性;测量方式(接触或非接触);对被测物体产生的负载效应;输出幅值;校正周期;超标准过大的输入信号保护;线性范围;模拟量与数字量。

(3) 与使用环境有关的因素 现场条件及情况;环境电磁条件;信号传输距离;现场

需提供的功率容量；环境条件（温度、湿度）。

复习思考题

1. 非电量的常用测试方法有哪些？
2. 简述传感器的组成及各部分的作用。
3. 材料成形过程中温度测量可选用的传感器种类有哪些？
4. 光电式传感器的优点是什么？
5. 传感器输出电信号如何处理成显示、记录用信号？
6. 热电式传感器的工作原理是什么？
7. 电感式传感器的工作原理是什么？
8. 压电式传感器的工作原理是什么？

第3章 材料成形及控制工程中常用检测及显示技术

材料成形及控制工程中经常需要检测工艺参数,例如温度,并且显示及记录温度。本章介绍了磁电动圈式仪表、电位差计、温度检测技术、应变仪及数字仪表等检测与显示记录技术基础。

3.1 磁电动圈式仪表

磁电动圈式仪表在测量及显示仪表中是一种传统仪表,目前在冶金、机械等工程领域中的应用非常广泛,主要用于生产过程中的非电量参数,例如温度的测量及指示。若仪表中再增加调节功能就可以进行非电量参数的调节与控制,例如温度。磁电动圈式仪表和热电偶、热电阻以及辐射感温器配合可测量及指示温度,与霍尔效应压力传感器配合可测量及指示压力,与电感式膜片差压计配合可测量及指示压差等。本节主要介绍和热电偶或热电阻配合使用的磁电动圈式温度仪表的结构、工作原理及其特点。

3.1.1 磁电动圈式仪表的特点及分类

1. 磁电动圈式仪表的特点

1)仪表采用了磁电动圈测量机构,易于将微小的直流电信号变成较大的测量指针的角位移量,能够直接并且较精确地指示出所测的参数值。

2)和其他仪表相比,结构简单可靠,抗干扰能力强,易于维护,价格低廉。

3)采用不同的测量电路可以配接不同的测量元件,实现不同参数的测量。配置不同的控制元件及调节电路可构成不同的调节动作。

其不足之处是对工作条件有一定的要求,由于其动圈结构应避免震动;在测量过程中仪表需要一定的时间才能使测量指针稳定下来,因此不能测量快速变化的信号。

2. 磁电动圈式仪表的分类

磁电动圈式仪表按其在工业自动化中的功能可分为指示型、指示调节型和记录型三种。指示型、指示调节型仪表的型号由两节组成,例如 XCZ-101,XCT-101,第一节三位用大写汉语拼音表示,第二节三位用数字表示,各节、各位的代号及意义见表3-1。

指示型磁电动圈式测温仪表(例如型号 XCZ-101)只能测量和指示温度,也称作磁电动圈式指示型测温仪表。指示调节型磁电动圈式测温仪表(例如型号 XCT-101)既能测量及指示温度,同时也可以调节控制温度,也称作磁电动圈式指示调节型测温仪表。

3.1.2 磁电动圈式仪表的结构及工作原理

XCZ-101 型磁电动圈式指示型测温仪表一般由动圈测量机构、测量电路两部分组成,XCT-101 型磁电动圈式指示调节型测温仪表的组成除动圈测量机构、测量电路外,还有电子调节电路，由三部分组成。XCZ-101 型和 XCT-101 型的动圈测量机构、测量电路的原理相同。

表 3-1 动圈仪表型号中各节、各位的代号及意义

第一节					第二节						尾注	
第一位		第二位		第三位		第一位		第二位		第三位		
代号	意义	代号	意义	代号	意义	代号	意义	代号	意义	代号	意义	代号	意义
X	显示	C	动圈式磁电系	Z	指示仪		单标尺设计序列或种类		表示调节方式		配接检出元件		动圈式表示
		F	前置放大式	T	指示调节仪	1	高频振荡（固定参数）	0	二位调节	1	热电偶	YDT	位式延时
		B	力矩电动机式			2	高频振荡（可变参数）	1	三位调节（狭中间带）	2	热电阻	DT	位式带倒相 三防型
		E	动磁式			3	时间程序高频振荡（固定参数）	2	三位调节（宽中间带）	3	霍尔变送器或传感器	—	前置放大式 动圈指示仪
								3	时间比例调节	4	电阻远传压力表	S	内磁:横式
								4	时间比例加二位调节	5	标准模拟直流电信号	A	竖式
								5	时间比例			B	外磁:横式
								6	电流 PID 加二位调节				竖式
								8	电流比例调节				前置放大式（动圈指示调节仪控制）
								9	电流 PID 调节			C	横式
												D	竖式
													指示调节为并联环节
												A	外磁:横式
												B	竖式
												—	内磁:横式
												S	竖式

下面首先介绍 XCZ-101 型磁电动圈式指示型测温仪表的结构及其测温工作原理、XCT-101 型磁电动圈式指示调节型测温仪表的温度调节原理，然后介绍它们的动圈测量机构。

1. 磁电动圈式仪表的结构及工作原理

（1）磁电动圈式指示型测温仪表的结构及测温工作原理 其构成如图 3-1 所示，由动圈、铁心、永久磁铁、指针、刻度板等构成。动圈被张丝拉着，指针和动圈连为一体，动圈旋转时带动指针旋转，指针指向刻度板的某一位置值就是测量值。

被测的温度参数经热电偶转换成热电势信号 E_x，该热电势信号 E_x 再经过测量电路送入仪表的动圈中，于是在动圈中流过电流。由于动圈是被张丝支撑在恒定磁场

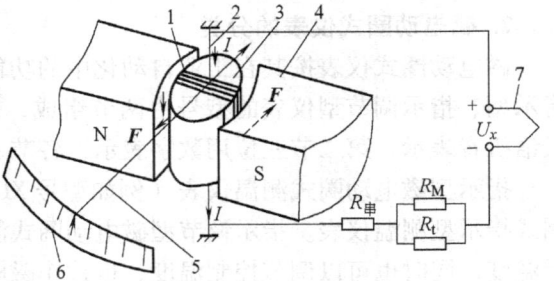

图 3-1 磁电动圈式指示型测温仪表的结构及工作原理
1—动圈 2—张丝 3—磁心 4—永久磁铁
5—仪表指针 6—仪表刻度面板 7—热电偶

中，磁场中的动圈流过电流形成电磁力，动圈在电磁力的作用下将发生偏转；动圈发生偏转时带动张丝扭转，张丝对动圈形成反作用力，张丝的反作用力大小与张丝的扭转角度即动圈的偏转角度成正比，当作用到动圈上的电磁力和张丝的反作用力相等时动圈停在某一位置上，此时指针指向刻度板某一值即测量温度值。

当测量温度升高、热电偶的热电动势增加时，动圈中流过的电流增加，作用到动圈上的电磁力增加，动圈旋转角度增加；同时动圈带动张丝使张丝的扭转角度增加，张丝对动圈的反作用力增加，当作用到动圈上的电磁力和张丝的反作用力达到新的平衡时，指针指向刻度板的新值，比先前的值增加了。反之亦然。

（2）磁电动圈式指示调节型温度仪表的结构及温度调节原理　其构成如图3-2所示，其动圈、铁心、永久磁铁、指针、刻度板等和磁电动圈式指示型测温仪表的构成相同，除此之外还有铝旗、检测线圈、振荡器及直流放大器、继电器、给定指针等。在刻度板下面的给定指针可左右移动，其位置由要求的温度目标值确定，温度目标值高，给定指针往右调节移动。一对具有一定间隙的检测线圈安装在给定指针上，工作时检测线圈随给定指针左右调节移动。铝旗安装在测量指针上随测量指针移动，测量指针移动的范围就是刻度

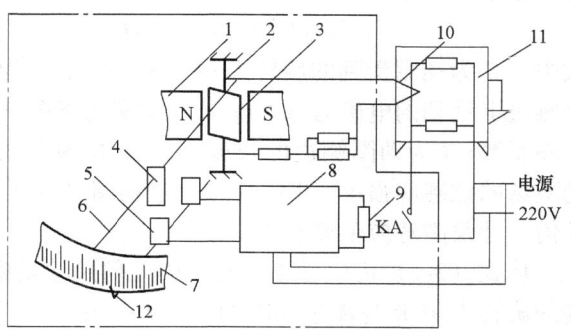

图3-2　XCT-101型磁电动圈式指示
调节型温度仪表的结构

1—永久磁铁　2—张丝　3—动圈　4—铝旗　5—检测线圈
6—指示指针　7—仪表刻度板　8—振荡器及直流放大器
9—继电器　10—热电偶　11—电阻炉　12—给定指针

板最低温度点至给定指针的温度范围，当测量指针移动到最大位置时，铝旗进入到一对检测线圈中间。

磁电动圈式指示调节型测温仪表在测温的基础上，同时进行温度的调节与控制；其测温过程与磁电动圈式指示型测温仪表相同。下面介绍其温度的调节原理。

当被测温度低于目标值时，测量指针在刻度板最低温度点至给定指针的温度范围内移动，测量指针上的铝旗在检测线圈外（检测线圈左侧）移动，此时由检测线圈控制的振荡器振荡，直流放大器通过检波及功率放大后给继电器线圈加上驱动电压使其触点吸合，电阻炉的加热电源接通，炉温上升。当被测温度达到或略高于目标温度值时，测量指针旋转靠到给定指针位置上，测量指针上的铝旗进入检测线圈中间，此时铝旗隔断了两个检测线圈之间的磁耦合，从而减小了检测线圈的电感量，导致振荡器停止振荡，直流放大器给继电器线圈的输出电压为零，其触点断开，电阻炉的加热电源被切断，电阻炉停止加热；由于电阻炉存在散热，因而其温度将下降。当电阻炉温度下降低于目标温度时，测量指针回落，测量指针上的铝旗离开检测线圈的中间位置，振荡器又开始振荡，直流放大器输出电压，驱动继电器动作，电阻炉电源接通又开始加热，如此循环进行下去。

2. 磁电动圈式仪表的磁电动圈机构

磁电动圈机构如图3-3所示，恒定磁场用永久磁铁制造而成，恒定磁场内放置一个由漆包铜导线绕制成的矩形线圈，该线圈的旋转中心与磁场的磁力线方向垂直，线圈旋转时其左侧边、右侧边与磁场的磁力线方向垂直，这个线圈就是动圈。当电流流过动圈时，在动圈的

两个边上将产生电磁力 F。由于动圈左侧边电流向上、右侧边电流向下，所以动圈左侧边流过向上的电流在磁场中形成向里的电磁力、动圈右边流过向下的电流在磁场中将形成向外的电磁力，两个方向相反的电磁力共同作用在动圈上形成力矩导致动圈绕轴转动，该力矩称为偏转力矩。

根据电磁感应原理，载流导线在磁场中受力 F 及动圈受到的旋转力矩 M 的大小与磁场的磁感应强度 B、电流 I 以及导体有效边长 l 成正比，且磁感应强度 B 与电流 I 二者互相垂直，于是得

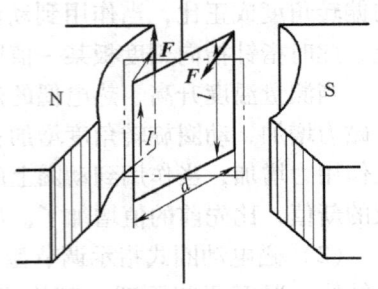

图 3-3　永久磁场及其中的动圈

$$M = Fd = nlBd = C_1 I \tag{3-1}$$

式中，M 为动圈受到的旋转力矩（N·m）；F 为动圈的一个侧边上受到的电磁力（N）；d 为动圈的宽度（m）；n 为动圈匝数；l 为动圈侧边的长度（m）；B 为永久磁铁构成的磁场的磁感应强度（T）；I 为流过动圈（一匝）的电流（A）；$C_1 = nld$ 为常数，它与动圈几何尺寸及磁感应强度有关。

从式 (3-1) 可以看出，在动圈几何尺寸及磁感应强度确定的情况下，动圈在磁场中受到的旋转力矩 M 与流过动圈的电流 I 有关。

为了使动圈偏转角度 α 与动圈中的电流 I 成线性关系，就必须在动圈上施加一个与其偏转角度成正比的反作用力矩，该力矩与动圈受到的旋转力矩相平衡。这个反作用力矩是必须的，如果动圈只受到旋转力矩作用而无反作用力矩，则动圈中只要有一点电流流过，动圈就会偏转到极限位置，直到遇到障碍不能转动为止，这样动圈的偏转角度就与电流无线性关系，将无法指示出被测量的大小。

反作用力矩由线圈带动张丝扭转产生，张丝产生的反作用力矩与其扭转角度 α 成正比。

$$M_\alpha = D\alpha \tag{3-2}$$

式中，D 是张丝产生的反作用力矩 M_α 和张丝的扭转角度 α 之间的比例系数。

当动圈带动仪表指针偏转到一定角度并且停在这一位置时，旋转力矩和反作用力矩平衡。

$$M = M_\alpha, C_1 I = D\alpha \tag{3-3}$$

此时 α 正比于流过动圈的电流 I。

$$\alpha = \frac{C_1}{D} I = S_1 \frac{E(t, t_0)}{R} \tag{3-4}$$

式中，α 为仪表指针旋转角度，即动圈旋转角度、张丝的扭转角度；R 为测量电路总电阻（Ω）；$S_1 = C_1/D$ 表征仪表灵敏度的系数；I 为流过动圈的电流，即流过测量电路的电流（A）；$E(t, t_0)$ 为测量热电动势（mV）。

式 (3-4) 表明，热电动势越大，动圈偏转角度也越大，指针指示被测温度也就越高。

根据动圈固定方法分类，将轴尖固定在轴承座上的方法称为轴尖轴承式支承系统；用张丝将动圈上下拉紧，让其具有一定工作张力的方法称为张丝式支承系统。采用轴尖轴承式系统时，其反作用力矩是靠螺旋弹簧形的游丝产生，当电流流过动圈时，动圈发生偏转迫使游丝卷曲，从而产生反作用力矩，其大小与游丝卷曲程度成正比关系。采用张丝式支撑系统时，靠张丝的扭转产生反作用力矩，动圈转角越大张丝扭转越厉害，产生的反作用力矩也越

大。当转动力矩和反作用力矩相等时，动圈停留在某一确定位置上，仪表指针相应地指示在刻度板的某一确定位置上。

3.1.3 磁电动圈式仪表的测量电路

测量电路的作用是将测量元件例如热电偶或热电阻所测得的信号以一定形式送入动圈测量机构，从而使仪表指针旋转而指示出被测参数的大小。测量电路对仪表的指示精度具有较大的影响。在 XC 系列温度测量仪表中主要有两种基本测量电路，一种是配接热电偶的测量电路，这种测量电路也可用于测量直流毫伏信号；另一种是配接热电阻的测量电路。在温度指示及调节仪表中，配接热电偶的测量电路还包括热电偶断偶自动保护电路。

下面介绍配接热电偶的测量电路。XCT-101 型温度测量仪表的测量电路主要由电阻回路构成（见图 3-4），测量电路的总电阻 R_z 由外电阻 R_o 和内阻为 R_i 构成。

$$R_z = R_o + R_i \tag{3-5}$$

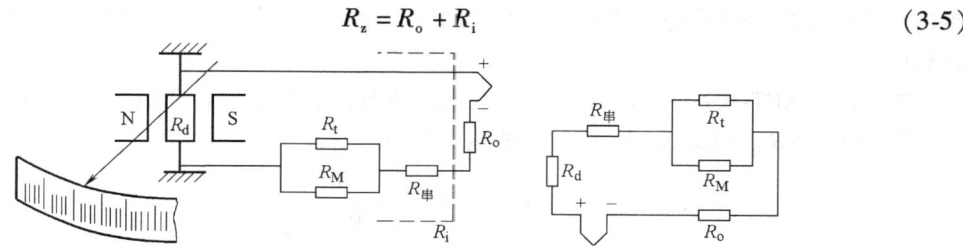

图 3-4 测量电路

内电阻 R_i 包括动圈电阻 R_d、温度补偿电阻 R_t 及 R_M、量程电阻 $R_串$。外电阻 R_o 包括热电偶电阻 $R_偶$、连接导线电阻 $R_线$。$E(t, t_0)$ 表示热电偶的热电动势。根据式（3-4），仪表指示值，即指针的转角 α 为

$$\alpha = S \frac{E(t,t_0)}{R_z} = S \frac{E(t,t_0)}{R_i + R_o} \tag{3-6}$$

式中，S 是常数，若再保证 R_i、R_o 均为常数，则仪表指示值 α 就只与热电偶所产生的热电动势 $E(t, t_0)$ 成正比。

内部电阻 R_i 的主要组成部分是动圈电阻 R_d，动圈是用漆包铜线绕制成的，呈现比较大的正电阻温度系数，随环境温度升高而增加。组成外电阻 R_o 的热电偶电阻 $R_偶$、连接导线电阻 $R_线$ 可能因使用者选用的热电偶长度、连接导线长度等不同而有所变化。R_i、R_o 的变化即 R_z 的变化将导致测量不准确，产生测量误差。

为了保证测量精度，首先需要保证 R_i 为常数。量程电阻 $R_串$（200～1000Ω 之间）用温度系数很小的锰铜丝绕制。温度补偿电阻 R_t 用负温度系数的热敏电阻（20℃ 时为 68Ω）制造而成，它和 R_M（用锰铜丝绕制，50Ω）并联后可以较好地补偿动圈电阻 R_d 的变化。其次需要保证外电阻 R_o 为常数，通常外电阻规定为定值（通常为 15Ω），测量仪表刻度板按外电阻为标准值 15Ω 进行刻度，并标明在测量仪表的表盘上，在仪表安装使用时必须遵循此要求，使用者采用的热电偶电阻 $R_偶$ 以及补偿导线电阻 $R_补$ 的大小必须符合此要求。

$$R_o = R_偶 + R_补 = 15\Omega \tag{3-7}$$

若热电偶和补偿导线的电阻达不到 15Ω 的规定值，则需要接入外调电阻 $R_调$ 使其达到

15Ω 阻值。

$$R_o = R_偶 + R_补 + R_调 = 15\Omega \tag{3-8}$$

$R_调$ 由锰铜丝绕制，通过加入 $R_调$，就能够使外电阻 R_o 调整的很准确。

3.1.4 磁电动圈式温度指示调节仪表的断偶保护电路

1. 断偶保护的工作原理

磁电动圈式温度仪表由仪表本体、外电阻回路构成，外电阻又由热电偶、补偿导线、外调电阻等构成，外电阻回路有可能因连接不可靠或被无意中碰着而断路，这就是断偶现象。

若不采取断偶保护措施，当发生断偶现象后，仪表内的动圈就不可能有电流输入，动圈和指示指针就不会发生偏转，这样振荡器就一直处于振荡工作状态，继电器得电其触点闭合，控制的电阻炉始终处在加热状态。当炉温超过规定的温度时，由于不能自行断electriccontinue加热，这样可能将炉子烧坏甚至发生安全问题，这是十分危险的，为此需要设置断偶自动保护电路。

图 3-5 是 XCT-101 型磁电动圈式温度指示调节仪表的断偶自动保护电路原理图。外电阻 $R_o = R_偶 + R_补 + R_调 = 15\Omega$。内电阻 R_i 的构成如下

$$R_i = R_d + R_串 + \frac{R_t R_M}{R_t + R_M} \tag{3-9}$$

式中，R_d 为动圈电阻；$R_串$ 为量程电阻；R_t、R_M 为温度补偿电阻，二者并联。内电阻 R_i 的大小因量程的改变而变化，因量程电阻 $R_串$ 的阻值介于 200～1000Ω 之间，所以 R_i 的阻值大于 200Ω。内电阻 R_i 远远大于外电阻 R_o。

断偶自动保护电路的原理图如图 3-5 所示，断偶自动保护电路和磁电动圈测量仪表封装在一个仪表盒中，热电偶等外电阻回路仍然是仪表的外部接线回路。首先分析未断偶时的工作原理。电路中 A、B 两点是测量电路和断偶自动保护电路的连接点。当仪表外部接的热电偶回路未断时，测量回路的 A、B 两端的电阻值等于外电阻 R_o 与内电阻 R_i 的并联阻值，并联的阻值应该比外电阻 R_o 的 15Ω 的阻值还小。断偶自动保护电路中的 R_p、C_p 的阻抗均很大，按照 R_p、C_p 的阻抗、R_o 并联 R_i 的阻值的分压关系，交流 12V 电压在 A、B 两端之间只有极微小的交流电压形成，这对正常测量没有什么影响。

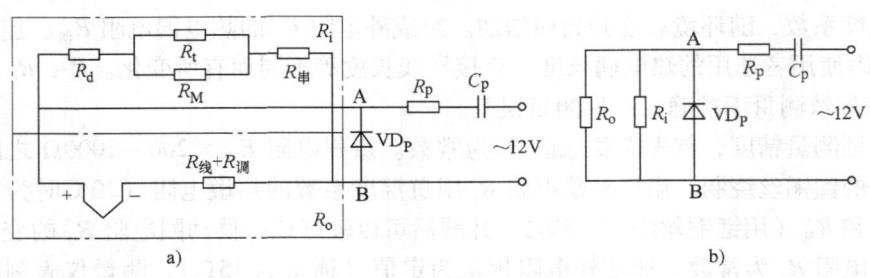

图 3-5 断偶自动保护电路原理图

其次分析断偶时的工作原理。断偶时外电阻 $R_o \to \infty$，测量回路的 A、B 两点之间的电阻

就等于内电阻 R_i，此时电阻值较大。按照 R_p、C_p 的阻抗，R_i 的阻值的分压关系，交流 12V 电压在 A、B 两端之间将形成一个较大的电压；由于此时二极管 VD_p 的整流作用，在 A、B 两点之间就形成一个 A 点正、B 点负的直流电压，此直流电压的极性正好与热电偶应该产生的热电动势的极性相同，它将输入仪表的动圈中，从而使动圈及仪表指针旋转直到铝旗进入检测线圈中，使振荡器停止振荡，继电器线圈断电其触点断开，电阻加热炉电源被切断而停止加热。只要发生断偶现象，断偶保护电路就自动产生一个直流电压输入仪表的动圈中，使仪表指针旋转、铝旗进入检测线圈中，电阻加热炉电源被切断，避免发生事故。

2. 电子调节电路的工作原理

电子调节电路的作用是使磁电动圈式指示调节仪表在测量温度的同时，根据测得的温度与要求的温度的偏差，控制电阻加热炉是否加热，从而使温度稳定在要求的数值上。

在磁电动圈式指示调节仪表的系列中，为了满足不同的要求，设计了不同的调节电路。下面介绍以晶体管振荡器为核心的电子调节电路的工作原理。

XCT-101 型磁电动圈式温度仪表的电子调节电路原理如图 3-6 所示，该电路能够实现二位式温度调节。电路包括两个检测线圈 L_3、晶体管 VT_1 构成的电感三点式振荡器，晶体管 VT_2 构成的功率放大器等电子电路。检测线圈 L_3 及指示指针上铝旗的安装位置见 3.1.2 节。

电子调节电路的振荡及驱动继电器的工作过程如下。检测线圈 L_3 与电容 C_3 组成的调谐回路在 VT_1 的发射极回路内，因此调谐回路 L_3、C_3 交流阻抗的变化直

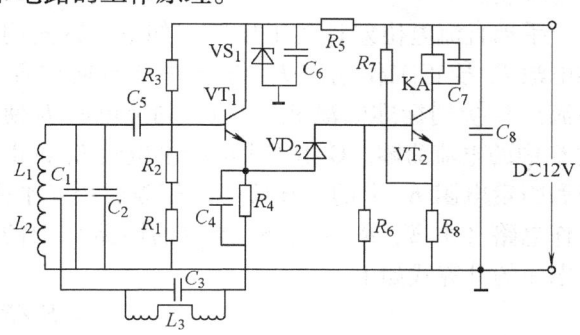

图 3-6　XCT-101 型磁电动圈式温度仪表的电子调节电路原理图

接影响发射极回路负反馈作用的强弱。当铝旗在检测线圈范围之外时，L_3 的电感量最大（约为 $1.0 \sim 1.2\mu H$），$L_3 C_3$ 对振荡频率的交流阻抗较小，负反馈作用较弱，振荡器振荡，其输出交流信号幅度较大，振荡电压加在 VD_2 和电阻 R_6 上，在电阻 R_6 上得到一个直流电压，使晶体管 VT_2 导通，继电器 KA 的线圈得其常开触点闭合，电阻加热炉通电加热。当铝旗逐渐进入两个检测线圈之间时，将隔断两个检测线圈之间的磁耦合，L_3 的电感量减小，调谐回路 $L_3 C_3$ 对振荡频率的交流阻抗增大，负反馈作用增强，振荡器停止振荡而没有交流输出，在电阻 R_6 上电压为零，使 VT_2 截止，继电器 KA 断电其常开触点打开，电阻加热炉断电停止加热。当铝旗退出两个检测线圈之间以后，继电器又将得电，其触点又闭合。这就完成了二位式控制过程。

3.2　电位差计

根据所测量的是直流量还是交流量，电位差计可以分为直流电位差计和交流电位差计。根据平衡过程是手动平衡还是自动平衡，电位差计又分为手动平衡电位差计和自动平衡电位差计。在应用电位差计进行测量时，多数用于测量直流量，因此下面主要介绍测量手动平衡直流电位差计和自动平衡直流电位差计。

3.2.1 手动平衡直流电位差计

动圈指示仪表的测量精确度最高可以达到0.1%。在实际工程测量中如果要求更高的测量精度，就需要采用电位差计进行测量。目前直流电位差计的准确度可达到0.005% ~ 0.0001%。电位差计主要用于准确度要求较高的电量测量及非电量测量中。

1. 手动平衡直流电位差计的组成及工作原理

手动平衡直流电位差计的测量方法是基于比较法，它是利用仪器本身的可调电阻形成的已知压降和被测电动势进行比较且平衡的原理进行测量的一种测量方法。

手动直流电位差计的原理线路图如图3-7所示，主要构成有：工作电源 E、标准电池 E_n、固定电阻 R_n、可调标准电阻 R_a、调节电阻 R、检流计 G 和被测量电动势 E_x。

手动直流电位差计的工作原理如下。首先用标准电池 E_n 校正工作电流 I，将开关 Q 打向位置1，检流计 G 接到标准电池 E_n 一边，调节电阻 R 使流过 G 中的电流为零。G 指零表明标准电池 E_n 的电动势和固定电阻 R_n 上的电压降 IR_n 相等而相互平衡。工作电路（由 E、R、R_a、R_n 组成的回路）中的工作电流的计算式如下。

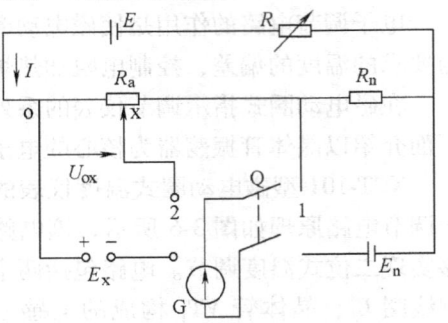

图3-7 手动直流电位差计原理线路图

$$I = E_n/R_n \tag{3-10}$$

其次进行测量，将开关 K 打向位置2，此时检流计 G 接到被测电动势 E_x 一边，调节 R_a 的滑动触头 x，使 G 再次指零。这时表明被测电势 E_x 与可调标准电阻 R_a 的 ox 两点之间的电压 U_{ox} 相等而相互平衡。

$$E_x = U_{ox} \tag{3-11}$$

由于 U_{ox} 的作用就是与被侧电压 E_x 相互平衡，故电压 U_{ox} 也称为平衡电压。由于在调节 R_a 的滑动触头时工作电路中的电阻大小没有发生变化，因此工作电流保持不变。可调标准电阻 R_a 的 ox 段上的电压 U_{ox} 的计算式如下。

$$U_{ox} = IR_{ox} = (E_n/R_n)R_{ox} \tag{3-12}$$

式中，R_{ox} 为 R_a 上的 ox 段的电阻值。于是被测电动势 E_x 的计算式如下。

$$E_x = U_{ox} = IR_{ox} = (E_n/R_n)R_{ox} \tag{3-13}$$

被测电动势 E_x 的表达式由 E_n、R_n、R_{ox} 构成，而且 E_x、U_{ox} 与 R_{ox} 构成线性关系，于是若 E_n、R_n 的值是稳定的，并且 R_{ox} 的值能够方便准确地读取获得，则就可以方便准确地读取平衡电压 U_{ox} 的数值即被测电动势 E_x 的测量值。E_n 由标准电池产生，其值是稳定的，固定电阻 R_n 选用阻值稳定的电阻。于是重要的问题就是研究设计 R_a 的良好的分度方法。

2. 直流电位差计的线路

直流电位差计的线路就是关于 R_a 的分度方法。首先要求从其分度方法读取的数值具有高准确性，第二要求这种分度方法在调节 R_{ox} 时保证 R_a 两端之间的电阻值保持不变，也就是保持工作电路中的工作电流不变，第三要求便于制造、合适的制造成本以及高稳定性。

下面介绍应用较多的两种分度方法：代换式十进盘线路、分路十进盘线路。

1) 代换式十进盘线路。代换式十进盘线路如图 3-8 所示，由电阻网络构成。图中平衡电压 U_{ox} 实际上就是图 3-7 原理线路图中 R_a 上的 ox 段压降 U_{ox}。在调整好电位差计的工作电流 I 以后，平衡电压 U_{ox} 的大小取决于 R_1、R_2、R_3、R_4 的读数。R_1、R_2、R_3、R_4 由 9 个相同的电阻组成，而各组电阻值间彼此相差 10 倍，这样在各组的单元元件上的电压降也相差 10 倍，由此可以从四个十进盘上读到四位平衡电压 U_{ox}。

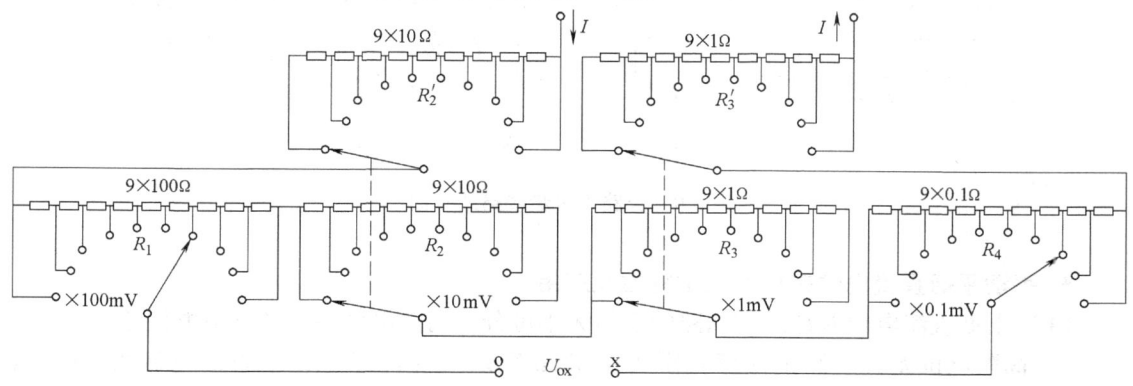

图 3-8　代换式十进盘线路结构图

从图 3-8 中可以看出，调节 R_1、R_4 时电阻网络两端的电阻值不变、电位差计工作回路的电阻值大小不变、工作电流不变。调节 R_2、R_3 时对工作电流也没有影响，因为在线路中接入 R_2'、R_3'，R_2' 与 R_2 的构成及电阻值完全一样，R_3' 与 R_3 的构成及电阻值完全一样；R_2' 与 R_2 彼此联动，R_2 接入 ox 之间的电阻个数和 R_2' 切除的电阻个数相等；R_3' 与 R_3 彼此联动；R_3 接入 ox 之间的电阻个数和 R_3' 切除的电阻个数相等；这样在调节 R_2、R_3 的过程中，保证电阻网络两端之间的电阻值不变。因此不论如何调节 R_1、R_2、R_3、R_4，电阻网络两端之间的电阻不变、工作电流保持不变，平衡电压 U_{ox} 可从 R_1、R_2、R_3 和 R_4 读取得到四位十进制数字。若需要进一步提高精度，只需将联动的代换式十进盘的盘数增加即可实现，例如 UJ9 型直流电位差计就采用了三个联动的代换式十进盘线路，加上两侧的两个独立的十进盘线路，从而得到五位读数。

2) 分路十进盘线路。分路十进盘线路如图 3-9 所示，图中 R_1 由 11 个相同电阻 R 组成，通过的工作电流为 I，每个电阻上的电压为 IR。R_2 由 9 个相同电阻 R 组成，R_2 的两端利用固定的一对触头 P_1、P_2 接到 R_1 的任一个电阻 R 上，触头 P_1、P_2 之间的 R_1 的任一个电阻 R 上的电压被 R_2 的 9 个电阻 R 分压，所以在 R_2 的电阻 R 上的电压等于 $0.1IR$。R_3 由 11 个相同电阻 $0.01R$ 组成，即其中的每个电阻的阻值为 R_1 的阻值的 1/100。通过 R_3 的电流等于工作电流 I，每个电阻上的电压为 $0.01IR$。R_4 由 10 个相同电阻 $0.01R$ 组成，R_4 的两端利用固定的一对触头 P_3、P_4 接到 R_3 上任一个电阻 $0.01R$ 上，触头 P_3、P_4 之间的 R_3 的任一个电阻 $0.01R$ 上的电压被 R_4 的 10 个电阻 $0.01R$ 分压，所以在 R_4 的电阻 R 上的电压等于 $0.001IR$。

由图 3-9 电阻网络图可以看出，调节触头 P_1 及 P_2 的位置、触头 P_3 及 P_4 的位置、调节触头 o 以及 x 的位置，就可以在 ox 两端之间读取得到四位十进制的平衡电压 U_{ox}。同时由电阻网络图可以看出，不管所有触头的位置在什么地方，电阻网路两端之间的电阻不变，工作回路中的电流不变。

若在 R_2、R_4 上进一步采取十进盘线路，则其读取的精度还可继续提高。UJ1 型直流电位差计的线路中采用了分路十进盘线路，从而测量得到的是四位十进制数。

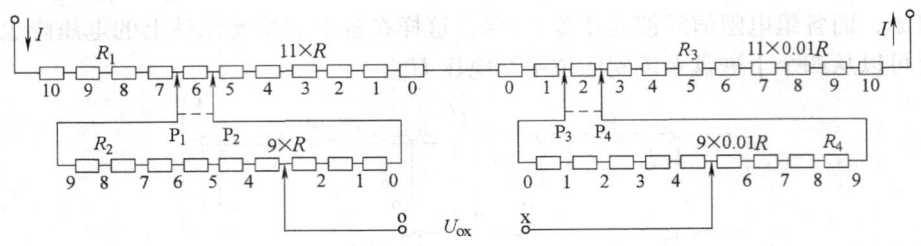

图 3-9　分路十进盘线路结构图

3. 手动平衡直流电位差计的技术特性及应用

（1）根据直流电位差计工作回路的阻值大小可分为高阻电位差计和低阻电位差计。

1）高阻电位差计。测量回路电阻为 1000Ω/V 以上（即工作回路里的电流为 1mA 以下），如 UJ9、UJ9/1 型等。这种电位差计适用于测量内阻比较大的电源电动势（如标准电池电动势）以及较大电阻上的电压降等。由于工作电流小，线路电阻大，故在测量过程中工作电流变化小。但因线路灵敏度较低，故需高灵敏度的检测计。

2）低阻电位差计。测量回路电阻为 1000Ω/V 以下（即工作回路里的电流大于 1mA 的），如 UJ1、UJ2、UJ5、UJ10 型等。此种电位差计适用于测量较小电阻上的电压降以及内阻比较小的电压（如热电动势）。线路灵敏度较高，但由于工作电流较大，故工作电流需要足够用量的电源（蓄电池）才能稳定。

（2）直流电位差计的主要技术特性　直流电位差计根据其示值误差大小、准确度等级，国家规定分为 0.005、0.01、0.02、0.05、0.1、0.2 等六级。表 3-2 中 U 为电位差计的读数（单位为 V）；U_m 为测量上限（单位为 V）；U 为最低一档十进盘的分度值（单位为 V）。

表 3-2　直流电位差计的最大允许误差

准确度级别	最大允许误差/V	准确度级别	最大允许误差/V
0.005	$\pm(0.5\times10^{-4}U+0.2\Delta U)$	0.05	$\pm(5\times10^{-4}U+0.5\Delta U)$
0.01	$\pm(10^{-4}U+0.2\Delta U)$	0.1	$\pm 0.1\% U_m$
0.02	$\pm(2\times10^{-4}U+0.4\Delta U)$	0.2	$\pm 0.2\% U_m$

表中最大允许误差是以绝对误差的形式给出的。对于高精度（0.005、0.01、0.02、0.05 级）的电位差计，其测量精度与电位差计的读数值 U 有关，也与最低一档十进盘的分度值 U 有关；电位差计的读数值 U 增加或最低一档十进盘的分度值 U 增加都将导致测量误差增加，精度降低。对于低精度（0.1、0.2 级）的电位差计，随电位差计的测量上限 U_m 增加，测量误差增加，精度降低。

（3）直流电位差计的应用　在热加工生产中直流电位差计大多用以测量温度。在热工方面可以测量温度、流量、压力和真空度等。由于它可以进行许多电量和非电量的测量，因此应用非常广泛。为了便于选用电位差计，现将部分国产直流电位差计的主要技术数据列于表 3-3。

表 3-3 国产直流电位差计的主要技术数据

型号	名称	测量范围	工作电压/V	工作电流/mA	精度等级
UJ1	低阻直流电位差计	100μV ~ 1.1605V 10μV ~ 0.1615V 1μV ~ 0.016V	1.9 ~ 3.5	32	0.05
UJ9	高阻直流电位差计	10μV ~ 1.21110V	1.3 ~ 2.2	0.1	0.03
UJ9/1	高阻直流电位差计	10μV ~ 1.21110V	1.3 ~ 2.2	0.1	0.02
UJ21	高阻直流电位差计	1μV ~ 2.111110V	2.8 ~ 4.4		0.01
UJ22-1	携带式低阻电位差计	10μV ~ 110.2mV	18	2	0.1
UJ23	携带式低阻电位差计	10μV ~ 24.05mV 50μV ~ 120.25mV			0.1 0.1
UJ24	高阻直流电位差计	10μV ~ 1.61110V	1.8 ~ 2.2	0.1	0.02
UJ25	高阻直流电位差计	1μV ~ 1.911110V	1.95 ~ 2.2	0.1	0.01
UJ26	低阻直流电位差计	0.1μV ~ 22.1110mV 0.5μV ~ 110.555mV	5.8 ~ 6.4	10	0.02
UJ27	携带式低阻电位差计	0.05mV ~ 100mV			0.1
UJ30	低阻直流电位差计	0.1μV ~ 111.1110mV	5.9 ~ 6.1	10	0.01
UJ31	低阻直流电位差计	1μV ~ 170mV	5.7 ~ 6.4	10	0.05
UJ31	低阻直流电位差计	0.1μV ~ 17mV	5.7 ~ 6.4	10	0.05
UJ32	标准直流电位差计	0.1μV ~ 2.1V	6	23	0.005
UJ34	高阻直流电位差计	1μV ~ 1.911110V	1.95 ~ 2.2	0.1	0.01
308	高阻直流电位差计	10μV ~ 1.21110V	1.3 ~ 2.2	0.1	0.03
308/1	高阻直流电位差计	10μV ~ 1.21110V	1.4 ~ 2.2	0.1	0.02

3.2.2 自动平衡电子电位差计

自动平衡电子电位差计主要由测量电桥、测量电路、放大器、可逆电动机、指示机构、调节机构等组成。

1. 自动平衡电位差计的工作原理

电子电位差计的工作原理框图如图 3-10 所示。被测热电偶的热电动势与测量电桥输出的直流电压相比较，差值电压（即不平衡电压）经放大器放大后驱动可逆电动机。可逆电动机旋转时带动测量电桥滑线电阻的滑动臂移动，从而使不平衡电压趋于零，使测量电桥的输出电压与被

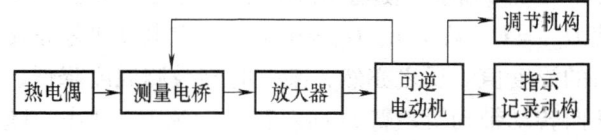

图 3-10 电子电位差计工作原理框图

测热电偶的热电动势相平衡；同时可逆电动机带动指示记录机构（例如指示指针或记录笔）沿着有分度的标尺滑动，滑动臂的每一个平衡位置对应于指示记录机构在标尺上的某一数值，从而指示测量值，或者以记录笔进行记录。另外在电子电位差计中也可以设计调节机构，根据指示记录机构在标尺上滑动的位置，设置上限或下限，进行温度的调节。

2. 测量电桥的自动平衡原理

测量电桥如图 3-11 所示，其构成有电桥及其直流电源 E、放大器、可逆电动机 M、测量电路等。被测物理量是电压信号 $E(t, t_0)$，该电压是热电偶的热电动势，所以实际测量的物理量是温度。可逆电动机 M 旋转时带动滑线电阻的滑动臂 D 运动，同时指示指针指示当前被测温度值。

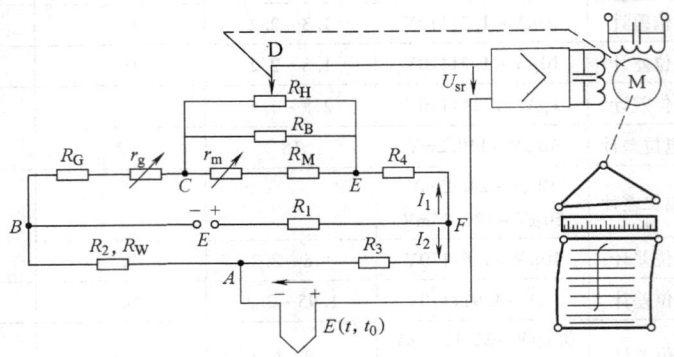

图 3-11 测量电桥自动平衡原理图

电桥输出电压 U_{DA} 由滑动臂 D 的位置决定。

$$U_{DA} = U_{DC} + U_{CB} - U_{AB} \tag{3-14}$$

放大器的输入电压如下。

$$U_{sr} = U_{DA} - E(t, t_0) \tag{3-15}$$

电桥平衡时 $U_{sr}=0$，得 $U_{DA} = E(t, t_0)$

$$U_{DC} + U_{CB} - U_{AB} = E(t, t_0) \tag{3-16}$$

式中，U_{CB}、U_{AB} 是常量，U_{DC} 随滑动臂 D 的位置移动而变化。

当接入被测电动势 $E(t, t_0)$ 以后，只要滑动臂 D 滑到适当位置，总能够使 $U_{DA} = E(t, t_0)$、$U_{sr}=0$，测量电桥处于平衡状态，放大器的输入、输出电压均等于零，可逆电动机没有驱动电压而停止转动，此时指针指示的值就是当前被测温度值。如果某一时刻被测温度增加、被测电动势 $E(t, t_0)$ 增加，则 $U_{DA} < E(t, t_0)$，$U_{sr} = U_{DA} - E(t, t_0)$ 成为负值，放大器输出电压成为负值，可逆电动机逆向转动带动滑动臂 D 向右移动，导致 U_{DC} 增加，即 U_{DA} 增加；随着 U_{DA} 增加，U_{sr} 向零靠近，可逆电动机逆向转动速度降低；当 U_{DA} 增加使 $U_{DA} = E(t, t_0)$、$U_{sr}=0$ 时，可逆电动机停止转动；此时指针指示的值就是被测温度增加后的温度值。反之亦然，某一时刻被测温度降低、被测电动势 $E(t, t_0)$ 减小，可逆电动机正向转动带动滑动臂 D 向左移动导致 U_{DA} 减小；随着 U_{DA} 减小，U_{sr} 向零靠近，可逆电动机正向转动速度降低；当 U_{DA} 减小到使 $U_{AD} = E(t, t_0)$、$U_{sr}=0$ 时，可逆电动机停止转动，此时指针指示的值就是被测温度降低以后的温度值。

3. 电子电位差计的测量电路

作为一个电子电位差计的测量电桥，还需要添加一些电阻等元件构成测量电路，这样才能成为一个测量仪表。下面介绍测量电路中的各个电阻的作用。

（1）$R_G + r_g$ 称为起始电阻（或下限电阻） 当仪表指示下限值时，显然 D 点应滑到最左端，即 $U_{DC}=0$。令此时 $E(t,t_0)=E_1$，则式（3-14）、式（3-15）变换成如下形式。

$$U_{DA} = U_{CB} - U_{AB} \tag{3-17}$$

$$U_{sr} = U_{DA} - E_1 \tag{3-18}$$

电桥平衡时 $U_{sr}=0$；$U_{CB}-U_{AB}-E_1=0$；$U_{CB}=U_{AB}+E_1$。

$$I_1(R_G + r_g) = I_2 R_2 + E_1 \tag{3-19}$$

式中，I_1 为上支路工作电流；I_2 为下支路工作电流；E_1 为仪表量程的下限值。

若仪表量程的下限值是 0，则下限值 E_1 可以等于零；若仪表量程的下限值大于零，则 $E_1>0$。作为一台电子电位差计，式（3-19）右侧的物理量 E_1 是确定的值，R_2 也是定值（当自由端温度一定时）。可见 R_G+r_g 的大小与测量电动势起始值（下限值）E_1 的大小有关，所以称 R_G+r_g 为起始电阻，其中 r_g 可以进行微调。

（2）R_M+r_m 称为测量范围电阻　仪表指示下限时滑动臂 D 滑到左端，仪表指示上限时 D 滑到右端，可见滑线电阻 R_H 两端的电压大小代表了仪表测量值的范围。即

$$U_{EC} = E_2 - E_1 \tag{3-20}$$

式中，E_2 为仪表量程的上限值。

为了测量不同的量程，就需要制造不同数值的滑线电阻，而且要求电阻值很准确、结构尺寸也一样，这在制造工艺上是比较困难的。为了有利于成批生产，只绕制一种规格的滑线电阻，另外再做一个电阻 R_B，通过选配、调整，使 R_B 与 R_H 并联后成为比较准确的电阻，通常 R_B 与 R_H 并联后的阻值等于 $(90\pm0.1)\Omega$，R_B 与 R_H 并联后的 90Ω 电阻已成为通用件。R_B 与 R_H 并联后的阻值仍然不是要求的测量范围电阻，对不同的量程、不同分度号的仪表，还需要并联大小不同的 R_M，这样仪表测量范围只取决于 R_M 的大小。所以称 R_M 为测量范围电阻，其中 r_m 是供微调用的电阻。

（3）R_4 称为上支路限流电阻　R_H、R_B、R_H 并联后与 R_4 串联，其总电阻值要保证上支路电流 $I_2=4mA$。这是设计这种电桥时所规定要求的。

（4）R_3 下支路限流电阻　当 R_2 为一定值时，R_2 与 R_3 串联保证下支路电流 $I_2=2mA$。这同样是设计这种电桥时所规定要求的。

（5）R_w 称为自由端温度补偿电阻　若热电偶的自由端温度为 0℃，工作端温度为 t，则平衡方程式（3-16）可写成如下形式

$$U_{DC} + U_{CB} - U_{AB} = E(t,0) \tag{3-21}$$

若被测温度仍然是 t，自由端温度由 0 变到 t_1，这时热电偶的热电动势 $E(t,t_1)$ 比 $E(t,0)$ 减小了 $E(t_1,0)$。如果此时测量电桥没有变化，则出现一个不平衡的电压输入放大器，电动机带动滑点向左移动，指针也向左移动，实现自动平衡。

$$U_{DC1} + U_{CB} - U_{AB} = E(t,t_1) \tag{3-22}$$

由于 $E(t,t_1)=E(t,0)-E(t_1,0)$，相应地存在等式

$$U_{DC1} = U_{DC} - \Delta U_{DC} \tag{3-23}$$

从式（3-23）可以看出，被测温度虽然没有变化，但指示值降低了，这是由热电偶自由端温度变化造成的。为了解决这个问题，把 R_w 作为随温度变化的电阻（一般用铜导线制成，安装在自由端接线柱附近），使 U_{AB} 随热电偶自由端温度增加而增加，以此来补偿自由端温度变化引起的热电动势变化，从而消除测量误差。

$$U_{DC} + U_{CB} - [U_{AB} + U_{AB}] = E(t,t_1)$$

$$U_{DC} + U_{CB} - [U_{AB} + U_{AB}] = E(t, 0) - E(t_1, 0) \tag{3-24}$$

设计 R_w 使其电阻随温度增加而增加，使 $U_{AB} = E(t_1, 0)$，则在不改变 U_{DC}，即不移动滑动臂 D 的条件下，保持仪表平衡，测量指示值仍然是 U_{DC}，测量不受热电偶冷端温度变化的影响。要正确选择 R_w 来满足 $U_{AB} = E(t_1, 0)$。

$$E(t_1, 0) = U_{AB} = I_2 R_w = I_2 \alpha t\, R_w \tag{3-25}$$

式中，Δt 为自由端温度变化值；α 为铜导线的温度系数；R_w 为铜导线的电阻。这里可以清楚地看出温度补偿电阻 R_w 的作用。

4. 自动平衡式电位差计的型号

自动平衡式电位差计也是一种测量显示仪表，其型号通常由两节组成，第一节用汉语拼音字母表示，第二节用阿拉伯数字表示。型号中字母及数字的意义见表3-4。

表 3-4　自动平衡式电位差计型号中的字母及数字的意义

第一节			第二节	
第一位代号意义	第二位代号意义	第三位代号意义	第一位代号意义	第二、三位代号意义
X—显示仪表	W—直流电位差计 Q—直流电桥 L—交流电压平衡 D—交流电桥	A—条形指示仪 B—圆图记录仪 C—长图记录仪 D—小型长图记录仪 E—小型圆标尺指示仪 F—中型长图记录仪 G—中型圆图记录仪 H—旋转刻度仪表 X—携带式仪表 T—台式仪表	1—单指针、单笔 2—双指针、双笔 3—多点指示、多点记录 4—单指针、单笔、带电动PID调节器 5—单指针、单笔、带气动PID调节器	表示附加装置 00—无附加装置 01—表面定值电接点 02—表内定值电接点 03—报警器 04—多量程 05—量程扩展 06—辅助记录 07—自动变速 08—程序控制 09—积算装置 10—计数器 11—计算单元 12—模数转换 13—电阻发信装置 14—多点各定值

3.3　温度的测量

测温仪器的种类很多，应用范围也很广泛。目前无论是测温原理，还是传感器技术以及测量线路和二次仪表等方面，技术发展都很完善。本节主要介绍材料成形领域应用广泛的热电偶测温技术，包括标准热电偶及材料、非标准热电偶及材料、热电偶的结构、热电偶的冷端温度补偿，最后介绍热电阻测温技术。

3.3.1　测温方法的分类

测温方法有很多。从测量体与被测介质是否接触来分类，有接触式测温和非接触式测温两大类。接触式测温是基于热平衡原理，测温敏感元件必须与被测介质接触，使两者处于同一热平衡状态,具有同一温度,如水银温度计、热电偶温度计等。非接触式测温的测量敏感元件不与被测介质接触,它是利用物质的热辐射原理,通过接受被测物体发出的辐射能量来进行测温,如辐射温度计、红外温度计等。本节主要介绍热电偶测温及热电阻测温方法。

接触式测温简单、可靠,测温精度也比较高。但由于测温元件需要与被测介质接触以达到充分的热交换使之完全热平衡,因而存在滞后现象。另外,由于受到材料耐高温性能的限制,接触式测温的最高温度是有限的。非接触式测温的测温元件不与被测介质接触,其测温范围很广,测温上限原则上不受限制,测温速度也较快,且可对运动体进行测量;但它受到物体的发射率、被测对象到仪表之间的距离、烟尘和水气等其他介质的影响,一般测温误差较大。

3.3.2 热电偶测温

在工业生产过程中的温度检测中,热电偶是主要的测温元件。下面就热电偶测温的有关技术问题进行分析。

1. 热电偶的种类

从热电效应理论来讲,两种不同性质的任何导体都可配制成热电偶。实际上,并不是所有材料都可成为有实用价值的热电偶材料,因为还要考虑到灵敏度、准确度、可靠性、稳定性等条件,故做为热电偶材料,一般应满足一定要求。表3-5列出了我国标准热电偶的主要特性。

(1) 标准热电偶及材料 国际上公认的热电偶材料只有几种,并已列入标准化文件中。国际计量委员会规定的国际温标 ITS—90 标准规定了8种通用热电偶。下面重点介绍我国常用的几种热电偶,其测温范围及使用温度如表3-5所示。标准热电偶有统一的分度表。

1) 铂铑10—铂热电偶(分度号S)。正极为铂铑合金丝(由质量分数为90%的铂和质量分数为10%的铑冶炼而成),负极为铂丝。

2) 镍铬—镍硅热电偶(分度号K)。正极为镍铬合金,负极为镍硅合金。

3) 镍铬—康铜热电偶(分度号E)。正极为镍铬合金,负极为康铜(铜、镍合金冶炼而成)。这种热电偶也称为镍铬—铜镍合金热电偶。

4) 铂铑30—铂铑6热电偶(分度号B)。正极为铂铑合金(由质量分数为70%的铂和质量分数为30%的铑冶炼而成);负极也为铂铑合金(由质量分数为94%的铂和质量分数为6%的铑冶炼而成)。

表3-5 我国标准热电偶的主要特性

名称	分度号		测量范围 /℃	等级	使用温度 /℃	允许误差
	新	旧				
铂铑10—铂	S	LB-3	0~1600	Ⅰ	0~1100	±1℃
					1100~1600	$\pm[1+(T-1100℃)\times 0.003]$
				Ⅱ	0~600	±1.5℃
					600~1600	±0.25%T
铂铑30—铂铑6	B	LL-2	0~1800	Ⅱ	600~1700	±0.25%T
				Ⅲ	600~800	±0.4℃
					800~1700	±0.5%T

(续)

名称	分度号 新	分度号 旧	测量范围/℃	等级	使用温度/℃	允许误差
镍铬—镍硅（镍铬—镍铝）	K	EU-2	0~1300	I	0~400	±1.6℃
				I	400~1100	±0.4%T
				II	0~400	±3℃
				II	400~1300	±0.75%T
铜—康铜	T	CK	-200~400	I	-40~350	±0.5℃或±0.4%T
				II	-40~350	±1℃或±0.75%T
				III	-200~40	±1℃或±1.5%T
镍铬—康铜	E		-200~900	I	-40~800	±1.5℃或±0.4%T
				II	-40~900	±2.5℃或±0.75%T
				III	-200~40	±2.5℃或±1.5%T
铁—康铜	J		-40~750	I	-40~750	±1.5℃或±0.4%T
				II	-40~750	±2.5℃或±0.75%T
铂铑13—铂	R		0~1600	I	0~1600	±1℃或±[1+(T-1100)×0.003]℃
				II	0~1600	±1.5℃或0.25%T
镍铬—金铁	NiCr-AuFe0.07		-270~0	I	-270~0	±0.5℃
				II	-270~0	±1℃
铜—金铁	Cu-AuFe0.07		-270~196	I	-270~-196	±0.5℃
				II	-270~-196	±1℃

（2）非标准热电偶及材料　非标准热电偶没有统一的分度表，在应用范围和数量上不如标准热电偶大。但非标准热电偶一般是根据某些特殊场合的要求而研制的，例如，在超高温、超低温、核辐射、高真空等场合，一般的标准热电偶不能满足要求，此时必须采用非标准热电偶。使用较多的非标准热电偶有钨铼、镍铬—金铁等。

钨铼热电偶，这是一种在高温测量方面具有良好性能的热电偶，正极为钨铼合金（由质量分数为95%的钨和质量分数为5%的铼冶炼而成）；负极也为钨铼合金（由质量分数为80%的钨和质量分数为20%的铼冶炼而成）。它是目前测温范围最高的一种热电偶。测温温度长期为2800℃，短期可达到3000℃。高温抗氧化能力差，可在真空、惰性气体介质或氢气介质中使用。热电动势和温度的关系近似直线，在温度为2000℃时，热电动势接近30mV。

其他种类的热电偶丝材料还有很多，在此不一一列举。

2. 热电偶的结构

热电偶的结构形式很多，按照热电偶的结构划分有普通热电偶、铠装热电偶、表面热电偶、浸入式热电偶等。

（1）普通热电偶　普通热电偶如图3-12所示，工业上常用的热电偶一般由热电极、绝缘管、保护套管、接线盒、接线盒盖等组成。

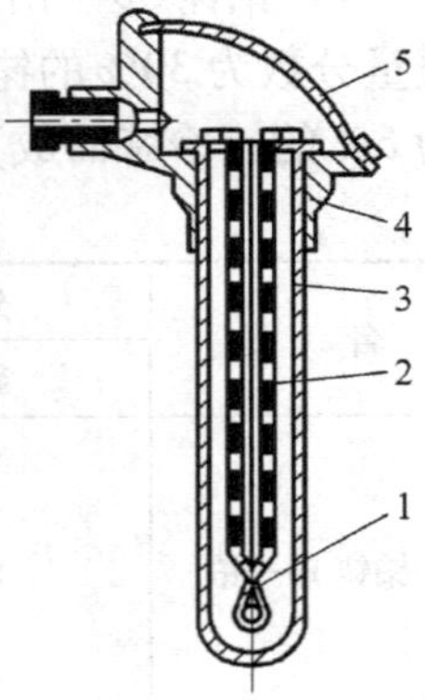

图3-12　普通热电偶
1—热电极　2—绝缘套
3—保护管　4—接线盒
5—接线盒盖

这种热电偶主要用于气体、蒸汽、液体等介质的测温。这类热电偶已制成标准形式,可根据测温范围和环境条件来选择热电极材料及保护套管。表 3-6 中列出了部分国产普通热电偶的型号和特性,供选用时参考。

(2)铠装热电偶 根据测量端结构形式,可分为碰底型、不碰底型、裸露型、帽型等,分别如图 3-13 所示。铠装热电偶由热电偶丝、绝缘材料(氧化铁)及不绣钢保护管经拉制工艺制成,主要优点是外径细、响应快、柔性强,可进行一定程度的弯曲;耐热、耐压、耐冲击性强。表 3-7 中列出了部分国产铠装热电偶的型号及特性,供选用时参考。

表 3-6 国产普通热电偶的型号及规格

型 号	分度号	结构特征	测温范围 /℃	保护管材料	规格 总长 L/mm	规格 插深 l/mm	时间常数 /s	工作压强 /MPa
WRP-510	S	可动法兰,直角形防溅式铂铑10-铂热电偶	0~1600	高铝质	500	500	90~180	常压
WRR-510	B	可动法兰,直角形防溅式铂铑30-铂铑60 热电偶	0~1800	刚玉质	700	750	90~180	常压
WRN-320	K	小惰性可动法兰防溅式镍铬-镍硅热电偶	0~800	不锈钢 1Cr18Ni9Ti Cr25Ti	300 350 400 450 550 650 900 1150 1650 2150		30~90	常压
WRN-330	K	小惰性可动法兰防水式镍铬-镍硅热电偶						
WRK-320	E	小惰性可动法兰防溅式镍铬-考铜热电偶	0~600	碳钢20 号 不锈钢 1Cr18Ni9Ti Cr25Ti	300 350 400 450 550 650 900 1150 1650 2150		30~90	常压
WRK-330	E	小惰性可动法兰防水式镍铬-考铜热电偶						
WRN-320	K	小惰性无固定装置防溅式镍铬-镍硅热电偶	0~800	不锈钢 1Cr18Ni9Ti Cr25Ti	300 358 400 450 650 900 1150 1650 2150		30~90	常压
WRN-130	K	小惰性无固定装置防水式镍铬-镍硅热电偶						

（续）

型号	分度号	结构特征	测温范围 /℃	保护管材料	规格 总长 L/mm	规格 插深 l/mm	时间常数 /s	工作压强 /MPa
WRN-120	E	小惰性无固定装置防溅式镍铬-考铜热电偶	0～600	碳钢20号 不锈钢 1Cr18Ni9Ti Cr25Ti	300 358 400 450 650		30～90	常压
WRN-130	E	小惰性无固定装置防水式镍铬-考铜热电偶			900 1150 1650 2150			
WRN-002 Ⅰ Ⅱ （三对式）	K	用于长期测量在常压下和小于800℃的氧化性空气介质中的各点温度，如加装套管和密封结构则可承受压强，且能使用在其他介质中	0～800		Ⅰ型 $L_1=2015$ $L_2=3615$ $L_3=5015$		<2	常压
WRK-002 Ⅰ Ⅱ （三对式）	E	用于长期测量在常压下和小于600℃的氧化性空气介质中的各点温度，如加装套密封结构则可承受压强，且能使用在其他介质中	0～600		Ⅱ型 $L_1=2315$ $L_2=3915$ $L_3=5115$		<2	常压
WRP-100	S	无接线盘。由保护管、接线座及热电偶感温元件等组成	小于1300	高铝质	252	225	<45	常压
WRN-001 Ⅰ Ⅱ （六点式）	K	用于长期测量在常压下和小于800℃的氧化性空气介质中的各点温度，如加装套管和密封结构则可承受压强，且能使用在其他介质中	0～800		Ⅰ型 $L_1=1563$ $L_2=2563$ $L_3=3563$ $L_4=4063$ $L_5=4763$ $L_6=6763$		<2	常压
WRN-001 Ⅰ Ⅱ （六点式）	E	用于长期测量在常压下和小于600℃的氧化性空气介质中的各点温度，如加装套管和密封结构则可承受压强，且能使用在其他介质中	0～600		Ⅰ型 $L_1=1563$ $L_2=2563$ $L_3=3563$ $L_4=4063$ $L_5=4763$ $L_6=6763$			
WRPT-01	S	用来和测温枪、显示仪表等配套，直接测量钢水温度和其他金属熔液温度。特点：结构简单，体积小，使用方便，反应灵敏，测温准确可靠	0～1010 (1554±3)				≤4	
WRRT-01	B		0～1800 (1554±4)					

(续)

型号	分度号	结构特征	测温范围/℃	保护管材料	规格 总长 L/mm	规格 插深 l/mm	时间常数/s	工作压强/MPa
WRPT-02	S	取钢水倒入定碳标内,数秒钟后可读出相应的含碳量。结构简单,操作方便	金属熔液温度					
WRRT-02	B							
WRNX-620	K	小惰性固定螺纹防溅式镍铬-镍硅热电偶	0~600	不锈钢 1Cr18Ni9Ti		75 100 150 200 250	<30	10
WRNX-030	K	小惰性固定螺纹防水式镍铬-镍硅热电偶						
WRKX-620	E	小惰性固定螺纹防溅式镍铬-考铜热电偶	0~600	不锈钢 1Cr18Ni9Ti		75 100 150 200 250	<30	10
WRKX-630	E	小惰性固定螺纹防水式镍铬-考铜热电偶						

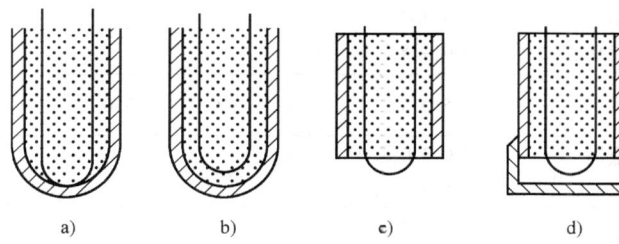

图 3-13 铠装热电偶结构示意图
a) 碰底型 b) 不碰底型 c) 裸露型 d) 帽型

表 3-7 国产铠装热电偶的型号及特性

品 种	套管材料	外径/mm	使用温度/℃ 长期使用最高温度	使用温度/℃ 短期使用最高温度	允 差 值
镍铬-镍硅（镍铝）（WRGKK）	不锈钢 1Cr18Ni9Ti	0.25	400	500	I 等 ±1.5℃或0.4%t II 等 ±2.5℃或0.75%t III 等 ±2.5℃或1.5%t
		0.15,1.0	400	600	
		1.5,2.0	600	700	
		3.0,4.0,4.5,5.0,6.0,8.0	800	900	
	高温合金钢 GH3030	0.25	400	500	
		0.5,1.0	500	600	
		1.5	800	900	
		2.0,3.0	900	1000	
		4.0,4.5,5.0	1000	1100	
		6.0,8.0	1100	1200	

（续）

品　种	套管材料	外径/mm	使用温度/℃ 长期使用最高温度	使用温度/℃ 短期使用最高温度	允差值
镍铬-铜镍（康铜）（WRGEK）	不锈钢 1Cr18Ni9Ti	0.5,1.0	400	500	
		1.5,2.0	500	600	
		3.0,4.0	600	700	
		4.5,5.0			
		6.0,8.0	700	800	
铁-铜镍（康铜）（WRGTK）	不锈钢 1Cr18Ni9Ti	0.5,1.0	300	400	
		1.5,2.0	400	500	
		3.0,4.0	500	600	
		4.5,5.0	500	600	
		6.0,8.0	600	700	
铜-铜镍（康铜）（WRGTK）	不锈钢 1Cr18Ni9Ti	0.5,1.0	200	250	Ⅰ等 0.5℃或0.4%t
		1.5,2.0,3.0 4.0,4.5,5.0	250	300	Ⅱ等 1℃或0.75%t
		6.0,8.0	300	350	Ⅲ等 1℃或1.5%t
铂铑10-铂（WRGSK）	高温合金铜 GH3039	2.0,3.0,4.0 4.5,5.0,6.0	1100	1200	Ⅰ等 1℃或$1+(t-1000℃)\times 0.003$
铂铑13-铑（WRGSK）	铂铑6	2.0,3.0 4.0,4.5,5.0,6.0	1200	1300	Ⅱ等 1.5℃或0.25%t
铂铑80-铑6（WRGSK）	铂铑6	2.0,3.0 4.0,4.5,5.0,6.0	1500 1600	1600 1700	Ⅲ等 4%℃

铠装热电偶的热电极、绝缘体及外保护管是整体结构，纤细小巧，对被测体温度场的影响较小。更为突出的是其挠性好，弯曲自如，弯曲半径为套管直径的两倍，可以安装在难以安装常规热电偶的地方，如密封的热处理罩内或工件箱内。铠装热电偶结构坚实，抗冲击、抗振性能良好，即使随热处理工件一起落入淬火油内，也经得起冲击，在高压及振动场合也能安全使用。铠装热电偶可长可短，可以直接与显示仪表连接，无需用延伸导线。

（3）薄膜热电偶　可分为片状、针状结构等。图3-14所示为片状结构示意图，这种热电偶的特点是热容量小、动态响应快，适用于测量微小面积和顺变温度。测量温度范围为 –200~300℃。

（4）表面热电偶　它有永久性安装和非永久性安装两种，主要用于测量金属块、炉壁、涡轮叶片、轧辊等固体的表面温度。

（5）浸入式热电偶　它主要用于测量铜液、钢液、

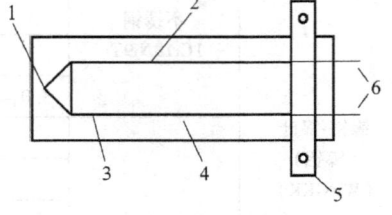

图3-14　片状热电偶结构示意图
1—测量接点　2—薄膜热电极A
3—薄膜热电极B　4—衬底
5—接头夹　6—引出线

铝液及熔融合金液体的温度。浸入式热电偶的主要特点是可直接插入液态金属中进行测量。

3. 热电偶的冷端温度补偿

用热电偶测温时，热电动势的大小决定于热端温度与冷端温度之差；如果冷端温度固定不变，则决定于热端温度。如冷端温度是变化的，这将会引起测量误差。为此，需要采用一些措施来消除冷端温度变化所产生的影响。

(1) 冷端温度法 一般热电偶的冷端温度以 0℃ 为标准。为此常将冷端置于冰水混合物中，使其温度保持为恒定的 0℃。在实验条件下通常是把冷端放在盛有绝缘油的试管中（参见图3-15），然后再将其放入装满冰水混合物的保温容器中，使冷端保持为恒定的 0℃。

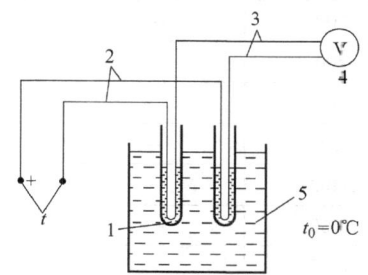

图3-15 热电偶冷端为冰水混合物，温度为0℃
1—油 2—补偿导线
3—铜导线 4—测温毫伏计 5—冰水混合物

(2) 冷端温度计算校正法 使用中间温度定律进行校正。例如镍铬—镍硅热电偶（K型），在冷端温度为25℃、待测热端温度为 t 时，测得其热电动势为 31.213mV，要求查热电偶的分度表确定热端温度，此时不能直接用 31.213mV 查分度表得到热端温度，需要进行修正。现有的数据是热端温度为 t、冷端温度为 25℃ 的热电动势 $E_{AB}(t,25) = 31.213\text{mV}$。查分度表得 $E_{AB}(25,0) = 1.000\text{mV}$，然后计算热电偶的热端温度为 t、冷端温度为 0℃ 时的热电动势 $E_{AB}(t,0) = E_{AB}(t,25) + E_{AB}(25,0) = 31.213\text{mV} + 1.000\text{mV} = 32.213\text{mV}$，此时查分度表得热端温度为 $t = 774℃$。

(3) 冷端温度补正法 利用冷端温度计算校正法比较麻烦，比较简单的方法是以冷端温度为补正值，这样虽然带来误差，但是误差不大。例如冷端温度补正法计算校正法中介绍的问题（K型热电偶），以热电动势 31.213 mV 查表得温度 750℃，再加上冷端温度 25℃（即补正温度），得测量温度 775℃。这样得到的温度与准确温度 774℃ 之差是 1℃，这点误差对于一般工业测量还是可以接受的。但此法对于热电特性线性度较差的热电偶不适用。为此工业上采用温度补正系数 K 修正，如表3-8所示。其应用方法是，就某种型号的热电偶而言，应补正的温度是冷端温度乘以补正系数。例如 K 型热电偶，冷端温度为 25℃，补正系数 $K = 1$，补正温度 $K \times 25℃ = 25℃$；若是 S 型热电偶，此时 $K = 0.59$。由此看出，补正温度并不是冷端温度。

表3-8 热电偶冷端温度补正系数

工作温度 /℃	T型 (铜-考铜)	E型 (镍铬-考铜)	J型 (铁-康铜)	K型 (镍铬-镍硅)	S型 (铂铑10-铂)
0	1.00	1.00	1.00	1.00	1.00
20	1.00	1.00	1.00	1.00	1.00
100	0.86	0.90	1.00	1.00	0.82
200	0.77	0.83	0.99	1.00	0.72
300	0.68	0.81	0.98	0.98	0.69

(续)

工作温度 /℃	T 型 (铜-考铜)	E 型 (镍铬-考铜)	J 型 (铁-康铜)	K 型 (镍铬-镍硅)	S 型 (铂铑 10-铂)
400	0.65	0.83	1.00	0.98	0.66
500	0.65	0.79	1.00	1.00	0.63
600	—	0.78	0.91	0.96	0.62
700	—	0.80	0.82	1.00	0.60
800	—	0.80	0.84	1.00	0.59
900	—	—	—	1.01	0.56
1000	—	—	—	1.11	0.55
1100	—	—	—	—	0.53
1200	—	—	—	—	0.53
1300	—	—	—	—	0.52
1400	—	—	—	—	0.52
1500	—	—	—	—	0.53
1600	—	—	—	—	0.53

(4) 仪表调零法 在环境温度（即冷端温度）变化不大的情况下，将温度显示仪表的零点调到环境温度，相当于给仪表预先加了一个热电动势 $E_{AB}(t_0, 0)$，热电偶在热端温度 t 的作用下产生热电动势 $E_{AB}(t, t_0)$，两个热电动势相加等于 $E_{AB}(t, 0)$，温度仪表显示 t。

(5) 补偿导线法 为了使热电偶冷端温度保持恒定（最好为0℃），可将热电偶做得很长，使冷端远离工作端，并连同测量仪表一起放置到恒温或温度波动比较小的地方。若热电极是贵重金属材料，则加长热电偶将加大成本；另外加长热电偶也使安装使用不方便。为了减短热电偶长度，可以用补偿导线将热电偶的冷端延伸出来。这种导线在一定温度范围内（0~150℃）具有和所连接的热电偶相同的热电性能。若热电极是廉价金属材料，补偿导线可用本身的材料。常用热电偶的补偿导线列于表 3-9。

表 3-9 常用热电偶的补偿导线

热电偶的名称 及分度号	补偿导线						补偿导线的热电动势 及允许误差 /mV
	正极			负极			
	代号	材料	颜色	代号	材料	颜色	
铂铑-铂(S)	SPC	铜	红	SNC	镍铜	绿	0.64 ± 0.03
镍铬-镍硅(K)	KPC	铜	红	KNC	康铜	蓝	4.10 ± 0.15
镍铬-考铜(XK)		镍铬	红		考铜	黄	6.95 ± 0.30
铜-康铜(T)	TPX	铜	红	TNX	康铜	白	4.10 ± 0.15

注：代号中的最后一个字母 C 表示是补偿型补偿导线；字母 X 表示是延伸型补偿导线。

必须指出，只有冷端温度恒定或配用仪表本身具有冷端温度自动补偿的装置时，应用补偿导线才有意义。热电偶和补偿导线连接端所处的温度一般不应超出150℃，否则也会由于热电特性不同而带来新的误差。

（6）补偿电桥法。补偿电桥法是利用不平衡电桥产生的电动势来补偿冷端温度变化而引起的热电动势变化值。补偿电桥现已标准化，如图 3-16 所示。不平衡电桥（即补偿电桥）是由电阻 R_1、R_2、R_3 和 R_{Cu} 组成。其中 $R_1 = R_2 = R_3 = 1\Omega$；$R_{Cu}$ 是由温度系数较大的铜导线绕制而成的补偿电阻，0℃时，$R_{Cu} = 1\Omega$；R_s 是用温度系数很小的锰铜丝绕制而成的；R_s 的值可根据所选热电偶的类型计算确定。此桥串联在热电偶测量回路中，热电偶冷端与电阻 R_{Cu} 感受相同的温度，在某一温度下（通常取0℃）调整电桥平衡，使 $R_1 = R_2 = R_3 = R_{Cu}$。当冷端温度变化时，R_{Cu} 随冷端温度改变，电桥失去平衡，产生一不平衡电压 ΔU，此电压与热电动势叠加，一起送入测量仪表。

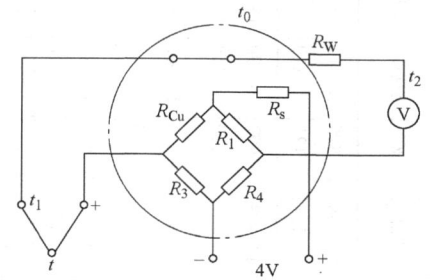

图 3-16　正补偿电桥法原理图

适当选择 R_s 的数值，可使电桥产生的不平衡电压 ΔU 在一定温度范围内基本上能补偿由于冷端温度变化而引起的热电动势变化值。这样，当冷端温度有一定变化时，仪表可显示出正确的温度值。表 3-10 中列出了冷端温度补偿电桥的型号及技术数据，以供选用。

表 3-10　冷端温度补偿电桥的型号及技术数据

型号	配用热电偶	温度补偿范围/℃	电源电压/V	内阻/Ω	补偿误差
WBC-01	铂铑10-铂	0~50	~220	1	±0.045mV
WBC-02	镍铬-镍铬（铝）	0~50	~220	1	±0.16mV
WBC-03	镍铬-考铜	0~50	1	1	±0.18mV
WBC-57-S	铂铑10-铂	0~40	4	1	±(0.015℃+0.0015t)/℃
WBC-57-T	镍铬-镍硅（铝）	0~40	4	1	±(0.04℃+0.004t)/℃
WBC-57-K	镍铬-考铜	0~40	4	1	±(0.065℃+0.0065t)/℃

3.3.3　热电阻测温

前面讨论的热电偶测温适用于高于 500℃ 的测温范围。对于 500℃ 以下的中、低温，使用热电偶测温就不一定恰当。首先在中、低温区热电偶输出的热电动势小，其小信号就要求测量电路的抗干扰能力高，否则难以进行准确测量；其次在较低的温度区域内，因一般的补偿方法不易得到很好补偿，因此冷端温度的变化和环境温度的变化所引起的相对测量误差就显得特别突出。所以在中、低温区，一般使用另一种测温元件——热电阻来进行测量。

常用的标准化测温电阻有铂热电阻（Pt100）、铜热电阻（Cu50）等，表 3-11~表 3-16 给出了铂热电阻及铜热电阻的分度表。

表 3-11 铂铑 10-铂热电偶分度数

分度号：S （参考端温度为 0℃） （单位：mV）

温度/℃	0	100	200	300	400	500	600	700	800	900	1000	1100	1200	1300	1400	1500	1600	1700	温度/℃
0	0.000 55	0.645 74	1.440 85	2.323 91	3.260 96	4.234 99	5.237 102	6.274 106	7.345 109	8.448 112	9.585 115	10.754 118	11.947 120	13.155 121	14.368 121	15.576 121	16.771 119	17.942 114	0
10	0.055 58	0.719 76	1.525 86	2.414 92	3.356 96	4.333 99	5.339 103	6.380 106	7.454 109	8.560 113	9.700 116	10.872 119	12.067 121	13.276 121	14.489 121	15.697 120	16.890 118	18.056 114	10
20	0.113 60	0.795 77	1.611 87	2.506 93	3.452 97	4.432 100	5.442 102	6.486 106	7.563 109	8.673 113	9.816 116	10.991 119	12.188 120	13.397 122	14.610 121	15.817 120	17.008 117	18.170 112	20
30	0.173 62	0.872 78	1.698 87	2.599 93	3.549 96	4.532 100	5.544 104	6.592 107	7.672 110	8.786 113	9.932 116	11.110 119	12.308 121	13.519 121	14.731 121	15.937 120	17.125 118	18.282 112	30
40	0.235 64	0.950 79	1.785 88	2.692 94	3.645 98	4.632 100	5.648 103	6.699 106	7.782 110	8.899 113	10.048 117	11.220 119	12.429 121	13.640 121	14.852 121	16.057 119	17.243 117	18.394 110	40
50	0.299 66	1.029 80	1.873 89	2.786 94	3.743 97	4.732 100	5.751 104	6.805 108	7.892 111	9.012 114	10.165 117	11.348 119	12.550 121	13.761 122	14.973 121	16.176 120	17.360 117	18.504 108	50
60	0.365 67	1.109 81	1.962 89	2.880 94	3.840 98	4.832 101	5.855 105	6.913 107	8.003 111	9.126 114	10.282 118	11.467 120	12.671 121	13.883 121	15.094 121	16.296 110	17.477 117	18.612	60
70	0.432 70	1.190 83	2.051 90	2.974 95	3.938 98	4.933 101	5.960 104	7.020 108	8.114 111	9.240 115	10.400 117	11.587 120	12.792 121	14.004 121	15.215 121	16.415 119	17.594 117		70
80	0.502 71	1.273 83	2.141 91	3.069 95	4.036 99	5.034 102	6.064 105	7.128 108	8.225 111	9.355 115	10.517 118	11.707 120	12.913 121	14.125 122	15.336 120	16.534 119	17.711 115		80
90	0.573 72	1.356 84	2.232 91	3.164 96	4.135 99	5.136 101	6.169 105	7.236 109	8.336 112	9.470 115	10.635 119	11.827 120	13.034 121	14.247 121	15.456 120	16.653 118	17.825 116		90
100	0.645	1.440	2.323	3.260	4.234	5.237	6.274	7.345	8.448	9.585	10.754	11.947	13.155	14.368	15.576	16.771	17.942		100
温度/℃	0	100	200	300	400	500	600	700	800	900	1000	1100	1200	1300	1400	1500	1600	1700	温度/℃

表 3-12　镍铬-镍硅（镍铬-镍铝）热电偶分度表

（参考端温度为0℃）　　（单位：mV）

分度号：K

温度/℃	-0	-100
-0	0.000 / 392	-3.553 / 299
-10	-0.392 / 385	-3.852 / 286
-20	-0.777 / 379	-4.138 / 272
-30	-1.156 / 371	-4.410 / 259
-40	-1.527 / 362	-4.669 / 243
-50	-1.889 / 354	-4.912 / 229
-60	-2.243 / 343	-5.141 / 213
-70	-2.586 / 334	-5.354 / 196
-80	-2.920 / 322	-5.550 / 180
-90	-3.242 / 311	-5.730 / 161
-100	-3.553	-5.891
温度/℃	-0	-100

温度/℃	0	100	200	300	400	500	600	700	800	900	1000	1100	1200	1300	温度/℃
0	0.000 / 397	4.095 / 413	8.137 / 400	12.207 / 416	16.395 / 423	20.640 / 426	24.902 / 425	29.128 / 419	33.277 / 409	37.325 / 399	41.269 / 388	45.108 / 378	48.828 / 364	52.393 / 349	0
10	0.397 / 401	4.508 / 411	8.537 / 401	12.623 / 416	16.818 / 423	21.066 / 427	25.327 / 424	29.547 / 418	33.686 / 409	37.724 / 398	41.657 / 288	45.486 / 377	49.192 / 363	52.747 / 346	10
20	0.798 / 405	4.919 / 408	8.938 / 403	13.039 / 417	17.241 / 423	21.493 / 426	25.751 / 425	29.965 / 418	34.095 / 407	38.122 / 397	42.045 / 387	45.863 / 375	49.555 / 361	53.093 / 346	20
30	1.203 / 408	5.327 / 406	9.341 / 404	13.456 / 418	17.664 / 424	21.919 / 427	26.176 / 423	30.383 / 416	34.502 / 407	38.519 / 396	42.432 / 385	46.238 / 374	49.916 / 360	53.439 / 343	30
40	1.611 / 411	5.733 / 404	9.745 / 406	13.874 / 418	18.088 / 425	22.346 / 426	26.599 / 423	30.799 / 415	34.909 / 405	38.915 / 395	42.817 / 385	46.612 / 373	50.276 / 357	53.782 / 343	40
50	2.022 / 414	6.137 / 402	10.151 / 400	14.292 / 420	18.513 / 425	22.772 / 426	27.022 / 423	31.214 / 410	35.314 / 404	39.310 / 393	43.202 / 383	46.985 / 371	50.633 / 357	54.125 / 341	50
60	2.436 / 414	6.530 / 400	10.560 / 409	14.712 / 420	18.938 / 426	23.198 / 426	27.445 / 422	31.629 / 413	35.718 / 403	39.703 / 393	43.585 / 383	47.356 / 370	50.990 / 354	54.466 / 341	60
70	2.850 / 416	6.939 / 399	10.969 / 412	15.132 / 420	19.363 / 425	23.624 / 426	27.867 / 421	32.042 / 413	36.121 / 403	40.096 / 392	43.968 / 381	47.726 / 369	51.344 / 353	54.807 /	70
80	3.266 / 415	7.338 / 390	11.381 / 412	15.552 / 422	19.788 / 426	24.050 / 426	28.288 / 421	32.455 / 411	36.524 / 401	40.488 / 391	44.349 / 380	48.095 / 367	51.697 / 352		80
90	3.681 / 414	7.737 / 400	11.793 / 414	15.974 / 421	20.214 / 426	24.476 / 426	28.700 / 419	32.866 / 411	36.925 / 400	40.879 / 390	44.729 / 379	48.462 / 366	52.049 / 349		90
100	4.095	8.137	12.207	16.395	20.640	24.902	29.128	33.277	37.325	41.269	45.108	48.828	52.398		100
温度/℃	0	100	200	300	400	500	600	700	800	900	1000	1100	1200	1300	温度/℃

表3-13 公称电阻值为10Ω的铂热电阻分度表（JB/T 8622—1997）

分度号：Pt10 $R(0℃) = 10.000Ω$（单位：Ω）

温度/℃	-100	-0	温度/℃	0	100	200	300	400	500	600	700	800	温度/℃
-0	6.025	10.000	0	10.000	13.850	17.584	21.202	24.704	28.090	31.359	34.513	37.551	0
-10	5.619	9.609	10	10.390	14.229	17.951	21.557	25.048	28.422	31.680	34.822	37.848	10
-20	5.211	9.216	20	10.779	14.606	18.317	21.912	25.390	28.753	31.999	35.130	38.145	20
-30	4.800	8.822	30	11.169	14.982	18.682	22.265	25.732	29.083	32.318	35.437	38.440	30
-40	4.387	8.427	40	11.554	15.358	19.045	22.617	26.072	29.411	32.635	35.742	38.734	40
-50	3.971	8.031	50	11.940	15.731	19.407	22.967	26.411	29.739	32.951	36.047	39.026	50
-60	3.553	7.633	60	12.324	16.104	19.769	23.317	26.749	30.065	33.266	36.350		60
-70	3.132	7.233	70	12.707	16.476	20.129	23.665	27.086	30.391	33.579	36.652		70
-80	2.708	6.833	80	13.089	16.846	20.488	24.013	27.422	30.715	33.892	36.953		80
-90	2.280	6.430	90	13.470	17.216	20.845	24.359	27.756	31.038	34.203	37.252		90
-100	1.849	6.025	100	13.850	17.584	21.202	24.704	28.090	31.359	34.513	37.551		100
温度/℃	-100	-0	温度/℃	0	100	200	300	400	500	600	700	800	温度/℃

表3-14 公称电阻值为100Ω的铂热电阻分度表（JB/T 8622—1997）

分度号：Pt100 $R(0℃) = 100.00Ω$（单位：Ω）

温度/℃	-100	-0	温度/℃	0	100	200	300	400	500	600	700	800	温度/℃
-0	60.25	100.00	0	100	138.50	175.84	212.02	247.04	280.90	313.59	345.13	375.51	0
-10	56.19	96.09	10	103.90	142.29	179.51	215.57	250.48	284.22	316.80	348.22	378.48	10
-20	52.11	92.16	20	107.79	146.06	183.17	219.12	253.90	287.53	319.99	351.30	381.45	20
-30	48.00	88.22	30	111.67	149.82	186.82	222.65	257.32	290.83	323.18	354.34	384.40	30
-40	43.87	84.27	40	115.54	153.58	190.45	226.17	260.72	294.11	326.35	357.42	387.34	40
-50	39.71	80.31	50	119.40	157.31	194.07	229.67	264.11	297.39	329.51	360.47	390.26	50
-60	35.53	76.33	60	123.24	161.04	197.69	233.17	267.49	300.65	332.66	363.50		60
-70	31.32	72.33	70	127.07	164.76	201.29	236.65	270.86	303.91	335.79	366.52		70
-80	27.08	68.33	80	130.89	168.46	204.88	240.13	274.22	307.15	338.92	369.53		80
-90	22.80	64.30	90	134.70	172.16	208.45	243.59	277.56	310.38	342.03	372.52		90
-100	18.49	60.25	100	138.50	175.84	212.02	247.04	280.90	313.59	345.13	375.51		100
温度/℃	-100	-0	温度/℃	0	100	200	300	400	500	600	700	800	温度/℃

表 3-15　铜热电阻分度表（JJG 229—1998）

分度号：Cu100　　　　　　　　　　　　　　　　　　　　　　　　$R_0 = 100.00\Omega$（单位：Ω）

温度/℃	0	1	2	3	4	5	6	7	8	9
-50	78.49	—	—	—	—	—	—	—	—	—
-40	82.80	82.36	81.94	81.50	81.08	80.64	80.20	79.78	79.34	78.92
-30	87.10	86.68	86.24	85.82	85.38	84.96	84.54	84.10	83.66	83.22
-20	91.40	90.98	90.54	90.12	89.68	89.26	88.82	88.40	87.96	87.54
-10	95.70	95.28	94.84	94.42	93.98	93.56	93.12	92.70	92.26	91.84
-0	100.00	99.56	99.14	98.70	98.28	97.84	97.42	97.00	96.56	96.14
0	100.00	100.42	100.86	101.28	101.72	102.14	102.56	103.00	103.42	103.86
10	104.28	104.72	105.14	105.56	106.00	106.42	106.86	107.28	107.72	108.14
20	108.56	109.00	109.42	109.84	110.28	110.70	111.14	111.56	112.00	112.42
30	112.84	113.28	113.70	114.14	114.56	114.98	115.42	115.84	116.26	116.70
40	117.12	117.56	117.98	118.40	118.84	119.26	119.70	120.12	120.54	120.98
50	121.40	121.84	122.26	122.68	123.12	123.54	123.96	124.40	124.82	125.26
60	125.68	126.10	126.54	126.96	127.40	127.82	128.24	128.68	129.10	129.52
70	129.96	130.38	130.82	131.24	131.66	132.10	132.52	132.96	133.38	133.80
80	134.24	134.66	135.08	135.52	135.94	136.38	136.80	137.24	137.66	138.08
90	138.52	138.94	139.36	139.80	140.22	140.66	140.08	141.52	141.94	142.36
100	142.80	143.22	43.66	144.08	144.50	144.94	145.36	145.80	146.22	146.66
110	147.08	147.50	147.94	148.36	148.80	149.22	149.66	150.08	150.52	150.94
120	151.36	151.80	152.22	152.66	153.08	153.52	153.94	154.38	154.80	155.24
130	155.66	156.10	156.52	156.96	157.38	157.82	158.24	158.68	159.10	159.54
140	159.96	160.40	160.82	161.26	161.68	162.12	162.54	162.98	163.40	163.84
150	164.27									

表 3-16　铜热电阻分度表（JJG 229—1998）

分度号：Cu50　　　　　　　　　　　　　　　　　　　　　　　　$R_0 = 50.00\Omega$（单位：Ω）

温度/℃	0	1	2	3	4	5	6	7	8	9
-50	39.24	—	—	—	—	—	—	—	—	—
-40	41.40	41.18	40.97	40.75	40.54	40.32	40.10	39.89	39.67	39.46
-30	43.55	43.34	43.12	42.91	42.69	42.48	42.27	42.05	41.83	41.61
-20	45.70	45.49	45.27	45.06	44.84	44.63	44.41	44.20	43.93	43.77
-10	47.85	47.64	47.42	47.21	46.99	46.78	46.56	46.35	46.13	45.92
-0	50.00	49.78	49.57	49.35	49.14	48.92	48.71	48.50	48.28	48.07
0	50.00	50.21	50.43	50.64	50.86	51.07	51.28	51.50	51.71	51.93
10	52.14	52.36	52.57	52.78	53.00	53.21	53.43	53.64	53.86	54.07
20	54.28	54.50	54.71	54.92	55.14	55.35	55.57	55.73	56.00	56.21
30	56.42	56.64	56.85	57.07	57.28	57.49	57.71	57.92	58.14	58.35
40	58.56	58.78	58.99	59.20	59.42	59.63	59.85	60.06	60.27	60.49
50	60.70	60.92	61.13	61.34	61.56	61.77	61.98	62.20	62.41	62.62
60	62.84	63.05	63.27	63.48	63.70	63.91	64.12	64.34	64.55	64.76
70	64.98	65.19	65.41	65.62	65.83	66.05	66.26	66.48	66.69	66.90
80	67.12	67.33	67.54	67.76	67.97	68.19	68.40	68.62	68.83	69.04
90	69.26	69.47	69.68	69.90	70.11	70.33	70.54	70.76	70.97	71.18
100	71.40	71.61	71.83	72.04	72.25	72.47	72.68	72.90	73.11	73.33
110	73.54	73.75	73.97	74.19	74.40	74.61	74.83	75.04	75.26	75.47
120	75.68	75.90	76.11	76.33	76.54	76.76	76.97	77.19	77.40	77.62
130	77.83	78.05	78.26	78.48	78.69	78.91	79.12	79.34	79.55	79.77
140	79.98	80.20	80.41	80.63	80.84	81.06	81.27	81.49	81.70	81.92
150	82.13	—	—	—	—	—	—	—	—	—

采用热电阻做为测温元件时，是将温度的变化转化为电阻的变化，因此对温度的测量就转化为对电阻的测量。要测出电阻的变化，一般是以热电阻做为电桥的一壁，通过电桥将电阻的变化转变为测量电压的变化。由动圈式仪表（毫伏计等）直接测量或经过放大器输出，实现自动测量或记录。工业用热电阻的结构见图 3-17a，铂热电阻感温元件的几种典型结构如图 3-17b、图 3-17c 所示。铂丝绕于骨架上，置于陶瓷或金属制成的保护管内，引出导线有二线式和三线式，引出导线如图 3-18 所示。

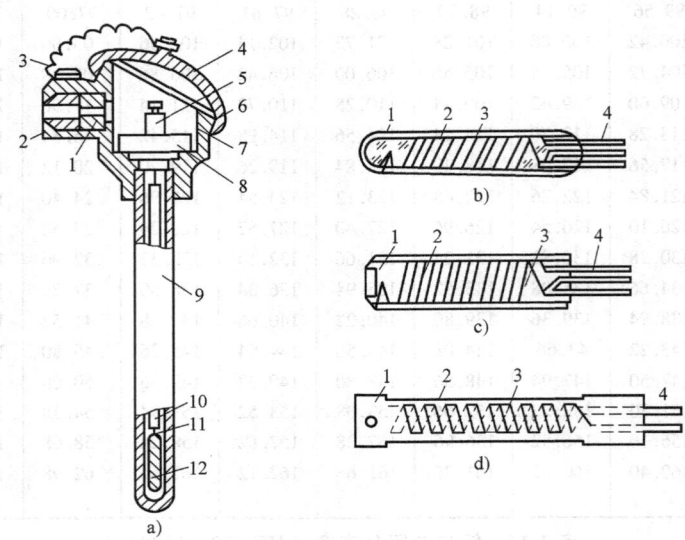

图 3-17 工业用热电阻的结构
a）工业用热电阻结构
1—出线密封圈 2—出线螺母 3—小链 4—盖 5—接线柱 6—密封圈
7—接线盒 8—接线座 9—保护管 10—绝缘管 11—引出线 12—感温元件
b）、c）、d）铂热电阻感温元件的几种典型结构，分别为玻璃骨架，陶瓷骨架和云母骨架
1—外壳或绝缘片 2—铂丝 3—骨架 4—引出线（图 3-17b 和图 3-17c 为三线制元件）

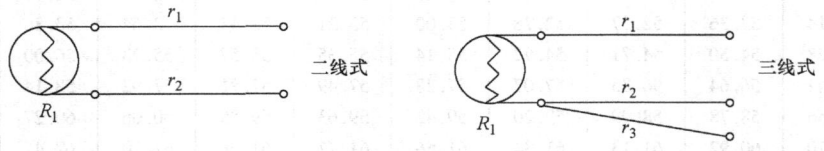

图 3-18 铂电阻测温传感器的引线

和热电阻的二线式及三线式引出导线对应，铂电阻电桥线路接法有二线式及三线式接法，图 3-19 是电桥线路接法。当采用二线式接法时，引出导线 r_1、r_2 被接于电桥的一臂上，这样导线的电阻完全加到一个桥臂上，若热电阻感受的温度未变，但导线所处的环境温度发生了变化，导线电阻将发生变化，从而使电桥输出电压发生变化，这样就引起测量误差。

采用三线式接法时,具有相同温度特性的导线 r_1、r_2 接于一个桥臂上,导线 r_3 接于供电电源的负端,若热电阻感受的温度未变而导线所处的环境温度发生变化,例如环境温度增加,于是三根导线的电阻都增加。r_1、r_2 的增加将导致电桥输出电压的增加;而 r_3 的增加将导致加到电桥上的电压降低,从而将引起电桥输出电压降低;二者可以相互抵消一部分,从而减小附加误差。

实际应用时必须注意,每根连接导线的电阻规定为 5Ω,调整阻值应精确到 (5±0.01)Ω。若导线电阻不足 5Ω,应该用锰铜丝补足。

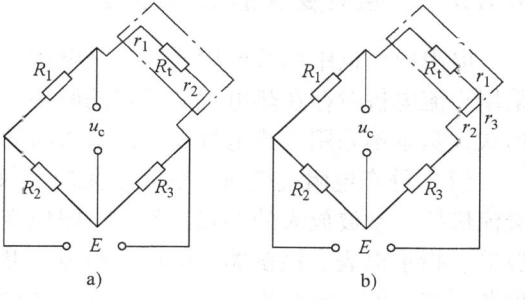

图 3-19 铂电阻电桥线路接法
a) 二线式接法 b) 三线式接法

另外热电阻与仪表配套使用时,必须注意仪表的分度号应与热电阻的分度号相同。

3.4 电阻应变仪

利用电阻应变片将被测应变转换成电阻变化率,应变一般为 $10 \times 10^{-6} \sim 6000 \times 10^{-6}$,所以电阻变化率也很小。被测应变有拉应变、压应变;有静应变和各种频率的动应变等。因此必须有一种专门的电子仪器,利用这种仪器对上述应变转换成电阻变化率来进行测量,最后用应变的标度指示出来。这种仪器就是电阻应变仪。

3.4.1 电阻应变仪的分类

根据电阻应变仪能够测量应变的频率(即工作频率)来分类,电阻应变仪分类如下。

(1) 静态电阻应变仪 用于测量静态应变,配用多点平衡转换箱(预调平衡箱)可进行多点静态应变测量,如国产 YJ-5 型、YZ-1 型。

(2) 静动态电阻应变仪 可用于静态或频率小于 200Hz 的单点动态应变测量,如国产 YJD-1 型等。这种应变仪基本上是静态应变仪,可以兼做较低频率的单点动态应变测量。

(3) 动态电阻应变仪 可用于测量频率小于 5000Hz 的动态应变。通常将这种应变仪做成多通道,即可同时测量数个动态应变信号,如国产 Y6D-2 型、Y6D-3A 型、YD-15 型等。

(4) 超动态电阻应变仪 可用于测量工作频率上限达几万赫兹的动态应变,多在爆炸、高速冲击等瞬态应变测量中应用,如国产 Y6C-9 型等。

除上述类型的应变仪外,还有静态多点自动应变测量装置、遥测应变仪等。静态多点自动应变测量装置也称为多点应变巡回检测装置,它能够在测量过程中实现自动平衡或读数记忆储存、自动换点、自动运算、数字显示、打印数据,并且能输入电子计算机进行运算,给出最后的测量结果。这种应变测量装置适宜于大型结构的多点静态应变测量,能缩短测量时间,提高测量精度。

遥测应变仪是利用无线电传输信号原理将应变信号转换成经过调制的电磁波,并用发送天线发射出去,再用接收天线将此电磁波信号接收下来,再经过放大、解调等环节得到与原被测信号变化规律相同的电信号。这种应变仪用于回转件、运动件或移动设备上的应变测量,以解决无法用导线传递信号时的应变测量问题。

3.4.2 电阻应变仪的工作原理

电阻应变仪中的重要构成环节是电桥。由于直流放大器的零点漂移问题不易解决，而且采用直流电桥时存在热电动势影响的问题，所以目前应变仪主要采用交流电桥、载波放大的形式，基本不采用直流电桥及直流放大器的形式。下面介绍电阻应变仪的工作原理。

（1）静态电阻应变仪　静态电阻应变仪原理框图如图 3-20 所示，静态电阻应变仪采用交流供桥、载波放大的形式。静态电阻应变仪由测量电桥、读数电桥、交流放大器、相敏检波器、指示电表、振荡器、电源等组成。贴在被测构件上的应变片接在测量电桥上，电桥由振荡器产生的一定频率的正弦波交流电源供电。

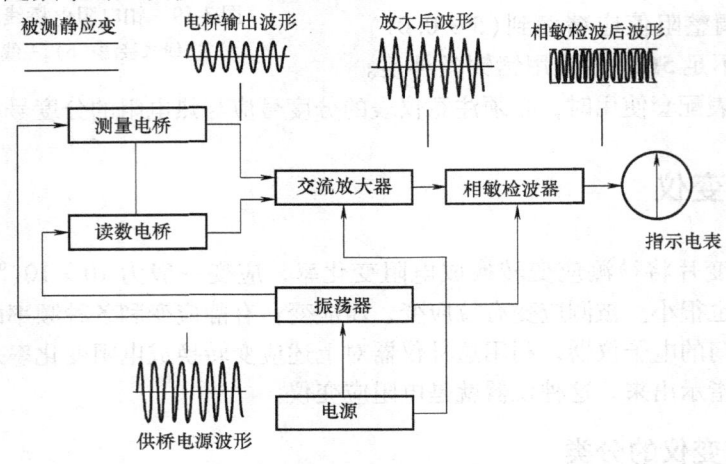

图 3-20　静态电阻应变仪原理框图

静态电阻应变仪多采用双桥零读法进行测量。当构件变形时，应变片的电阻发生变化，对来自振荡器的载波（供桥电源）进行调幅，此时测量电桥输出一个振幅与应变成比例、频率与载波频率相同的调幅波，把这个调幅波输入至交流放大器进行放大，再经过相敏检波器后将此调幅波解调，然后输至指示电表，指示电表指针偏转角度的大小和方向反映了被测应变的大小和符号。然后，调整读数电桥使读数电桥输出一个电压信号，该电压信号的幅值与测量电桥输出的电压信号幅值相等，该电压信号的相位与测量电桥输出的电压信号的相位相反，从而使指示电表指针指零，此时读数桥上所示的数值就是被测应变。

（2）动态电阻应变仪　动态电阻应变仪的原理框图如图 3-21 所示。动态电阻应变仪采用交流供桥、载波放大的形式。动态电阻应变仪由测量电桥、标定电路、振荡器、载波放大器（交流放大器）、相敏检波器（解调）、滤波器等组成。

调制（被测信号经测量电桥变换成交流信号）、载波放大（交流放大）、解调（相敏检波）的过程和静态应变仪基本相同。由于通过相敏检波器后，波形中还包含着载波的倍频等高次谐波，这还不是被测信号波形的原形，因此再经过低通滤波器将被测应变信号以外的频率成分滤掉，得到信号波形原形。动态应变仪中的标定电路，是做为度量被测波形所对应的应变数值的基准。多数动态应变测量是在同一时间测取几个点的动应变，因此大多数动态应变仪为多通道仪器，图 3-21 给出了一个通道的情况，多通道动态应变仪共用一个振荡器。

由于采用的低阻相敏检波器的消耗功率一般较大,振荡信号又经过缓冲级电路进行功率放大后再加给相敏检波器。动态电阻应变仪必须配用一定的记录仪器才能记录被测动应变的波形。一般动态电阻应变仪的输出端——低阻输出端以输出电流,配用光线示波器做为记录仪器,如图 3-22 所示。有的动态电阻应变仪除了为光线示波器设置的低阻输出端外,还为配用磁带记录器而设置高阻输出端输出电压,如图 3-22 所示。

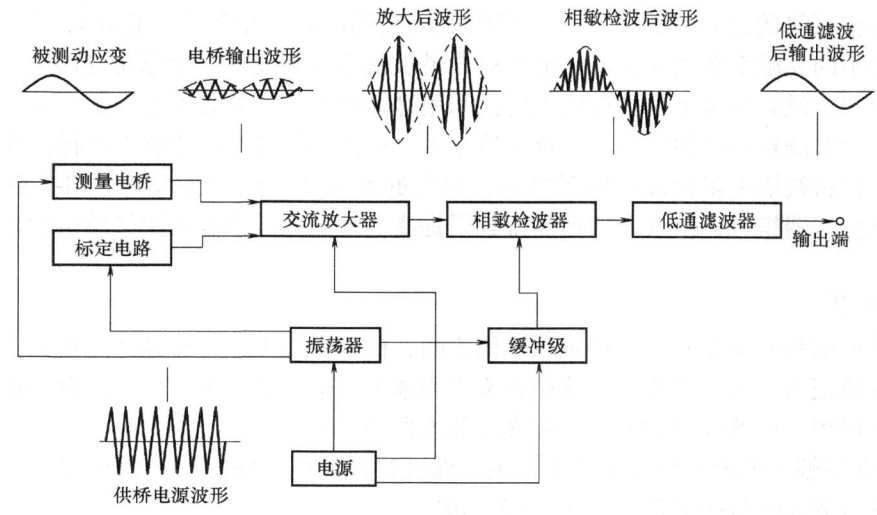

图 3-21 动态电阻应变仪原理框图 (1)

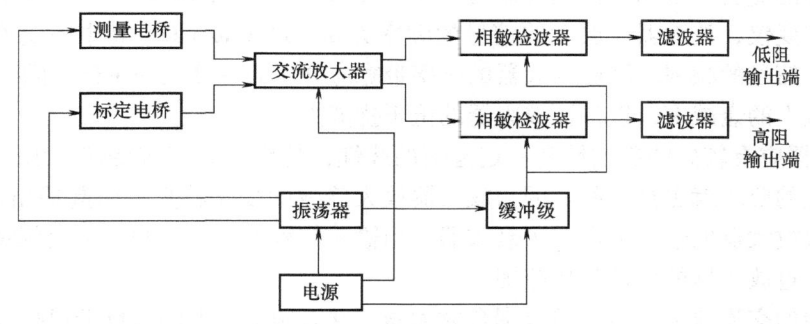

图 3-22 动态电阻应变仪原理框图 (2)

3.4.3 电阻应变仪主要组成部分的作用及性能

下面分析电阻应变仪的交流电桥、载波放大等主要组成部分的作用及其应该具有的性能。

1. 交流电桥

交流电桥是测量应变片电阻变化的基本测量电路,是电阻应变仪的重要组成部分。它把应变片微小的电阻变化变换成电压变化并供给放大器放大。这种电路结构简单、读数方便、准确性好,因此目前电阻应变仪几乎都采用交流电桥电路。

应变仪中的交流电桥应具备如下特性。

1）较好的线性度、稳定性，能准确可靠地测量微小的电阻变化。

2）由于接在电桥上的应变片及导线的电阻及电抗数值的差异，电桥的初始状态往往是不平衡的，要有一定的平衡装置将电桥调到平衡。

3）静态应变仪的电桥上应有读数装置，动态应变仪的电桥上应有用于度量被测应变大小的标定装置（或另设标定电路）。读数装置和标定装置上的固定电阻及可变电阻的稳定性对整个电阻应变仪的稳定性影响很大，因此要求它们的温度系数小、稳定性好、准确。另外，为适应不同灵敏系数的应变片，电桥应设灵敏系数调节装置。静态应变仪中广泛应用双电桥零读数法，设有测量电桥及读数电桥。采用这样的形式，放大器增益的变动和振荡器输出电压的变动对测量结果的影响小，放大器输入、输出的线性要求也相对降低。读数电桥多数采用了由精密线绕电阻构成的电阻电桥，也有的静态应变仪（如国产 YJB-1 型）的读数电桥由电感分压器组成，使仪器的精度得到了提高。动态应变仪则采用了单电桥直读法的原理。

2. 放大器

电桥输出信号一般在几十微伏至几毫伏之间，信号比较微弱，必须经过放大器放大后才能进行指示或记录。由于直流放大器存在零点漂移大、信噪比小的问题，因此在应变仪中基本采用交流供桥、载波放大的形式。对交流放大器的要求如下：

1）具有足够大的放大倍数和功率输出，保证整体灵敏度的需要，供给指示电表或记录仪器。应变仪放大倍数一般在 $5 \times 10^4 \sim 10 \times 10^4$。

2）在频率特性方面，静态应变仪所放大的信号频率就是载波频率，放大器的频宽可以作得很窄，有的应变仪采用选频放大器（如国产 YJ-5 型静态电阻应变仪）以提高抗干扰能力。对动态应变仪，放大器所放大的信号的频率为 $\omega - \Omega$ 及 $\omega + \Omega$，其中 ω 为载波频率，Ω 为被测正弦波信号的频率。因此放大器的频率带宽应介于 $\omega - \Omega$ 及 $\omega + \Omega$ 之间；对频带以外的信号应有较大的衰减度，以保证放大器的抗干扰能力。

3）放大器应有较好的稳定性和一定范围的线性，特别是动态应变仪，由于采用了直读法，对稳定性的要求就更高一些，因为放大器放大倍数的变化将直接引起输出电流的漂移。在动态应变仪放大器的输入端设置了衰减器，当输入信号太大时可按一定比例对信号进行衰减，使它不超过放大器的线性工作范围。

应变仪用的交流放大器多为阻容耦合放大器，并采用了深度的负反馈以提高放大器放大倍数的稳定性。国产 YJB-1 型静态应变仪采用了比例放大器，它的电压放大倍数是由变压器负反馈的电压比来决定的，因此具有很高的稳定性。此外，为了相敏检波器正常工作的需要，放大器应有相移调整装置，以保证电桥输出的信号经放大器后不产生相移。

3. 振荡器

应变仪中振荡器的作用是为电桥提供一定频率的正弦波交流电，作为供桥电源，同时也为相敏检波器提供参考电压。静态应变仪振荡器的频率（即应变仪的载波频率）一般在 50 ~2000Hz 之间，动态应变仪振荡器的频率视工作频率不同一般在 5 ~ 50kHz 之间。动态应变仪的载波频率和被测动应变的频率（即工作频率）上限有关，一般取载波频率为被测动应变频率上限的 7 ~ 10 倍。

应变仪的振荡器采用 LC 型振荡器或文氏电桥式 RC 振荡器。由于 RC 振荡器比 LC 振荡器的性能好，除零读法的静态应变仪外，多数应变仪采用了 RC 振荡器。

4. 相敏检波器

由于应变仪采用了交流供桥、载波放大的工作形式，经放大输出后是一个经过调制的调幅波，而不是被测应变信号的原形，因此必须进行解调。首先，经过相敏检波器得到的包络线与原信号波形规律一致，但其中仍含有载波倍频等高频成分的波形，然后再经过低通滤波器滤掉高频成分，即得到信号波形的原形。普通的检波器只能由单向的电流或电压输出，不能辨别信号的相位，即不能辨别拉应变或压应变。采用相敏检波器即能反映信号幅度，又能辨别信号的相位。在静态应变仪上用指针式的直流电表做为指示仪表，高频信号在电表上显示不出来，所以有的静态应变仪可不设低通滤波器。

5. 滤波器

相敏检波器输出波形的包络线与被测信号变化规律相同，但其中含有载波倍频信号以及其他高频成分。低通滤波器使高于被测信号变化频率的信号衰减很大，而对被测信号频率范围内的信号衰减很小，因此，经过低通滤波器后能得到被测信号波形的原形。动态电阻应变仪的频率特征主要是由低通滤波器的频率特性决定。应变仪多采用电感电容式Ⅱ型滤波器。

6. 电源

应变仪电源的功能是为放大器、振荡器等电路提供直流电源。要求输出电压稳定、纹波小。可以用交流电经整流、滤波、稳压后得到。

7. 其他几种工作形式

（1）直流供桥直流放大 它的优点是减少了桥臂分布电容的影响，对长导线测量有利，同时也省去了相敏检波器。但存在着直流放大器的漂移问题和电桥热电动势的影响。在超动态应变仪中，由于被测量的信号频率很高，如采用交流供桥、载波放大的形式，载波频率将更高，桥臂电抗分量的影响将很大，仪器制造也比较困难，因此采用了直流供桥和宽带直流放大器。采用这种形式的应变仪要求有高稳定性的直流供桥电源。

（2）直流供桥、调制式直流放大 由于直流耦合式放大器的零点漂移较大，有的应变仪采用了调制型直流放大器。电桥由直流电供桥，电桥输出信号用调制器（或称斩波器）变成一定频率的、幅度受到电桥输出调制的方波，然后送入交流放大器，再通过解调器得到被测信号波形的原形。

虽然应变仪可以有以上几种工作形式，但目前一般的静态、动态应变仪仍多采用正弦波交流供桥、载波放大的形式。用这种形式的应变仪可以使被放大的信号频率适中，放大器容易制作，仪器线路在不太复杂的情况下保证了一定的稳定性，并且可同时测量静态及动态应变。缺点是桥臂电抗分量对测量会产生影响。

在应变仪各组成部分中，电桥是主要部分，要想正确使用应变仪测量应变，必须对电桥的原理和特性有基本的了解。此外就相敏检波器、放大器、振荡器、供桥电源、滤波器等也应该有基本的了解。由于篇幅所限，详细的内容请参阅相关书籍。

3.4.4 常用电阻应变仪介绍

常用国产电阻应变仪有十多种，在此介绍比较典型的使用较多的 YJD-1 型静、动态电阻应变仪。

YJD-1 型静、动态电阻应变仪可用于测量静态及单线动态应变，动态测量时的工作频率为 0~200Hz。配用 P20R-1 型预调平衡箱可作静态多点测量。

YJD-1 型应变仪由测量电桥、读数电桥、放大器、相敏检波器、振荡器等构成,构成框图是在图 3-23 的基础上,在相敏检波器的输出端再增加滤波器,滤波器的输出可以接光线示波器等记录仪器。

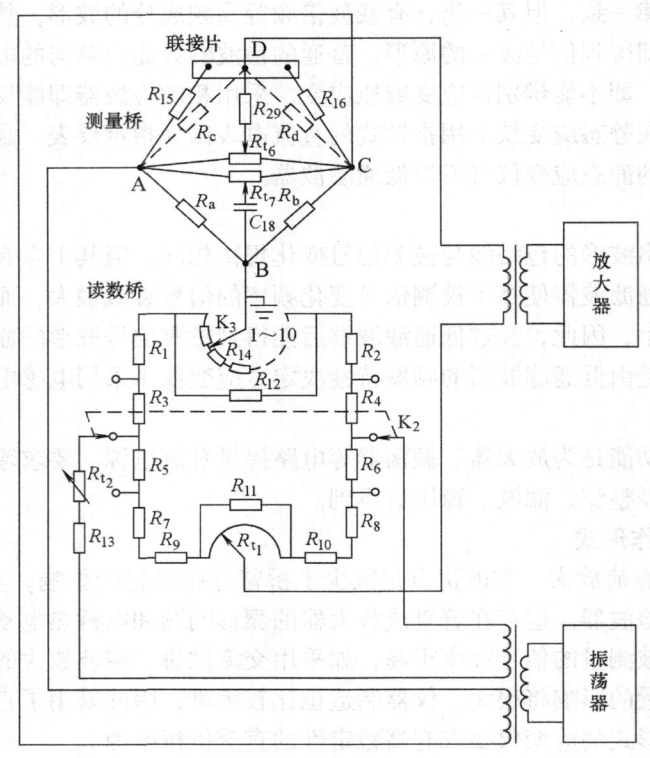

图 3-23 YJD-1 型静、动态电阻应变仪的电桥

下面重点介绍 YJD-1 型电阻应变仪电桥的工作原理,电桥电路如图 3-23 所示。应变仪采用了双桥零读数法,电桥部分主要为静态应变测量而设计,它由测量电桥和读数电桥两部分组成,两电桥的供桥电源由同一振荡器供给,输出端串联起来接至放大器的输入端。当在测量桥上由应变产生输出电压 Δu_1 时,检流计指针偏转,此时调整读数电桥令其输出电压为 $\Delta u_2 = -\Delta u_1$,则检流计又回至零点。经过一定的校准,读数桥上桥臂的调节数值均按应变进行刻度,根据读数桥上的读数,即可读出被测应变。

测量电桥作半桥联接时,AB、CB 处接应变片 R_a、R_b,AD、CD 处接固定电阻 R_{15}、R_{16}。全桥联接时取下 D 点的联接片,AD、CD 处接应变片 R_c、R_d。R_{29}、R_{t6} 为电阻平衡装置,C_{18}、R_{t7} 为电容平衡装置,测量桥的供桥电压较低(1.1V),可减小通过应变片的电流,从而减少由于应变片发热而使电阻变化产生的零点漂移。

读数电桥阻值采用差动方式调节,以减小电桥的非线性误差。R_{t1} 为细调电位器,满刻度对应 $\pm 1000\mu\varepsilon$。K_3 为中调开关,共分 10 档,每档对应 $1000\mu\varepsilon$。K_2 为粗调开关,分两档,每档对应 $10000\mu\varepsilon$。读数桥总的调节范围为 $\pm 16000\mu\varepsilon$。桥臂电阻均选用温度系数小、稳定性好的线绕无感电阻,以增加仪器的稳定性。R_{t2} 为灵敏系数调节电阻,当使用不同灵敏系数的应变片时,通过调整 R_{t_2},改变读数电桥的供桥电压,使测量同样的应变时得到同样的读数。YJD-1 型应变仪由于采用双桥零读数法,测量与读数分别安排在两个电桥上,读数桥的读数不受测量桥桥臂阻值的影响。此外,电桥输出端接放大器,其输入阻抗很高,电桥为电压桥,使用不同于 120Ω 的应变片时读数可不需修正。允许使用的应变片阻值的范围为 100~600Ω。

3.5 应力和应变的测量

在工程实践和理论分析的基础上,结构件中的应力和应变还经常需要用测量的方法进行研究。通过对材料应变和应力的测量,可以验证工程设计和施工的质量,为安全运行提供数据;可以分析和研究零件、机构或结构的受力状态和工作状态,验证设计计算的正确性。

在应力和应变的测量中,经常应用电阻应变片及应变仪进行测量。在 2.3 节介绍了电阻应变片的基本原理,在 3.4 节介绍了应变仪的构成及工作原理。下面介绍应用电阻应变片及应变仪进行测量应力和应变的有关测试技术。

3.5.1 应用应变片测量应力和应变

应用电阻应变片测量力和变形的方法是材料加工领域中使用最为广泛的一种测量办法。电阻应变片简称应变片,是一种将应变转换为电阻变化的元件。应用应变片测量应力和应变的应用概述如下:

1) 将应变片粘贴于被测构件上,直接用来测定构件的应变和应力。例如,为了研究或验证机械、桥梁、建筑等某些构件在工作状态下的应力、变形情况,可将应变片粘贴在构件的预测部位,测得构件的拉应力或压应力、转矩或弯矩等,从而为结构设计、应力校核或构件破坏的预测等提供可靠的实验数据。

2) 将应变片贴于弹性元件上,与弹性元件一起构成应变式传感器。这种传感器常用来测量力、位移、加速度等物理参数。在这种情况下,弹性元件将得到与被测量成正比的应变,再通过应变片转换为电阻应变的输出。

图 3-24 所示为加速度传感器,由悬臂梁、质量块、基座组成。测量时,基座固定在振动体上,振动加速度使质量块产生惯性力,悬臂梁则相当于惯性系统的"弹簧",在惯性力作用下产生弯曲变形。因此,在一定的频率范围内梁的应变与振动体的加速度成正比。

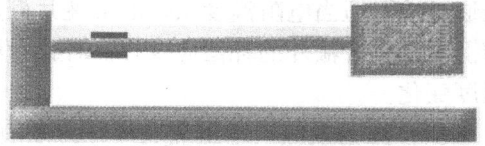

图 3-24 加速度传感器

3) 应变式压力传感器。在测量容器或管道的压力时,将应变片贴在容器或管道的外表面上,当容器或管道的压力发生变化时,弹性元件必然会发生相应的应变,这样贴在弹性元件外表面上的电阻应变片会受到拉伸或压缩,电阻值会发生相应的变化。从而达到测量容器或管道压力的目的。

应用应变片测量应力和应变具有以下优点:

1) 非线性小,电阻的变化同应变的变化呈很好的线性关系。

2) 应变片的尺寸小、重量轻、惯性小,频率响应好,可测 0~500kHz 的动态应变。

3) 测量范围广，一般测量范围为 $10^{-1} \sim 10^{-4}$ 量级的微应变。

4) 测量精度高，动态测量精度达 1%，静态测试技术可达 0.1%。

5) 可在各种复杂或恶劣的环境中进行测量。

3.5.2 应变片的工作特性及其主要性能参数

1. 电阻应变片的主要工作特性

（1）灵敏系数　电阻应变片的灵敏系数与电阻丝的灵敏系数不同，它恒小于电阻丝的灵敏系数。通常情况下由生产厂家标明的灵敏系数是按照统一标准测定的，即应变片安装在受单向应力状态的被测件表面上，其轴线与应力方向平行，此时电阻应变片的灵敏系数就是应变片阻值的相对变化与沿轴向被测件的应变比值。

（2）最大工作电流　对于已安装的应变片，允许通过敏感栅而不影响其工作特性的最大电流称为应变片的最大工作电流。随着工作电流的增加，应变片输出的信号也变大，灵敏度也高。但过大的电流会使应变片本身过热，灵敏度发生变化，漂移及蠕变增加，甚至会烧毁应变片。

（3）横向效应　沿应变片轴向的应变必然引起应变片电阻的相对变化，但沿垂直于应变片轴向的横向应变也会引起其电阻的变化，这种现象称为横向效应，横向效应的产生与应变片的机构有关。

（4）温度效应　粘贴在试样上的电阻应变片，除了感受机械应变而产生电阻的相对变化外，温度变化也会引起材料电阻的变化，容易引起应变的假象，这是由于应变片的材料与试样的热膨胀系数不同，粘贴应变片时的温度变化会引起应变片材料电阻的变化。当温度变化 ΔT 时，电阻的相对改变量（$\Delta R/R$）的计算公式如下

$$\left(\frac{\Delta R}{R}\right)_T = [\alpha_T + k(\beta_g - \beta_s)]T$$

式中，α_T、k、β_g、β_s 是系数。

为了克服这种误差，需要采用温度补偿措施。通常温度补偿办法有两类：自补偿法和线路补偿法。自补偿法是在电阻应变片的敏感栅材料和结构上采取措施，其中单丝自补偿法就是通过选取适当电阻温度系数的应变片栅丝。另一种温度补偿方法就是采用在电桥的相邻桥臂上增加一个额外的补偿应变片。补偿片必须和主应变片完全一致，和主应变片承受同样的温度变化。

（5）压力效应　电阻应变片压力效应的大小很难用理论公式计算，一般采用实验的方法进行测定，并通过一定的补偿办法来修正由此而产生的附加应变。

（6）动态响应　在测量频率较高的动态应变时，电阻应变片应考虑其动态特征。应变频率越高，应变片的栅长越长，则此项的误差越大。

2. 电阻应变片的主要性能参数

（1）几何参数　表距 L 和丝栅宽度 b，制造厂常用 $b \times L$ 表示。电阻丝式应变片的 L 一般为 $5 \sim 180$mm，箔片式的一般为 $0.3 \sim 180$mm，通常 b 小于 10mm。小栅长的应变片对制造要求较高，对粘贴的要求也高，且应变片的蠕变、滞后及横向效应也大，因此应尽量选择栅长大一些的应变片。

（2）电阻值　应变片在不受力的情况下，室温时测定的原始电阻值。应变片在相同工

作电流下的电阻值越高,允许的工作电压越大,可提高测量灵敏度。

(3) 机械滞后 对已安装的应变片,在恒定的温度环境下,加载和卸载过程中同一载荷下指示应变的最大差数,称为机械滞后。造成此现象的原因很多,如应变片本身特性不好;试件本身的材质不好;粘接剂选择不当;固化不良;粘接技术不佳,部分脱落或粘接层太厚等。常规应变片都有此现象。在测量过程中,为了减小应变片的机械滞后给测量结果带来的误差,可对新粘贴应变片的试件反复加载、卸载 3~5 次。

(4) 热滞后 已安装的应变片试件可自由膨胀而并不受外力作用,在室温与极限工作温度之间提高或降低温度,同一温度下指示应变的差数,称为热滞后。这主要由粘接层的残留应力、干燥程度、固化速度和屈服点的变化等引起的。应变片粘贴后进行"二次固化处理",可使热滞后值减小。

(5) 零点漂移 对已安装的应变片,在温度恒定、试件不受力的条件下,指示应变随时间的变化称为零点漂移(简称零漂)。这是由于应变片的绝缘电阻过低及通过电流产生热量等原因造成的。

(6) 蠕变 对已安装的应变片,在温度恒定并承受恒定的机械应变时,指示应变随时间的变化称为蠕变。这主要是由粘层引起的,如粘接剂的种类选择不当、粘贴层较厚或固化不充分,以及在粘接剂接近软化温度下进行测量等。

(7) 应变极限 温度不变时使试件的应变逐渐加大,在应变片的指示应变与真实应变的相对误差(非线性误差)小于规定值(一般为 10%)的情况下所能达到的最大应变值为该应变片的应变极限。

(8) 绝缘电阻 应变片引线和安装应变片试件之间的电阻值称为绝缘电阻。此值常作为应变片粘接层的固化程度和是否受潮的标志。绝缘电阻的下降会带来零漂和测量误差,尤其是不稳定的绝缘电阻会导致测试失败。

(9) 疲劳寿命 对于已安装的应变片在一定的交变机械应变的幅值下,可连续工作而不致产生疲劳损坏的循环次数,称为疲劳寿命。疲劳寿命的循环次数与动载荷的特性、大小有密切的关系,一般情况下循环次数可达 $10^6 \sim 10^7$ 次。

(10) 最大工作电流 允许通过应变片而不影响其工作特性的最大电流值,称为最大工作电流。该电流和外界条件有关,一般为几十毫安,箔式应变片有的可达 500mA。流过应变片的电流过大,会使应变片发热而引起较大的漂零,甚至将应变片烧毁。静态测量时,为提高测量精度,流过应变片的电流要小一些;短期动态测量时,为增大输出功率,电流可大一些。

3.5.3 应变片粘贴工艺

电阻应变片在工作时,总是被粘贴到试件或传感器的弹性元件上。在测试被测量时,粘接剂所形成的胶层起着非常重要的作用,应准确无误地将试件或弹性元件的应变传递到应变片的敏感栅上去。所以粘接剂与粘贴技术对测量结果有着直接影响,不能忽视它们的作用。

对粘接剂有如下要求:①有一定的粘接强度;②能准确传递应变;③蠕变小;④机械滞后小;⑤耐疲劳性能好、韧性好;⑥长期稳定性好;⑦具有足够的稳定性能;⑧对弹性元件和应变片不产生化学腐蚀作用;⑨有适当的贮存期;⑩有较大的使用温度范围。选用粘接剂时要根据应变片的工作条件、工作温度、潮湿程度、有无化学腐蚀、稳定性要求、加温加压、固化的可能性、粘贴时间长短要求等因素考虑，此外还要注意粘接剂的种类是否与应变片基底材料相适应。

质量优良的电阻应变片和粘接剂，只有在正确粘贴工艺的基础上才能得到良好的测试结果，因此正确的粘贴工艺对保证粘贴质量，提高测试精度的关系很大。

（1）应变片的选择和检查　首先对所选择的应变片进行外观检查，观察应变片的敏感栅是否整齐均匀，是否有锈斑、短路和弯折现象。其次要对所选择应变片的阻值进行测量，阻值是否合适对调试平衡非常方便。要逐个进行电阻值测量，配对桥臂用的应变片的电阻值应尽量相同。

（2）修整应变片　①对没有标出中心线标记的应变片，应在其基底标出中心线；②如有需要，应对应变片的长度和宽度进行修整，但修整后的应变片不可小于规定的最小长度和宽度；③对基底较光滑的胶基应变片，可用细砂纸将基底轻轻地稍许打磨，并用溶剂洗净。

（3）试件的表面处理　为了获得良好的粘接强度，必须对试件表面进行处理，清除试件表面的杂质、油污及疏松层等。一般的处理办法是采用砂纸打磨，较好的处理方法是采用无油喷砂，这样不但能够获得比抛光更大的表面积，而且可以获得质量均匀的表面。为了表面的清洁，可以用化学清洁剂，如氯化碳、丙酮和甲苯进行反复清洗，也可以采用超声波清洗。需要注意的是，应变片应该尽快地贴上，以防止试件被氧化，如果不立刻贴上应变片，可以涂上一层凡士林以做保护。

（4）贴应变片的定位线　为了确保应变片粘贴位置的准确，可用画笔在试件表面画出定位线。粘贴时使应变片的中心线与定位线对准。

（5）低层处理　为了保证试件能够牢固地贴在试件上，并具有足够的绝缘电阻，改善胶贴性能，可在胶贴位置贴上一层底胶。

（6）贴片　将应变片底部用清洁剂清洗干净，然后在试件表面和应变片底部各涂上一层薄而均匀的粘接剂。待稍干后，将应变片对准划线位置迅速贴上，然后盖上一层玻璃纸，用手指或胶辊加压，挤出多余的气泡和胶水，保证胶层尽量薄而均匀。

（7）固化　粘接剂的固化是否完全直接影响到胶的物理性能，关键是掌握好温度、时间和循环周期。无论是自然干燥还是加热固化都需要严格按照工艺规范进行。为了防止强度降低、绝缘层破坏以及电化学腐蚀，在固化后的应变片上涂防潮保护层，防潮保护层一般可以采用稀释的粘接胶。

（8）粘贴质量检查　首先从外观检查粘贴位置是否正确，粘贴层是否有气泡、漏粘、破损等，然后测量应变片的敏感栅是否有断路或短路的现象，以及测量敏感栅的绝缘电阻。

（9）引线连接与组桥连接　在检查合格后可以焊接引出脚线，引线应适当加以固定。应变片之间通过粗细合适的漆包线连接以组成桥路。连接长度尽量一致，且不宜过多。

（10）应变片的防潮处理　应变片粘贴、固化好后要进行防潮处理，以免因潮湿引起绝缘电阻和粘接强度降低，影响测试精度。简单的方法是在应变片上涂一层中性凡士林，有效期为数日。最好是将石蜡熔化后涂在应变片表面上（厚约2mm），这样可以长时间防潮。

3.5.4　应用电阻应变片测试应力和应变

测定应力状态常采用电阻应变法。在选用电阻应变片时应根据工作环境、载荷性质和测点应力状况来决定。其中工作环境需要考虑被测构件的温度、湿度和磁场环境，载荷性质是指静态或动态载荷，测点应力状态是指待测区域的应力分布情况。先用应变片测出应变，然后用胡克定律求出其应力。此方法适用于弹性平面问题，即测定零件表面的弹性应力和应变。应力应变测定的核心是应变的测量和应力的计算问题，即对每一点进行贴片测量和由测得的应变数据计算应力。

1. 线应力状态下的主应力的测量

线应力状态是最简单的一种应力状态，它的测量比较容易，只要将应变片在试件上沿应力方向粘贴，就可测量出应变值 ε，由胡克定律即可求出该方向上的应力值

$$\sigma = E\varepsilon \tag{3-26}$$

式中，E 为试件的弹性模量。

2. 平面应力状态的主应力测量

一般平面应力场内的主应力，其主应力方向可以是已知的，也可以是未知的。

（1）已知主应力方向 对于承受内压力的薄壁圆筒形容器的筒体，处于平面应力状态，其主应力方向是已知的，只需要在沿两个互相垂直的主应力方向上各粘贴一应变片，如图3-25所示，另外再采取温度补偿措施，直接测出应变 ε_1 和 ε_2，然后用广义胡克定律求出主应力 σ_1、σ_2 和最大切应力 τ_{max}

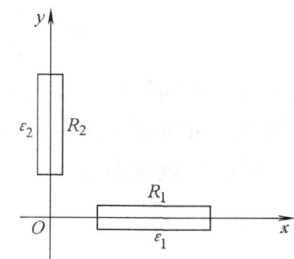

图 3-25　主应力方向已知的一般应力场（1、2—主应力方向）

$$\left.\begin{array}{l}\sigma_1 = \dfrac{E}{1-\mu^2}(\varepsilon_1 + \mu\varepsilon_2) \\[2mm] \sigma_2 = \dfrac{E}{1-\mu^2}(\varepsilon_2 + \mu\varepsilon_1) \\[2mm] \tau_{max} = \dfrac{E}{2(1+\mu)}(\varepsilon_1 - \varepsilon_2)\end{array}\right\} \tag{3-27}$$

式中，E 为弹性模量；ε 为应变量；μ 为泊松比。

（2）主应力方向未知 对于平面问题，任一点的应力状态可用应力分量 σ_x、σ_y、τ_{xy} 来描述，与之相对应的应变分量为 ε_x、ε_y、γ_{xy}，它们之间的关系为

$$\left.\begin{array}{l}\sigma_x = \dfrac{E}{1-\mu^2}(\varepsilon_x + \mu\varepsilon_y) \\[2mm] \sigma_y = \dfrac{E}{1-\mu^2}(\varepsilon_y + \mu\varepsilon_x) \\[2mm] \tau_{xy} = \dfrac{E}{2(1+\mu)}\gamma_{xy} = G\gamma_{xy}\end{array}\right\} \tag{3-28}$$

可见，只要设法测得 ε_x、ε_y、γ_{xy} 就可由式（3-28）求得 σ_x、σ_y、τ_{xy}。但角应变 γ_{xy} 不能直接测得，所以一般测三个方向的线应变来求解 ε_x、ε_y、γ_{xy}。

对于主应力方向未知的复杂平面应变的测量，一般采用应变花的方式粘贴应变片，常用的应变花有直角形应变花、等边三角形应变花、T-△形应变花以及双直角形应变花等几种。用应变花可以测量某测点三个方向的应变，然后按已知公式可求出主应力的大小和方向，如图3-26所示。

根据应变分析可知，在给定坐标系 xOy 情况下，与 Ox 轴成 φ 角方向的线应变 ε_φ 与 ε_x、ε_y、γ_{xy} 有下面关系

$$\varepsilon_\varphi = \frac{1}{2}(\varepsilon_x + \varepsilon_y) + \frac{1}{2}(\varepsilon_x - \varepsilon_y)\cos2\varphi + \frac{\gamma_{xy}}{2}\sin2\varphi \tag{3-29}$$

如图 3-26 所示，沿 φ_1、φ_2、φ_3 三个方向贴片，分别测出各片的应变 ε_1、ε_2、ε_3。将它们分别代入式（3-29）得

$$\left.\begin{aligned}\varepsilon_1 &= \frac{1}{2}(\varepsilon_x + \varepsilon_y) + \frac{1}{2}(\varepsilon_x - \varepsilon_y)\cos2\varphi_1 + \frac{\gamma_{xy}}{2}\sin2\varphi_1 \\ \varepsilon_2 &= \frac{1}{2}(\varepsilon_x + \varepsilon_y) + \frac{1}{2}(\varepsilon_x - \varepsilon_y)\cos2\varphi_2 + \frac{\gamma_{xy}}{2}\sin2\varphi_2 \\ \varepsilon_3 &= \frac{1}{2}(\varepsilon_x + \varepsilon_y) + \frac{1}{2}(\varepsilon_x - \varepsilon_y)\cos2\varphi_3 + \frac{\gamma_{xy}}{2}\sin2\varphi_3\end{aligned}\right\} \tag{3-30}$$

在这一方向组中，φ_1、φ_2、φ_3 是已知的贴片角度，ε_1、ε_2、ε_3 是测得的应变值，故解此方程组就可求得 ε_x、ε_y、γ_{xy} 的值。应变状态确定后，按式（3-29）确定应力状态。

一般还需确定其主应变和主应力值。主应变 ε_{max}、ε_{min} 与主方向 φ_p 为

$$\left.\begin{aligned}\varepsilon_{max} &= \frac{1}{2}(\varepsilon_x + \varepsilon_y) + \frac{1}{2}\sqrt{(\varepsilon_x - \varepsilon_y)^2 + \gamma_{xy}^2} \\ \varepsilon_{min} &= \frac{1}{2}(\varepsilon_x + \varepsilon_y) - \frac{1}{2}\sqrt{(\varepsilon_x - \varepsilon_y)^2 + \gamma_{xy}^2} \\ \varphi_p &= \frac{1}{2}\arctan\frac{\gamma_{xy}}{\varepsilon_x - \varepsilon_y}\end{aligned}\right\} \tag{3-31}$$

主应力 σ_{max}、σ_{min} 和最大切应力 τ_{max} 按下式计算

$$\left.\begin{aligned}\sigma_{max} &= \frac{E}{1-\mu^2}(\varepsilon_{max} + \mu\varepsilon_{min}) \\ \sigma_{min} &= \frac{E}{1-\mu^2}(\varepsilon_{min} + \mu\varepsilon_{max}) \\ \tau_{max} &= \frac{E}{2(1+\mu)}(\varepsilon_{max} - \varepsilon_{min})\end{aligned}\right\} \tag{3-32}$$

按任意方向 φ_1、φ_2、φ_3 贴片，在计算上很不方便，所以一般采用方向夹角一定的应变花。

1）直角型应变花。如图 3-27 所示，这时 $\varphi_1 = 0°$、$\varphi_2 = 45°$、$\varphi_3 = 90°$，由 R_1、R_2、R_3 应变片分别测得的应变值为 ε_1、ε_2、ε_3，由式（3-30）则有

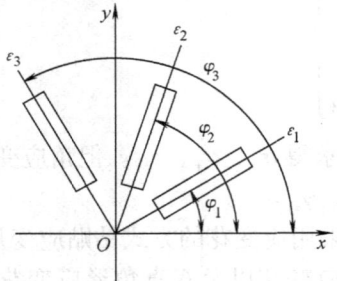

图 3-26　主应力方向未知的一般平面应力场

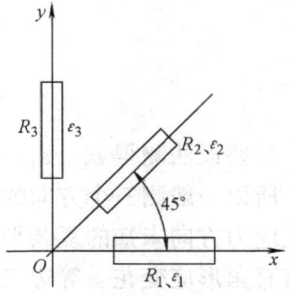

图 3-27　直角型应变花

$$\left.\begin{aligned}\varepsilon_1 &= \frac{1}{2}(\varepsilon_x + \varepsilon_y) + \frac{1}{2}(\varepsilon_x - \varepsilon_y) = \varepsilon_x \\ \varepsilon_2 &= \frac{1}{2}(\varepsilon_x + \varepsilon_y) + \frac{1}{2}\gamma_{xy} \\ \varepsilon_3 &= \frac{1}{2}(\varepsilon_x + \varepsilon_y) - \frac{1}{2}(\varepsilon_x - \varepsilon_y) = \varepsilon_y\end{aligned}\right\} \quad (3\text{-}33)$$

由上式解出 ε_x、ε_y、γ_{xy} 得

$$\left.\begin{aligned}\varepsilon_x &= \varepsilon_1; \varepsilon_y = \varepsilon_3 \\ \gamma_{xy} &= 2\varepsilon_2 - (\varepsilon_1 + \varepsilon_3)\end{aligned}\right\} \quad (3\text{-}34)$$

将其代入式（3-31），得

$$\left.\begin{aligned}\varepsilon_{\substack{\max \\ \min}} &= \frac{1}{2}(\varepsilon_1 + \varepsilon_2) \pm \frac{1}{2}\sqrt{(\varepsilon_1 - \varepsilon_3)^2 + [2\varepsilon_2 - (\varepsilon_1 + \varepsilon_2)]^2} \\ \varphi_p &= \frac{1}{2}\arctan\frac{2\varepsilon_2 - (\varepsilon_1 + \varepsilon_3)}{(\varepsilon_1 - \varepsilon_3)}\end{aligned}\right\} \quad (3\text{-}35)$$

将式（3-35）代入式（3-32），得到应力计算公式：

$$\left.\begin{aligned}\sigma_{\substack{\max \\ \min}} &= \frac{E}{2(1-\mu)}(\varepsilon_1 + \varepsilon_2) \pm \frac{E}{2(1+\mu)}\sqrt{(\varepsilon_1 - \varepsilon_3)^2 + [2\varepsilon_2 - (\varepsilon_1 + \varepsilon_2)]^2} \\ \tau_{\max} &= \frac{E}{2(1+\mu)}\sqrt{(\varepsilon_1 - \varepsilon_3)^2 + [2\varepsilon_2 - (\varepsilon_1 + \varepsilon_2)]^2}\end{aligned}\right\} \quad (3\text{-}36)$$

2）三角型应变花。如图 3-28 所示，这时 $\varphi_1 = 0°$、$\varphi_2 = 60°$、$\varphi_3 = 120°$，由应变片 R_1、R_2、R_3 测得的应变为 ε_1、ε_2、ε_3。由式（3-30）得

$$\left.\begin{aligned}\varepsilon_1 &= \frac{1}{2}(\varepsilon_x + \varepsilon_y) + \frac{1}{2}(\varepsilon_x - \varepsilon_y) = \varepsilon_x \\ \varepsilon_2 &= \frac{1}{2}(\varepsilon_x + \varepsilon_y) - \frac{1}{2}(\varepsilon_x - \varepsilon_y) \cdot \frac{1}{2} + \frac{\gamma_{xy}}{2} \cdot \frac{\sqrt{3}}{2} \\ \varepsilon_3 &= \frac{1}{2}(\varepsilon_x + \varepsilon_y) - \frac{1}{2}(\varepsilon_x - \varepsilon_y) \cdot \frac{1}{2} - \frac{\gamma_{xy}}{2} \cdot \frac{\sqrt{3}}{2}\end{aligned}\right\} \quad (3\text{-}37)$$

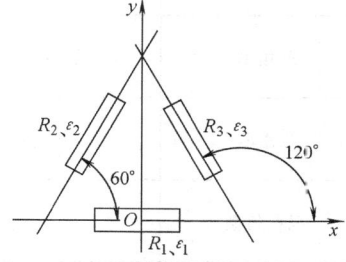

图 3-28 三角型应变花

解方程组（3-37），得 ε_x、ε_y、γ_{xy}

$$\left.\begin{aligned}\varepsilon_x &= \varepsilon_1; \varepsilon_y = \frac{1}{3}[2(\varepsilon_2 + \varepsilon_3) - \varepsilon_1] \\ \gamma_{xy} &= \frac{2}{\sqrt{3}}(\varepsilon_2 - \varepsilon_3)\end{aligned}\right\} \quad (3\text{-}38)$$

将其代入式（3-31），得

$$\left.\begin{aligned}\varepsilon_{\substack{\max \\ \min}} &= \frac{1}{3}(\varepsilon_1 + \varepsilon_2 + \varepsilon_3) \pm \sqrt{\left[\varepsilon_1 - \frac{\varepsilon_1 + \varepsilon_2 + \varepsilon_3}{3}\right]^2 + \left[\frac{1}{\sqrt{3}}(\varepsilon_1 - \varepsilon_2)\right]^2} \\ \varphi_p &= \frac{1}{2}\arctan\frac{\frac{1}{\sqrt{3}}(\varepsilon_2 - \varepsilon_3)}{\varepsilon_1 - \frac{1}{3}(\varepsilon_1 + \varepsilon_2 + \varepsilon_3)}\end{aligned}\right\} \quad (3\text{-}39)$$

将式（3-39）代入式（3-32），得应力计算公式

$$\left.\begin{aligned}\sigma_{\min}^{\max} &= \frac{E}{3(1-\mu)}(\varepsilon_1+\varepsilon_2+\varepsilon\sigma_3)\pm\frac{E}{1+\mu}\sqrt{\left[\varepsilon_1-\frac{1}{3}(\varepsilon_1+\varepsilon_2+\varepsilon_3)\right]^2+\left[\frac{1}{\sqrt{3}}(\varepsilon_2-\varepsilon_3)\right]^2}\\ \tau_{\max} &= \frac{E}{1+\mu}\sqrt{\left[\varepsilon_1-\frac{1}{3}(\varepsilon_1+\varepsilon_2+\varepsilon_3)\right]^2+\left[\frac{1}{\sqrt{3}}(\varepsilon_2-\varepsilon_3)\right]^2}\end{aligned}\right\}$$

(3-40)

一般来说，利用三个应变片已足以确定平面的应变、应力状态，有时为了便于校核测定结果和计算方便，而多贴一片以组成 T-△型和双直角型的应变花，如图 3-29 所示。现把以上各种形式应变花的应力计算公式归纳成下式

$$\left.\begin{aligned}\sigma_{\min}^{\max} &= \frac{E}{1-\mu}A\pm\frac{E}{1+\mu}\sqrt{B^2+C^2}\\ \tau_{\max} &= \frac{E}{1+\mu}\sqrt{B^2+C^2}\\ \varphi_\rho &= \frac{1}{2}\arctan\frac{C}{B}\end{aligned}\right\} \quad (3\text{-}41)$$

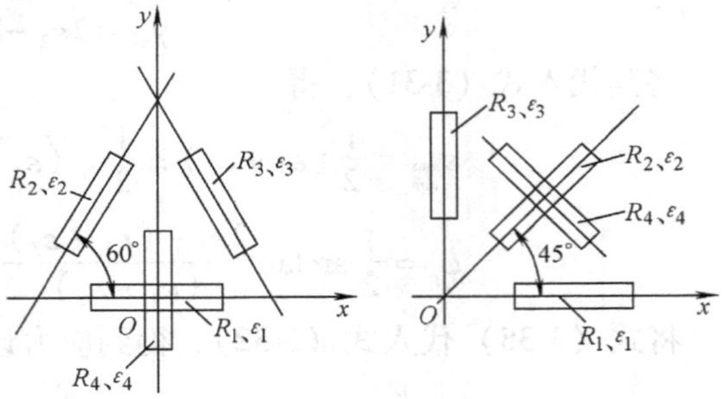

式中的系数 A、B、C 如表 3-17 所示。

图 3-29 T-△型和双直角型应变花

表 3-17 不同类型应变花下的 A、B、C 值

应变花类型	A	B	C
直角型	$\frac{1}{2}(\varepsilon_1+\varepsilon_3)$	$\frac{1}{2}(\varepsilon_1-\varepsilon_3)$	$\frac{1}{2}[2\varepsilon_2-(\varepsilon_1+\varepsilon_3)]$
三角型	$\frac{1}{3}(\varepsilon_1+\varepsilon_2+\varepsilon_3)$	$\varepsilon_1-\frac{1}{3}(\varepsilon_1+\varepsilon_2+\varepsilon_3)$	$\frac{1}{\sqrt{3}}(\varepsilon_2-\varepsilon_3)$
T-△型	$\frac{1}{2}(\varepsilon_1+\varepsilon_4)$	$\frac{1}{2}(\varepsilon_1-\varepsilon_4)$	$\frac{1}{\sqrt{3}}(\varepsilon_2-\varepsilon_3)$
双直角型	$\frac{1}{2}(\varepsilon_1+\varepsilon_3)$	$\frac{1}{2}(\varepsilon_1-\varepsilon_3)$	$\frac{1}{2}(\varepsilon_2-\varepsilon_4)$

3.5.5 测点选择、布片和选片原则

1. 测点选择

在结构零件应变应力的测试中，必须正确合理的选定测点。测点的数目不足或位置不当，都会使测试达不到预期目的，但测点过多，也会使测试工作量增加。若被测件的结构、形状以及受力形式都比较简单，可以利用力学知识进行分析，从而合理的布置测点。如果被测件的结构形状比较复杂，则要根据实践经验分析其强度上的弱点，再结合力学知识进行分析，按测试目的确定测点。

在选择测点时，有以下几个问题需加考虑。

1）被测件最大应力处的测点是结构强度的关键部位，应特别加以重视。最大应力点一般都产生在危险截面或应力集中的地方。

2）如果最大应力点难以确定，或者需要了解构件应力分布的全貌，一般都在所研究的线段上比较均匀地布置 5~7 个测点。

3）对于构件上开有孔、凹槽或截面急剧变化等一些容易产生应力集中的区域，测点应适当的加多，以了解其应力变化的情况。

4）为了减少测点数目，可以利用结构与载荷的对称性和结构边界的特殊情况。例如厚壁筒容器，由于结构与载荷都是轴对称，所以在一侧布置测点就可以了。

5）由于动态测试仪器的线数有限、测试技术要求高和影响因素多，所以动态测试应在静态测试的基础上进行，测点数目要比静态少。同时，动态测点一定要选在能反映构件动态性质的关键部位上。

2. 应变片的布置

选定测点后，即可根据测点的应力状态来考虑应变片的布置。当测点是线应力状态时，只要求沿主应力方向贴片。若测点是主应力已知的平面应力状态时，就沿两个主应力方向分别贴片。当测点的主应力方向未知，则需贴上相应的应变花。

测点应力状态的判定，可根据力学知识、构件的边界情况、形状与载荷的对称性等来分析。有时可借助其他实验方法如脆漆法或密栅云纹法来判断主应力方向，这样可以减少贴片数目。

3. 应变片的选择

应变片的选择在前面已有介绍，现只对应变花的问题加以补充。三角型应变花的覆盖面积比直角型的小，所以应力梯度大的测点宜选用三角型的。若没有应力梯度限制，则选用直角型的为好，因为它比较容易计算。

电阻应变片的布片和接桥方法，对于提高输出灵敏度、消除无关因素的影响和保证测量质量有很大的关系，应引起足够的重视。应变片的布片和接桥方法应根据测量目的和对载荷分布的估计而定。在测量复合载荷作用下的应变时，还应利用应变片的布片和接桥方法来消除相互影响因素。

在实际测量过程中，常利用应变电桥的加减特性或加减法则来达到提高测量灵敏度或在复杂载荷中有选择性地测取某种应变的目的。常用的布片和接桥方式见表 3-18。

表 3-18　常用的布片和接桥方式

序号	受力状态简图	应变片数	电桥组合形式		温度补偿情况	电桥输出电压	测量项目及应变值	特点
			电桥形式	电桥接法				
1	R_1, R_2 受力 F—F	2	半桥式	R_1, R_2	另设补偿片	$u_y = \dfrac{1}{4} u_0 S\varepsilon$	拉(压)应变 $\varepsilon = \varepsilon_1$	不能消除弯矩的影响
2	R_2, R_1 受力 F—F	2	半桥式		互为补偿片	$u_y = \dfrac{1}{4} u_0 S\varepsilon(1+\gamma)$	拉(压)应变 $\varepsilon = \dfrac{\varepsilon_1}{1+\gamma}$	不能消除弯矩的影响

（续）

序号	受力状态简图	应变片数	电桥组合形式		温度补偿情况	电桥输出电压	测量项目及应变值	特点
			电桥形式	电桥接法				
3		4	半桥式		另设补偿片	$u_y = \frac{1}{4}u_0 S\varepsilon$	拉（压）应变 $\varepsilon = \varepsilon_1$	可以消除弯矩影响
4		4	全桥式			$u_y = \frac{1}{2}u_0 S\varepsilon$	拉（压）应变 $\varepsilon = \frac{\varepsilon_1}{2}$	输出电压高一倍，能够消除弯矩影响
5		4	半桥式		互为补偿片	$u_y = \frac{1}{4}u_0 S\varepsilon(1+\gamma)$	拉（压）应变 $\varepsilon = \frac{\varepsilon_1}{1+\gamma}$	输出电压提高到$(1+\gamma)$倍，且能消除弯矩影响
6		4	全桥式			$u_y = \frac{1}{2}u_0 S\varepsilon(1+\gamma)$	拉（压）应变 $\varepsilon = \frac{\varepsilon_1}{2(1+\gamma)}$	输出电压提高到$2(1+\gamma)$倍，且能消除弯矩影响

注：S 为应变片灵敏度；u_0 为供桥电压；γ 为被测件的泊松比；ε_1 为应变仪测度的应变值；ε 为所需测量的机械应变值。

从表 3-12 中可以看出，不同的布片和接桥方法对灵敏度和温度补偿情况的影响是不同的。一般应优先选用输出电压大、能实现温度补偿、粘贴应变片方便和便于分析的方案。

3.6 数字式仪表

数字式仪表首先是进行自动参数测量并且是以数字形式显示测量值，其次它可以进行设定参数报警、输出模拟信号及数字信号、给出控制信号等。

3.6.1 数字式仪表的特点及构成

数字式仪表具有如下特点：①准确度高，数字式仪表的准确度能达到 ±0.05％；②读数准确，采用数字显示，不存在指针式仪表读数时的视差；③测量过程自动化，测量中的量程选择、结果显示、记录、输出完全可以自动进行，还可以自动检查故障、报警以及完成指定的逻辑程序；④可联机操作，数字式仪表可与计算机配合，作为一个计算机的外部设备进行数据采集；⑤可在恶劣条件下工作，数字式仪表具有耐冲击、耐过载、耐振动、耐高温等优点。而精密模拟式指示仪表的使用条件比较苛刻。

数字式仪表的构成见图 3-30，构成环节有传感器、变送器、前置放大器、模数转换器（A/D）、非线性补偿器、标度变换、显示装置等。其中前三个环节在模拟式仪表中也有，下面重点介绍第四个环节及其之后环节的工作原理。

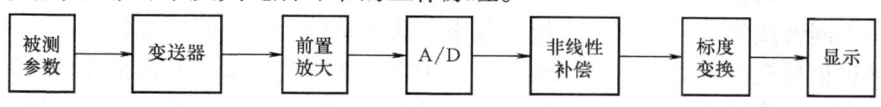

图 3-30　数字式仪表的构成

3.6.2　数字式仪表构成环节的工作原理

1. 数字式仪表的模数转换

数字式仪表的模数转换主要有两类，一种是时间间隔-数字转换（T-D 转换），另一种是电压-数字转换（U-D 转换）。实际上多数情况下是将被测量首先转换成电压，然后再转换成数字信号，所以用的比较多的是电压-数字转换形式。

（1）时间间隔-数字转换　图 3-31 是时间间隔-数字转换的一种转换原理图。由晶体振荡器、倍频器及分频器形成标准脉冲序列 A，其周期时间为 T。B、C 输入端作为门控双稳触发电路的触发信号，用 B 信号的上升沿触发门控双稳电路使其输出 D 由低电平变为高电平，从而打开闸门，A 信号通过闸门，计数器开始计数标

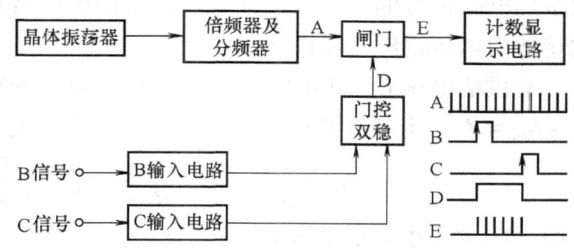

图 3-31　时间间隔测量原理图

准脉冲序列 A；用 C 信号的上升沿去关闭闸门，输出 D 由高电平变为低电平，从而关闭闸门，A 信号被闸门阻断，计数器停止计数。若计数值为 N，则表示闸门打开时间为 NT，它就是 B、C 两信号的时间间隔。另外利用计数器也可以测量周期时间、脉冲频率等信号。

（2）电压-数字转换　电压-数字转换的原理有逐次逼近式、双积分式、计数器式等。图 3-32 是逐次逼近式 A/D 转换原理图。启动 A/D，置位控制逻辑电路首先将 N 位寄存器最高位 D_{N-1} 置 "1"，此时 $D_{N-2} = D_{N-3} = \cdots = D_2 = D_1 = D_0 = 0$，该数字量经 D/A 转换成模拟量 V_s 后与待转换的模拟量 V_x 在比较器中进行比较，若 $V_x > V_s$ 则保留这一位，否则该位清零，这样 D_{N-1} 就确定了。然后使 D_{N-2} 置 "1"，此时 D_{N-1} 已确定、$D_{N-3} = \cdots = D_2 = D_1 = D_0 = 0$，该数字量经 D/A 转换成模拟量 V_s 后与待转换的模拟量 V_x 在比较器中进行比较，若 $V_x > V_s$ 则保留这一位，否则该位清零，这样 D_{N-2} 也就确定了。按此原理，继续将 $D_{N-3}、\cdots、D_2、D_1、D_0$ 确定下来，N 位全部确定以后 "DONE" 信号由低电平变为高电平，告知 A/D 将模拟信号已经转换成数字信号，转换成的数字量在 N 位寄存器中，可以读取该数字量。

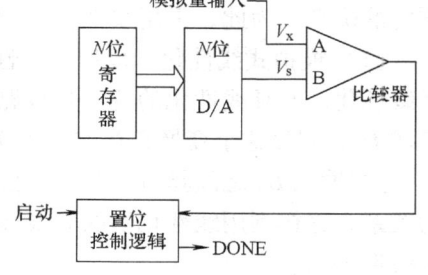

图 3-32　A/D 转换原理图

2. 信号的标准化及标度变换

待测物理量是多种多样的，即使是同一物理量，由于选用不同的测量元件及变换装置，测得的信号也可能不同，例如用热电偶测温得到的是电动势信号，用热电阻测温得到的是电

阻信号。其次测得的信号幅值也可能不同，有的是毫伏级信号，有的可能是伏级信号。因此需要将这些不同性质的信号及其大小统一起来，这就是输入信号的标准化。

由于各种信号变换成电压信号比较方便，所以标准化输出信号通常是电压信号。我国目前采用的标准化直流电平信号有 0~10mV、0~30mV、0~50mV 等几种。使用较大的标准化直流电平信号，能适应更多的变送器；使用较小的标准化直流电平信号，可以提高对小信号的测量精度。

选定标准化直流电平信号以后，对于数字电压表来讲，经 A/D 转换及显示的就是测得的电压值；对于测量温度、压力等物理量的情况，需要进行量纲还原，这个过程就称作标度变换。

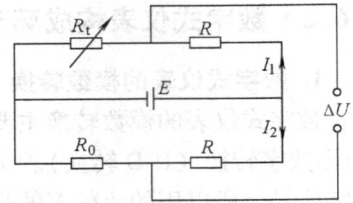

图 3-33　热电阻-电压变换桥

(1) 模拟量标度变换　下面以热电阻测温为例介绍模拟量热电阻信号的标度变换问题。通常用电桥将热电阻的变化转变为电压输出，如图 3-33 所示。

若供桥电压 E，热电阻 R_t，其他桥臂电阻分别是 R、R、R_0。设当被测温度处于下限时，$R_t = R_{t_0} = R_0$。于是被测温度变化时，电桥输出电压为

$$\Delta u = \frac{E}{R_t + R}R_t - \frac{E}{R_0 + R}R_0 \approx \frac{E}{R_0 + R}(R_t - R_0) = I \cdot \Delta R_t$$

式中，$I = E/(R_0 + R)$；$\Delta R_t = R_t - R_0$。

从热电阻变换为电压输出的表达式表明，通过改变电桥的参数就能够实现标度变换。

(2) 数字量标度变换　数字量的标度变换是在 A/D 转换之后、显示之前，通过系数运算（乘一个系数）实现的，这样显示出的十进制数据就是测量的物理量的值。这个过程实际上就是将数字量进行放大（乘大于 1 的系数）或缩小（乘小于 1 的系数）的过程，可以用数字电路运算，也可以用软件计算。

3. 信号的非线性补偿

例如用热电阻测量温度，将温度的变化转换为电阻的变化。理想的情况应该是电阻的变化与温度成良好的线性关系，而实际上可能存在非线性关系。这种非线性关系将影响测量数据的准确性。为此，采用线性化补偿以提高测量的准确性。

(1) 模拟式线性化　模拟式线性化在 A/D 之前进行。这种线性化分为开环线性化及闭环线性化。开环线性化的特点是线路比较简单，如图 3-34 所示，被测物理量 x 经传感器变换成 U_1，假设这个变换存在非线性关系。为了补偿传感器的非线性，加入线性化器，其输出 U_0 与输入 U_2 之间具有非线性特性，其非线性特性与传感器的非线性特性应该是互为相反的关系，这样利用线性化器的非线性特性可以补偿传感器的非线性特性，使 U_0 与 x 之间成为线性关系。

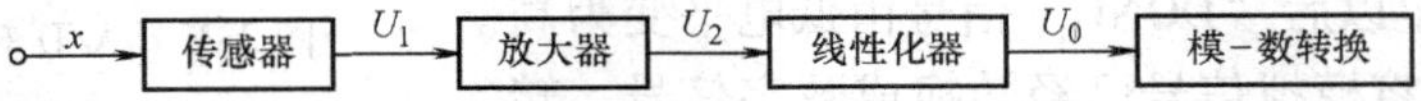

$$x \longrightarrow \boxed{\text{传感器}} \xrightarrow{U_1} \boxed{\text{放大器}} \xrightarrow{U_2} \boxed{\text{线性化器}} \xrightarrow{U_0} \boxed{\text{模-数转换}}$$

图 3-34　开环线性化的原理图

闭环线性化的构成如图 3-35 所示，它是利用反馈补偿原理，引入非线性的负反馈环节，补偿传感器的非线性，使输出 U_0 与被测物理量 x 之间成为线性关系。

（2）数字式线性化 数字式线性化在 A/D 之后进行。其基本原理是根据数字量的大小及其变化斜率将其分成几个区间，每个区间具有不同的斜率，不同斜率的区间乘以不同的系数，这样线性化以后的数据与测量的物理量之间具有线性关系。

图 3-36 是热电偶的热电动势与温度之间的变换关系，横坐标是被测温度 T，纵坐标是热电偶产生的热电动势 $E(T)$ 及其转换以后的数字量 $D(t)$，$E(t)$、$D(t)$ 与 T 之间存在非线性关系，需要进行补偿。现将非线性的 O-D 曲线用 4 段直线构成的折线 O-A-B-C-D 代替，这样 4 段直线的斜率各不相同，例如 B-C 段的斜率等于 $\Delta D/\Delta t$（即 $\Delta E/\Delta t$）。以 O-A 段的斜率为基础，其他各段的斜率分别乘以不同的系数，斜率乘以系数以后的值——即变换以后的斜率与 O-A 段的斜率相同，例如 B-C 段的斜率 $\Delta D/\Delta t$（即 $\Delta E/\Delta t$）乘以系数 K_{BC} 以后等于 O-A 段的斜率。于是线性化以后的数字量 D_1 与温度 t 之间的比值近视等于直线 O-A 的斜率，也就是直线 O-F 的斜率，成为线性关系。

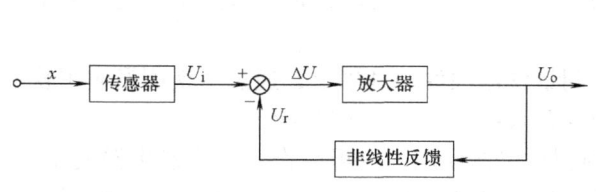

图 3-35 闭环线性化的原理图

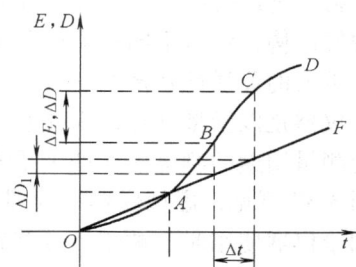

图 3-36 热电偶的热电动势与温度之间的变换关系

4. XMZ 系列数字显示仪表

XMZ 系列数字显示仪表的型号及技术数据见表 3-19。XMZ 系列数字显示仪表主要是与热电偶、热电阻连接用于测量温度，也可以与能够输出直流标准信号的各种传感器连接进行测量以及数字显示。

表 3-19 XMZ 系列数字显示仪表型号及技术数据

数字显示仪	输入信号	标准量程/℃	主要技术参数
XMZ、XMZA、XMZH-101	E	0~800	精度：±0.5% 全量程 ±1 个字 电源：220V，AC 环境温度：0~40℃ 环境湿度：<85%RH
	K	0~800	
	K	0~1300	
	S	0~1600	
	B	0~1800	
	T	0~400	
	J	0~800	
XMZ、XMZA、XMZH-102	Cu50	-50~150	
	Cu100	-50~150	
	Pt100	-100~200	
	Pt100	-200~500	

(续)

数字显示仪	输 入 信 号	标准量程/℃	主要技术参数
XMZ、XMZA、XMZH-103	0~20mV 0~50mV		
XMZ、XMZA、XMZH-104	30~350Ω		
XMZ、XMZA、XMZH-105	0~10mA 4~20mA		

3.6.3 虚拟仪器简介

虚拟仪器是随着计算机测试技术的发展而出现的专用术语。传统的测量仪器一般只能对某一特定物理量进行测量，当测量任务改变时，必须更换测量仪器。而虚拟仪器则是采用多功能的硬件结构，针对不同的测量要求而采用不同的计算机处理软件以实现测量，这种测量仪器具有更大的灵活性及多变的特点。

虚拟仪器是以微型计算机为核心，在足够测量仪器硬件的基础上，通过更换测量应用软件来改变测量用途的测量信息处理系统。虚拟仪器系统结构如图3-37所示。

由图3-37可见，虚拟仪器系统即可以作为测量仪器使用，也可以作为信号发生器使用。当作为测量仪器使用时，被测信号首先经信号调整单元进行放大、滤波等前期处理，然后由数据采集单元进行 A/D 转换，再由计算机进行数据处理、显示。当作为信号发生器使用时，计算机首先将待产生的波形数据送入数据发生器，然后控制数据发生器将波形数据在信号处理单元中进行 D/A 转换、功放、滤波等处理后，产生所要求的信号。有时在测量时需要同时使用信号发生器和数据采集器，那么二者之间就必须使用耦合器来协调工作。

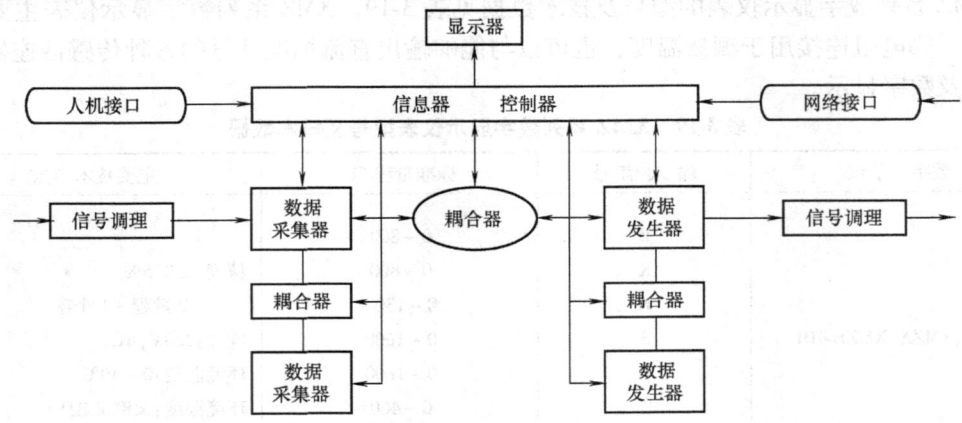

图 3-37 虚拟仪器系统结构示意图

为了适应各种不同的输入信号，在虚拟测量仪器中的信号调理器通常设计成模块结构。近几年来，随着各种可编程专用集成芯片的应用，信号调理器越来越趋向于将信号调理器"智能化"，即可用程控的方法改变信号调理器的结构和功能，使虚拟仪器具有更大的灵活性。

虚拟仪器最大的特点在于充分利用了计算机的数据处理能力、巨大的内存资源、强大的图形功能及丰富的软件资源，使得数字信号处理技术在虚拟仪器中得到了广泛应用。系统辨识方法、随机信号处理及频谱分析等现代数字信号处理理论和技术进一步丰富了虚拟仪器的功能，扩大了仪器的使用范围。

总之，虚拟仪器实质上就是一台计算机软件所定义的通用测量仪器。虚拟仪器技术进一步缩小了仪器制造商与用户之间的距离，使得用户能够根据自己的需要定义仪器的功能，组建更好的参数处理系统，并且可以方便地升级换代。可以说，借助一台数字化仪（数据采集板），用户就可以通过软件构成几乎任何功能的仪器，可以说软件就是仪器，这是对传统仪器概念的一个重大变革。

复习思考题

1. 叙述测温磁电动圈式仪表的结构及工作原理。
2. 简述测温磁电动圈式仪表如何解决环境温度对测温精度的影响。
3. 叙述测温磁电动圈式仪表断偶保护的原理。
4. 叙述应用手动平衡直流电位差计测温的过程。
5. 说明标准热电偶的种类及其分度号。
6. 叙述热电偶测温冷端温度补偿方法的种类及其补偿原理。
7. 叙述静态电阻应变仪、动态电阻应变仪的结构及工作原理。
8. 用电阻应变片测量主应力方向未知的平面应力时，如何贴片及接桥？说明测量应变之后进行应力计算的过程。

第4章 材料成形及控制工程中常用的驱动控制技术

在材料成形生产工艺过程中的机械设备大都以电动机作为动力进行拖动。本章介绍了材料成形工艺过程中的继电接触式控制系统；直流伺服电动机的结构、工作原理及其驱动控制技术；步进电动机的结构、工作原理及其驱动控制技术。

4.1 继电接触式控制系统

在材料成形生产工程中广泛使用的各种生产机械大都以电动机作为动力来进行拖动。电动机是通过某种自动控制方式来进行控制的，最常见的是继电接触器控制方式，又称电气控制。

电气控制线路是把各种有触头的接触器、继电器、按钮、行程开关等电气元件，用导线按一定方式连接起来组成的控制线路。它的作用是实现对电力拖动系统的起动、调速、反转和制动等运行性能的控制，实现对拖动系统的保护，满足生产工艺要求，实现生产过程的自动化。其特点是：线路简单，设计、安装、调整、维修方便，便于掌握，价格低廉，运行可靠。因此，电气控制线路在材料成形生产领域中，仍然得到广泛的应用。

由于生产设备和加工工艺各异，因而所要求的控制线路也多种多样、千差万别。但是无论哪一种控制线路，都是由一些比较简单的基本控制环节组合而成的。因此，只要通过对控制线路的基本环节以及对典型线路的剖析，由浅入深、由易到难地加以认识，再结合具体的生产工艺要求，就不难掌握电气控制线路的分析阅读和设计方法。

4.1.1 电气控制线路的图形符号和文字符号

电气控制线路是用导线将电动机、电气元件、仪表等元件按一定的要求和方法联系起来，并能实现某种功能的电气线路。为了表达生产设备电气控制系统的结构、原理等设计意图，便于进行电气元件的安装、调整、使用和维修，将电气控制线路中各电气元件的连接用一定的图表达出来。在图上用不同的图形符号来表示各种电气元件，用不同的文字符号来进一步说明图形符号所代表的电气元件的基本名称、用途、主要特征及编号等。因此，电气控制线路应根据简明易懂的原则，采用统一规定的图形符号、文字符号和标准画法来进行绘制。

在绘制电气线路图时，电气元件的图形符号和文字符号必须符合国家标准的规定，不能采用旧符号和任何非标准符号。近年来，随着我国改革开放，相应地引进了许多国外先进设备。为了便于掌握引进的先进技术和先进设备，便于国际交流和满足国际市场的需要，国家标准化管理委员会参照国际电工委员会（IEC）颁布的有关文件，制定了我国电气设备有关的国家标准，采用新的图形和文字符号以及回路标号，颁布了 GB/T 4728.1~5—2005 及 GB/T 4728.6~13—2008《电气简图用图形符号》及 GB/T 6988.1—2008 和 GB/T 6988.5—

2008《电气技术用文件的编制》和 GB/T 7159—1987《电气技术中的文字符号制订通则》。电气控制线路中的图形和文字符号必须符合最新的国家标准。一些常用电气图所用的图形符号和一些常用电工设备文字符号分别见表 4-1、表 4-2 和表 4-3。

表 4-1 常用电气图形

符号名称	图形符号	符号名称	图形符号
直流			
交流		导线的交叉连接 (1) 单线表示法 (2) 多线表示法	
交直流			
正极	+		
负极	−		
端子 注：必要时圆圈可画成圆黑点	○	导线的不连接 (1) 单线表示法 (2) 多线表示法	
分流器		三相笼型异步电动机	
电阻器		动合（常开）触头开关一般符号，两种形式	
可变电阻器 可调电阻器		动断（常闭）触头	
光敏二极管		接触器 接触器的主动断触点（在非动作位置触头闭合）	
他励直流电动机		接触器 接触器的主动合触点（在非动作位置触头断开）	
		操作器件一般符号	
电抗器、扼流圈		带复位的手动开关（按钮）形式	
双绕组变压器		手动开关	
三相变压器 星形-三角形联结		当操作器件被释放时，延时闭合的动断触头形式	
		当操作器件被吸合时，延时断开的动断触头形式	
		吸合时延时闭合和释放时延时断开的动合触头	

表 4-2 常用电气文字符号

名称	文字符号 （GB/T 7159—1987）	名称	文字符号 （GB/T 7159—1987）
分离元件放大器	A	电抗器	L
晶体管放大器	AD	电动机	M
集成电路放大器	AJ	直流电动机	MD
自整角机旋转变压器	B	交流电动机	MA
旋转变换器	BR	电流表	PA
电容器	C	电压表	PV
双(单)稳态元件	D	电阻器	R
热继电器	FR	控制开关	SA
熔断器	FU	选择开关	SA
旋转发电机	G	按钮开关	SB
同步发电机	GS	行程开关	SQ
异步发动机	GA	三极隔离开关	QS
蓄电池	GB	单极开关	Q
接触器	KM	刀开关	Q
继电器	KA	电流互感器	TA
时间继电器	KT	电力变压器	TM
电压互感器	TV	信号灯	HL
电磁铁	YA	发电机	G
电磁阀	YV	直流发电机	GD
电磁吸盘	YH	交流发电机	GA
接插器	X	半导体二极管	V
照明灯	EL		

表 4-3 常用辅助文字符号（GB/T 7159—1987）

名称	文字符号	名称	文字符号
交流	AC	直流	DC
自动	A AUT	接地	E
加速	ACC	快速	F
附加	ADD	反馈	FB
可调	ADJ	正、向前	FW
制动	B BRK	输入	IN
向后	BW	断开	OFF
控制	C	闭合	ON
延时(延迟)	D	输出	OUT
数字	D	起动	ST

4.1.2 电气原理图画法

电气控制线路主要由各种电器元件（如接触器、继电器、电阻、开关）和电动机等用电设备组成。为了设计、分析研究、安装维修时的阅读方便，在绘制电气原理图时，必须使用国家统一规定的电气图形符号和文字符号。

电气设备图样分为电气控制原理图、电气设备安装图、电气设备接线图三种，现介绍如下。

1. 电气控制原理图

电气控制原理图表示电气控制线路的工作原理以及各电器元件的作用和相互关系，而不考虑各电器元件实际安装位置和连线情况。绘制电气原理图时，一般遵循下面的规则。

1) 电气控制线路分主电路和控制电路。主电路用粗线绘出，而控制线路用细线绘出。一般主电路画在左侧，控制电路画在右侧。

2) 电气控制线路中，同一电器的各导电部分（如线圈和触头）常常不画在一起，但要用同一文字符号标注。

3) 电气控制线路的全部触头、触点都按"非激励"状态绘出。"非激励"状态是指如下状态：电操作元件如接触器、继电器等是指线圈未通电时的触头、触点状态；机械操作元件如按钮、行程开关等是指没有受到外力时的触点状态；主令控制器是指手柄置于"零位"时各触头的状态；断路器和隔离开关的触头处于断开状态。

2. 电气设备安装图

电气设备安装图表示各种电气设备在机械设备和电气控制柜中的实际安装位置。各电器元件的安装位置是由机械设备的结构和工作要求决定的，如电动机要和被拖动的机械部件放在一起，行程开关应放在能取得信号的地方，操作元件放在操作方便的地方，一般电气元件应放在控制柜内。

3. 电气设备接线图

电气设备接线图表示各电气设备之间的实际接线情况。绘制接线图时应把各电气元件的各个部分（如触头与线圈）画在一起；文字符号、元件连接顺序、线路号码编制都必须与电气原理图一致。电气设备安装图和接线图是用于安装接线、检查维修和施工的。

4.1.3 笼型电动机的起动控制线路

三相笼型异步电动机由于结构简单、价格便宜、坚固耐用等一系列优点，在材料成形生产工程中被广泛应用。它的控制线路大都由继电器、接触器、按钮等有触头、触点的电器组成。

1. 直接起动控制线路

一些控制要求不高的简单机械的工作过程，可以直接用开关起动，它适用于不频繁起动的小容量电动机。图4-1是电动机采用接触器直接起动的线路。

控制线路中的接触器辅助触头 KM 是自锁触头。其作用是：当放开起动按钮 SB_2 后，仍可保证 KM 线圈通电，电动机运行。通常将这种用接

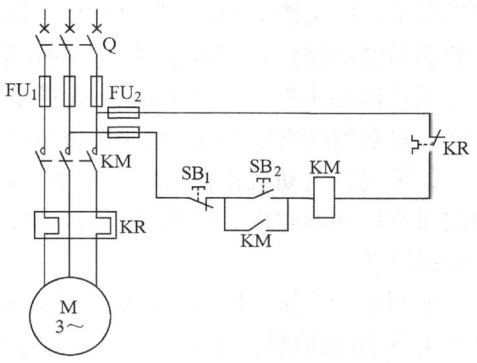

图4-1 电动机用接触器直接起动的线路

触器本身的触头来使其线圈保持通电的环节称为自锁环节。

2. 电动机正反转控制线路

控制线路能对电动机进行正、反向控制是生产机械的普遍需要，如大多数机床的主轴或进给运动都需要两个方向运行，故要求电动机能够正反转。在电工学课程中知道，只要把电动机定子三相绕组所接电源任意两相对调，电动机定子相序即可改变，从而电动机就可改变方向。如果用两个接触器 KM_1 和 KM_2 来完成电动机定子相序的改变，那么由正转与反转的线路组合起来就成了正反转控制线路。

图 4-2 为异步电动机正反转控制线路，从图 4-2a 可知，按下起动按钮 SB_2，正向接触器 KM_1 得电动作，主触头闭合，电动机正转。按停止按钮 SB_1，电动机停止。按下 SB_3，反向接触器 KM_2 得电动作，主触头闭合，使电动机定子绕组与正转时相比相序反了，则电动机反转。

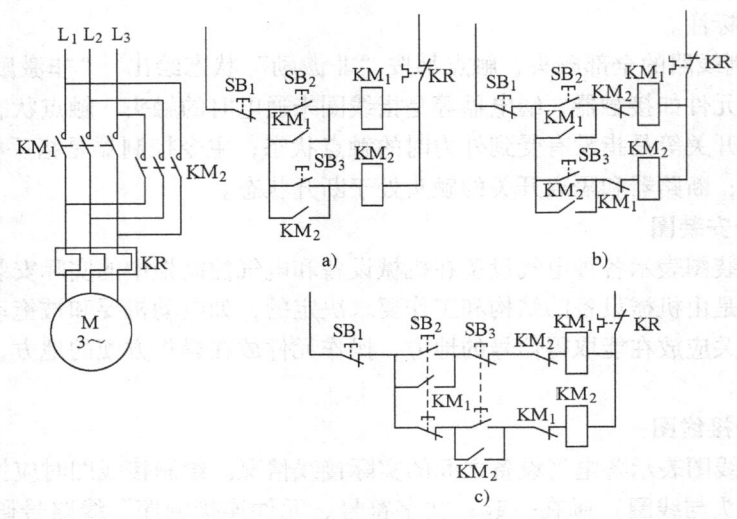

图 4-2 异步电动机正反转控制线路

从主回路看，如果 KM_1、KM_2 同时通电动作，就会造成主回路短路。在线路图 4-2a 中如果按了 SB_2 又按了 SB_3，就会造成上述事故，因此这种线路是不能采用的。图 4-2b 把接触器的动断辅助触头互相串联在对方的控制回路中进行联锁控制，这样当 KM_1 得电时，由于 KM_1 的动断触头打开，使 KM_2 不能通电，此时即使按下 SB_2，也不能造成短路，反之也是一样。接触器辅助触头这种互相制约的关系称为"联锁"或"互锁"。

如果现在电动机正在正转，想要反转，则图 4-2b 中必须先按停止按钮 SB_1 后，再按反向按钮 SB_3 才能实现，显然操作不方便，图 4-2c 利用复合按钮 SB_2、SB_3 就可直接实现由正转变成反转。

采用复合按钮，还可以起到联锁作用。这是由于按下 SB_2 时，只有 KM_1 得电动作，同时 KM_2 回路被切断；按下 SB_3 时，只有 KM_2 得电，同时 KM_1 回路被切断。

但只用按钮进行联锁，而不用接触器动断触头之间的联锁是不可靠的。实际可能出现这样情况，如由于负载短路或大电流的长期作用，接触器的主触头被强烈的电弧"烧焊"在一起，或者接触器的机构失灵使衔铁卡住，总是在吸合状态，这都可能使主触头不能断开，这时如果另一接触器动作，就会造成电源短路事故。如果用接触器动断触头进行联锁，不论什么原因，只要一个接触器是吸合状态，它的联锁动断触头就必然将另一接触器线圈电路切断，这就能避免事故的发生。

3. 减压起动控制线路

较大容量的笼型异步电动机（大于10kW）因起动电流较大，一般都采用减压起动的方式起动，起动时降低加在电动机定子绕组上的电压，起动后再将电压恢复到额定值，使之在正常电压下运行。电枢电流和电压成正比，所以降低电压可以减小起动电流，不致在电路中产生过大的电压降，减小对线路电压的影响。

常用的减压起动有星-三角换接、定子串电阻、自耦变压器等起动方法。这里介绍星-三角减压起动控制线路。

正常运行时，电动机定子绕组是接成三角形的，起动时把它接成星形，起动即将完毕时再恢复成三角形。目前4kW以上的Y、Y2系列的三相笼型异步电动机定子绕组在正常运行时，都是接成三角形的，对这种电动机就可采用星-三角减压起动。

图4-3是一种星-三角起动线路。从主回路可知，如果控制线路能使电动机接成星形（即KM_3主触头闭合），并且经过一段延时后再转换成三角形（KM_3主触头打开，KM_2主触头闭合），则电动机就能实现减压起动，而后再自动转换到正常速度。控制线路的工作过程如下。

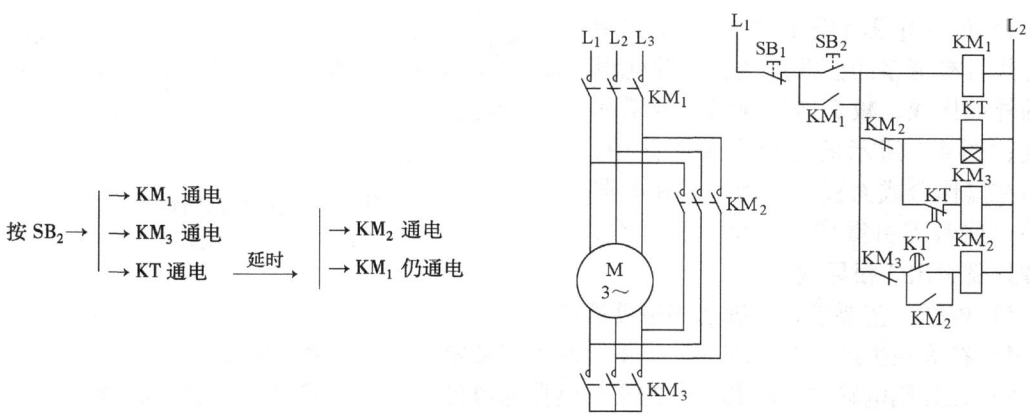

图4-3 星-三角减压起动控制线路

KM_2与KM_3的动断触头是保证接触器KM_2与KM_3不会同时通电，以防电源短路。KM_2的动断触头同时也使时间继电器KT断电（起动后不需要KT得电）。

4.1.4 电气控制线路设计基础

在材料成形生产过程中所用设备的电气控制系统的设计过程一般包括：确定拖动方案、选择电动机容量和设计电气控制线路。电气控制线路的设计又分为主电路设计和控制电路设计，一般情况下电气控制线路指的是控制电路设计。

电气控制线路设计主要采用两种设计方法：经验设计法和逻辑设计法。经验设计法主要是根据生产工艺要求，利用各种典型的线路环节，直接设计控制线路，这种方法要求设计人员必须熟悉大量的控制线路，掌握多种典型线路的设计资料，具有丰富的经验，在设计过程中，经常需要经过反复修改和试验，使线路符合设计要求。这种方法比较简单，常为工程设计人员采用。逻辑设计法主要是根据生产工艺要求，利用逻辑代数分析、设计控制线路，采用这种方法设计的线路比较合理，适合工艺要求比较复杂的线路设计。但是，逻辑设计法难度较大，不易掌握，设计出来的线路不是很直观。

1. 电气控制线路设计的一般原则及内容

（1）电气控制线路设计的一般原则

①最大限度地满足机电设备对电气控制线路的要求；②在满足生产要求的同时，应尽可能地使线路简单、实用；③保证控制安全，便于操作和维修。

（2）电气控制线路设计的内容和步骤

①确定电气设计的技术条件；②选择电气传动形式和控制方案；③确定电动机的类型、容量、转速和型号；④设计电气控制原理图；⑤选择电器器件，制定电动机和电器器件明细表；⑥设计电动机，执行电磁铁、电气控制元件以及监测元件的总布置图；⑦设计电气柜、操作台、器件安装板以及非标准器件专用安装零件；⑧绘制装配图和接线图；⑨编写设计计算说明书和使用操作说明书。

2. 设计过程中应注意的几个问题

（1）在满足生产要求的前提下，控制电路应力求简单、经济

1）根据自动控制的工艺要求，正确地选择各个独立控制部分的线路和环节。

2）同一电器的不同器件在线路中尽可能具有更多的公共连线，以简化电器的外部接线，减少连接导线的数量和长度；图4-4所示的起停自锁回路中，按钮在操作台或面板上，接触器在电器柜中，前者需由操作台引出4根导线，后者只需引出3根导线。

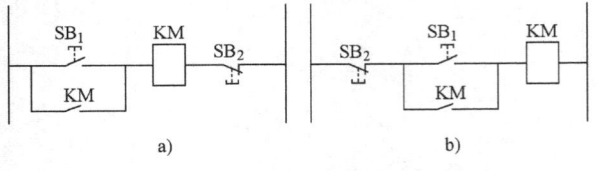

图4-4　起停自锁回路
a) 不合理　b) 合理

3）根据工艺要求，正确选用电器器件。

4）在满足生产工艺要求的前提下，减少不必要的触点以简化电路。

5）在控制电路中，除其工作的必要电器通电外，其余的回路尽可能不通电，以提高系统的稳定性和可靠性。

（2）保证控制电路工作可靠和安全

1）正确连接电器的触点，如图4-5所示，一般情况下，线圈的一端应连接在一起，接到电源的一根母线上。同一电器的常开和常闭辅助触点靠得很近，如果分别接到电源的不同相上，触点断开时产生的电弧可能在两触点间形成飞弧，造成电源短路。

2）正确连接电器的线圈，如图4-6所示。两个电器需要同时动作时，其线圈应当并联。如图4-6a所示，在交流控制线路中，不能串联两个电器的线圈。因为每个线圈所分到的电压与线圈阻抗成正比，两个电器不能同时闭合。例如，接触器KM_2先闭合，线圈的电感显著增加，电压降也显著增大，从而使KM_1的线圈电压达不到动作电压，不能闭合。

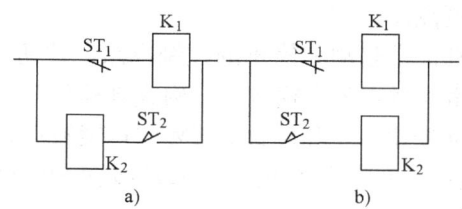

图 4-5 正确连接电器的触点
a) 错误 b) 正确

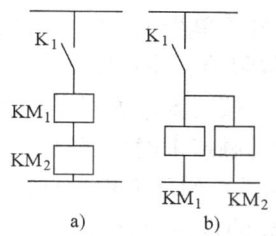

图 4-6 正确连接电器的线圈
a) 错误 b) 正确

3) 在控制线路中应该避免出现寄生电路，如图 4-7 所示。

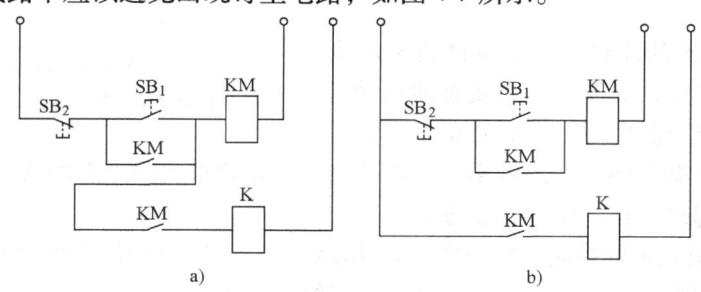

图 4-7 避免出现寄生电路
a) 不合理 b) 合理

4) 避免电器依次动作，如图 4-8 所示。应减少多个器件依次通电后才接通另一个器件的情况，以保证工作的可靠性。

5) 电气联锁和机械联锁共同使用。

6) 设计线路应适用所在电网的质量和要求。

7) 在线路中采用小容量继电器触点来控制大容量接触器的线圈。

4.1.5 电气控制线路设计的基本规律

在材料成形生产过程的电气控制线路的设计过程中，经常应用各种典型的控制环节，这些控制环节主要指的是电路设计的基本控制规律，以及应当在设计中增加的各种适当的保护措施。

电气控制线路设计的基本规律包括：联锁的控制规律和控制过程变化参量的控制规律。

1. 联锁的控制规律

在材料成形生产机械和自动线上，不同的运动部件之间存在相互联系、相互制约的关系，这种关系称为联锁。

（1）起动、停止和点动 材料成形生产机械在正常连续工作的状态下，要求对电动机进行正常起动、停车控制；而当生产机械进行试

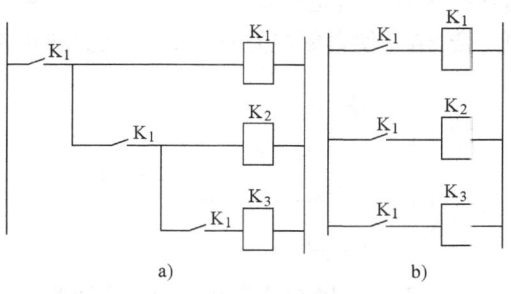

图 4-8 避免电器依次动作
a) 不合理 b) 合理

车、调整或处于单步工作的状态时，要求电动机实现点动控制。

1）正常起动、停止控制。图 4-9a 为典型电动机正常起动和停车的控制电路。按钮 SB_2 为起动按钮，按钮 SB_1 为停车按钮。接触器 KM 的常开触点为自锁触点，构成自锁环节，由接触器自身的触点来确保接触器线圈保持通电。起动按钮 SB_2 和接触器 KM 的自锁触点并联（即逻辑"或"）的环节称为自锁环节，具有对控制指令的记忆功能。当起动按钮 SB_2 松开复位后，KM 的自锁触点闭合，保证 KM_2 线圈的持续通电。

2）点动控制。图 4-9b 所示为点动控制线路图，当按下按钮 SB 时，电动机转动；松开按钮后，按钮自动复位断开，电动机停转，实现点动控制。

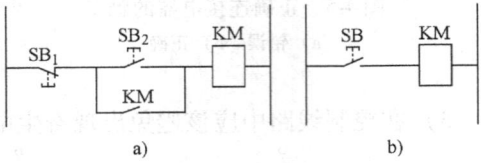

图 4-9 起动和点动控制线路图
a）正常起动停车控制线路图　b）点动控制线路图

3）起动和点动的联锁控制。生产机械经常要求即能够连续工作，又能够实现调整的点动工作。因此，在控制电路中要求同时具备正常起动和点动控制的两个基本环节，二者不能存在冲突，这就要求实现二者的联锁控制。下面介绍几种可以采用的起动、点动联锁控制方法。

（2）点动按钮联锁的控制线路　图 4-10 所示为点动按钮联锁控制线路，联锁控制主要由复合按钮 SB 实现。在缺省条件下，SB 的常闭触点与 KM 的自锁触点串联，构成正常起动的自锁环节。当按下点动按钮 SB 时，其常开触点闭合，形成点动控制线路。

注意：在点动控制过程中，如果 KM 线圈的释放时间大于 SB 的恢复时间，就会出现点动控制无法正常工作的情况。因为一次点动结束，SB 的常闭触点复位时，KM 的自锁触点尚未断开，使自锁环节通电，线路无法进行下一次点动操作。

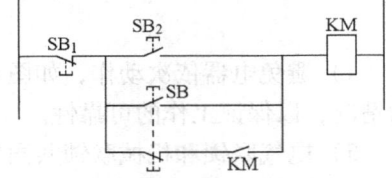

图 4-10 点动按钮联锁控制线路

（3）采用继电器联锁的控制线路　图 4-11 所示为采用继电器联锁的控制线路，点动按钮 SB 与继电器 K 的常开触点并联，由继电器 K 线圈的通断电实现正常起动停车控制。进行点动控制之前，先按下停车按钮 SB_1，使继电器 K 断电，再按下点动按钮 SB，实现点动控制。

（4）采用手动开关联锁的控制线路　在材料成形生产过程的控制线路中，经常采用手动开关 SA 作为点动按钮，实现联锁功能。图 4-12 所示为采用手动开关的点动控制线路，在调整机床时，预先打开点动按钮 SA，切断 KM 自锁电路，进行点动控制。调整完毕后，必须闭合 SA，使自锁电路恢复，才能实现正常工作时的起动控制。

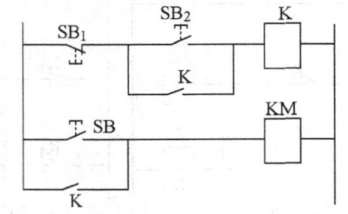

图 4-11 采用继电器联锁的点动控制线路

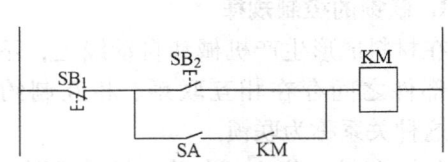

图 4-12 采用手动开关的点动控制线路

（5）正反向转动接触器间的联锁　材料成形生产机械要实现具有上下、左右、前后等正反方向的动作,就要求电动机实现正反转控制。实现正反转控制的主电路要接入正向接触器 KM_1 和反向接触器 KM_2。在控制电路中,应当考虑如何避免由于误操作(同时接通 KM_1 和 KM_2)而出现短路的情况。因此,在设计这种线路时,应实现正反向接触器间的联锁。

图 4-13 所示为正反向接触器间的联锁电路,SB 为停止按钮,SB_1 为正向起动按钮,SB_2 为反向起动按钮。在正向接触器 KM_1 线圈的电路中,串入反向接触器 KM_2 的常闭触点,实现正反向接触器间的联锁(互锁)。如果希望不用按下停止按钮 SB,直接按下反向按钮 SB_2 即可实现电动机反向工作,SB_1、SB_2 可以采用复合按钮(图 4-14)或转换开关。

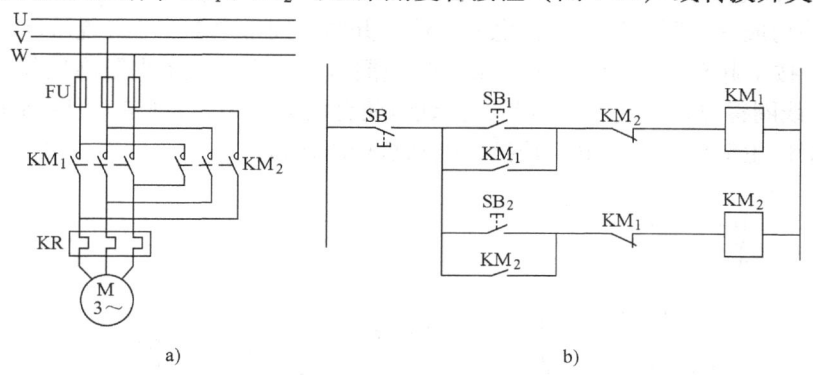

图 4-13 正反向接触器间的联锁
a) 主电路　b) 控制电路

2. 控制过程变化参量的控制规律

根据材料成形工艺过程的特点,准确地监测和反映模拟参量(如行程、时间、速度、电流等)的变化,来实现自动控制的方法,即按控制过程中的变化参量进行控制的规律。

(1) 行程原则控制　以机械的运动部件或机件的几何位置作为控制的变化参量,主要使用行程开关进行控制,这种方法称为行程原则控制。例如,龙门刨床的工作台往返循环的控制电路。

图 4-15 所示为行程原则控制电路,限位开关 SQ_1 在左端需要反向的位置,SQ_2 放在右端需要反向的位置,机械挡铁装在运动部件上。正向运动时,按正转按钮 SB_2,KM_1 自锁,电动机正向旋转,带动工作台左移。压下 SQ_1,常闭触点断开,切断 KM_1 线圈电路。同时 SQ_1 的常开触点闭合,接通 KM_2 的线圈电路,电动机反转,带动工作台右移,压下 SQ_2,工作台实现左右移动的自动控制。限位开关 SQ_3、SQ_4 分别起到左右超限位的保护作用,当工作台移动到左右的极限位置时动作。

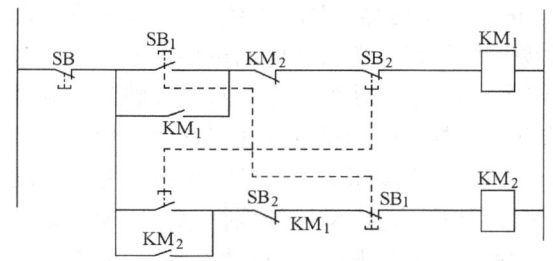

图 4-14 采用复合按钮的联锁控制线路

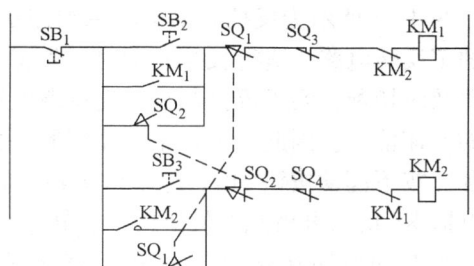

图 4-15 行程原则控制电路

注意：运动部件经过一次自动往复循环，电动机要进行两次反接制动过程，易出现较大的反接制动电流和机械冲击。因此，这种电路只适用于电动机容量较小，循环周期较长，电动机转轴具有足够刚性的拖动系统中。在选择接触器容量时，应比一般情况下选择的容量要大一些。

(2) 时间原则控制　以时间作为控制的变化参量，主要采用时间继电器进行控制的方法称为时间原则控制。例如，定子绕组串联电阻降压起动控制电路。

图 4-16 所示为定子绕组串联电阻降压起动时间原则控制电路，主电路由接触器 KM_1、KM_2 的主触头构成串电阻接线和短接电阻接线，并由时间继电器 KT 实现从起动到正常工作状态的切换。按下起动按钮 SB_2，接触器 KM_1 线圈得电，电动机串电阻降压起动。同时，时间继电器 KT 线圈得电，经过一定时间，其延时闭合动触点闭合，KM_2 线圈得电，KM_1、KT 线圈断电。KM_2 主触头闭合，电阻短接，电动机全压运行。

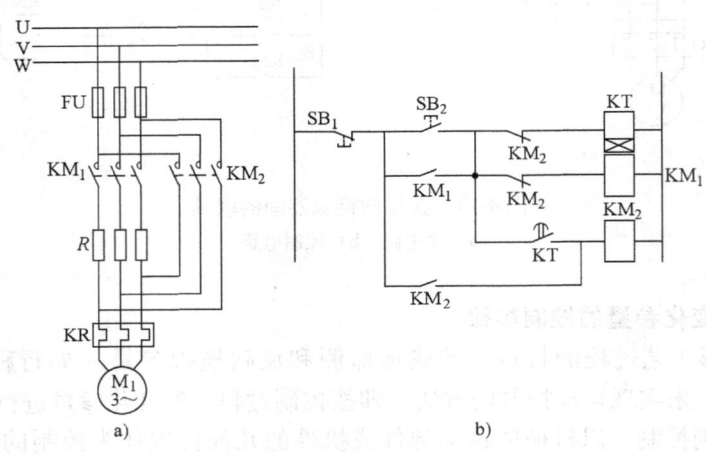

图 4-16　定子绕组串联电阻降压起动时间原则控制电路
a) 主电路　b) 控制电路

时间原则控制多用于难以直接检测变化参量的自动控制中，而且时间继电器的通用性好，控制灵活方便，因而能代替某些原则控制。

(3) 速度原则控制　以速度作为控制的变化参量，主要采用速度继电器进行控制的方法称为速度原则控制。例如，异步电动机反接制动控制电路。

图 4-17 所示为反接制动速度原则控制电路，正反向接触器 KM_1、KM_2 主触头接通电动机的正反转电路。进行反接制动时，先将三相电源相序切换，然后在电动机接近零速时，将电源及时切断，实现反接制动。速度继电器可以检测到接近零速的信号，直接反映为控制过程的转速信号。因此，可以采用速度原则控制的方法来判断电动机的零速点并及时切断三相电源。按下起动按钮 SB_2，电动机正转。制动时，按下复合按钮 SB_1，KM_1 线圈断电，速度继电器 KS 的常开触点在转子的惯性转动下仍然闭合通电，使得 KM_2 线圈得电，实现反接制动，当电动机转速接近零速时，KS 的常开触点断开，KM_2 断电，制动结束，电动机停车。

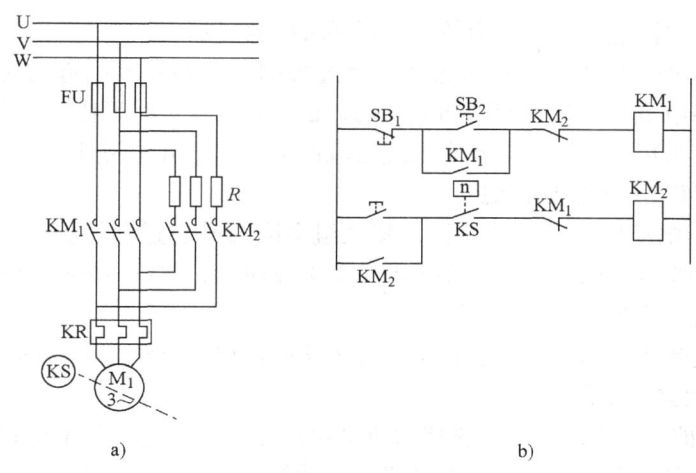

图 4-17 反接制动速度原则控制电路
a) 主电路　b) 控制电路

(4) 电流原则控制　根据生产需要,经常需要参照负载或机械力的大小进行控制。在交流异步电动机或直流他励电动机中,机床的负载与机械力往往与电流成正比。因此,将电流作为控制的变化参量,采用电流继电器实现的控制方法称为电流原则控制。例如,机床的夹紧机构,当夹紧力达到一定强度,不能再大时,要求给出信号,使夹紧电动机停止工作。

图 4-18 所示为电流原则夹紧力控制电路,将过电流继电器 KA 线圈串接在夹紧电动机 M 的主电路某一相中,当夹紧力达到最大时,相当于电动机工作在堵转状态,此时电流很大,将过电流继电器 KA 整定在此数值,发出信号切断夹紧接触器电路,夹紧电动机停止转动。

电流原则控制的应用实例很多,例如,机床的进刀系统,当主轴负载过大时,要求减小进刀量;直流电动机励磁回路断线的电流保护;电流控制原则起动直流电动机等。

3. 线路中的保护措施

在电气控制线路中,常用的保护措施有:短路电流保护,过电流保护,热保护,零电压、欠电压保护,弱磁保护及超速保护等。

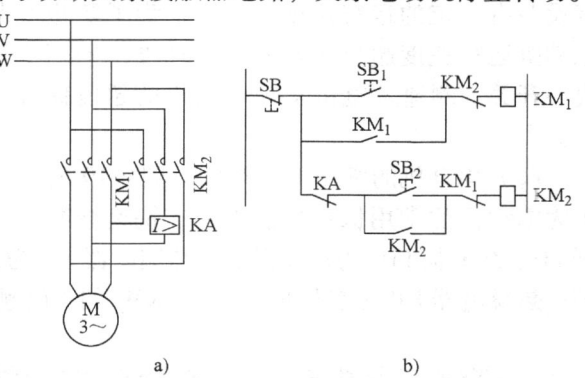

图 4-18 电流原则夹紧力控制电路
a) 主电路　b) 控制电路

(1) 短路保护　短路电流会引起电器绝缘层烧坏,电动机绕组和电器产生机械性损坏。因此,出现短路电流时,应当可靠、迅速地切断电路,同时保护装置不应因起动电流而动作。经常采用的保护方法有以下几种。

1) 熔断器保护。适用于动作准确度要求不高和自动化程度较差的系统。如小容量的笼型异步电动机和小容量的直流电动机。

2) 过电流继电器保护或断路器保护。过电流继电器通过控制接触器的通断电来实现断路保护作用，但需要注意的是，这会使接触器触头的容量加大。

（2）过电流保护　由于不正确地起动或者过大的负载转矩而引起的过电流现象，产生的电流一般比短路电流小。频繁起动的电动机、正反转重复短时工作制的电动机容易出现过电流现象。通常，采用过电流继电器实现过电流保护，当电流达到其整定值时，瞬时切断电源。热继电器也可以用于过电流保护。

（3）热保护　电动机长期超载运行，其绕组会因温升超过允许值而损坏。因此，需要考虑采用热继电器实现热保护措施。要求的负载电流越大，热继电器的动作时间越快，但是不会受到起动电流的影响而误动作。

注意，在使用热继电器的同时，还必须加入熔断器或过电流继电器的短路保护装置。

（4）零电压和欠电压保护

1）零电压保护。因电源电压消失使得电动机停止工作，电压恢复时电动机可能自动起动，造成事故。为防止电压恢复时，电动机自起动的保护为零电压保护。

2）欠电压保护。电动机运转时，电源电压过分降低，引起电动机转速下降或停止工作。也可能使得一些电器线圈释放，造成电路工作不正常。因此，当电压下降到允许的最小值时，将电动机电源切断，这种保护为欠电压保护。

零电压和欠电压保护采用电压继电器。

（5）其他保护措施

1）弱磁场保护。直流电动机磁通的过度减少会引起电动机的超速，可以采用电磁式电流继电器，实现弱磁场保护。

2）超速保护。高炉卷扬机、矿井提升机等设备有一定的运行速度的要求。为了防止电动机运行速度超过预定允许的速度，采用离心开关、测速发电机实现电动机的超速保护。

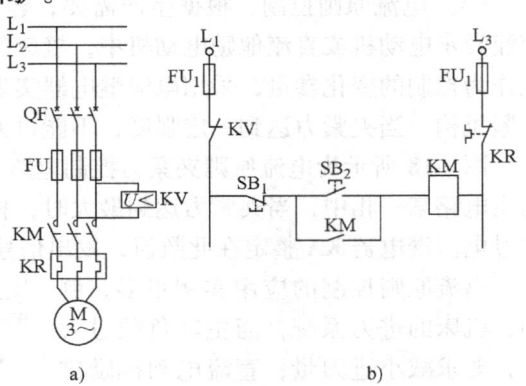

图 4-19　电动机的常用保护控制电路
a）主电路　b）控制电路

（6）电动机的常用保护举例　图 4-19 所示为电动机的常用保护控制电路，快速熔断器 FU、熔断器 FU_1 为短路保护；热继电器 KR 为过电流保护；欠电压继电器 KV 为欠电压保护；热继电器 KR 为热保护；KM_1、KM_2 的常闭触点为联锁保护。

4.2　直流伺服电动机及其驱动控制技术

伺服电动机是焊接自动控制系统中的一个重要组成部分，它的任务是将电信号转换成轴上的角位移或角速度的变化，并驱动控制对象运转。伺服电动机的种类繁多，有直流伺服电动机、力矩电动机、步进电动机、交流永磁式同步电动机等，在焊接领域中应用最普遍的有直流伺服电动机和步进电动机。

在日常生活和工业生产中遇到的电动机，一般都作为动力装置来使用的，它的主要任务是能量转换。发电机把机械能转换为电能，电动机将电能转换为机械能，根据它们完成的任务决定了它们的主要问题是如何提高能量转换的效率。可是作为自动控制系统中的伺服电动机,除了实现能量转换外,更主要的是完成信号的传递和转换。根据这一要求,它们必须具有运行可靠、响应速度快及定位精确等特点。

4.2.1 直流伺服电动机的分类及其结构

直流伺服电动机按结构来分可分为:传统式直流伺服电动机、无槽电枢直流伺服电动机、绕线电枢直流伺服电动机及印制绕组直流伺服电动机等四种。下面分别介绍其结构和特点。

1. 传统式直流伺服电动机

传统式直流伺服电动机的结构和普通直流电动机基本相同,分为定子和转子两大部分。按其激磁方式又分为永磁式和电磁式两种。永磁式直流伺服电动机是在定子上装有由永久磁铁做成的磁极,转子结构与一般直流电机没有区别,目前我国生产的 SY 系列直流伺服电动机就属于这种结构。

电磁式直流伺服电动机的定子是由硅钢片冲制叠压而成,它把磁极和磁轭做成一个整体,图 4-20 所示为电磁式直流伺服电动机的定子冲片。在磁极铁心上装有激磁绕组。其转子结构也和普通直流电机相同。目前我国生产的 SZ 以及 S 系列直流伺服电动机就属于这种结构。

这类直流伺服电动机,由于它的电枢绕组的电感值和电枢的转动惯量比后面介绍的几种直流伺服电动机的要大,因此,它的时间常数也较大,故其动态性能较低,不适用于频繁起动及制动的应用场合。

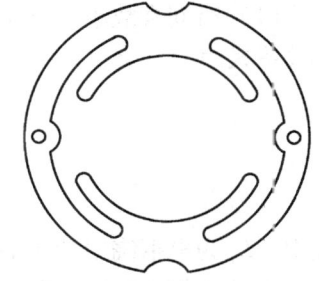

图 4-20 电磁式直流伺服电动机的定子冲片

2. 无槽电枢直流伺服电动机

顾名思义,无槽电枢直流伺服电动机的电枢铁心上是不开槽的,电枢绕组直接排列在铁心表面,再用环氧树脂和玻璃布带把它固定,使之与电枢铁心构成一个整体,无槽电枢直流伺服电动机结构简图如图 4-21 所示。由于绕组直接处于气隙中,因此这种电动机的气隙较大,故与同容量的传统式直流伺服电动机相比,定子磁钢的尺寸较大。为了使用增加气隙磁密来满足较高的动态指标,因而定子尺寸要求更大。

这类伺服电动机除具有永磁式直流伺服电动机的优点外,还有以下特点:

(1) 动态性能好 由于这类电动机的电枢绕组是直接排列在铁心表面,因此电枢可以做成细长状,而不存在下线工艺的困难。同时省去了电枢铁心上齿部的重量,使电枢的转动惯量大大降低。因此,这类电机具有机械时间常数小(一般在 10ms 左右或更低)、频率范围宽等特点。

(2) 过载能力强 这类伺服电动机往往工作在频繁起动和正反转的间断工作状态,其最大负载比额定负载要大得多。在暂短(几秒钟)工作制的状态中,最大转矩可能比额定值大 10 倍以上,使过载电流也在 10 倍以上。因此,这类伺服电动机多采用强迫通风装置进行冷却。

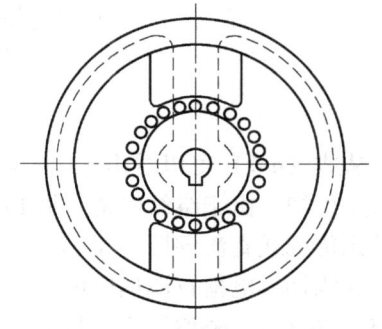

图 4-21 无槽电枢直流伺服电动机结构简图

(3) 力矩波动小 由于电枢无槽、电感量小,使其具有输出力矩波动小、换向性能良好、对无线电干扰差等优点。据测,一般有槽电枢直流伺服电动机的力矩波动为 7~10%,而无槽电枢直流伺服电动机的力矩波动仅为 1%~3%。由于这类伺服电动机具有快速响应的特点,故在数控系统中得到应用。

3. 绕线电枢直流伺服电动机

在无槽电枢直流伺服电动机的基础上,若使无槽的铁心固定不动,仅使电枢绕组和换向器带动机轴旋转,就形成了绕线杯形电枢直流伺服电动机。若绕线电枢制成盘形电枢绕组,电枢绕组在轴向气隙中旋转,就成为绕线盘形电枢直流伺服电动机,如图 4-22 所示,图 4-22a 图为盘形绕组结构示意图,图 4-22b 为直流伺服电动机整体结构示意图。

绕线盘形电枢直流伺服电动机与绕线杯形电枢直流伺服电动机具有以下类似的特点:

(1) **时间常数小** 直流电动机的时间常数有电气时间常数 τ_e 和机械时间常数 τ_m 两种,其关系式为

$$\tau_e = \frac{L_a}{R_a} \tag{4-1}$$

$$\tau_m = \frac{R_a}{K_e K_t} J \tag{4-2}$$

式中,L_a 为电枢绕组的电感值;R_a 为电动机绕组的电阻值;K_e 为电动机绕组的电动势系数;K_t 为电枢的转矩系数;J 为电枢的转动惯量。

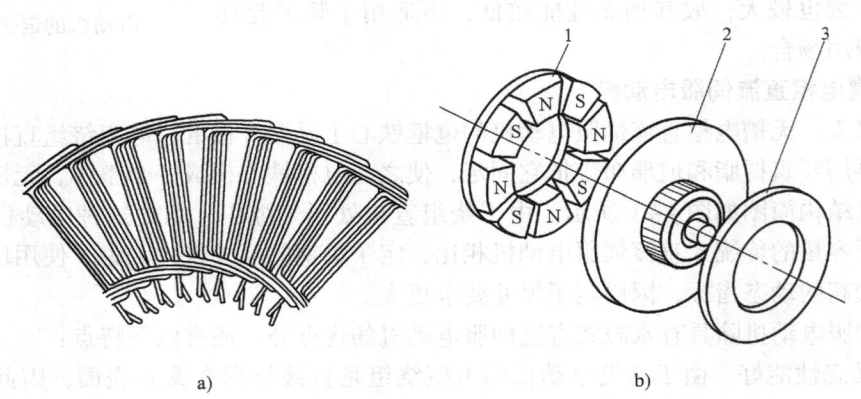

图 4-22 绕线盘形电枢直流伺服电动机结构示意图
a) 盘形绕阻的结构示意图 b) 直流伺服电动机整体结构示意图
1—磁极 2—盘形电枢 3—铁心

从式 (4-1) 可以看出,由于电枢无齿,因此 L_a 很小,故其电气时间常数也很小;从式 (4-2) 可知,由于绕线电枢中铁心部分仅起导磁作用,它不随电枢绕组转动,因而它的转动惯量比传统式直流伺服电动机要小得多。因此,这类绕线电枢直流伺服电动机的时间常数小。绕线杯形电枢直流伺服电动机的机电时间常数是目前各种交、直流伺服电动机中最小的 (0.3ms 左右),俗称超低惯量电动机。

(2) **效率高** 效率高低表现在损耗的大小上,一般小功率电动机的损耗主要包括铜耗、铁耗和机械损耗三个部分。

对绕线电枢直流伺服电动机而言，由于铁心与机壳间没有相对运动，因此铁耗极小；电枢（由于铁心不动，仅电枢绕组转动）轻，又没有因齿槽引起的齿槽效应，因此机械损耗较小；再则，由于采用了高磁能积磁钢，相应可减少电枢绕组匝数和电阻，故铜耗也相应减少，若采用金属电刷则铜耗要更小一些。因此，绕线电枢直流伺服电动机的效率可高达80%以上。

（3）电气噪声低　由于电枢绕组的电感值小，绕线电枢直流伺服电动机的换向电势也很小，这样不仅换向良好，电气噪声也很低。故对控制系统中电子设备的干扰也很小。

此外，这种伺服电动机的工作寿命长，特别是采用了金属电刷，寿命更长；它还有一些与无槽电枢直流伺服电动机相同的特点，如力矩波动小、过载能力强等。

这类伺服电动机的最大缺点就是电枢绕组及换向器的制造较困难，因此它的成本较高。

4. 印制绕组电枢直流伺服电动机

印制绕组电枢直流伺服电动机的名称，起源于早期制作工艺，即应用一般印刷线路的制作工艺，在两面敷有铜箔的基板（俗称双面敷铜板）上腐蚀形成铜绕组，故称印制绕阻电枢。目前，这种工艺只应用于制造一些小功率电动机上，而在制造较大功率、性能优良的电动机时，已采用冲制导体工艺。

印制绕组电枢直流伺服电动机的结构形式也分为杯形和盘形两种，前者制造工艺复杂，仅在少数特殊产品中采用。而盘形印制绕组电枢应用较广。因此，这里仅介绍这种形式的直流伺服电动机。

盘形印制绕组电枢直流伺服电动机的结构如图4-23所示。

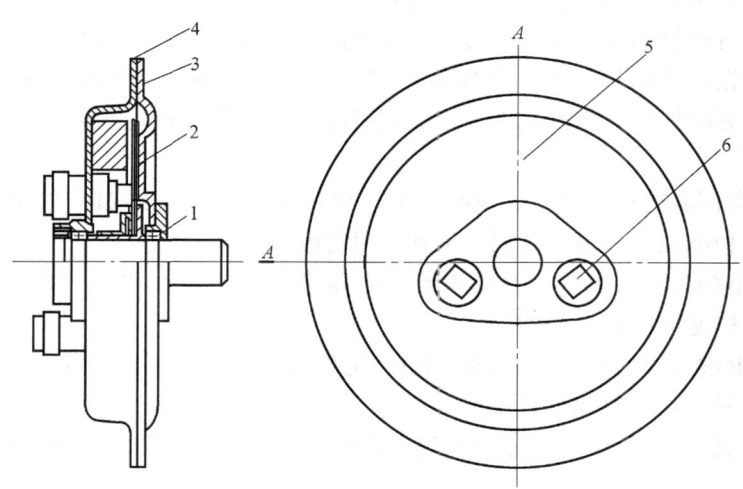

图4-23　盘形印制绕组电枢直流伺服电动机的结构
1—轴承　2—印制绕组　3—导磁外壳　4—导磁端盖　5—多极磁钢　6—电刷

伺服电动机的定子由磁钢和两个导磁体（导磁端盖和外壳）等三部分组成，主磁通为轴线方向。为了减小电枢片外围的绕组端部长度，采用的磁极数较多，一般有6极、8极和10极等几种。磁钢常用铝镍钴合金或铁氧体磁性材料做成。对于高性能电动机，可选用稀土钴磁钢。

伺服电动机的转子为一个薄的无槽非磁性圆盘，用陶瓷、胶木或铝制成，上面印刷（或粘贴）着电枢绕组。印制绕组的导体在圆盘两面作放射形布置，如图4-24所示，经过盘内的小孔3将两面导体连接好，这在制作印刷绕组时同时进行。

由于伺服电动机在一定的磁通下，输出转矩正比于电枢的有效导体数，单层绕组的导体数较少，输出功率受到限制，而且只能工作在低电压大电流情况下，电枢发热问题也不易解决。电枢绕组的制造便成了这类电动机的关键问题。目前采用机械冲制方法，先将标准形状的铜或铝薄片，冲制成电枢绕组导体，然后用玻璃布和环氧树脂粘合成多层（一般有4层、6层）电枢片。显然，这样的电枢有效导体数成倍增加，不但功率由几十瓦发展到几千瓦，而且电动机的性能也有很大改善。

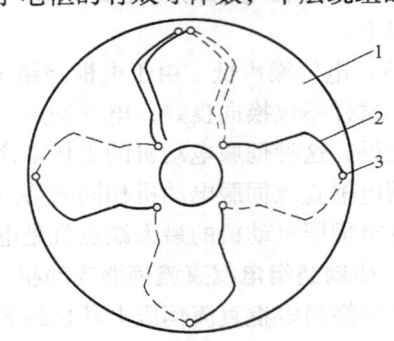

图4-24　绕组导体在圆盘两面作放射形布置
1—非磁性圆盘　2—印制绕组　3—小孔

印制绕组电枢伺服电动机不需要单独设置换向器，靠近转轴的电枢绕组端部兼做换向器；为了耐磨损，在这部分导体的表面另镀了一层耐磨材料，用以延长使用寿命。在这类伺服电动机中一般采用一对电刷，但对于热容量较小的电枢，为了降低换向表面的电流密度，也常采用两对电刷。

这类伺服电动机，由于电枢很轻又无电枢铁心，因此，它的转动惯量和绕组的电感值与其他类型伺服电动机相比都小得多，故其时间常数也是很小的，若采用铝盘电枢和高性能磁钢，则时间常数可降至5ms以下，这是印制绕组电枢直流伺服电动机主要优点之一。由于采用了铝盘作电枢，断电时铝盘内的涡流将产生一个制动力矩（称为内部阻尼），使电动机停止时不致产生衰减振荡。除此之外，这类伺服电动机与传统式直流伺服电动机相比还有以下优点。

1）由于这类伺服电动机电枢上没有铁心，电枢磁通主要是经过空气隙而闭合。因此，电枢反应的影响和电枢中的磁滞及涡流损耗均可忽略不计。

2）由于电枢绕组的自感很小，因而电枢电路中所有的暂态过程所经历的时间都很短，这对控制系统的快速响应是有利的。

3）由于电枢轴向尺寸短（指盘形电枢），电枢的挠度小，因此，与负载连接时刚性好，频带宽，谐振频率可高达10kHz以上。

4）由于电动机空气隙中磁通分布均匀，消除了谐波损耗，噪音也大大降低，不易产生振荡。

5）便于大批量自动化生产。

印制绕组电枢直流伺服电动机也存在一些问题，由于电枢采用了非磁性材料，所以定子、转子间气隙较大，因此需要用一个较大的磁势来产生所需的磁通。盘形印制绕组电枢直接与电刷接触兼做换向器，导体磨损很快，因此电动机的工作寿命较短；在高温、强烈振动及冲击的场合下，由于电枢的变形，使电动机运行的可靠性大为降低。

国内145SN01—CJ、160SN—01型伺服电动机均为印制绕组电枢直流伺服电动机。

4.2.2 直流伺服电动机的特性

1. 运行特性

图 4-25 是一台他励直流伺服电动机的工作原理，当其励磁电压恒定时，改变电枢电压 U_a 就可以调节电动机的转速，其工作原理如下所述。为了便于分析，我们先做如下假设。

1）电动机的磁路是不饱和的。

2）略去负载时电枢反应磁动势的影响，对于绕线电枢直流伺服电动机及印制绕组电枢直流伺服电动机，这更接近实际情况。这样，直流伺服电动机电枢回路中的电压平衡方程式应为

$$U_a = E_a + I_a R_a \tag{4-3}$$

式中，E_a 为电枢中的感应电动势；I_a 为电枢电流，R_a 为电枢回路的总电阻（包括电刷的接触电阻）。

由式 (4-3) 求得电枢电流为

$$I_a = \frac{U_a - E_a}{R_a} \tag{4-4}$$

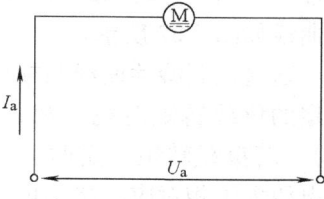

图 4-25 他励式直流伺服电动机的工作原理

从电工学中我们得知，电枢中感应电动势

$$E_a = C_e \phi n = K_e n \tag{4-5}$$

式中，$K_e = C_e \phi$ 为电枢绕组的电动势系数；ϕ 为电动机磁通密度；C_e 为电动机常数；n 为电动机转速。

电磁转矩

$$T_{em} = C_t \phi I_a = K_t I_a \tag{4-6}$$

式中，$K_t = C_t \phi$ 为电枢的转矩系数；$C_t = \dfrac{C_e}{2\pi}$ 为另一电动机常数。

从式 (4-4)、式 (4-5)、式 (4-6) 求得直流伺服电动机的转速公式为

$$n = \frac{U_a}{C_e \phi} - \frac{R_a T_{em}}{C_e C_t \phi^2} = \frac{U_a}{K_e} - \frac{R_a}{K_e K_t} T_{em} \tag{4-7}$$

由式 (4-7) 我们就可以得到直流伺服电动机的机械特性和控制特性。

（1）机械特性　机械特性是指加在电枢上的控制电压 U_a 恒定时，伺服电动机的转速与转矩的关系 $n = f(T_{em})$。由式 (4-7) 可绘出直流伺服电动机的机械特性曲线，如图 4-26 所示。从图中可以看出，直流伺服电动机的机械特性是线性的。这些特性曲线与纵轴的交点表示电磁转矩等于零时电动机的转速，称为空载转速 n_0，即

$$n_0 = \frac{U_a}{K_e} \tag{4-8}$$

在实际情况下，即使电动机转轴不带任何负载，它本身仍有空载损耗，因而电动机的转矩并

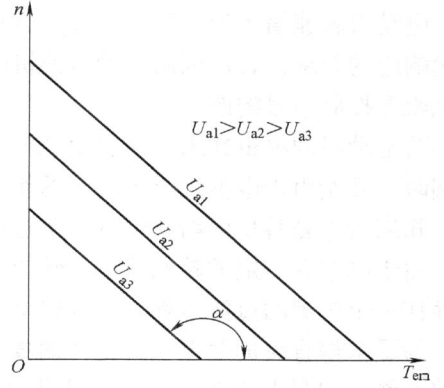

图 4-26 直流伺服电动机的机械特性曲线

不为零。所以，n_0 只是一个理想的物理量。

伺服电动机机械特性曲线与横轴的交点，为电动机堵转（$n = 0$）时的转矩，为伺服电动机的堵转矩，以 T_k 表示

$$T_k = \frac{K_t}{R_a} U_a \tag{4-9}$$

它表示了电动机机械特性，即电动机的转速随转矩的改变而变化的程度。

由式（4-7）或图4-26都可以看出，随着加在电枢上电压 U_a 的增大，电动机的机械特性曲线平行的向转速和转矩增加的方向移动，但其斜率却保持不变。所以，改变加在电枢上的电压 U_a 时，直流伺服电动机的机械特性曲线是一组平行的直线。

（2）控制特性 当电动机的转矩为一定值时，其转速随控制电压变化的关系称做控制特性，即当 T_{em} = 常数时，直流伺服电动机的控制特性曲线如图4-27所示。

这些控制特性曲线与横轴的交点，就表示在某一定的负载转矩时电动机的始动电压（或起动电压）。若负载转矩一定时，加在电动机电枢上的控制电压大于相对应的始动电压，它能转动起来并达到某一个稳定的转速；若加到电动机电枢上的控制电压小于相对应的起始电压值，则由于电动机的最大电磁转矩小于负载转矩，因此它就不能起动。所以，在这一负载转矩时，电动机控制特性曲线的横

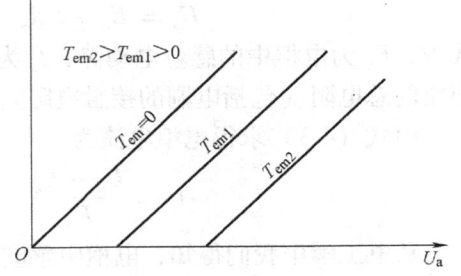

图4-27 直流伺服电动机的控制特性

坐标从零点到相对应的始动电压这一区域，称为直流伺服电动机的失灵区或死区。显然，失灵区的大小与负载转矩的大小成正比。

由以上分析得知，改变加在电枢上的控制电压时，直流伺服电动机的机械特性和控制特性都是一组平行的直线。这是直流伺服电动机很可贵的特点。但上述结论是在开始分析时所作的两个假定的前提下获得的，实际上直流伺服电动机的机械特性和控制特性曲线，都只是一组接近于直线的曲线。

2. 动态特性

所谓直流伺服电动机的动态特性，是指在电动机的电枢上加一突（跃）变的控制电压时，电动机转速增大的过程，即 $n = f(t)$ 或角速度 $\omega = f(t)$。为了满足焊接自动控制系统快速响应的要求，直流伺服电动机的机电过渡过程应越短越好，即电动机的转速变化能够迅速地跟上控制信号的改变。

若电动机的电枢在未加控制电压时处于停止状态，当一突（跃）变电压加至电枢绕组两端时，开始由于电枢绕组中电感的作用，电枢电流不能突然增长，而有一个电气的过渡过程，相应的电磁转矩的增长也有一个过程。在电磁转矩的作用下，电动机从静止状态逐渐加速，由于电枢有一定的转动惯量，转速从零开始增加到稳定的转速又需要一定的时间，因而还存在一个机械的过渡过程。所以整个过程实质是电气和机械过渡过程的交叠。

为了求得直流伺服电动机特性的数学方程 $\omega = f(t)$，首先必须绘出直流伺服电动机的等效电路，如图4-28所示，再应用闭合回路电压定律写出其对应的电枢回路的电压平衡方程式，为

$$u_a = i_a R_a + L_a \frac{di_a}{dt} + e_a \tag{4-10}$$

当负载转矩为零,并略去电动机的铁心损耗和摩擦转矩后,电动机的电磁转矩全部用来使转子加速,则

$$T_{em} = J\frac{d\omega}{dt} \tag{4-11}$$

将式(4-4)、式(4-5)、式(4-6)、式(4-11)代入式(4-10)可得

$$u_a = \frac{JR_a}{K_t}\frac{d\omega}{dt} + \frac{JL_a}{K_t}\frac{d^2\omega}{dt^2} + K_e'\omega \tag{4-12}$$

式中,$K_e' = \frac{60}{2\pi}K_e$ 为常数。

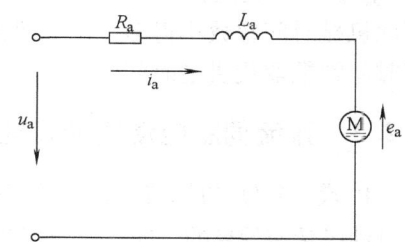

图 4-28 直流伺服电动机电枢回路的等效电路图

解式(4-12),并略去某些影响较小的物理参数,经数学运算后可得出角速度与时间的函数如下

$$\begin{aligned}\omega(t) &= \frac{u_a}{K_e'}(1 - e^{-\frac{t}{\tau_m}}) \\ &= \omega_0(1 - e^{-\frac{t}{\tau_m}})\end{aligned} \tag{4-13}$$

式中,$\tau_m = \frac{JR_a}{K_t K_e'}$ 为电枢的机械时间常数;$\omega_0 = \frac{u_a}{K_e'}$ 为电动机的理想空载角速度。

由式(4-13)可以绘出电动机的角速度随时间变化的关系曲线,如图 4-29 所示。

从式(4-13)还可以导出,当 $t = \tau_m$ 时,电动机的角速度上升到稳定角速度 ω_0 的 0.632 倍;当 $t = 3\tau_m$ 时,电动机的角速度已达 ω_0 的 0.95 倍,一般认为此时过渡过程已经结束。因此,常以 $t = 3\tau_m$ 作为直流伺服电动机的过渡过程时间。这样,直流伺服电动机的机械时间常数 τ_m 可定义为:当电动机空载时,电枢上外加一突(跃)变电压,其角速度(或转速)从零升至稳定角速度(或稳定转速)的 63.2% 时所需的时间定为机械时间常数。它反映了电动机过渡过程的长短,也就是直流伺服电动机转速随控制电压变化的快慢,它是伺服电动机的一项重要的性能指标。

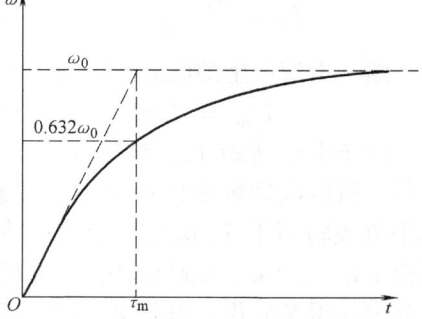

图 4-29 直流伺服电动机角速度随时间的变化曲线

根据数学运算,直流伺服电动机的机械时间常数可以通过下式求得

$$\tau_m = \frac{JR_a}{K_t K_e'} = \frac{2\pi}{60}\frac{JR_a}{K_t K_e} = \frac{2\pi JR_a}{60 C_0 C_t \phi^2} \tag{4-14}$$

由式(4-14)可以看出,直流伺服电动机的机械时间常数 τ_m 的大小和电动机的机械参数、电磁参数有关。当直流伺服电动机用于焊接自动控制系统时,由于放大器供给控制电压,其机械时间常数还受放大器内阻 R_t 的影响,此时式(4-14)中的电阻值应改为 $R_a + R_t$。

此外,由于直流伺服电动机的过渡过程是由电气过渡过程和机械过渡过程交织在一起的

一个复杂过程。因此，在电动机空载情况下，外加一跃变电压时，转速从零升到稳态转速的63.2%所需的时间，实际上不等于电动机的机械常数 τ_m，而应略大于它。此值应由电动机的电气时间常数 τ_e 和机械时间常数 τ_m 二者所确定，称之为直流伺服电动机的机电时间常数，以 τ_{me} 表示。但是，由于电动机采用改变加在电枢上的电压来进行控制时，其电气时间常数要比机械时间常数小得多，因而机电时间常数与机械时间常数接近，所以在计算时，常以机械时间常数取代机电时间常数。

4.2.3 直流伺服电动机的转速控制方式

由式（4-7）可以看出，改变加在电枢上的电压 U_a 或激磁磁通 ϕ，都可以达到控制直流伺服电动机转速的目的。通过改变加在电枢上的电压 U_a 来控制电动机转速的方法称为电枢控制；通过调节激磁磁通 ϕ 来控制电动机转速的方法则称为磁场控制。这两种方法分析如下。

1. 直流伺服电动机的电枢控制

直流伺服电动机大部分都是它激式或永磁式，因此其激磁电压 U_f 常保持恒定，若外加的负载转矩也保持不变时，提高电枢电压 U_a，电动机的转速将随之增加；反之，降低电枢电压 U_a，电动机的转速也相应下降；若加在电枢上的电压为零，则电动机将停止转动。当电压 U_a 极性改变，电动机的旋转方向也随之改变。因此，把加在电枢上的电压 U_a 作为控制信号，就可以实现对直流伺服电动机转速的控制。

采用电枢控制时电动机各参数的变化过程见图 4-30。

设初始加在电枢上的电压为 U_{a1}，电动机的转速为 n_1。则电枢电流为

$$I_{a1} = \frac{U_{a1} - C_e \phi n_1}{R_a} \quad (4\text{-}15)$$

这一电流产生的电磁转矩为

$$T_{em1} = C_1 \phi I_{a1} \quad (4\text{-}16)$$

由于电磁转矩 T_{em1} 与负载转矩 T_e 相平衡，所以电动机维持一个初始转速 n_1。如果负载转矩下 T_e 保持不变，而将加在电枢上的电压 U_{a1} 提高到 U_{a2}，开始时转速尚未来得及变化，因此电枢中的感应电动势也未升高，电枢电流必定增大，相应地电磁转矩 T_{em} 也将增加，于是 $T_{em} > T_e$，电动机就开始加速。随着电动机转速的升高，电枢中的感应电动势也相应增大，这一趋势又反过来使电枢电流及电磁转矩减小。当转速到达 n_2 时，电磁转矩 T_{em} 与负载转矩又达到了一个新的平衡状态。在这个新的平衡状态下，如果忽略空气的粘性摩擦力矩的影响，电磁转矩仍为 T_{em1}，电枢中电流仍为 I_{a1}，但是电动机的转速却已由 n_1 上升到 n_2，见图 4-30。

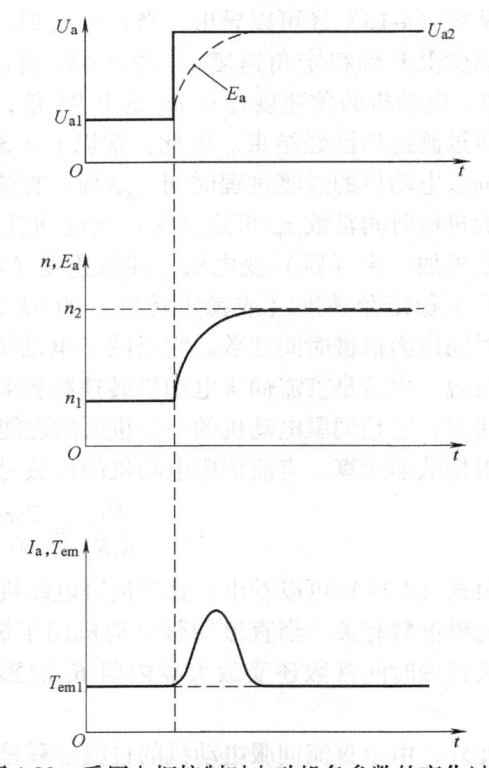

图 4-30 采用电枢控制时电动机各参数的变化过程

2. 直流伺服电动机的磁场控制

由式（4-7）可以看出，如果提高电动机的激磁电压 U_f，将使磁通密度 ϕ 增大，此时电动机的转速必定下降。反之，减小磁通密度 ϕ 会导致电动机转速的升高。但是，这种控制方式只适用于他励式直流伺服电动机，而且由于励磁绕组电感量较大，所以时间常数也较大。这就使得调节励磁电流所需的时间也长，满足不了快速响应的要求。因此，在焊接自动控制系统中不宜采取磁场控制的方式来控制电动机的转速。

4.2.4 直流伺服电动机的驱动及调速

1. 晶闸管可控整流直流电动机驱动及调速

在直流电动机驱动及调速系统中，晶闸管相控整流电路应用最为广泛。该电路具有线路简单、控制灵活、体积小、效率高等优点，在一般调速系统中，一直占据着重要地位。

图 4-31 给出了四种常用的单相交流电源晶闸管可控整流直流电动机调速电路的结构图。如图 4-31 所示，单相交流电源经二极管整流给直流电动机的激磁绕组供电，经晶闸管可控整流给直流电动机电枢绕组供电，通过晶闸管可控整流调压来调节电枢电压，以进行调速。下面介绍晶闸管可控整流调压电路的构成。

图 4-31a 所示电路是采用二极管 $VD_1 \sim VD_4$ 桥式整流之后再采用晶闸管 VH 可控整流调压，VD_5 是续流二极管。图 4-31b 所示电路是采用晶闸管 VH 半波可控整流调压，VD_5 是续流二极管。图 4-31c 所示电路是采用晶闸管 $VH_1 \sim VH_2$ 及 $VD_1 \sim VD_2$ 构成的串联式半控桥整流调压，该电路不用额外加续流二极管，通过 $VD_1 \sim VD_2$ 续流。图 4-31d 所示为晶闸管全波可控整流电路，整流桥由二极管 $VD_1 \sim VD_2$ 及晶闸管 $VH_1 \sim VH_2$ 构成，VD_3 是续流二极管。有关晶闸管可控整流电路的工作原理可参阅半导体变流技术。

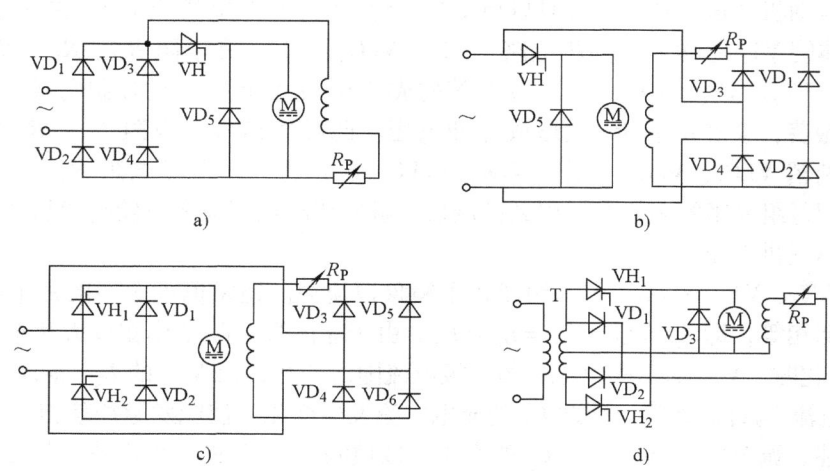

图 4-31 晶闸管式直流电动机调速电路结构
a) 二极管整流晶闸管可控整流电路 b) 晶闸管半波可控整流电路
c) 晶闸管串联式半控桥整流电路 d) 晶闸管全波可控整流电路

下面介绍一个送丝电动机驱动调速系统实例。图 4-32 是松下 KR 系列 CO_2 气体保护焊机中的送丝电动机调速系统原理图。由电焊机主变压器输出的双 27V 交流电供电，通过晶

闸管 VH_1、VH_2 构成的全波可控整流电路,控制输出直流电给直流电动机电枢绕组供电。

经并联在电动机电枢两端的电阻 R_{25}、R_{27} 分压,接至 VD_{34} 的负端,图 4-32 中 a 点的电压 U_a 与送丝电动机电枢电压成正比,U_a 就是电枢电压负反馈信号。送丝电动机的速度给定信号 U_g 由 K 点输入。单结晶体管 VU_1、电容 C_1、晶体管 VT_2、VT_4、VT_5、VT_6、VT_7、VT_8、光耦合器 VLC_1、VLC_2 等组成晶闸管触发电路。

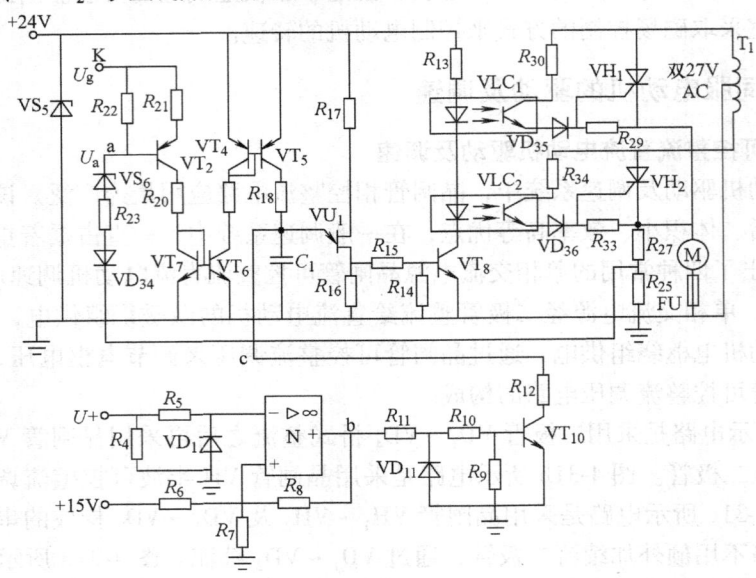

图 4-32　松下 KR 系列 CO_2 气体保护焊机送丝电动机调速系统原理图

该送丝电动机调速系统的核心是以单结晶体管 VU_1 及 C_1 等组成的弛张振荡器。运算放大器 N、晶体管 VT_{10} 等构成了同步电路。VT_8、VLC_1、VLC_2 和电阻 R_{14}、R_{15}、R_{16} 等组成脉冲输出电路。VT_2、VT_4、VT_5、VT_6、VT_7 等构成了 C_1 充电电流 I_{C1} 的控制电路。弛张振荡器每产生一次振荡,会在电阻 R_{16} 上形成脉冲电压。此脉冲信号经电阻 R_{15}、R_{14} 分压后,使 VT_8 导通,光耦 VLC_1、VLC_2 工作。VLC_1、VLC_2 导通后,分别经电阻 R_{30}、R_{34} 和二极管 VD_{35}、VD_{36} 把每组晶闸管阳极电压引到控制极,触发该时刻阳极电位较高的晶闸管,为送丝电动机的电枢提供电压。

晶体管 VT_4、VT_5 与 VT_6、VT_7 组成 2 个镜象恒流源。镜象恒流源中的每个晶体管的集电极电流近似相等,即 $I_{C4} = I_{C5} = I_{C6} = I_{C7} = I_{C1}$。由于晶体管 VT_2 工作在放大状态,当给定电压 U_g 发生变化时,VT_2 的基极电流、集电极电流随之变化,而 VT_5 的 I_{C5} 也随之变化,且与 VT_2 集电极电流 I_{C2} 近似相等,因此 C_1 的充电电流发生变化,使触发脉冲移相。

综上所述,调节给定电压信号 U_g 的大小可以控制电容 C_1 的充电电流,从而控制电动机电枢电压,即可调节电动机的旋转速度。I_{C1} 与给定电压信号 U_g 呈正比,当 U_g 在 1~15V 之间变化时,I_{C1} 也由最小值线性变化到最大值。I_{C1} 与电枢电压反馈信号呈反比,即 U_a 增加,I_{C1} 减小,反之亦然。

图 4-33 是送丝电动机调速系统电路同步电路各点波形图。同步信号主要是由运算放大器 N 组成的比较器形成,其同相端以 +15V 直流电源通过电阻 R_6、R_7 的分压,得到比较器的基准电压。比较器的反相端为整流输出的直流脉动电压 U^+。在交流过零时,输出的直流

脉冲电压 U^+ 较低,低于同相端的基准,故比较器输出为高电平,反之比较器输出为低电平。对晶体管 VT_{10} 而言,高电平有效,即每次过零点时,VT_{10} 导通 1 次,把电容 C_1 上的充电电压经电阻 R_{12} 和晶体管 VT_{10} 的集射极短路到"地",起放电清零作用,实现了同步。

2. 直流电动机脉宽调速电路

电动机脉宽调速系统具有低速性能好、快速响应性能好、动态抗干扰能力强等优点,因此电动机脉宽调速系统已成为现代电动机调速系统发展的方向。由于大功率晶体管(GTR)、可关断晶闸管(GTO)、场效应晶体管(MOSFET)特别是绝缘栅双极晶体管(IGBT)等功率器件的发展,使电动机脉宽调速系统获得迅猛发展,目前其最大容量已超过几十兆瓦数量级。

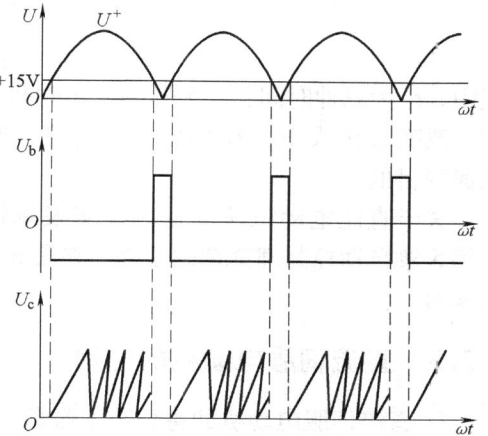

图 4-33 送丝电动机调速系统电路同步电路各点波形图

脉宽控制(Pulse Width Modulation)技术通常称为 PWM 控制技术。它是利用半导体开关器件的导通和关断,把直流电压变成电压脉冲列,控制电压脉冲的宽度或周期以达到变压目的,或者达到变压变频的目的。

(1) 直流电动机 PWM 调速原理 图 4-34 为直流电动机 PWM 调速原理图,脉冲列的脉冲频率(脉冲频率可以达到 20kHz 以上)一定,改变脉冲的宽度就能够调节平均输出电压 U_V,该电压给直流电动机的电枢绕组供电,从而调节电动机转速。目前越来越多的电动机调速系统采用 IGBT 作为功率开关元件。

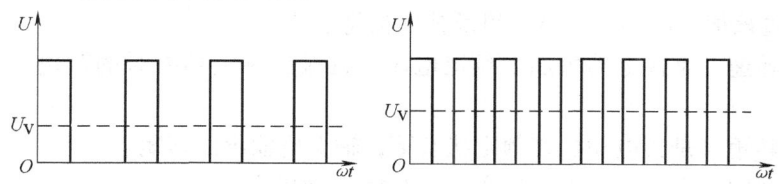

图 4-34 直流电动机 PWM 调速原理

(2) 直流斩波器式脉宽调速电路 图 4-35 是直流斩波器式脉宽调速电路原理图。在图 4-35a 中,交流电源经二极管桥式整流,电容滤波变为直流电压 U_d;图中 V(采用 IGBT)是大功率开关器件,VD 是续流二极管,电路的负载为电动机电枢绕组,可以认为是一个电阻-电感负载。开关器件 V(采用 IGBT)的栅极可由频率不变而脉冲宽度可调的脉冲电压驱动。

图 4-35b 给出了稳态时的电动机电枢电压 u_a 和电枢电流 i_a 的波形。在 t_1 时间内,栅极电压 U_{GE} 为正电压(通常 +15V),V(IGBT)饱和导通,直流电源 U_d 经 V 加到电动机电枢绕组两端,电枢中流过电流 i_a;在 t_2 时间内,栅极电压 U_{GE} 为 0,V(IGBT)截止,由于电枢绕组中的电感储能的缘故,i_a 经 VD 续流。由图可见,电动机电枢绕组电流是脉动的。由于开关频率很高,电流值的脉动变化很小,对电动机转速波动的影响很小。

由图可得到电动机电枢的平均电压为

$$U_a = \frac{t_1}{t_1 + t_2} U_d = \frac{t_1}{T} U_d$$

式中，t_1 为脉冲时间；t_2 为脉冲休止时间，$T = t_1 + t_2$。

改变 t_1 的大小，就可以改变 U_a 即改变电动机电枢电压，从而改变电动机的转速，达到调速的目的。

关于直流电动机速度控制技术及理论分析，学习第 5 章自动控制理论基础之后，在第 6 章再进行深入学习。

4.2.5 直流伺服电动机的选用

1. 直流伺服电动机的主要技术数据

其具体数据请参考表 4-4。现将其物理含义阐述如下：

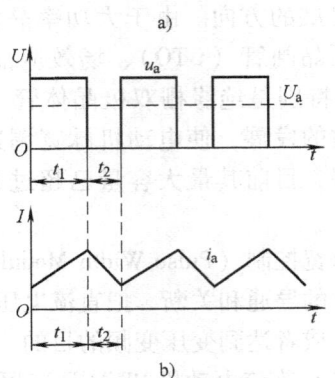

图 4-35 直流斩波器式脉宽调速原理
a) 电路原理图 b) 电流和电压工作波形图

（1）额定功率 是指电动机在规定的运行条件下（连续运行或暂短工作），当激磁绕组和电枢绕组都加上额定电压时，电动机允许输出的最大功率，一般为 1～600W，但也有可达数千瓦的。

（2）额定电压 是指电动机在额定状态下，激磁绕组和电枢绕组应加的直流电压值。一般有 6V、9V、12V、24V、27V、48V、110V 和 220V 等。

（3）额定电流 是指电动机加上额定电压，其输出功率为额定值时的电枢电流。若实际电流长时超过该值，电动机电枢绕组及换向器将会烧坏。

（4）额定转速 是指电动机加上额定电压，且输出额定功率时的转速。一般为每分钟数千转。

（5）额定转矩 是指电动机在额定状态下，轴上所输出的转矩。

（6）机电时间常数 是指电动机在空载和额定激磁电压下，加以突（跃）变的额定电枢电压时，电动机从静止上升到空载转速的 63.2% 时所需的时间。该值越小对信号响应就越快。直流伺服电动机的机电时间常数，一般要求不大于 0.03s。

2. 直流伺服电动机的主要特点

在焊接自动控制系统中，是否选用直流伺服电动机，应根据系统对执行机构的具体要求和直流伺服电动机的特点来决定。因此，在选用中首先应了解其优点及缺点。

直流伺服电动机的主要优点如下。

1）与同功率的交流伺服电动机相比，它的体积小、重量轻、效率高，一般多用于功率较大的系统中。

2）采取电枢控制时机械特性和调节特性都是斜率不变的平行直线族。线性度好、硬度较大。

3）起动转矩大。

4）转速适应范围宽，从每分几十转到数千转。

5）功率选择范围广，轴上功率从小于1W到几百几千瓦。

它的主要缺点如下。

1）结构复杂，电刷和换向器需经常维护，成本较高。

2）换向产生的火花，会给放大器、计算机以及无线电通信造成干扰。

3. 使用注意事项

1）电磁式直流伺服电动机在使用时，要先接通励磁电源，然后再加上电枢电压。工作中，要注意避免因励磁绕组断电而造成电枢电流过大和引起电动机转速过高。

2）在控制系统中，伺服电动机的控制电压通常是由放大器供给的。选用放大器时应注意减小其输出电阻，以减小机电时间常数。

3）运行中的直流伺服电动机，在控制电压消失或减小时，由于惯性其转速尚来不及马上变化，电动势 e_a 可能大于电枢电压 u_a。这时的电枢电流就会反向，使得电磁转矩方向与转子转向相反，成为一制动转矩，从而使电动机的转速降到零或另一较低的稳定转速。因此，这一制动转矩的存在，加速了转子的减速过程，提高了系统的快速性，这正是所希望的性能。然而，若提供控制信号的电路不允许通过反向电流（例如由晶闸管电路供给控制电压时），这种制动转矩就不存在，将会影响系统的快速性。在这种情况下，可以在电枢两端并联一个电阻，以便和电枢构成一个回路，使反向电流仍有通道以维持一个制动转矩。当然这样做的缺点是在电阻上要消耗一定的能量。

4.3 步进电动机及其驱动控制技术

步进电动机是数字控制系统中的一种伺服电动机，其功能是将脉冲电信号变换为相应的角位移或直线位移，说通俗一些就是给一个脉冲电信号，电动机就转动一个角度或前进一步。

由于步进电动机输入的是脉冲电信号，从它绕组内的电流来看，它既不是正弦交变电流，也不是恒定的直流电流，而是一个脉冲电流，所以有时也把这种电动机称为脉冲电动机。

步进电动机从机电能量转换的物理本质上来看，它与一般的交流或直流电动机没有什么区别。由于步进电动机在结构和运行上的特点，使得它与一般交流或直流电动机比较起来，在物理概念、分析方法和运行性能等方面，都有不少特殊性。本节将重点叙述其结构特点及工作原理，对步进电动机的静态、动态特性及驱动器等方面仅作简要介绍。

步进电动机的种类很多，按其结构和工作原理可分为反应式步进电动机、混合式步进电动机、永磁式步进电动机三种主要型式。应用最多的是反应式步进电动机。下面以反应式步进电动机为例，介绍步进电动机的工作原理。

4.3.1 反应式步进电动机的构造和工作原理

图4-36是一台三相反应式步进电动机示意图，定子上有6个磁极，每两个相对的磁极上绕有一相的控制绕组。转子上只有四个齿，上面没有绕组，齿的宽度和定子上极靴的宽度相等。

当A相控制绕组通电，而B、C相都不通电时，由于磁通总是沿磁阻最小路经流通的特点，所以转子齿 1 和 3 受磁力作用，使其轴线与定子 A 极的轴线重合，如图 4-36a 所示。同样道理，当接通 B 相而断开 A 相控制绕组时，在磁力作用下，转子便按逆时针方向转过 30°，使转子齿 2 和 4 的轴线与定子上的 B 极轴线重合，如图 4-36b 所示。再接通 C 相而断开 B 相控制绕组时，转子必然再逆时针方向转过 30°，使转子齿 1 和 3 的轴线又和定子上 C 极的轴线重合，如图 4-36c 所示。如此按 A-B-C-A… 的顺序不断地接通和断开各控制绕组，转子就将一步一步地按逆时针方向连续转动，其转速决定于各控制绕组通电和断电的频率（即输入信号的脉冲频率），旋转方向取决于控制绕组轮流通电的顺序，如上述电动机控制绕组通电的顺序改为 A-B-C-A…，则电动机的旋转方向相反，即变为顺时针方向转动。控制绕组的接通和断开，通常是由电子逻辑电路来控制的。

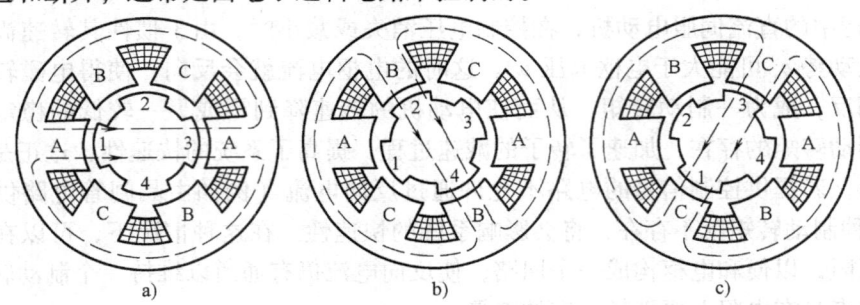

图 4-36 三相反应式步进电动机示意图

定子控制绕组每通电、断电一次，称为一拍。此时电动机转子在空间转过的角度称为步距角，以 θ_s 表示。上述通电方式，称为"三相单三拍运行"。所谓"三相"，即三相步进电动机，具有三相定子绕组；"单"是指每次通电时只有一相控制绕组通电；"三拍"是指经过三次切换控制绕组的通电状态为一个循环，第四拍（即第四次切换控制绕组）时，电动机又转到第一拍所处的位置。很明显三相单三拍运行时，电动机的步距角 θ_s 应为 30°。

除了上述运行方式外，三相步进电动机还可以有"三相六拍"和"三相双三拍"方式运行。三相六拍运行的供电方式是 A-AB-B-BC-C-CA-A……。这时，每一循环切换控制绕组六次，总共有六种通电状态，这六种通电状态中有时只有一相通电（如 A 相），有时却有两相通电（如 A 相和 B 相）。三相反应式步进电动机六拍运行时的原理图如图 4-37 所示。下面对该

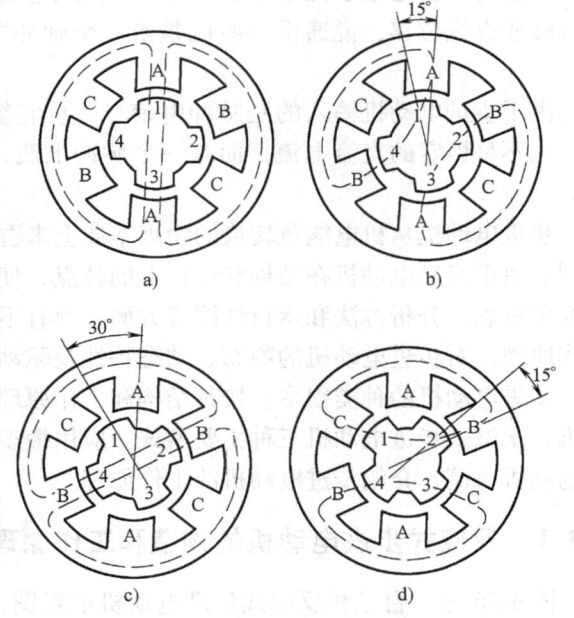

图 4-37 三相反应式步进电动机六拍运行时的原理图
a) A 相通电 b) A、B 相通电
c) B 相通电 d) B、C 相通电

图加以说明。

开始时首先接通 A 相,这时与单三拍的情况相同,即转子齿 1 和 3 的轴线与定子上 A 极的轴线重合,如图 4-37a 所示。当 A 相和 B 相同时通电时,转子的位置应使经过 A、B 两对磁极的两路磁通在气隙中所经磁路磁阻同等程度地达到最小值,这时相邻两个磁极 A 和 B 与转子齿相作用的磁拉力大小相等且方向相反,使转子处于平衡状态。按照这一分析,当 A 相绕组通电转换为 A、B 两相绕组同时通电时,转子只能按逆时针方向转过 15°,如图 4-37b 所示。这时转子齿的轴线既不与 A 相磁极的轴线重合,又不与 B 相磁极的轴线重合。当断开 A 相使 B 相绕组单独通电时,在磁力作用下,转子按逆时针方向继续转动,直至转子齿 2 和 4 的轴线与定子上 B 相磁极的轴线重合时为止,如图 4-37c 所示。这时转子又逆时针转过了 15°。依次类推,如果继续按照 BC-C-CA-A…的次序切换控制绕组,步进电动机将不断地按逆时针方向旋转。若改变切换控制绕组的顺序,使它按照 A-CA-C-CB-B-AB-A…的顺序切换控制绕组,步进电动机就反方向(即按顺时针方向)旋转。

在实际使用中,还经常采用三相双三拍的运行方式,即按照 AB-BC-CA-AB…的顺序切换控制绕组。这时的情况与单三拍运行时相类似,即每一循环也是切换三次控制绕组,组成三种通电状态,所不同的是每次切换时都同时有两相控制绕组通电。双三拍运行时,每一个通电状态时,转子的位置及气隙中磁通的分布情况均与三相六拍运行状态相应两相控制绕组同时通电的情况一致,如图 4-37b 和图 4-37d 所示。由此可知,三相双三拍运行方式中每步转过的角度 θ_s 亦为 30°。

综上所述,我们可以看出,三相六拍运行方式的步距角比三相三拍(无论是单三拍还是双三拍)运行方式的步距角要小一半。因此,同一台步进电动机,由于采用了不同的供电方式,其步距角有其不同的数值。在三相反应式步进电动机中,采用三拍供电方式时步距角为 30°,而采用六拍供电方式时步距角则为 15°。

上面介绍的是一种最简单的反应式步进电动机,这种步进电动机的步距角无论采用何种供电方式都比较大(15°或 30°),显然这种步进电动机在生产实践中是不实用的,这也是为了讲解反应式步进电动机工作原理而提出来的。实际上在焊接自动控制系统中采用的步进电动机如图 4-38 所示,它是一台四相反应式步进电动机,它的定子铁心是由硅钢片叠成,定子上共有八个磁极(或称为大齿),每个磁极上都有若干个小齿。整个步进电动机中共有四组控制绕组,每组控制绕组安装在径向相对的两个磁极上成为一相。转子是用软磁材料制成的,沿圆周分布许多小齿,转子上没有绕组。根据工作原理,定子磁极上的小齿和转子上小齿的齿距必须相等,而且转子上的齿数有一定的限制。图 4-38 中转子的齿数为 50 个,定子每个磁极上的小齿为 5 个。这样的步进电动机所产生的步距角可以是很小的。下面进一步阐述其工作原理。

设步进电动机采用四相单四拍的方式

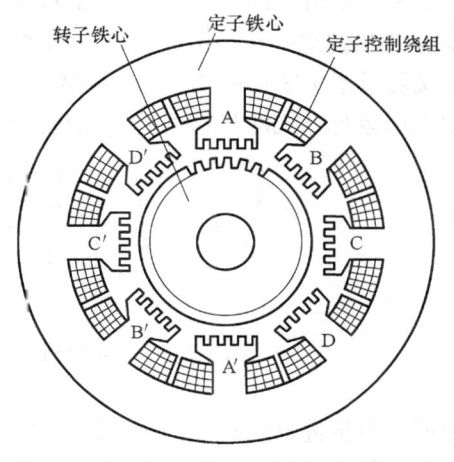

图 4-38 焊接自动控制系统中采用的步进电动机

运行,即按照 A-B-C-D-A···的顺序切换控制绕组。当图 4-38 中的 A 相控制绕组通电时,电动机气隙中便产生一个沿 A-A′磁极轴线方向的磁通,由于磁力的作用,驱使转子按受到反应转矩作用的方向而转动,直至转子齿的轴线与定子上磁极 A-A′上相对应小齿的轴线重合为止。因为转子上共有 50 个齿,每个齿距角 θ_t = 360°/50 = 7.2°,而定子一个极距所占的转子齿数为 $\frac{50}{2 \times 4} = 6\frac{1}{4}$ 个,显然不是整数,因此,当 A-A′磁极下的定子、转子齿的轴线重合时,相邻两对磁极 B-B′和 D-D′下的小齿和转子上的齿必然错开 1/4 齿距角,在这台电动机中为 1.8°,这时各相磁极定子齿、转子齿的相对位置,如图 4-39 所示。如果断开 A 相控制绕组,而将 B 相控制绕组接通,此时电动机气隙中的磁通,将沿 B-B′磁极轴线方向分布,同理在反应转矩的作用下,转子顺时针方向转过 1.8°,使转子齿的轴线和定子上磁极 B-B′下的小齿轴线重合,这时 A-A′磁极和 C-C′磁极下的小齿与转子齿又错开了 1.8°。因此,依次类推,控制绕组按照 A-B-C-D-A···的顺序循环通电时,转子就按顺时针方向一步一步地连续转动起来,每切换一次控制绕组,转子转过 1/4 齿距角。显然,如果通电顺序改为 A-D-C-B-A···,则转子便按逆时针方向一步一步地转动,步距角同样为 1/4 齿距角,即 1.8°。

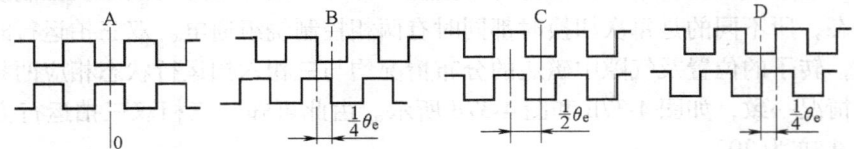

图 4-39 A 相通电时定子齿与转子齿的相对位置

如果运行方式改为四相八拍,其通电方式为 A-AB-B-BC-C-CD-D-DA-A···即单相通电和两相通电相间供电时,其运行状况与三相六拍供电的运行状况相似,即 A 相绕组通电时与四相单四拍的情况相同,此时转子齿的轴线和定子上磁极 A 和 A′上的小齿轴线重合,当 A、B 两相绕组同时通电时,转子的位置处于使 A、B 两对磁极所产生的磁通在气隙中形成的磁阻相同程度地达到最小值,这时相邻磁极 A 和 B(或 A′与 B′)对转子齿的磁拉力大小相等方向相反,A、B 两相同时通电时定、转子齿的相对位置如图 4-40。这时转子按顺时针方向仅转了 1/8 齿距角,即 0.9°,磁极 A 和 B 下小齿轴线与转子齿轴线间均错开了 1/8 齿距角。当切换为 B 相绕组一相通电时,转子齿的轴线与磁极 B 下小齿的轴线相重合,转子按顺时针方向又转过了 1/8 齿距角。依次类推,每切换一次绕组,转子就转过 1/8 齿距角。由此可知四相八拍运行方式的步距角比四相单四拍运行时也小了一半。

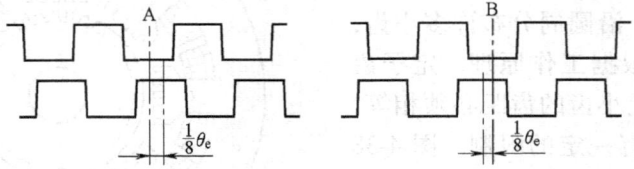

图 4-40 A、B 两相同时通电时定、转子齿的相对位置

同理,当步进电动机按四相双四拍方式运行,亦即按照 AB-BC-CD-DA-AB···次序切换控制绕组时,其步距角应与四相单四拍运行方式的相同,即为 1/4 齿距角或以 1.8°表示之。

4.3.2 步进电动机的基本特性

1. 步进电动机的静特性

步进电动机的静特性,是指在不改变通电方式下的运行特性。它包括:

(1) 矩角特性 在固定的通电方式下,电动机的电磁转矩和转子位置的关系称做矩角特性。而转子的位置是以通电相磁极小齿和转子齿轴线间的夹角 θ (指空间角度)来表示。有时也用电角度 θ_e 来表示,称为失调角。由于一个齿距对应的电角度为 2π,因此它与空间角度的关系是

$$\theta_e = z\theta \tag{4-17}$$

式中, z 为转子齿数。

图 4-41 表示了电磁转矩与转子位置展开的关系。从图中可知,当 $\theta_e = 0$ 时,转子齿的轴线和定子上磁极小齿的轴线重合。此时定、转子之间虽有较大的磁力,但其方向是垂直于转轴的,故电动机产生的电磁转矩为零,如图 4-41a 所示。随着 θ_e 的增大,电磁转矩也增大,到 $\theta = \pi/2$ 时电磁转矩达到最大值,如图 4-41b 所示。若 θ_e 继续增加,则电磁转矩反而减小,直到 $\theta_e = \pi$ 时,由于定子上磁极的小齿对转子齿左右两个方向的拉力,在水平方向的分量大小相等而方向相反,因此电磁转矩又降为零,如图 4-41c 所示。当 $\theta_e > \pi$ 时电磁转矩改变了方向变为负值,到 $\theta_e = 3\pi/2$ 时电磁转矩达到负的最大值,如图 4-41d 所示。当 $\theta_e = 2\pi$ 时与 $\theta_e = 0°$ 时的情况一样,若 θ_e 再增加则重复上述过程。由此可见,电动机的电磁转矩随失调角作周期性变化,其周期为 2π 弧度。但其变化波形比较复杂,它与定、转子间气隙,冲片齿形以及磁路饱和程度都有关。但实践表明一般性能良好的反应式步进电动机的矩角特性近似于正弦波。但须将纵轴右移一个 π 角,如图 4-42 所示。

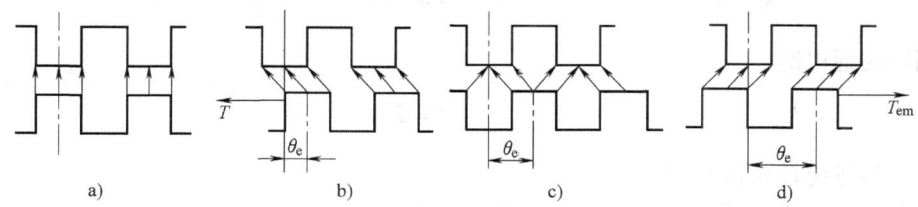

图 4-41 电磁转矩与转子位置展开的关系

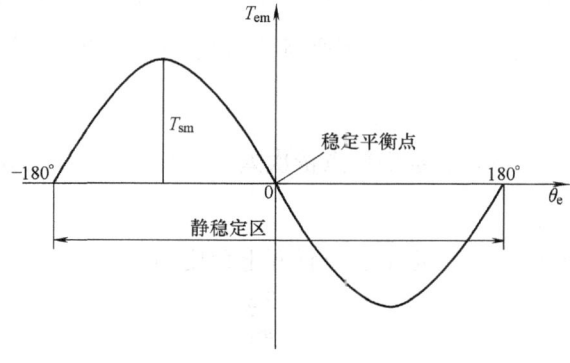

图 4-42 反应式步进电动机的矩角特性曲线及静稳定区

(2) 静稳定区　从图 4-42 可以看出，虽然 $\theta_e = 0°$ 及 $\pm\pi$ 三点上的电磁转矩均为零，但是，只有 $\theta_e = 0°$ 这一点，当外加力矩使转子偏移 0 点但又不超过 $\theta_e = \pm\pi$，则一旦外加力矩消失，转子将在电磁转矩的作用下恢复到 0 点。因此，该点称做初始稳定平衡点。而 $\theta_e = \pm\pi$ 时，若外加力矩使转子位移超出 $\theta = \pm\pi$，则当外力矩消失后，转子将不能回到原来的平衡位置。在电磁转矩的作用下，转子将趋向于相邻的另一个稳定平衡点。

这样，失调角 θ_e 在 $-\pi \sim +\pi$ 之间形成了一个静稳定区，如图 4-42 所示。在这个区域内如果没有外加力矩，转子总会在电磁转矩的作用下回到初始稳定平衡点，以达到平衡状态。

(3) 最大静转矩　步进电动机矩角特性上的静态转矩最大值 T_{sm}（图 4-43）表示了步进电动机承受负载的能力，它与步进电动机许多特性的好坏有直接的关系。因此，它是步进电动机主要的性能指标之一。很显然最大静转矩与绕组电流有关，即绕组电流越大，最大静转矩也越大。但是，由于铁磁材料的 B-H 曲线是非线性的，所以最大静转矩 T_{sm} 与绕组电流 I 之间的关系也是非线性的，如图 4-43 所示。

由于反应式步进电动机往往是两相或多相同时通电的。因此，这时最大静转矩应为

$$T_{sm} = K_m T_{sm1} \tag{4-18}$$

式中，T_{sm} 为多相通电时步进电动机的最大静转矩；K_m 为多相通电时转矩增大系数；T_{sm1} 为单相通电时步进电动机的最大静转矩。

两相同时通电时

$$K_m = 2\cos\frac{\pi}{m} \tag{4-19}$$

三相同时通电时

$$K_m = 1 + 2\cos\frac{\pi}{m} \tag{4-20}$$

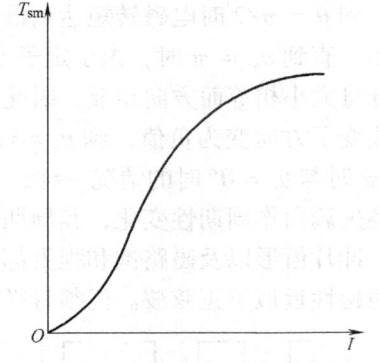

图 4-43　步进电动机的最大静转矩特性

式中，m 为步进电动机的相数。

(4) 矩角特性族　在某一通电方式下矩角特性的总和，称为矩角特性族。图 4-44 是一台转子齿数为 2 的反应式步进电动机的矩角特性族。在图 4-44b 中，如以 A 相磁极的中心线为原点，则它们其他各相的稳定平衡点依次错开一个步距角，因为该步进电动机子齿数为 2，相数为 3，所以单三拍通电方式中稳定平衡点在空间依次相差 $\frac{\pi}{3}$，折算到角度为 $\frac{2\pi}{3}$，它分别为 O_A、O_B、O_C。

同理，在六拍通电方式中其稳定平衡点依次差 $\frac{\pi}{3}$ 电角度，分别为 O_A、O_{AB}、O_B、O_{BC}、O_C、O_{CA}。如图 4-44c 所示。

普通情况下，矩角特性族，稳定平衡点错开电角度为

$$\theta_{se} = \frac{2\pi}{m_1} \tag{4-21}$$

式中，m_1 为相数。

当一相导通时 $m_1 = m$，而两相同时导通时 $m_1 = 2m$，其中 m 为相数。例如单三拍方式

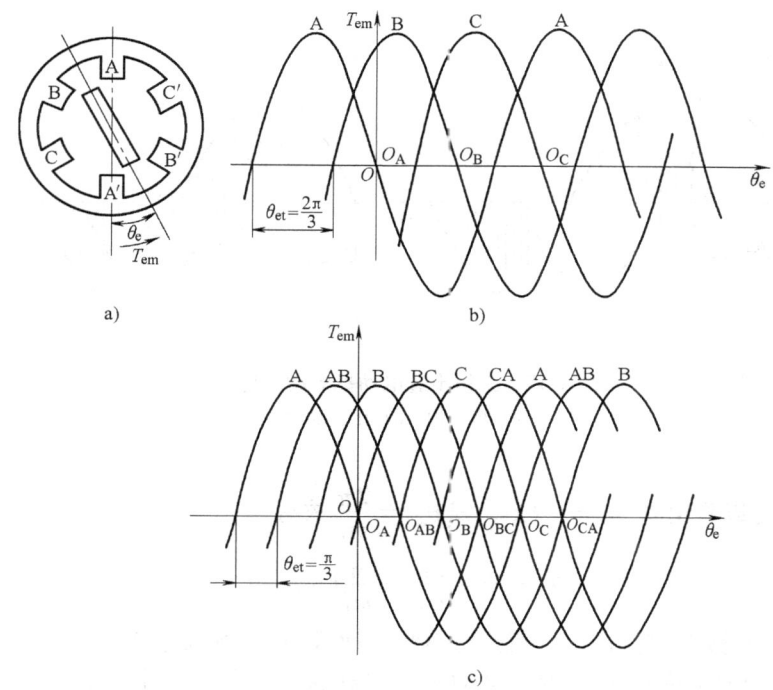

图 4-44 矩角特性族
a) 转子齿数为 2 的三项反应式步进电动机示意图
b) 三相单三拍距角特性族 c) 三相六拍距角特性族

时步距角 $\theta_{se} = \dfrac{2\pi}{3}$，六拍方式时步距角则为 $\theta_{se} = \dfrac{\pi}{3}$。

2. 步进电动机的动特性

步进电动机的运行过程总是在电和机械的过渡过程中进行的，因此对它的动态性能要求是较高的。其动态特性的好坏将直接影响到系统的快速响应及工作可靠性。但它的动态性能不仅与电动机本身性能和负载性质有关，还和电源的特性及通电方式有关，其中有些因素还是非线性的，要进行精确的分析较为困难，下面仅衣几种不同运行方式来研究。

（1）单脉冲运行特性 单脉冲运行特性是指步进电动机在准备通电状态下，加一个脉冲信号，仅仅改变一次通电状态时的运行特性。这里主要研究其动态稳定区、最大负载转矩及自由振荡过程等三个问题。

1）动态稳定区。图 4-45a 中曲线 A 为电机处于准备状态时的矩角特性。如果电动机为空载，则转子处于稳定平衡点 O_A 处。加一个脉冲通电状态后，矩角特性变为曲线 B，转子新的稳定平稳点为 O_B。

从图 4-45 可以看出，只要在改变通电状态时，转子的位置在 $a \sim b$ 之间，转子就能向 O_B 点运动而达到新的稳定平衡。因此，区间 $a \sim b$ 称为步进电动机空载状态下的动态稳定区。动态稳定区的边界 a 点到初始平衡位置 O_A 点的区域 θ_r 称为稳定性的"裕度"。θ_r 越大则电动机运行越稳定。

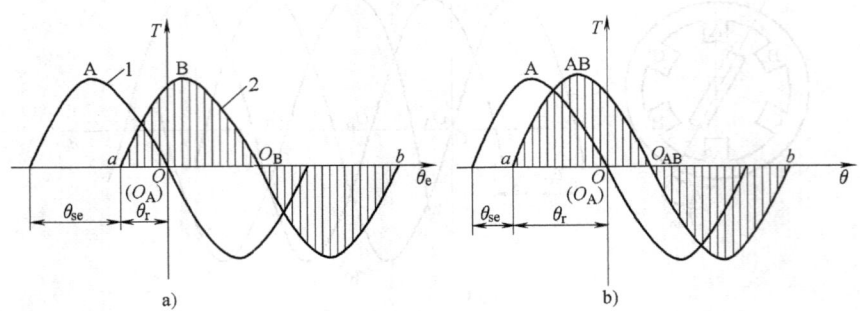

图 4-45 三相步进电动机的动态稳定区
a) 单三拍 b) 单、双六拍

从图 4-45 可以看出 $\theta_r = \pi - \theta_{se}$,因 $\theta_{se} = \dfrac{2\pi}{m_1}$ 故有

$$\theta_r = \pi - \frac{2\pi}{m_1} = \frac{\pi}{m_1}(m_1 - 2) \tag{4-22}$$

由此可见,拍数越多步进电动机运行越稳,而且 m_1 必须大于 2。

2) 起动转矩。上面讲的是步进电动机在空载状态下加一个脉冲后的运行稳定性。但是,在系统中往往是带有负载的,那么在什么情况下输出转矩最大呢?

图 4-46 为步进电动机的起动转矩;在图 4-46 中曲线 A 对应于初始状态的矩角特性,而曲线 B 则为加一个脉冲后的矩角特性。

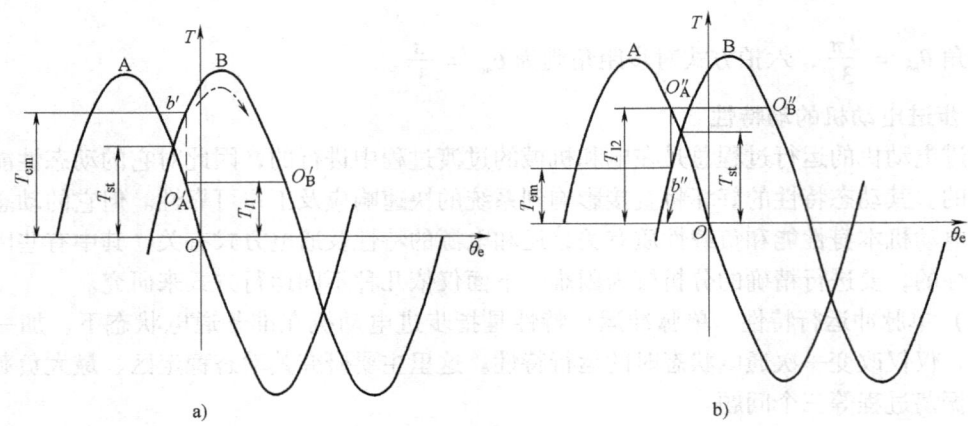

图 4-46 起动转矩
a) $T_{l1} < T_{st}$ b) $T_{l2} > T_{st}$

图 4-46a 对应于负载转矩较小的情况,如果加脉冲前负载转矩为 T_{l1},这时步进电动机转子的稳定位置为 O'_A 点。改变通电状态后的矩角特性为曲线 B,这时由于 b' 点对应的电磁转矩 $T_{em} > T_{l1}$,于是电动机将加速并向着 θ_e 增大的方向运动,直到新的平衡位置 O'_B,这时电磁转矩与负载转矩又达到了平衡。

图 4-46b 对应于负载转矩相当大时的情况，设其初始平衡点为 O''_A，在通电状态改变后，新的矩角特性 B 曲线上 b'' 的电磁转矩 $T_{em} < T_{l2}$，这时尽管有电磁转矩，但电动机却不能向着所期望的稳定工作点运动，而是向 θ_e 减小的方向滑行，如图中箭头所指的方向，这时电动机已处于失控状态。由此不难看出：仅是最大静转矩 T_{sm} 大于负载转矩 T_l 并不能保证电动机正常的步进运动。只有相邻二个矩角特性曲线交点处的电磁转矩大于负载转矩 T_l，才能保证步进电动机带动负载完成正常的步进运动。此时的电磁转矩称为步进电动机的起动转矩 T_{st}。其值为

$$T_{st} = T_{st}\sin\left(\frac{\pi - \theta_{se}}{2}\right) \tag{4-23}$$

或

$$T_{st} = T_{sm}\cos\frac{\theta_{se}}{2} = T_{sm}\cos\frac{\pi}{N} \tag{4-24}$$

式中，N 为转过一个齿矩的运行拍数。

从式（4-24）可以看出：在相同的电源下（此时 T_{sm} 已定），为了提高起动转矩应当增大运行拍数。

3) 自由振荡过程。现在先研究单步运行时动态过程中的振荡现象。参看图 4-36，当步进电动机 A 相控制绕组通电时，转子齿 1 和 3 的轴线与定子 A 极轴线重合。接着 A 相断电 B 相控制绕组通电，转子将按逆时针方向转动，在转子齿 2 和 4 的轴线与定子 B 极轴线重叠的瞬间，电动机的电磁转矩为零，但因受转子惯性的影响，转子在该点的转速并不为零，它将继续向逆时针方向转动。当转子齿 2 和 4 越过定子 B 的轴线后，将受到一个反向电磁转矩的作用，最初转子减速，随着转子齿 2 和 4 的轴线与定子 B 极轴线夹角 θ 增大，反向电磁转矩也随之增加，转子不断减速直至转速降为零后，由于反向电磁转矩的作用，转子开始向顺时针方向转动，当转子齿 2 和 4 再次经过定子 B 极轴线下的稳定平衡位置时，又因转子的惯性作用同样不会停下来，而是继续沿顺时针方向旋转，同时由于转子齿 2 和 4 经过定子 B 极的轴线后，电磁转矩

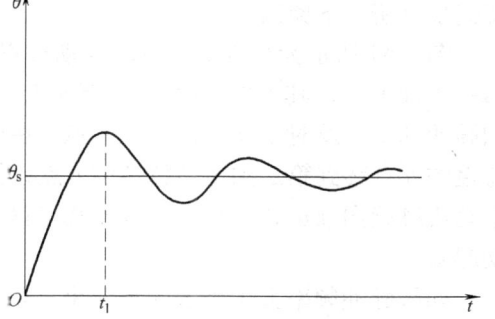

图 4-47 步进电动机转子的振荡过程

方向又一次改变，这样使得转子来回振荡。最终由于电动机轴上摩擦等阻尼力矩的影响，使转子齿 2 和 4 停止在定子 B 极轴线下的稳定平衡位置。上述过渡过程如图 4-47 所示。由此可见，当步进电动机输入电脉冲，由 A 相控制绕组切换到 B 相控制绕组时，转子最终是转过了一个步矩角 θ_s，但整个过程将是一个振荡过程。一般情况下，振荡是衰减的，因此只有足够大的阻尼作用时，电动机才不会出现振荡现象。故在功率步进电动机的转子上都装有机械阻尼器，以消除振荡提高工作的稳定性。

(2) 连续脉冲运行特性　在实际工作中步进电动机一般均工作于连续脉冲运行状态。而且外加脉冲的频率对电动机的特性有很大关系。因此连续脉冲运行特性主要研究电动机工作对脉冲频率的反应，称为频率响应。外加脉冲的频率可以分为三个区段，即极低频段、高频段及低频段、前两频段的情况比较简单。因此，在这里仅对低频段运行加以讨论。

1) 最大动态转矩。由于步进电动机控制绕组中电感的存在，因此其中电流的增长也有

一个过渡过程。控制绕组中的电流波形见图 4-48。当脉冲频率较低时,绕组中的电流波形可达稳定值,见图 4-48a,因电磁转矩和电流的平方成正比,故此时电动机的最大动态转矩接近于最大静转矩。如频率较高时,绕组中的电流波形如图 4-48b 所示,此时电流已不能达到稳态值,故电动机的最大动态转矩小于最大静转矩,而且,脉冲频率越高最大动态转矩也越小。故步进电动机运行时对应于某一频率,只有当负载转矩小于它在该频率时的最大动态转矩时,电动机才能正常运行。

由于控制绕组中电流增长的速度与绕组中的电气时间常数有关。因此,为了提高电动机的最大动态转矩,就必须设法减少步进电动机控制绕组的匝数,以减小其电感量 L,所以步进电动机控制绕组中的电流均较大。有时也可以在控制回路中串联一个较大的附加电阻,以减小回路的电气常数,但是这将增加附加电阻上的功率损耗,导致步进电动机以及整个供电系统效率的降低。

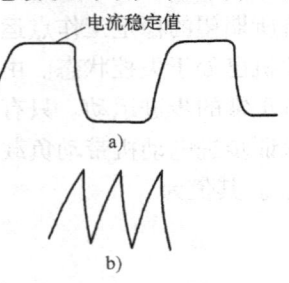

图 4-48 步进电动机控制
绕组中的电流波形
a) 低频时 b) 高频时

目前,提高步进电动机最大动态转矩的较好办法是用双电源供电法,即在控制绕组电流增大的阶段由高压电源供电,以缩短达到预定的稳态电流值的时间,而后改由低压电源供电,以维持其稳态电流值,这样就大大提高了步进电动机的稳定性。

2) 极限起动频率 f_{stm}。在实践中发现:在固定电源、负载转矩及转动惯量的条件下,当脉冲频率超过某一临界值时,电动机会起动不起来。这一临界值称为极限起动频率。下面我们来分析一下原因。

图 4-49 所示为步进电动机的起动过程,电动机静止时的稳定工作点为 O_0,当电源脉冲第一拍加上后,其工作点由 O_0 移至 a 点,并在电磁转矩的作用下加速运动。在 $t = t_a$ 时第二拍脉冲到来,此时工作点已到达 b 点,由于通电状态变了,所以其工作点立即由第一拍矩角特性的 b 点移到第二拍矩角特性的 c 点,虽然 c 点的电磁转矩小于 b 点,但仍为正值。因此电动机继续向前运转。只要它处于稳定区 $d \sim e$ 的范围内就保证不会丢步,电动机就可以起动起来。

如果脉冲频率大于极限起动频率,如图 4-49 所示。第一拍脉冲来到时电动机工作点由 O_0 一跃而达 a 点并加速运转。当 $t = t_a'$ 时加上第二拍脉冲,由于 $t_a' < t_a$ 故工作点 b' 在 b 的左边,此时工作点将由 b' 移到第二拍矩角特性的 c' 点,注意此时电磁转矩已变为负值,所以此时电动机不是加速而是减速运行。如果转速降至零时,转子还不能进入动稳定区 d-e 范围内,则电动机将在负电磁转矩作用下反方向

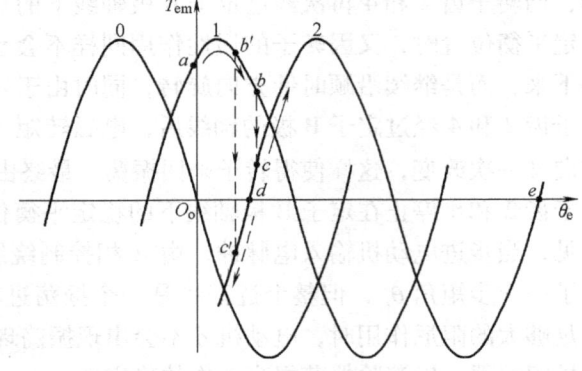

图 4-49 步进电动机的起动过程

(虚线箭头表示)运转,从而造成丢步,这样电动机就无法起动了。对于某一电动机,决定其 f_{stm} 的主要因素是惯量及负载转矩。

3) 起动特性。由于起动频率与负载转矩及转动惯量有关。所以起动特性包括起动矩频特性及起动惯频特性,简称矩频特性及惯频特性。矩频特性是指负载转动惯量为常数时,起

动频率和负载转矩间的关系。惯频特性则是指负载转矩为常数时,起动频率与负载转动惯量之间的关系。图 4-50a 中的曲线为步进电动机的惯频特性,图 4-50b 中的曲线为步进电动机的矩频特性。

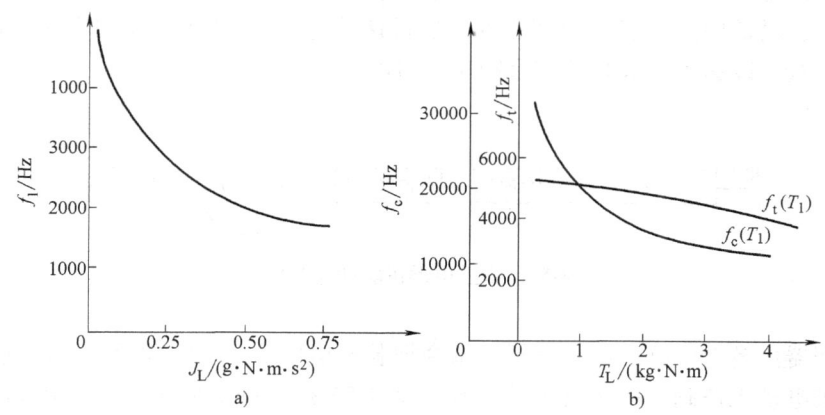

图 4-50　步进电动机的矩频特性与惯频特性

4) 连续工作频率 f_{suc}。步进电动机的连续工作频率 f_{suc} 又称为运行频率。它是指步进电动机起动后,当控制脉冲频率连续上升时,能不失步(失步包括丢步和越步。丢步是指转子前进的步矩数少于脉冲数;越步是指转子前进的步矩数多于脉冲数)。运行的最高频率,以拍/s 或脉冲数/s 为单位。连续工作频率 f_{suc} 比极限起动频率 f_{stm} 要高得多。这是因为步进电动机在起动时除了要克服负载转矩外,还要克服轴上的惯性转矩 $J\dfrac{d\omega}{dt}$,其中 J 是电动机和负载的总转动惯量;$\dfrac{d\omega}{dt}$ 为转子的角加速度。起动时电动机转子的角加速度较大,起动后角加速度大大减小。因此再逐渐升高脉冲频率,电动机便能随之正常加速。这种情况下,电动机能达到的最高脉冲频率即连续工作频率 f_{suc},显然它要比极限起动频率 f_{stm} 高得多。

5) 响应频率。步进电动机只能在一定范围内任意地起动、停止或反转而不失步。这个频率范围的极限值叫做响应频率。

4.3.3　步进电动机的驱动电源

步进电动机及其驱动电源是一个相互联系的整体。步进电动机的运行性能,是由电动机及驱动电源二者配合的综合结果。因此,我们必须对驱动电源进行一定的理解。

1. 对驱动电源的基本要求

1) 驱动电源的相数、通电方式和电压、电流都应满足步进电动机的需要。
2) 要满足步进电动机的起动频率 f_{stm} 和运行频率的要求。
3) 能最大限度地抑制步进电动机的振荡。
4) 工作可靠、抗干扰能力强。
5) 成本低、效率高、安装和维护方便。

2. 驱动电源的组成

步进电动机的驱动电源包括脉冲信号源、脉冲分配器及功率放大器等三部分。其框图如图 4-51 所示。

脉冲信号源是一个脉冲频率由几赫到几十千赫可连续变化的信号发生器。它可以采用多种型式的线路，最常用的有多谐振荡器等。通过调节电阻 R 和电容 C 的大小来改变电容充放电的时间常数，以达到选取脉冲信号频率的目的。

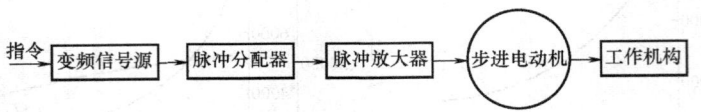

图 4-51　步进电动机驱动电源框图

脉冲分配器由逻辑电路组成，它根据指令把脉冲信号按一定的逻辑关系加到功率放大器上，并使步进电动机按确定的运行方式工作。图 4-52 是一种适应于正反转控制的三相六拍脉冲分配器的逻辑图，图中 C_A、C_B、C_C 为 D 触发器，1~9 为与非门电路。

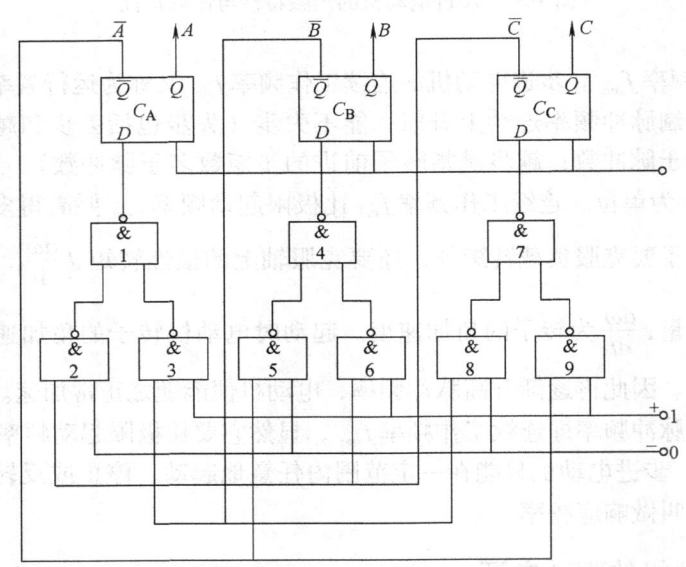

图 4-52　正反转控制的三相六拍脉冲分配器

当电动机正转（AB-B-BC…）时，"＋"控制线为"1"，"－"控制线为"0"。反之，当电动机反转（AB-A-AC…）时，"—"控制线为"1"，"＋"控制线为"0"。下面以正转为例，分析其工作过程。由于此时控制线"＋"为"1"，而"－"控制线为"0"电平，与非门 2、5、8 被封锁，输出都为"1"电平（按与非门真值表可知输入信号有一个为"0"电平时，输出为"1"电平），这时与非门 1、4、7 的工作状态，由与非门 3、6、9 的控制信号来决定。当初态为 $A=1$、$B=1$ 时，观察与非门 3、6、9，在第一个 CP 脉冲到来前，三个触发器的动作情况：与非门 3 的输入信号 $\overline{B}=0$，控制线"＋"为"1"，根据与非门真值表可知与非门 3 的输出为"1",前面已讲与非门 2 的输出也为"1",故与非门 1 的输出(即触发器 C_A 的 D 端)为"0",与输出端 Q_A 的状态不对应;同理,与非门 6 的输入信号 $\overline{C} = 1$,由此可决定触发器 C_B 的 D 端和输出端 Q_B 都为"1",是对应的;与非门 9 的输入信号 $\overline{A} = 0$,由此可决定触发器 C_C 的 D 端可输出端 Q_C 都为"0",也是对应的。根据 D 触发器的功能,当第一个 CP 脉冲来到时,触发器 C_A 翻转为"0"的状态,而触发器 C_B 与 C_C 保持原来的状态不变。即此时分配器的输出状态为 $A=0$、$B=1$、$C=0$;再来观察第二个 CP 脉冲来到前,三个触发器 D 端与输出端的状态。与非门 3 的输入 $\overline{B} = 0$,因此触发器 C_A 的 D 端与 Q_A 均为"0"。与非门 6 的输入 $\overline{C} = 1$,触发器 C_B 的 D 端与 Q_B 均为"1"。与非门 9 的输入 $\overline{A} = 1$,由此触发器 C_C 的 D 端为"1"而 $Q_C = 0$,是不对应的。故此,随第二个 CP 脉冲到达时触发器 C_A、C_B 保持原状态,而 C_C 翻转为"1",此时三个触发器的输出状态变为 $A=0$、$B=1$、$C=1$。依此类推,将分析结果列于表 4-4 中。由于触发器"1"电平代表相应的控制绕组为通电状态,因此在表 4-4 中将触发器的"1"状态用相应的通电绕组(相)来代替。

表 4-4 三相六拍脉冲分配器工作情况

CP 脉冲 n	触发器状态			$(n+1)$ 个 CP 脉冲来到时将要翻转的触发器
	C_A	C_B	C_C	
0	A	B	0	触发器 C_A 的 D 与 Q_A 不对应 C_A 翻转
1	0	B	0	触发器 C_C 的 D 与 Q_C 不对应 C_C 翻转
2	0	B	C	触发器 C_B 的 D 与 Q_B 不对应 C_B 翻转
3	0	0	C	触发器 C_A 的 D 与 Q_A 不对应 C_A 翻转
4	A	0	C	触发器 C_C 的 D 与 Q_C 不对应 C_C 翻转
5	A	0	0	触发器 C_B 的 D 与 Q_B 不对应 C_B 翻转
6	A	B	0	回到 $n=0$ 的状态

由表 4-4 可以得到三相六拍脉冲分配器输出的顺序的时序脉冲 CP′,即绕组通电状态与输入脉冲 CP 的关系,如图 4-53 所示。

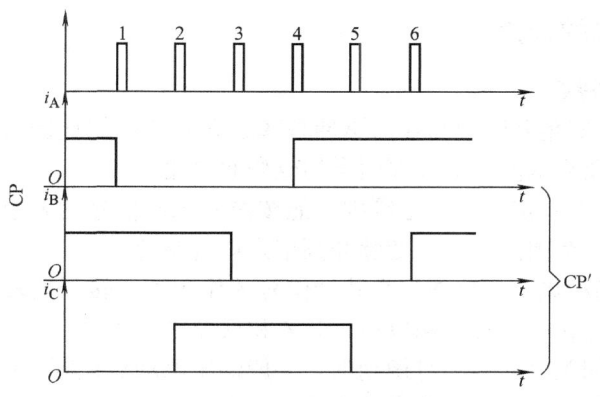

图 4-53 三相六拍顺相序的时序脉冲 CP′

关于反转时，各触发器跟随输入脉冲 CP 的状态，读者可以自行分析。

3. 驱动电源电路

步进电动机的驱动电源电路有许多种形式，下面简要介绍两种驱动电源电路。

（1）单一电压型驱动电源　单一电压型驱动电源的原理如图 4-54 所示。当脉冲控制信号输入时，开关管导通，电容 C 在刚导通瞬间起着将电阻 R 短接的作用，而使通过步进电动机控制绕组中的电流迅速增长。当电流达到稳定状态后，由于电阻 R 的串入限制了控制电流。整个过程只采用一个电源供电。因此，步进电动机每一相控制绕组仅需用一只功率元件来供给电脉冲。所以这类型驱动电源的特点是：线路简单，电阻 R 的串入不仅起限流作用，还可以减小控制回路的时间常数。但是，由于电阻要消耗能量，使驱动电源的效率降低，用这种驱动电源供电的步进电动机的起动和运行频率都不会太高。

（2）高、低压切换型驱动电源　高、低压切换型驱动电源的工作原理如图 4-55 所示。步进电动机的每相控制绕组需用两只功率元件串联并分别由高压和低压两种不同的电源供电。高压供电系统是用来加速电流的增长速度，而低压供电系统是用来维持稳定的控制电流。在低压供电系统中串联了一个阻值较小的电阻 R，其目的是为了调节控制绕组中的电流，使各相电流平衡。因此，这种驱动电源的效率较高，起动和运行频率也比单一电压型驱动电源要高。

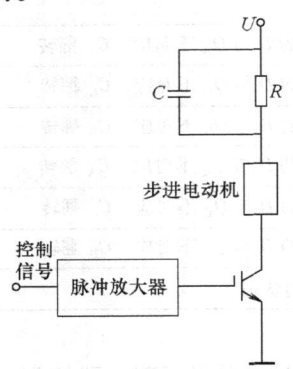

图 4-54　单一电压型驱动电源原理图

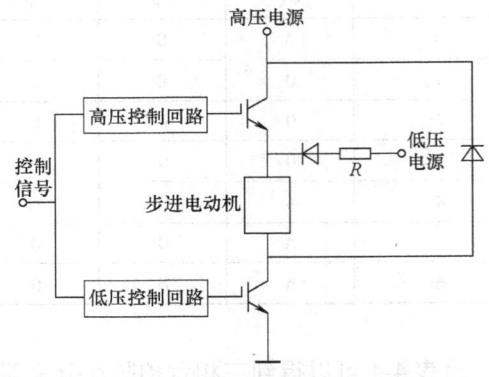

图 4-55　高、低压切换型驱动电源原理图

4.3.4　步进电动机的选用

1. 步进电动机的特点

1）步进电动机的矩角和转速与输入脉冲频率之间有严格的比例关系，不会因电源电压的波动、负载的变化及环境温度等外部因素的改变而变化。

2）控制性能好，在一定的频率范围内，能按输入脉冲信号的要求迅速起动、反转和停止。而且能在比较宽的范围内通过改变脉冲频率来进行调速。

3）误差不会长期积累，虽然在每个脉冲信号的作用下，转子所转过的实际角度与理论值之间会有误差，但是转子每转一圈以后，其累积误差都等于零。

以上特点是其他伺服电动机不可做到的。一般伺服电动机控制系统中，要想在一定的控制信号下转速不受负载变化等外部干扰的影响下，有一个稳定和准确的结果，仅靠伺服电动机本身是无法实现的。通常必须在系统中采用负反馈环节，即采用闭环控制系统才能获得解决。但是，步进电动机却可以不用负反馈来实现高精度的角度和转速控制，简化了控制系统，降低了成本。所以它特别适用于高精度的开环控制系统。

但是，步进电动机不宜用于转动惯量很大的负载，因为在相同的负载转矩下，转动惯量很大时，起动频率会显著下降，对已选定的步进电动机而言，负载的转动惯量应有一个合适的范围。

2. 主要技术数据

（1）相数　指定子绕组的对数。

（2）额定电压　指加在每相定子绕组上的直流电源电压值，也就是驱动电源中功率放大器的输出电压值。

（3）静态电流　指静态时供给电动机定子每相控制绕组的最大电流。

（4）最大静转矩　指一相通电时矩角特性上的转矩最大值。考虑到步进电动机作步进运动时的最大负载转矩总是小于最大静转矩，同时为了能有一定的转矩储备，通常根据折算到电动机上的实际负载转矩 T'_t，按下式选取步进电动机的最大静转矩

$$T_{sm} = \frac{T'_t}{0.3 \sim 0.5}$$

拍数多时步距角小，最大负载转矩接近于最大静转矩，故分母取大的值；反之，拍数少时，分母取小的值。

（5）分配方式　即步进电动机的通电运行方式。例如：对三相步进电动机来说，"1"表示单相通电，"2"表示双相通电，"1-2"分配方式即指三相单、双六拍运行方式。技术数据表中给出的其他技术数据，诸如步矩角、起动频率、运行频率、矩频特性和惯频特性等都是指在这一规定运行方式下的数据。实际使用时，若采用其他运行方式，上述各项数据均需重新测定。

（6）步矩角　指在规定的运行方式下，每输入一个脉冲时，转子转过的机械角度。选用时，应该使步矩角小于或等于负载要求的最小位移量。如果系统中传动比 i 已初步确定，则步矩角应满足

$$\theta_s \leq i\theta_{min} \tag{4-25}$$

式中 θ_{min} 为负载轴上要求的最小位移量。

（7）步矩角误差　指空载时实际步矩角与理论步矩角之差，此项指标是步进电动机的重要精度指标，可从产品说明书或有关产品目录中查到。选用步进电动机时应使步矩角误差和一圈内的累积误差小于或等于负载轴上所允许的角度误差（$\Delta\theta_t$）。如果系统中传动比为 i，则步距角误差 $\Delta\theta_s$ 应满足

$$\Delta\theta_s \leq i(\Delta\theta_t) \tag{4-26}$$

（8）起动频率、运行频率、矩频特性和惯频特性　这些数据的含意前面均已讲述。除起动频率和运行频率外，其余参数均用分数表示，其中分母为频率值，分子为负载转矩或转动惯量值。选用时，根据折算到电动机轴上的负载转矩和转动惯量值，从矩频特性和惯频特性曲线上查到的起动频率和运行频率应大于系统要求的数值。

3. 使用注意事项

1）步进电动机的引出线通常是用不同颜色加以区别的，使用时可参看产品说明书。例如：三相反应式步进电动机通常共引出四根连线，其中有一根与其他颜色不同的为三相绕组

末端的公共引出线。接线时将它接到脉冲放大器的电源一端,另外三根相同颜色的连线为三相绕组的三个首端 A、B、C。如果电动机转向与要求的相反时,只需将这三根引出线中任意两根对调一下即可满足要求。

2)步进电动机按起动频率工作时,应能做到突然起动和突然停止而不会失步;如果按运行频率工作时,起动和停止都需要经过一个缓慢的升频和降频过程。起动时可在起动频率下起动,之后再逐渐升频直到达到运行频率。停止时先将频率逐渐降低到起动频率以下才能停止。特别是在负载的转动惯量比较大时更应注意到这一点。

3)某些功率的步进电动机是采用强迫风冷的,使用时应注意冷却系统以及是否正常工作。

复习思考题

1. 材料成形工艺过程的电气设备图纸有哪些类型?说明设计绘制这些图纸时通常应该遵循的规则。
2. 材料成形工艺过程中经常应用三相笼型异步电动机进行运动控制,设计电动机点动、正反转起动、停止的控制线路,具有按钮连锁、继电器连锁或者接触器连锁的控制结构。
3. 直流伺服电动机的激励磁电压、电枢电压均恒定时,增加负载转矩,此时电枢电流、转速将如何变化?叙述由原来的稳态过渡到新稳态的物理过程。
4. 设计直流伺服电动机的电气控制原理图,要求可以实现起动及停止、转向及转速的控制功能。
5. 叙述步进电动机的结构,叙述步进电动机的转向、转速的控制原理。
6. 为什么步进电动机的连续工作频率比起动频率高?
7. 比较步进电动机的三相三拍驱动及三相六拍驱动时的步矩角的关系。
8. 设计步进电动机的三相三拍驱动电源的电气原理图,可以实现起动及停止、转向及转速的控制功能。

第 5 章 自动控制理论基础

在材料成形及控制工程领域，在焊接、铸造、锻压的工业生产过程中，对焊接电流、焊接电压、工业过程压力及温度等物理量的控制，都是建立在自动控制理论的基础上。

本章主要介绍自动控制原理中经典控制理论的基础知识，包括自动控制系统的分类、开环和闭环控制系统、控制系统的组成及对控制系统的要求、数学模型的分类及建立、拉普拉斯变换及传递函数的概念、典型环节及其传递函数、自动控制系统的框图及其变换等自动控制基础理论。通过本章的学习，以求为进一步深入学习自动控制有关内容及其相关学科奠定良好的基础。

5.1 自动控制系统的分类

自动控制系统有多种分类方法。例如，按控制系统工作原理可分为开环控制系统、反馈控制系统、复合控制系统等；按输入信号的变化规律可分为恒值控制系统、随动控制系统、程序控制系统；按系统信号的形式可分为连续控制系统、离散控制系统；按系统特性可分为线性控制系统、非线性控制系统。下面分别加以介绍。

5.1.1 按控制系统的工作原理来分类

1. 开环控制系统

开环控制是指控制装置与被控对象之间只有正向作用而没有反向联系的控制过程，按这种方式组成的系统称为开环控制系统，其特点是系统的输出量不会对系统的控制作用发生影响，如图 5-1 所示。

2. 闭环控制系统

在控制系统中，如果在控制器和被控对象之间，不仅存在正向作用，而且存在着反向作用，这类控制系统称为闭环控制系统，其特点是系统的输出量对系统的控制作用有直接影响，如图 5-2 所示。

图 5-1 开环控制系统图

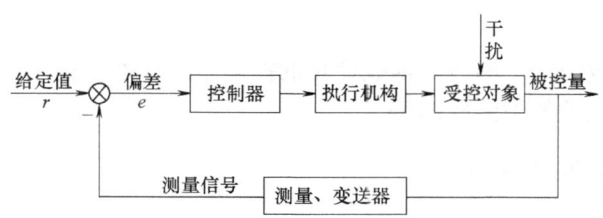

图 5-2 闭环控制系统图

由图可知，系统的输出（又叫被控制量）经检测、变送器（反馈通道）之后送至系统的输入端形成反馈信号，若反馈信号与系统输入信号（给定值）的极性相反，则称为负反馈，与输入信号极性相同则称为正反馈。为了和给定信号进行比较，必须把反馈信号转换成与给定信号具有相同量纲和相同量级的信号。控制器根据反馈信号和给定信号相比较后的偏差信号，经运算后输出控制作用去消除偏差，使系统输出（被控制量）等于给定值。由此可见，系统中的信号沿前向通道和反馈通道进行闭环传递，从而形成一个闭合回路，故这种系统称为闭环控制系统，由于具有反馈作用，又称为反馈控制系统。闭环控制系统都是负反馈控制系统，这是一种按偏差而进行控制的系统。

闭环控制系统的一个突出优点是不管由于干扰或是系统结构参数变化所引起的被控制量偏离给定值，都会产生控制作用去消除偏差。因此，这种系统从原理上提供了实现高质量控制的可能性。

3. 复合控制系统

由于反馈控制只有在偏差出现以后才产生控制作用，因此在强干扰作用下系统被控制量有可能产生较大波动。对于这种情况，适宜采用按偏差调节和按干扰补偿相结合的复合控制系统，如图 5-3 所示。

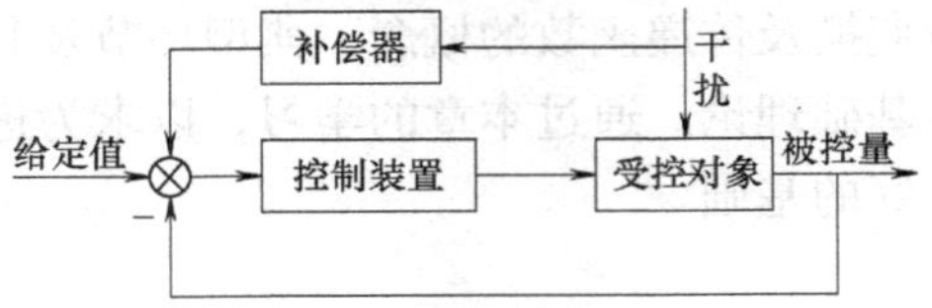

图 5-3 复合控制系统图

5.1.2 按输入信号的变化规律来分类

1. 恒值控制系统

系统的输入信号为零或为某一常值，当系统受到各种干扰作用时，该系统能维持输出量与输入信号的恒值关系，称恒值控制系统或恒值调节系统。常见的电动机转速控制、空调器温度控制、容器的液位控制、电力网的频率控制等都是恒值控制系统，恒值控制系统在工业、农业、国防等部门有着广泛的应用。

2. 随动控制系统

又称伺服系统或跟踪系统。在这类系统中，输入信号按照事先未知的时间函数变化，要求系统的输出快速地、准确地跟踪输入信号的变化。显然，由于输入信号在不断地变化，设计好系统跟随性能就成为这类系统中要解决的主要问题。当然，系统的抗干扰性也不可忽视，但与跟随性相比，应放在第二位。用于军事上的自动火炮系统、雷达跟踪系统，用于航天、航海中的自动导航系统、自动驾驶系统等，都属于典型随动系统的例子。在工业生产中的自动测量仪器也属于这一类系统。

3. 程序控制系统

系统的输入信号按照预定的时间函数变化的控制系统，称为程序控制系统。如数字程序控制机床、热处理加热炉的炉温控制等。

5.1.3 按系统的特性来分类

任何系统都是由各种元部件组成的。从控制理论的角度，这些元部件的性能可用其输入输出特性来进行分析。按照元件特性方程式的不同，可将系统分成线性系统和非线性系统两大类。

1. 线性控制系统

线性控制系统的特点在于组成系统的全部元件都是线性的，其输入输出特性都是线性的，系统的性能可用线性微分方程（或差分方程）来描述。

线性控制系统的特点是具有叠加性和齐次性，即系统存在几个输入时，系统的输出等于各个输入单独作用于系统时系统输出的和，当系统输入增加或减小时，系统输出也按照同样的比例增大或减小，如图 5-4 所示。

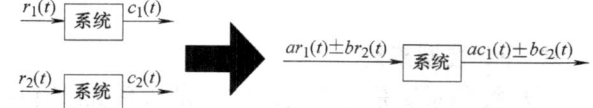

图 5-4　线性系统的叠加性和齐次性

图中，$c(t)$ 为输出量；$r(t)$ 为输入量；a，b 为常数。

2. 非线性控制系统

非线性控制系统的特点在于系统中含有一个或多个非线性元件。系统的性能需用非线性微分方程（或差分方程）来描述。非线性系统的分析远比线性系统复杂，缺乏能统一处理的有效数学工具，因此非线性控制系统至今尚未像线性控制系统那样建立一套完善的理论体系和设计方法。

5.1.4　按系统参数是否随时间而变化来分类

1. 时变系统

元件特性随时间变化的系统称为时变系统。对于时变系统，其输出响应的波形不仅与输入信号形状有关，而且还与参考输入加入的时刻有关，这一特点增加了对时变系统分析和研究的复杂性。

2. 定常系统

元件特性不随时间变化的系统称为定常系统，又称为时不变系统。描述定常系统特性的微分方程或差分方程的系数不随时间变化。定常系统分为线性定常系统和非线性定常系统。这种系统的输出只取决于输入信号的形状和系统的特性，而与输入信号施加的时刻无关。本书主要讨论线性定常系统。

5.1.5　按系统信号的形式来分类

1. 连续控制系统

连续（时间）系统各环节间的信号均为时间 t 的连续函数，其运动规律可用微分方程描述。连续（时间）系统中各元件传输的信息在过程上称为模拟量，多数控制系统都属于这类系统。

2. 离散控制系统

离散（时间）系统在信号传递过程中有一处或多处的信号是脉冲序列或数字编码，这类系统的运动规律可用差分方程描述。离散（时间）系统的特点是：信号在特定离散时刻 t_1，t_2，t_3，$\cdots$，t_n 中是时间的函数，而在上述离散时刻之间，信号无意义（不传递）。

当今数字计算机作为控制手段用于自动控制系统越来越普遍，采用数字计算机作为系统控制器后，控制系统就由连续（时间）系统变为了离散（时间）系统。因此，随着数字计算机在自动控制中的广泛应用，离散系统理论得到了迅速发展。

5.2 开环和闭环控制系统

1. 开环控制系统

开环控制系统是指系统的输出量对系统没有控制作用。在开环控制系统中,输入端与输出端之间,只有信号的前向通道而不存在由输出端到输入端的反馈通道。开环控制系统由控制器(控制装置)与被控对象组成。

图 5-5 所示为一直流电动机转速开环控制系统,给定电压 u_g 经放大后得到电枢电压 u_a,改变 u_g 即可调节转速 n。

在该系统中,输入量(给定值)是给定电压 u_g,被控对象是直流电动机,被控制量是电动机的转速 n,电压放大器和功率放大器构成控制装置。系统可用图 5-6 所示的框图表示。当电动机负载转矩(阻力矩)M_c 波动时,会造成电动机转速 n(输出量)偏离给定值。此时,作用于电动机轴上的阻力矩 M_c,这将对系统的输出起到破坏作用,这种作用称为干扰或扰动。

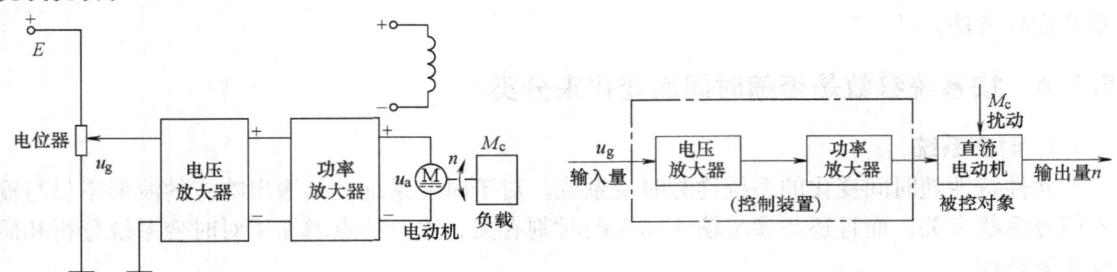

图 5-5 直流电动机转速开环控制系统　　图 5-6 直流电动机转速开环控制系统框图

开环控制系统的特点是控制系统的结构简单、成本较低,特别适合于系统结构参数稳定、没有干扰作用或所受干扰较小的场合。一些自动化装置如自动售货机、自动洗衣机、产品生产自动线、数控车床以及交通信号灯的转换等,都是开环控制系统。

开环控制系统的控制精度取决于控制器以及被控对象的参数稳定性,容易受干扰的影响。因此控制精度较低。

2. 闭环控制系统

闭环控制系统又称为反馈控制系统,是把输出量检测出来,经过物理量的转换,再反馈到输入端与给定值(参考输入)进行比较(相减),并利用比较后的偏差信号,以一定的控制规律产生控制作用,抑制内部或外部扰动对输出量的影响,逐步减小以至消除这一偏差,从而实现要求的控制性能。若在图 5-5 所示的系统中引入测速发电机,并对电路稍作改变,即可构成如图 5-7 所示的直流电动机转速闭环控制系统。

在该系统中,测速发电机由电动机同

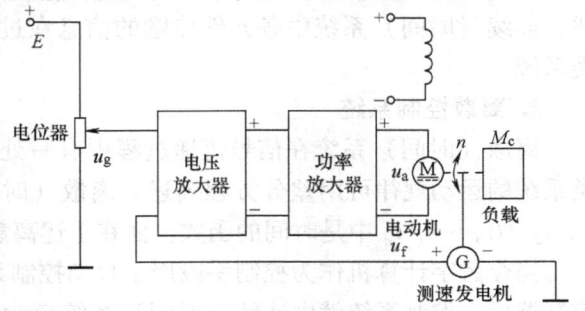

图 5-7 直流电动机转速闭环控制系统

轴带动，它将电动机的实际转速 n（即系统的输出量）测量出来，并转换成电压 u_f 再反送到系统的输入端，与给定电压 u_g（即系统的输入量）进行比较，从而得出电压 $u_e = u_g - u_f$。电压 u_e 能够反映出误差大小和正负极性，通常称为偏差信号，简称偏差。偏差 u_e 经放大器放大成 u_a 后，作为电枢电压控制电动机转速 n。

直流电动机转速闭环控制系统框图如图 5-8 所示。通常，把系统输入量到输出量之间的通道称为前向通道；输出量到反馈信号之间的通道称为反馈通道。框图中用符号"⊗"表示比较环节（输出量等于各个输入量的代数和）。因此，各个输入量均须用正负号表明极性。

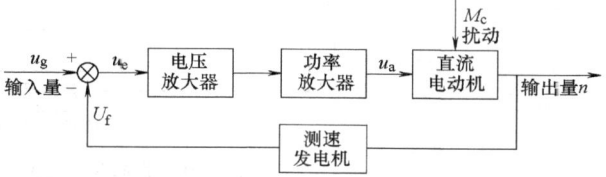

图 5-8 直流电动机转速闭环控制系统框图

闭环控制系统能够检测偏差、纠正偏差，按偏差来控制，也就是具有很强的纠偏功能，对干扰具有良好的适应性。设图 5-7 所示系统原已在某个给定电压 u_g 相对应的转速 n 的状态下运行，若一旦受到某些干扰，如负载转矩突然增大而导致转速下降时，系统将会自动地产生如下的调整过程：

$$M_c \uparrow \to n \downarrow \to u_f \downarrow \to u_e (u_e = u_g - u_f) \uparrow \to u_a \uparrow \to n \uparrow \dashrightarrow$$

上述调节过程中电动机转速下降得到了自动补偿，从而使被控量 n 基本保持恒定。

闭环控制系统的特点如下

1) 在开环控制系统中，只有输入量对输出量产生控制作用，而在闭环控制系统中，不仅输入量对输出量产生控制作用，而且输出信号也参与控制作用。

2) 闭环控制系统的控制精度高，抗干扰能力强。不论是输入信号的变化，或者扰动的影响，或者系统内部的变化，只要是被控量偏离了给定值，都会产生相应的控制作用去消除偏差。

闭环控制系统对参数变化不敏感，并能获得满意的动态特性和控制精度。但是引入反馈增加了系统的复杂性。如果闭环控制系统参数的选取不适当，系统可能会产生振荡，甚至系统不稳定而无法正常工作。

5.3 控制系统的组成及对控制系统的要求

1. 控制系统的组成

自动控制系统通常是由一些具有不同职能的基本元部件所组成的。图 5-9 是一个典型的自动控制系统框图。图中的每一个方框代表一个具有特定功能的元件。由此可见，一个完善的自动控制系统通常是由测量反馈元件、比较元件、放大元件、校正元件、执行元件以及被控制对象（简称被控对象）等基本环节所组成。通常，把图 5-9 中除被控对象以外的所有元件合在一起，称为控制器。图 5-9 所示各元件的功能如下：

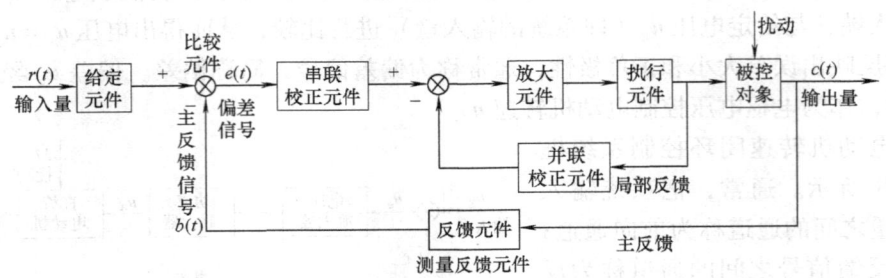

图 5-9 典型的自动控制系统框图

（1）被控对象（或过程）是指需要对其某个特定的物理量进行控制的设备或过程。被控对象的输出量即系统输出量，又叫被控制量，或者叫对系统输入的响应，常常记做 $c(t)$。被控对象除了受到控制作用外，还受到外部扰动作用。

（2）给定元件　其作用是给出与期望的输出相对应的系统输入量，是一种产生系统控制指令的装置。

（3）测量反馈元件　如传感器和测量仪表，感受或测量被控变量的值并把它变换为与输入量同一物理量后，再反馈到输入端进行比较，它与输入端具有相同量纲和相同量级的信号。

（4）比较元件　又叫比较器，比较输入信号与反馈信号，以产生反映两者差值的偏差信号。

（5）放大元件　将微弱的信号进行线性放大。

（6）校正元件　也叫补偿元件，按某种函数规律变换控制信号，以利于改善系统的动态品质或静态性能。

（7）执行元件　根据偏差信号的性质执行相应的控制作用，使被控制量按期望值变化，如电动机、气动控制阀等。

2. 对控制系统的要求

虽然自动控制系统有不同的类型，对每个系统都有不同的特殊要求，但对于各类系统来说，在已知系统的结构和参数时，关心的都是系统在某个典型输入信号的作用下，系统被控制量变化的全过程。对各类系统被控制量变化的全过程提出的共同的基本要求是一样的，可以归结为稳定性、快速性、准确性，即从这三个方面来评价自动控制系统的总体精度。

（1）稳定性　稳定性是指系统重新恢复平衡状态的能力，它是自动控制系统正常工作的先决条件。一个稳定的控制系统，其被控量偏离期望值的初始偏差应随时间的增长而逐渐减小或趋于零。相反，不稳定的控制系统，其被控量偏离期望值的初始偏差应随时间的增长呈发散状态，不稳定的控制系统无法完成预定的控制任务。

线性自动控制系统的稳定性是由系统结构所决定的，与外界因素无关。这是因为控制系统中一般含有储能元件或惯性元件，如绕组的电感、电枢转动惯量、电炉热容量、物体质量等。储能元件的能量不可能突变，因此，当系统受到扰动或有输入量时，控制过程不会立即完成，而是有一定的延缓，这就使得被控量恢复到期望值有一个时间过程，称为过渡过程。例如，在反馈控制系统中，被控对象的惯性会使控制动作不能瞬时纠正被控量的偏差，控制装置的惯性则会使偏差信号不能及时完全转化为控制动作。这样，在控制过程中，当被控量已经回到期望值而使偏差为零时，执行机构本应立即停止工作，但由于控制装置的惯性，控制动作仍继续向原来方向进行，致使被控量超过期望值又产生符号相反的偏差，导致执行机构向相反方向进行，以减小这个新的偏差；另一方面，当控制动作已经到位时，又由于被控对象的惯性、偏差并未减小为零，因而执行机构继续向原来方向运动，使被控量又产生符号相反的偏差。如此反复继续，致使被控量在期望值附近来回摆动，过渡过程呈现振荡形式。如果这个振荡过程是逐渐减弱的，系统最后可以达到平衡状态，控制目的得以实现，称为稳定系统；反之，如果振荡过程逐渐增强，系统被控量将失控，则称为不稳定系统。显然，不稳定的控制系统是无法实现控制功能的。

（2）快速性　完成好控制任务，控制系统仅仅满足稳定性要求是不够的，还需要对过渡过程的形式和快慢提出要求，一般称为动态性能。过渡过程越短，说明系统快速性越好；过渡过程持续时间越长，说明系统响应迟钝，难以跟踪快速变化的指令信号。快速性是衡量系统动态品质的重要指标之一，在现代化军事设施中尤其显得重要。

（3）准确性　准确性是针对系统在过渡过程结束后，其被控量（或反馈量）的稳态值与期望值之间的偏差而言，这一偏差称为稳态误差。它是衡量系统稳态精度的重要指标。稳态误差越小，表示系统的准确性越好。

由于被控对象的具体情况不同，不同类型的控制系统对稳定性、快速性、准确性的要求各有侧重。对同一系统，稳定性、快速性、准确性的要求往往是相互制约的。过分提高过程的快速性，可能会引起系统强烈的振荡；而过分追求稳定性，又可能使系统反应迟缓，最终导致准确性变差。

5.4　数学模型的分类及建立

5.4.1　数学模型的分类

数学模型的分类方法很多，一般分成静态模型和动态模型两大类。

1. 静态模型

所谓静态模型指的是描述系统运动过程中各物理量不随时间变化的代数方程，即描述系统运动规律的数学模型中不含有时间。也就是过程处于稳态条件下，即变量对时间的各阶导数均为零。例如电弧的静态伏安特性、焊接电源的静态输出特性（静外特性）等都是静态模型。

2. 动态模型

所谓动态模型指的是描述系统运动过程中各物理量随时间变化的微分方程，不同时刻各物理量的状态是不同的。但是它们又是相互联系、相互影响、有一定内在规律的，也就是说系统的各物理量最好都是时间 t 的函数。

严格地讲，事物总是处于运动变化的状态，绝对静止的状态是不存在的。所以静态模型只能反映动态过程的一种极限状态，是动态模型描述稳态情形的一个特例。因此，在自动控制系统中，主要是研究系统的动态数学模型。尽管如此，静态模型仍是很有用的，这是因为在正常运行条件下，绝大多数的生产过程都是平衡的。在这种情况下，不仅可能而且有必要将动态模型转化为静态模型来处理。目前,在生产过程中所用的模型多数是静态模型,其原因就在这里。

5.4.2 数学模型的建立

数学模型总是针对具体控制对象建立的,同一控制对象随所要解决问题的不同对应的数学模型也不同。因此,建立一个生产过程的数学模型,首先要分析整个生产过程,确定系统模型的范围,明确建立模型的目的(即要解决的问题),确定过程的变量,然后才可建立系统(或元件)的数学模型。

建立系统(或元件)数学模型的一般步骤如下:

1)由系统或元件的工作变量,确定输入量和输出量及中间变量等。

2)根据支配输出量与输入量内在联系的物理、化学定律或统计规律,列出系统或元件的原始方程式。在条件许可下,忽略一些次要因素,简化原始方程式。

3)消去原始方程式中的中间变量,求出描述输入量与输出量之间关系的函数方程式。

下面举例说明:

例 5-1 设在图 5-10 所示的 R-L-C 电路中,R、L、C 均为常数,u_r 为输入电压,u_c 为输出电压,输出端开路(或负载阻抗很大,对电路影响不大,可以忽略)。要求建立该系统的数学模型,即建立 u_c 与 u_r 之间关系的函数方程式。其步骤如下:

1)确定该系统的输入量为 u_r,输出量为 u_c,中间变量为电流 i。

2)根据基尔霍夫定律可写出原始方程式

$$L\frac{di}{dt} + Ri + \frac{1}{C}\int i dt = u_r \quad (5-1)$$

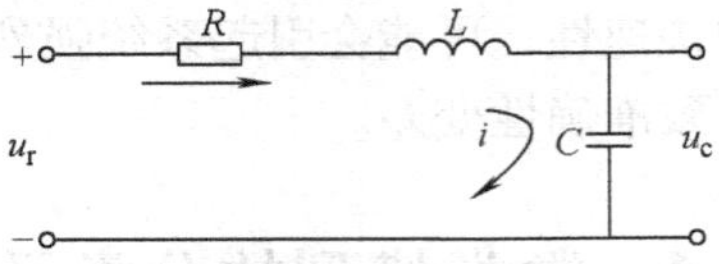

式中,i 是中间变量,它与 u_c 有如下关系

$$u_c = \frac{1}{C}\int i dt \quad (5-2)$$

图 5-10 R-L-C 电路

3)利用式(5-2)消去式(5-1)中的中间变量 i,便得到输入量 u_i 与输出量 u_o 之间关系的微分方程式

$$LC\frac{d^2 u_c}{dt^2} + RC\frac{du_c}{dt} + u_c = u_r \tag{5-3}$$

式(5-3)就是图 5-10 所示 R-L-C 电路系统的数学模型。

由此可见,分析对象的物理、化学等规律,建立系统或元件的原始方程式,是建立系统或元件数学模型的重要一步。通常采用以下几种方法。

1. 工艺理论分析

通过对象的物理、化学等规律及内在机理的分析及计算,确定各变量之间的函数关系。对焊接自动控制系统来说,就是从焊接过程的物理、化学本质和机理出发,剖析影响焊接质量中最主要的因素,如温度、压力、停留时间等。利用传热学、物理化学、冶金学、磁流体力学、能量平衡、质量作用等基本理论建立起描述系统的数学方程式。

2. 利用正常操作数据作统计分析

在许多实际情况下,单从理论分析无法得出系统的规律。此时可以利用正常操作下的代表各种各样工作状态的记录数据,通过计算分析,找出各个变量之间的函数关系或建立起方程式。常用的数理统计方法是最小二乘法。

3. 有计划地做因子试验

根据理论分析，有计划地做一些因子试验，测定这些因子变化而引起的因变量变化，然后通过数理统计归纳出变量之间的函数关系或方程式。此方法也称为试验设计法。

4. 混合法

将上述各种方法结合起来，通过工艺理论分析确定函数和方程的结构。通过正常操作数据和数理统计分析来确定函数关系和方程式中各系数的大小。或者通过试验来确定各系数的具体值。

此外，长期积累的生产经验、经验数据和经验公式等，对于数学模型的建立也有重要的意义。它可对帮助我们判断建立的数学模型是否正确合理。

应该特别说明，数学模型是从客观实际生产过程中抽象出来的，必须通过生产过程的检验、证实和发展。

在材料加工自动控制中，上述建立数学模型的方法都有应用，如果对控制对象的变化规律了解清楚，就可以利用已知的基本理论建模。但在热加工工艺设计中，许多现象还不能用工艺理论来分析，此时必须通过实验，然后通过许多记录数据，用数理统计方法来建模，因此，常常用到回归分析法。

5.5 拉普拉斯变换及传递函数的概念

5.5.1 拉普拉斯变换

1. 问题的提出

工程实践中常用的一些函数，如阶跃函数，它们往往不能满足傅里叶变换（以下简称为傅氏变换）的条件。但是，对这种函数稍加处理，一般都能够进行傅氏变换，这样就引入了拉普拉斯变换（以下简称为拉氏变换）。

例如，对于图 5-11 所示单位阶跃函数 $f(t) = 1(t)$ 进行傅氏变换。可得

$$F(\omega) = F[f(t)] = \int_{-\infty}^{\infty} f(t) e^{-j\omega t} dt = \int_{0}^{\infty} e^{-j\omega t} dt = \frac{1}{\omega}(\cos\omega t + j\sin\omega t)\Big|_{0}^{\infty}$$

显然，$F(\omega)$ 无法计算出来，这是因为阶跃函数不满足狄里赫莱第三条件，即 $\int_{-\infty}^{\infty} |f(t)| dt$ 不存在。

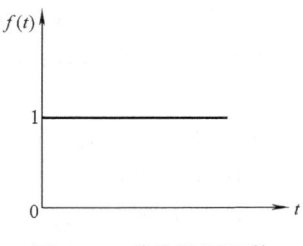

图 5-11 单位阶跃函数

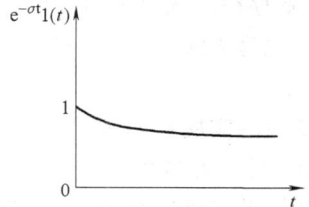

图 5-12 指数衰减函数

为了解决这个困难，用图5-12所示的指数衰减函数 $e^{-\sigma t}1(t)$ 代替 $1(t)$，因为当 $\sigma \to 0$ 时，$e^{-\sigma t}1(t)$ 趋于 $1(t)$。$e^{-\sigma t}1(t)$ 可表示为

$$e^{-\sigma t}1(t) = \begin{cases} e^{-\sigma t} & t > 0 (\sigma > 0) \\ 0 & t < 0 \end{cases}$$

用上式进行变换，求得它的傅氏变换为

$$F_\sigma(\omega) = F[e^{-\sigma t}1(t)] = \int_{-\infty}^{\infty} e^{-\sigma t}1(t)e^{-j\omega t}dt = \int_{0}^{\infty} e^{-\sigma t}e^{-j\omega t}dt = \frac{1}{\sigma + j\omega}$$

上式说明，单位阶跃函数乘以因子 $e^{-\sigma t}$ 后，便可以进行傅氏变换。由于进行变换的函数是经过处理的，而且只考虑 $t > 0$ 的时间区间，因此称为单边广义傅氏变换。

对于任意函数 $f(t)$，如果不满足狄里赫莱第三条件，一般是因为当 $t \to \pm\infty$ 时，$f(t)$ 衰减太慢。仿照单位阶跃函数的处理方法，也用因子 $e^{-\sigma t}(\sigma > 0)$ 乘以 $f(t)$，则当 $t \to \infty$ 时，衰减就快得多。通常把 $e^{-\sigma t}$ 称为收敛因子。但由于它在 $t \to -\infty$ 时起相反作用，为此，假设 $t < 0$ 时，$f(t) = 0$。这个假设在实际上是可行的，因为，总可以把外作用加到系统上的开始瞬间选为 $t = 0$，而 $t < 0$ 时的行为，即外作用加到系统之前的行为，可以在初始条件内考虑。这样，对函数 $f(t)$ 的研究，就变为在时间 $t = 0 \to \infty$ 区间内对函数 $f(t)e^{-\sigma t}$ 的研究，并称为 $f(t)$ 的广义函数，它的傅氏变换为单边傅氏变换，即

$$F_\sigma(\omega) = \int_{0}^{\infty} f(t)e^{-\sigma t}e^{-j\omega t}dt = \int_{0}^{\infty} f(t)e^{-(\sigma+j\omega)t}dt$$

若令 $\omega = \dfrac{s - \sigma}{j}$，则上式可写为

$$F_\sigma\left(\frac{s-\sigma}{j}\right) = F(s) = \int_{0}^{\infty} f(t)e^{-st}dt \tag{5-4}$$

又，$F_\sigma(\omega)$ 的傅里叶反变换（以下简称傅氏反变换）得

$$f(t)e^{-\sigma t} = F^{-1}[F_\sigma(\omega)] = \frac{1}{2\pi}\int_{-\infty}^{\infty} F_\sigma(\omega)e^{j\omega t}d\omega$$

等式两边同乘以 $e^{\sigma t}$，得

$$f(t) = \frac{1}{2\pi}\int_{-\infty}^{\infty} F_\sigma(\omega)e^{(\sigma+j\omega)t}d\omega$$

以 $s = \sigma - j\omega$ 代之，可得

$$f(t) = \frac{1}{2\pi j}\int_{\sigma-j\infty}^{\sigma+j\infty} F(s)e^{st}ds \tag{5-5}$$

在式（5-4）和式（5-5）中，$s = \sigma + j\omega$ 是复数，只要其实部 $\sigma > 0$，且足够大，式（5-5）的积分就存在。式（5-4）和式（5-5）称为拉氏变换，$F(s)$ 称为 $f(t)$ 的拉氏变换，也称为象函数，记为 $F(s) = L[f(t)]$；$f(t)$ 称为 $F(s)$ 的拉式反变换，也称原函数，记为 $f(t) = L^{-1}[F(s)]$。

拉氏变换的实质是一种单边广义傅氏变换，不满足傅氏变换条件的函数，乘以收敛因子 $e^{-\sigma t}(\sigma > 0)$ 后，大多数都可以进行拉氏变换。由此看出，一个函数可进行拉氏变换的条件要比傅氏变换的条件容易满足，这就使拉氏变换成为工程实践中很有用的工具。

例 5-2 求单位阶跃函数 $f(t) = 1(t)$ 的拉氏变换。

解： 由式（5-4）得

$$F(s) = L[1(t)] = \int_0^\infty f(t)\mathrm{e}^{-st}\mathrm{d}t = \frac{1}{s}$$

如果 $f(t) = R1(t)$，则

$$F(s) = L[R1(t)] = \int_0^\infty Rf(t)\mathrm{e}^{-st}\mathrm{d}t = \frac{R}{s}$$

例 5-3 求指数函数 $f(t) = \mathrm{e}^{at}$ 的拉氏变换，式中 a 是常数。

解：由式 (5-4) 得

$$F(s) = L[\mathrm{e}^{at}] = \int_0^\infty \mathrm{e}^{at}\mathrm{e}^{-st}\mathrm{d}t = \frac{1}{s-a}$$

2. 拉氏变换定理

（1）**线性性质** 设 $F_1(s) = L[f_1(t)]$，$F_2(s) = L[f_2(t)]$，a、b 为常数，则有

$$L[af_1(t) + bf_2(t)] = aL[f_1(t)] + bL[f_2(t)] = aF_1(s) + bF_2(s) \tag{5-6}$$

线性性质表明，常数可以提到拉氏变换外面；原函数和的拉氏变换等于各原函数拉氏变换的和。

（2）**微分定理** 设 $F(s) = L[f(t)]$，则有

$$L\left[\frac{\mathrm{d}f(t)}{\mathrm{d}t}\right] = sF(s) - f(0) \tag{5-7}$$

式中，$f(0)$ 是函数 $f(t)$ 在 $t=0$ 时的值。

同理，函数 $f(t)$ 的高阶导数的拉氏变换为

$$L\left[\frac{\mathrm{d}^2 f(t)}{\mathrm{d}t^2}\right] = s^2 F(s) - [sf(0) + f'(0)]$$

$$L\left[\frac{\mathrm{d}^3 f(t)}{\mathrm{d}t^3}\right] = s^3 F(s) - [s^2 f(0) + sf'(0) + f''(0)]$$

$$\vdots$$

$$L\left[\frac{\mathrm{d}^n f(t)}{\mathrm{d}t^n}\right] = s^n F(s) - [s^{n-1} f(0) + s^{n-2} f'(0) + \cdots + f^{(n-1)}(0)]$$

式中，$f(0), f'(0), \cdots, f^{(n-1)}(0)$ 分别为 $f(t)$ 及其各阶导数在 $t=0$ 时的值。显然，如果原函数 $f(t)$ 及其各阶导数的初始值都等于零，则原函数 $f(t)$ 的 n 阶导数的拉氏变换就等于其象函数 $F(s)$ 乘以 s^n，即

$$L\left[\frac{\mathrm{d}^n f(t)}{\mathrm{d}t^n}\right] = s^n F(s)$$

（3）**积分定理** 设 $F(s) = L[f(t)]$，则有

$$L\left[\int f(t)\mathrm{d}t\right] = \frac{1}{s}F(s) + \frac{1}{s}f^{(-1)}(0) \tag{5-8}$$

式中，$f^{(-1)}(0)$ 是 $\int f(t)\mathrm{d}t$ 在 $t=0$ 时的值。

同理，对于 $f(t)$ 的多重积分的拉氏变换有

$$L\left[\iint f(t)\mathrm{d}t^2\right] = \frac{1}{s^2}F(s) + \frac{1}{s^2}f^{(-1)}(0) + \frac{1}{s}f^{(-2)}(0)$$

$$L\left[\underbrace{\int \cdots \int}_{n} f(t)\mathrm{d}t^n\right] = \frac{1}{s^n}F(s) + \frac{1}{s^n}f^{(-1)}(0) + \cdots + \frac{1}{s}f^{(-n)}(0)$$

式中,$f^{(-1)}(0), f^{(-2)}(0), \cdots, f^{(-n)}(0)$ 分别为 $f(t)$ 的各重积分在 $t=0$ 时的值,如果 $f^{(-1)}(0) = f^{(-2)}(0) = \cdots = f^{(-n)}(0) = 0$,则有

$$L\left[\underbrace{\int \cdots \int}_{n} f(t) \mathrm{d}t^n\right] = \frac{1}{s^n}F(s)$$

即原函数 $f(t)$ 的 n 重积分的拉氏变换等于其象函数 $F(s)$ 除以 s^n。

(4) 初值定理 若函数 $f(t)$ 及其一阶导数都是可拉氏变换的,则 $f(t)$ 的初值为

$$f(0_+) = \lim_{t \to 0_+} f(t) = \lim_{s \to \infty} sF(s) \tag{5-9}$$

即原函数 $f(t)$ 在自变量趋于零(从正向趋于零)时的极限值,取决于其象函数 $F(s)$ 在自变量趋于无穷大时的极限值。式中 $f(0_+)$ 表示 $f(t)$ 在 t 稍大于零时的值。

(5) 中值定理 若函数 $f(t)$ 及其一阶导数都是可拉氏变换的,则函数 $f(t)$ 的终值为

$$\lim_{t \to \infty} f(t) = \lim_{s \to 0} sF(s) \tag{5-10}$$

即原函数 $f(t)$ 在自变量趋于无穷大时的极限值取决于象函数 $F(s)$ 在自变量趋于零时的极限值。注意,当 $f(t)$ 是周期函数,如正弦函数 $\sin\omega t$ 时,由于它没有终值,故中值定理不适用。

(6) 位移定理 设 $F(s) = L[f(t)]$,则有

$$L[f(t - \tau_0)] = \mathrm{e}^{-\tau_0 s}F(s) \tag{5-11}$$

和

$$L[\mathrm{e}^{at}f(t)] = F(s - a) \tag{5-12}$$

式(5-11)表明实域中的位移定理,即当原函数 $f(t)$ 沿时间轴平移 τ_0,见图 5-13,对应于其象函数 $F(s)$ 乘以 $\mathrm{e}^{-\tau_0 s}$。

同样,由式(5-4)有

$$L[\mathrm{e}^{at}f(t)] = \int_0^\infty \mathrm{e}^{at}f(t)\mathrm{e}^{-st}\mathrm{d}t = \int_0^\infty f(t)\mathrm{e}^{-(s-a)t}\mathrm{d}t = F(s-a)$$

上式表示复域中的位移定理,即当象函数 $F(s)$ 的自变量 s 位移 a 时,相应原函数 $f(t)$ 乘以 e^{at}。位移定理在工程上的用途很大,利用它可以方便地求一些复杂函数的拉氏变换。例如由

$$L[\sin\omega t] = \frac{\omega}{s^2 + \omega^2}$$

可直接求得

$$L[\mathrm{e}^{-at}\sin\omega t] = \frac{\omega}{(s+a)^2 + \omega^2}$$

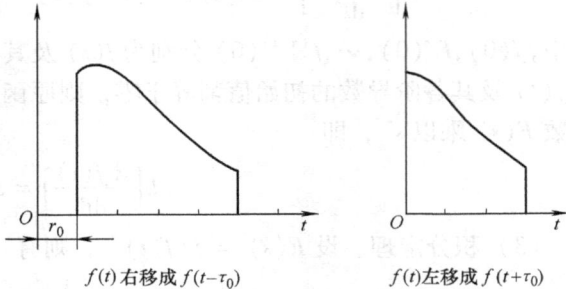

图 5-13 沿时间轴平移的函数

(7) 相似定理 设 $F(s) = L[f(t)]$,则有

$$L\left[f\left(\frac{1}{a}\right)\right] = aF(as) \tag{5-13}$$

式中,a 为实常数。

(8) 卷积定理 设 $F_1(s) = L[f_1(t)]$,$F_2(s) = L[f_2(t)]$,则有

$$F_1(s)F_2(s) = L\left[\int_0^t f_1(t-\tau)f_2(\tau)\mathrm{d}\tau\right]$$

式中，$\int_0^t f_1(t-\tau)f_2(\tau)\mathrm{d}\tau$ 为 $f_1(t)$ 和 $f_2(t)$ 的卷积，可写为 $f_1(t)f_2(t)$。

因此，上式表示两个原函数的卷积相应于它们象函数的乘积。

表 5-1 简要列出了拉氏变换的基本特征。

表 5-1 拉氏变换的基本特性

	基本运算	$f(t)$	$F(s) = L[f(t)]$
1	拉氏变换定义	$f(t)$	$F(s) = \int_0^\infty f(t)\mathrm{e}^{-st}\mathrm{d}t$
2	位移（时间域）	$f(t-\tau_0)\cdot 1(t-\tau_0)$	$\mathrm{e}^{-\tau_0 s}F(s)$ $\tau_0 > 0$
3	相似性	$f(at)$	$\dfrac{1}{a}F\left(\dfrac{s}{a}\right)$ $a > 0$
4	一阶导数	$\dfrac{\mathrm{d}f(t)}{\mathrm{d}t}$	$sF(s) - f(0)$
5	n 阶导数	$\dfrac{\mathrm{d}^n f(t)}{\mathrm{d}t^n}$	$s^n F(s) - s^{n-1}f(0) - s^{n-2}f'(0) - \cdots - f^{(n-1)}(0)$
6	不定积分	$\int f(t)\mathrm{d}t$	$\dfrac{1}{s}[F(s) + f^{(-1)}(0)]$
7	定积分	$\int_0^t f(t)\mathrm{d}t$	$\dfrac{1}{s}F(s)$
8	函数乘以 t	$tf(t)$	$-\dfrac{\mathrm{d}}{\mathrm{d}s}F(s)$
9	函数除以 t	$\dfrac{1}{t}f(t)$	$\int_s^\infty F(s)\mathrm{d}s$
10	位移（s 域）	$\mathrm{e}^{-at}f(t)$	$F(s+a)$
11	初始值	$\lim\limits_{t\to 0^+}f(t)$	$\lim\limits_{s\to\infty}sF(s)$
12	终值	$\lim\limits_{t\to\infty}f(t)$	$\lim\limits_{s\to 0}sF(s)$
13	卷积	$f_1(t)f_2(t) = \int_0^t f_1(\tau)f_2(t-\tau)\mathrm{d}\tau$	$F_1(s)F_2(s)$

3. 拉氏反变换

由象函数 $F(s)$ 求原函数 $f(t)$，可根据式（5-4）拉氏反变换公式计算。对于简单的象函数可直接应用拉氏变换对照表查出相应的原函数。在工程实践中，求复杂象函数的原函数时，通常先用部分分式展开法（也称海维赛展开定理）将复杂函数展成简单函数的和，再应用拉氏变换对照表。

5.5.2 传递函数的概念

控制系统的微分方程是在时间域描述系统动态性能的数学模型。在给定外作用及初始条件下,求解微分方程可以得到系统的输出响应。但是,如果系统中某个参数发生变化或者其结构形式改变,则需要重新列写并求解微分方程。因此不便于对系统进行分析或设计。

运用拉氏变换求解系统的线性常微分方程,可以得到系统在复数域的数学模型,称其为传递函数。传递函数不仅可以表征系统的动态特性,而且可以借以研究系统的结构或参数变化对系统特性的影响,它是经典控制理论中最基本的,也是最重要的微分方程。

图 5-14 所示为 RC 电路,电容 C 有初始电压 $u_c(0)$,试求开关 S 突然接通后,电容 C 两端的电压 $u_c(t)$。

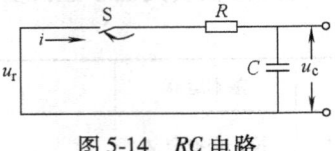

图 5-14 RC 电路

开关 S 突然接通,相当于电路在 $t=0$ 时加上阶跃电压 $u_r=1(t)$。根据基尔霍夫定律,可列出微分方程式:

$$RC\frac{du_c(t)}{dt} + u_c(t) = u_r(t)$$

现用拉氏变换方法求解该微分方程。

根据拉氏变换的线性性质和微分定理,并考虑初始条件,对微分方程中各项进行拉氏变换。令 $L[u_c(t)] = U_c(s)$,$L[u_r(t)] = U_r(s)$,则有

$$RC[sU_c(s) - U_c(0)] + U_c(s) = U_r(s)$$

式中,$U_c(0)$ 为电压初始值。

整理后为:

$$(RCs + 1)U_c(s) = U_r(s) + RCU_c(0)$$

上式为包含了初始条件、关于 s 的代数方程,只需解出 $U_c(s)$,然后求其拉氏反变换便可求得微分方程的解 $u_c(t)$。由上式可得

$$U_c(s) = \frac{1}{RCs+1}U_r(s) + \frac{RC}{RCs+1}U_c(0)$$

式中,$U_r(s) = L[u_r(t)]$ 为电路的输入电压;$U_c(s) = L[u_c(t)]$ 为电容电压,即输出电压;$U_c(0)$ 为电容上的初始电压。

当输入电压为阶跃电压 $U_r1(t)$ 时,则 $U_r(s) = L[U_r1(t)] = \frac{1}{s}U_r$,对 $U_c(s)$ 进行拉氏反变换,即可得到 $u_c(t)$ 的变化规律

$$u_c(t) = U_r(1 - e^{-\frac{1}{RC}t}) + U_c(0)e^{-\frac{1}{RC}t} \tag{5-14}$$

式中,右端第一项是输入电压 $u_r(t)$ 决定的分量,是当电容为初始值状态 $U_c(0)=0$ 时的响应,故称为零状态响应;第二项是由电容初始电压 $U_c(0)$ 决定的分量,它是当输入电压 $u_r(t)=0$ 时的响应,故称零输入响应。RC 电路对阶跃输入的响应如图 5-15 所示,电容电压 $u_c(t)$ 即为两者的合成。

由此可见,在给定输入电压 $u_r(t)$ 及初始电压 $U_c(0)$ 时,式 (5-14) 的拉氏反变换便是 RC 电路的输出电压 $u_c(t)$。显然,$u_c(t)$ 与 $U_c(s)$ 有单值对应关系,而且它们都是电路输出响应的数学描述,不同之处仅在于 $u_c(t)$ 是时间域的物理

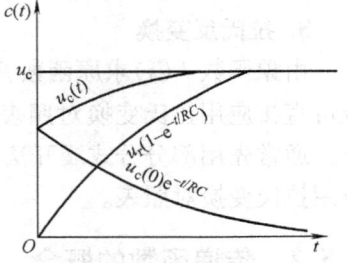

图 5-15 RC 电路对阶跃输入的响应

量，而 $U_c(s)$ 是复数域的物理量。这种单值对应关系奠定了在复数域研究系统动态特性的基础。

在式（5-14）中，如果把初始电压 $U_c(0)$ 也视为一个输入作用，则根据线性系统的叠加原理，可以分别研究在输入电压 $u_r(t)$ 和初始电压 $U_c(0)$ 作用时，电路的输出响应。若初始电压 $U_c(0)$ 为零则有

$$U_c(s) = \frac{1}{RCs + 1} U_r(s) \tag{5-15}$$

上式表明，当输入电压 $u_r(t)$ 一定时（这时象函数 $U_r(s)$ 也是确定的），电路输出响应的拉氏变换 $U_c(s)$ 完全由 $\frac{1}{RCs+1}$ 所确定。式（5-15）也可写成

$$\frac{U_c(s)}{U_r(s)} = \frac{1}{RCs + 1} \tag{5-16}$$

由上式看出，当初始电压为零时，无论输入电压 $u_r(t)$ 是什么形式，电路输出响应的象函数与输入信号的象函数之比是一个只与电路结构及参数有关的函数。因此，可以用式（5-16）来表示电路系统本身的特性，并称其为传递函数，写为

$$G(s) = \frac{1}{Ts + 1}$$

式中，$T = RC$。

显然，传递函数 $G(s)$ 确立了电路输入电压与输出电压之间的关系。

传递函数可用图 5-16 直观表示。图中方框内写传递函数，进入方框的箭头表示输入信号，离开方框的箭头表示输出信号。该图表明了电路中电压的传递关系，即输入电压 $U_r(s)$ 经过 $G(s)$ 的传递，得到输出电压 $U_c(s) = G(s)U_r(s)$。

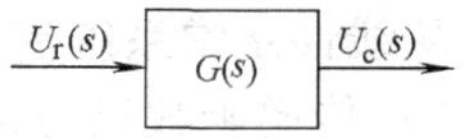

由 RC 电路得到的传递函数的概念可以推广到一般的元件或控制系统。

图 5-16 传递函数的图示

1. 传递函数的定义

在线性定常系统中，设系统的输入量为 $r(t)$，输出量为 $c(t)$，则它的传递函数 $G(s)$ 是指初始条件为零时，输出量的拉氏变换 $C(s)$ 和输入量的拉氏变换 $R(s)$ 之比，即

$$G(s) = \frac{L[c(t)]}{L[r(t)]} = \frac{C(s)}{R(s)} \tag{5-17}$$

可见，传递函数是描述系统动态性能的一种方法。它不管系统内部结构是怎样的，而直接用它的输出象函数和输入象函数之比来表示。

线性定常系统一般可由下述 n 阶线性微分方程描述：

$$a_0 \frac{d^n}{dt^n} c(t) + a_1 \frac{d^{n-1}}{dt^{n-1}} c(t) + \cdots + a_{n-1} \frac{d}{dt} c(t) + a_n c(t)$$

$$= b_0 \frac{d^m}{dt^m} r(t) + b_1 \frac{d^{m-1}}{dt^{m-1}} r(t) + \cdots + b_{m-1} \frac{d}{dt} r(t) + a_m r(t) \tag{5-18}$$

式中，$c(t)$ 是系统的输出量；$r(t)$ 是系统的输入量；a_0、a_1、$\cdots$、a_n，b_0、b_1、$\cdots$、b_m 是与系统结构参数有关的常系数。

令 $C(s) = L[c(t)]$，$R(s) = L[r(t)]$，在初始条件为零时，对式（5-17）进行拉氏变

换,可得到 s 的代数方程

$$(a_0 s^n + a_1 s^{n-1} + \cdots + a_{n-1} s + a_n) c(s) = (b_0 s^m + b_1 s^{m-1} + \cdots + b_{m-1} s + b_m) r(s) \quad (5\text{-}19)$$

则系统的传递函数 $G(s)$ 为

$$G(s) = \frac{C(s)}{R(s)} = \frac{b_0 s^m + b_1 s^{m-1} + \cdots + b_{m-1} s + b_m}{a_0 s^n + a_1 s^{n-1} + \cdots + a_{n-1} s + a_n} \quad (5\text{-}20)$$

由上式可知,对于定常系统,当系统的微分方程式知道后,只要把方程式中各阶导数用相应的变量 s 代替,就可直接求得系统的传递函数(各个元件的传递函数的求法亦如此)。

传递函数是在初始条件为零(称零初始条件)时定义的。控制系统的零初始条件有两方面含义:一是指输入作用是在 $t=0$ 以后才作用于系统的,因此,系统输入量及其各阶导数在 $t=0$ 时的值均为零;二是指系统在输入作用加入前是相对静止的,因此,系统输出量及其各阶导数在 $t=0$ 时的值也均为零。现实的控制系统多属于此类情况。这时,传递函数一般都可以完全表征系统的动态性能,而对于非零初始条件的系统,传递函数便不能完全表征系统的动态性能。

另外,系统内部往往有许多变量,而传递函数只是反映出系统的输入变量与输出变量之间的关系,但对内部其他变量的情况却不可能了解。特别是当某些变量不能从输入变量或输出变量反映时,传递函数便不能正确表征系统的性能,甚至会得出错误的结果,这是传递函数在使用中的局限性。现代控制理论应用状态空间法研究系统,用可控制性、可观测性的概念对系统进行全面的描述,弥补了传递函数的缺陷。尽管如此,作为经典控制理论基础的传递函数在工程实践中仍不失其重要性。

2. 传递函数的性质

从线性定常系统传递函数的定义式(5-20)可知,传递函数具有以下性质:

1)传递函数只与系统或元件本身的内部结构参数有关,而与输入量和初始条件等外部因素无关。

2)传递函数是复变量 s 的有理真分式函数,分子的多项式阶次 m 不高于分母多项式阶次 n,即 $m \leq n$,且所有系数均为实数。这是由系统的物理性质决定的,各系数都是系统元件参数的函数,而元件参数只能是实数。

3)一定的传递函数有一定的零、极点分布图与之对应。因此,传递函数的零、极点也表征了系统的动态性能。

由式(5-20)可知,传递函数 $G(s)$ 的分子、分母皆为 s 的多项式,由代数基本定律可分解为

$$G(s) = K_0 \frac{(s-z_1)(s-z_2)\cdots(s-z_m)}{(s-p_1)(s-p_2)\cdots(s-p_n)} \quad (5\text{-}21)$$

式中,z_1、z_2、z_3、$\cdots$、z_m 是传递函数分子多项式的根,称为传递函数的零点;p_1、p_2、p_3、$\cdots$、p_n 是传递函数的极点。

把传递函数的零点和极点表示在复数平面上的图形就叫做传递函数的零、极点分布图。图 5-17 表示了一个系统的零、极点分布情况。对应的传递函数形式为

$$G(s) = \frac{s+2}{(s+3)(s^2+2s+2)}$$

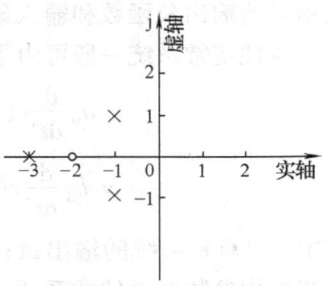

图 5-17 零、极点分布图示

图中零点用"○"表示,极点用"×"表示。

对于一个确定的系统,有其确定的传递函数。而一定的传递函数则具有一定的零、极点分布图。因此,可以根据系统零、极点分布情况来推论系统的运动规律。

5.6 典型环节及其传递函数

5.6.1 典型环节及其传递函数

1. 环节的分类

自动控制系统都是由若干个环节按一定形式耦合而成的,任何一个复杂的系统都是由有限的几种典型环节组成。因此,在研究系统动态特性时,熟悉和掌握各种典型环节,则有助于对复杂的系统进行分析和研究。

已知任何线性系统的传递函数都可以用式(5-20)的有理分式函数表示。根据代数基本定律又可写成以下形式

$$G(s) = K_0 \frac{(s-z_1)(s-z_2)\cdots\cdots(s-z_m)}{(s-p_1)(s-p_2)\cdots\cdots(s-p_n)} \tag{5-22}$$

由于式(5-20)中的各项系数都是实数,因此,传递函数的零点和极点可能有的形式是实数与共轭复数。

1)设传递函数的分子和分母均有零根,且极点的零根数比零点的零根数多 v 个。

2)设零点和极点分别有 μ 和 γ 个实数根,其值各为:$z_i = -\beta_i$ 和 $p_i = -\omega_j$,因此,它们所对应的因子可改写成下列形式

$$s - z_i = s + \beta = \frac{1}{\tau_i}(\tau_i s + 1) \tag{5-23}$$

和

$$s - p_i = s + \omega_j = \frac{1}{T_j}(T_j s + 1) \tag{5-24}$$

式中

$$\tau_i = \frac{1}{\beta_i}; \quad T_j = \frac{1}{\omega_j}$$

3)设零点和极点分别有 n 和 σ 对共轭复根,其值各为

$$z_n = -a_n + j\beta_n, \quad \overline{z_n} = -a_n - j\beta_n$$
$$p_m = -a_m + j\beta_m, \quad \overline{p_m} = -a_m - j\beta_m$$

将它们所对应的因子改写成下列形式

$$(s-z_n)(s+\overline{z_n}) = s^2 + 2a_n s + a_n^2 + \beta_n^2 = \frac{1}{\tau_n^2}(\tau_n^2 s^2 + 2\zeta_n \tau_n s + 1) \tag{5-25}$$

和

$$(s-p_m)(s+\overline{p_m}) = s^2 + 2a_m s + a_m^2 + \beta_m^2 = \frac{1}{\tau_m^2}(\tau_m^2 s^2 + 2\zeta_m \tau_m s + 1) \tag{5-26}$$

式中

$$\tau_n = \frac{1}{\sqrt{a_n^2 + \beta_n^2}}; \quad \zeta_n = \frac{a_n}{\sqrt{a_n^2 + \beta_n^2}}$$

和
$$\tau_m = \frac{1}{\sqrt{a_m^2 + \beta_m^2}}; \quad \zeta_m = \frac{a_m}{\sqrt{a_m^2 + \beta_m^2}}$$

将上述三种形式的因子代入式（5-22），传递函数改成为

$$G(s) = \frac{K \prod_{n=1}^{n}(\tau_i s + 1) \prod_{n=1}^{n}(\tau_n^2 s^2 + 2\zeta_n \tau_n s + 1)}{s^p \prod_{j=1}^{p}(T_j s + 1) \prod_{m+1}^{\sigma}(\tau_m^2 s^2 + 2\zeta_m \tau_m s + 1)} \tag{5-27}$$

式中，K 由 σ、τ_i、T_j、ζ_n、ζ_m、τ_n 和 τ_m 所确定。

由于传递函数这种表达式中含有六种因子，因此，任何控制系统都可以看做是六种因式分别表示的环节在一般情况下的串联组合，这六种典型的环节就是：

① 与分子三种因子相对应的环节，分别称为

放大环节　　　　　　　　K

一阶微分环节　　　　　　$\tau s + 1$

二阶微分环节　　　　　　$\tau^2 s^2 + 2\zeta\tau s + 1$

② 与分母三种因子相对应的环节，分别称为

积分环节　　　　　　　　$\dfrac{1}{s}$

惯性环节　　　　　　　　$\dfrac{1}{Ts+1}$

振荡环节　　　　　　　　$\dfrac{1}{T^2 s^2 + 2\zeta T s + 1}$

自动控制系统是由若干个元件构成的有机整体。完全相同功能的元件，其结构形式和工作原理都可以是各不相同的，如误差检测元件可以是电位计、热电偶、差动变压器、充电管、霍尔元件等；放大元件可以是电子放大器和液压放大器等；执行元件可以是交、直流伺服电动机和液压伺服电动机等，虽然组成系统的元件种类繁多，但是，从动态性能或数学模型来看，却可归类于上述几种基本类型环节。无论是机械的、电气式的、液压式的还是热力式的种种元件，只要它们的数学模型相同，就可归类为同一种环节，这样的归类方法，对分析研究系统以及理解掌握各种元件对系统动态性能的影响，都带来很多方便。

2. 典型环节的传递函数

（1）放大环节　放大环节又称比例环节。图 5-18 所示放大器就是放大环节的一个例子。其中

$$U_c(t) = Ku_r(t)$$
$$U_c(s) = Ku_r(s)$$

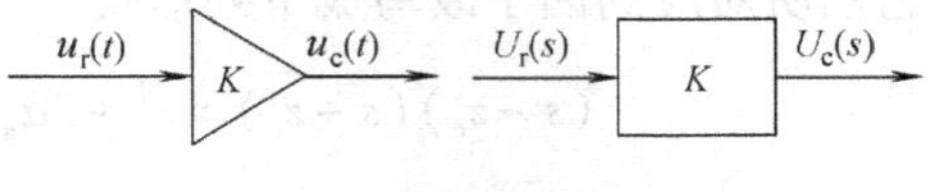

图 5-18　放大环节

则图 5-18 所示放大环节的传递函数为

$$G(s) = \frac{U_c(s)}{U_r(s)} = K \tag{5-28}$$

式中，$u_r = 1(t)$，则 $U_r(s) = \dfrac{1}{s}$，输出

$$U_c(s) = \frac{K}{s}$$

$$u_c(t) = K \cdot 1(t)$$

$u_0(t) = K \cdot 1(t)$ 称为单位阶跃响应。我们定义：在零初始条件下，输入为单位阶跃函数时，系统的响应称为单位阶跃响应。

（2）积分环节　图 5-19 中电容 C 的输入电流为 $i(t)$，输出电压为

$$u_0(t) = \frac{1}{C}\int i(t)\,dt$$

$$U_0(s) = \frac{I(s)}{Cs}$$

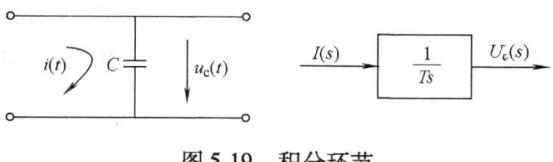

图 5-19　积分环节

令 $T = C$，则积分环节的传递函数为

$$G(s) = \frac{U_c(s)}{I(s)} = \frac{1}{Ts}$$

当 $i(t) = 1(t)$ 时，$I(s) = \frac{1}{s}$，则输出为

$$U_c(s) = \frac{1}{Cs^2}$$

环节的单位阶跃响应为

$$u_c(t) = \frac{t}{C}$$

（3）一阶微分环节　图 5-20a 中电感 L 的输入电流为 $i(t)$，输出电压为 u_c，则

$$u_c(t) = L\frac{d}{dt}i(t)$$

$$U_c(s) = LsI(s)$$

令 $T = L$，则这种理想微分环节的传递函数为

$$u_c(t) = L \cdot \delta(t)$$

图 5-20b 中是电阻 R 和电感 L 串联输出 $u_c(t)$，输入电流为 $i(t)$ 则

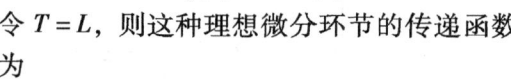

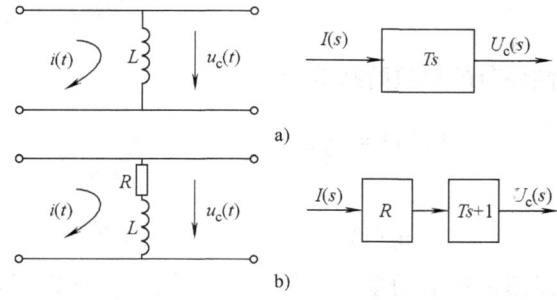

图 5-20　微分环节

$$G(s) = \frac{U_c(s)}{I(S)} = Ts \quad (5-29)$$

当输入 $i(t)$ 为单位阶跃函数时，输出为

$$U_c(s) = Ts \cdot \frac{1}{s} = T = L \cdot 1$$

环节的单位阶跃响应为

$$u_c(t) = R_i(t) + L\frac{di(t)}{dt}$$

$$U_c(s) = RI(s) + LsI(s)$$

$$G(s) = \frac{U_c(s)}{I(s)} = R + Ls = R\left(\frac{L}{R}s + 1\right) = R(Ts + 1)$$

从 $G(s)$ 可知，这是放大环节与一阶微分环节串联。

(4) 惯性环节　图 5-21 中 RC 电路输出和输入间的关系为

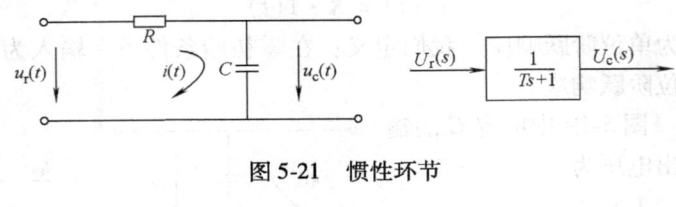

图 5-21　惯性环节

$$u_c(t) = \frac{1}{C}\int i(t)\,dt$$

$$u_r(t) = Ri(t) + \frac{1}{C}\int i(t)\,dt$$

对上面两式的两边分别取拉氏变换得

$$U_c(s) = \frac{1}{Cs}I(s)$$

$$U_r(s) = RI(s) + \frac{1}{Cs}I(s)$$

解上面两式，得 RC 电路的传递函数为

$$G(s) = \frac{U_c(s)}{U_r(s)} = \frac{1}{RCs+1}$$

令 $T = RC$，则惯性环节的传递函数为

$$G(s) = \frac{1}{Ts+1} \tag{5-30}$$

惯性环节的单位阶跃响应

$$U_c(s) = \frac{1}{s(Ts+1)} = \frac{1}{s} - \frac{1}{s+\frac{1}{T}}$$

$$u_c(t) = 1 - e^{-\frac{t}{T}} = 1 - e^{-\frac{t}{RC}}$$

所以惯性环节的单位阶跃响应曲线是一根以 $T = RC$ 为时间常数，按指数规律上升的曲线，如图 5-22 所示。

惯性环节的种类很多，图 5-23 所示机械转动系数的传递函数，也是一个惯性环节。图中 T 是输入转矩，J 是转动惯量，ω 是角速度，f 为粘性摩擦系数。系统的力矩平衡方程为

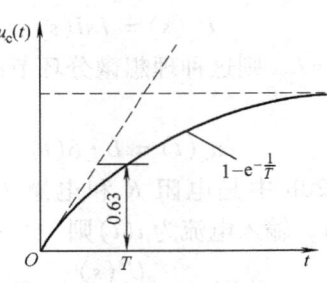

图 5-22　惯性环节的单位阶跃响应曲线

$$J\frac{d\omega}{dt} + f\omega = T$$

上式两边进行拉氏变换，得

$$J(s)\omega(s) + f\omega(s) = T(s)$$

系统的传递函数为

图 5-23　机械转动系统

$$G(s) = \frac{\omega(s)}{T(s)} = \frac{1}{Js+f} = \frac{\frac{1}{f}}{\frac{J}{f}s+1}$$

令 $T = \frac{J}{f}$,$K = \frac{1}{f}$,则

$$G(s) = \frac{K}{Ts+1}$$

(5) 振荡环节　图 5-24 所示电路时一个电气振荡系统。电路输出与输入间的关系为

$$u_c(t) = \frac{1}{C}\int i(t)\,dt$$

$$u_r(t) = L\frac{d}{dt}i(t) + Ri(t) + \frac{1}{C}\int i(t)\,dt$$

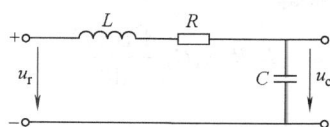

对上面两式的两边分别进行拉氏变换得

$$U_c(s) = \frac{1}{Cs}I(s)$$

$$U_r(s) = LsI(s) + RI(s) + \frac{1}{Cs}I(s)$$

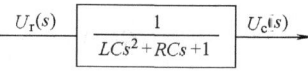

图 5-24　电气振荡环节

解上两式得 RLC 电路的传递函数为

$$G(s) = \frac{U_c(s)}{U_r(s)} = \frac{1}{LCs^2 + RCs + 1}$$

令 $\sqrt{LC} = T$,$\frac{R}{2}\sqrt{\frac{C}{L}} = \zeta$,则该系统的传递函数为

$$G(s) = \frac{U_c(s)}{U_r(s)} = \frac{1}{T^2s^2 + 2\zeta Ts + 1} \tag{5-31}$$

式中,T 为时间常数;ζ 为系统的阻尼系数,它与振荡环节的特性有密切关系。

令

$$T^2s^2 + 2\zeta Ts + 1 = 0 \tag{5-32}$$

式（5-32）为微振荡环节的特征方程。其特征根为

$$s = -\frac{\zeta}{T} \pm \frac{1}{T}\sqrt{\zeta^2 - 1}$$

由此可以看出：

1）当 $0 < \zeta < 1$ 时,特征根有一对实部为负的共轭复根,系统时间响应有振荡特性,称为振荡环节,该系统处于欠阻尼振荡状态。

2）当 $\zeta = 1$ 时,特征根有一对相等的实根,该系统处于临界阻尼状态。

3）当 $\zeta > 1$ 时,特征根有两个不相等的负实根,称该系统处于过阻尼状态。

4）当 $\zeta = 0$ 时,特征根有一对纯虚根,则该系统处于零阻尼状态,即为持续的等幅振荡状态。

(6) 二阶微分环节　二阶微分环节的传递函数为

$$G(s) = \tau^2 s^2 + 2\zeta\tau s + 1 \tag{5-33}$$

图 5-25 所示的两级高通滤波器可看成是由二阶微分环节组成的。若输入量为 $u_c(t)$,输

出量为 $u_c(t)$，其电压方程为

$$u_r(t) = \frac{1}{C_1}\int i_1(t)\,\mathrm{d}t + R_1[i_1(t) - i_2(t)] \tag{5-34}$$

$$0 = -R_1[i_1(t) - i_2(t)] + \frac{1}{C_2}\int i_2(t)\,\mathrm{d}t + R_2 i_2(t) \tag{5-35}$$

$$u_c(t) = R_2 i_2(t) \tag{5-36}$$

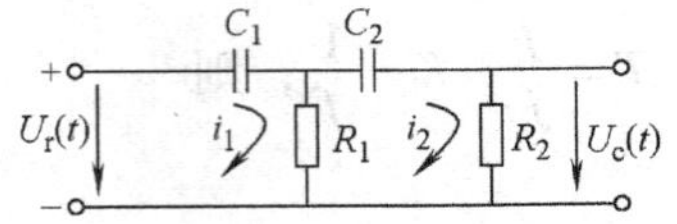

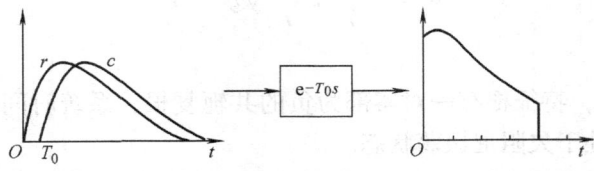

图 5-25　两级高通滤波电路

将式（5-34）、式（5-35）、式（5-36）合并，消去中间变量得

$$R_1 R_2 C_1 C_2 \frac{\mathrm{d}^2 u_c(t)}{\mathrm{d}t^2} + (R_1 C_1 + R_2 C_2 + R_1 C_2)\frac{\mathrm{d}u_c(t)}{\mathrm{d}t} + u_c(t) = R_1 R_2 C_1 C_2 \frac{\mathrm{d}^2 u_r(t)}{\mathrm{d}t^2} \tag{5-37}$$

初始条件为零时，取拉氏变换，得传递函数为

$$G(s) = \frac{U_c(s)}{U_r(s)} = \frac{R_1 R_2 C_1 C_2 s^2}{R_1 R_2 C_1 C_2 s^2 + (R_1 C_2 + R_2 C_2 + R_2 C_1)s + 1} \tag{5-38}$$

由上式可以看出，两级高通滤波器，可以看成是由理想的二阶微分环节与振荡环节构成。

应该指出，只有当方程（5-33）的三项式具有复根时，才能称其为二阶微分环节。如果三项式具有实根，即可以用两个一阶二项式的乘积来代替，此时则认为这个环节是由两个串联的一阶微分环节所组成的。式（5-33）中 τ、ζ 两个常数表示环节的微分特性。

（7）滞后环节　除上述六种基本环节外，还有一种常用的环节，即滞后环节，又称延迟环节。该环节的输入量不是真的复现输入量的变化，但有恒定的时间延迟性，如图 5-26 所示，该环节的输出为

$$c(t) = r(t - T_0) \cdot 1(t - T_0)$$
$$C(s) = \mathrm{e}^{-T_0 s} R(s)$$

则滞后环节的传递函数为

$$G(s) = \frac{C(s)}{R(s)} = \mathrm{e}^{-T_0 s} \tag{5-39}$$

图 5-26　滞后环节

5.6.2　机电系统

图 5-27 所示为一他励式直流电动机电枢控制原理图。图中，ω 为电动机角速度（rad/s），M_c 为折算到电动机轴上的总负载力矩（N·m），u_a 为电枢电压（V）。

在电枢控制情况下，励磁不变。取 u_a 为给定输入量，ω 为输出量，M_c 为扰动量。为便

于建立方程，引入中间变量 e_a、i_a 和 M。e_a 为电动机旋转时电枢两端的反电动势（V），i_a 为电枢电流（A），M 为电动机旋转时的电磁力矩（N·m）。

根据电动机运行过程的物理规律（包括机和电两个方面），可列写输入量、输出量和中间变量之间的数学关系式如下：

1）电动机电枢回路的电势平衡方程为

$$L_a \frac{di_a}{dt} + i_a R_a + e_a = u_a \tag{5-40}$$

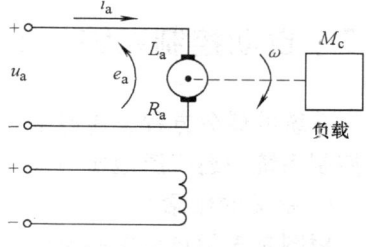

图 5-27 他励式直流电动机电枢控制原理图

式中，L_a、R_a 分别为电枢回路电感和电阻。

2）电动机的反电动势方程为

$$e_a = C_e \omega \tag{5-41}$$

式中，C_e 为电动机的电动势常数，单位为 V·s/rad。

3）电动机的电磁转矩方程为

$$M = C_m i_a \tag{5-42}$$

式中，C_m 为电动机的转矩常数，单位为 N·m/A。

4）电动机轴上的动力学方程为

$$J \frac{d\omega}{dt} = M - M_c \tag{5-43}$$

式中，J 为转动部分折算到电动机轴上的总转动惯量，其单位为 N·m·s²。

注意式（5-43）中已忽略与转速成正比的阻尼转矩。

从以上列出的四个方程中消去三个中间变量 e_a、i_a 和 M，经过整理，则可得到描述输出量 ω 和输入量 u_a、扰动量 M_c 之间的关系式为

$$T_a T_m \frac{d^2\omega}{dt^2} + T_m \frac{d\omega}{dt} + \omega = K_u u_a - K_m \left(T_a \frac{dM_c}{dt} + M_c \right) \tag{5-44}$$

式中，$T_a = \frac{L_a}{R_a}$，$T_m = \frac{JR_a}{C_e C_m}$，单位都是 s，分别称为电动机电枢回路的电磁时间常数和机电时间常数；$K_u = \frac{1}{C_e}$，$K_m = \frac{T_m}{J}$，分别称为电压传递系数和转矩传递系数，分别表征了电压 u_a 变动或扰动转矩 M_c 变动时对电动机角速度 ω 的影响程度。

式（5-44）为电枢控制直流电动机的数学模型。该式既含机械量（如转矩 M_c、角速度 ω），又含电量（如 u_a），故又称为机电系统的数学模型。

通常电枢绕组的电感 L_a 较小，故电磁时间常数 T_a 可以忽略不计，于是电动机的微分方程可简化为

$$T_m \frac{d\omega}{dt} + \omega = K_u u_a - K_m M_c \tag{5-45}$$

如果取电动机的转角 θ(rad) 作为输出，电枢电压为 u_a(V)，考虑到 $\omega = \frac{d\theta}{dt}$，于是式（5-45）可改写成

$$T_m \frac{d^2\theta}{dt^2} + \frac{d\theta}{dt} = K_u u_a - K_m M_c \tag{5-46}$$

由式（5-45）和式（5-46）可知：对于同一个系统，若从不同的角度研究问题，则所得出的数学模型是不一样的。

5.7 自动控制系统的框图及其变换

系统的微分方程、传递函数是分析和设计系统的基础，为了便于形象地研究系统，在自动控制系统中还广泛地使用系统框图。

1. 框图的概念

框图是表示自动控制系统中信号传递的图形，就是把元件或环节的传递函数写在相应的方框中，并用表明传递方向的箭头，将这些方框连接起来，就组成了一个框图单元，如图5-28 所示。指向方框的箭头表示输入，从方框出来的箭头表示输出。在这些箭头上表明了相应的信号。从方框输出的信号的因次，应等于输入信号的因次与方框中传递函数因次的乘积，即：

$$C(s) = R(s)G(s)$$

系统的框图有以下四个要素。

（1）信号线　信号线用箭头表示信号传递方向，在线上写出信号的时间函数或它的拉氏变换，见图5-29。

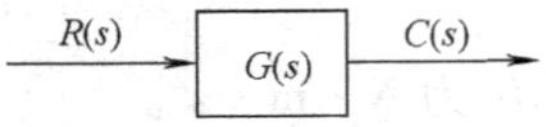

图 5-28　框图单元 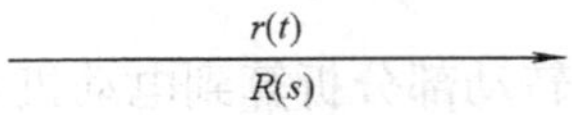　　　　　　　　图 5-29　信号线

（2）引出点（分至点）　引出点表示把一个信号分两路或多路取出，因为仅表示取出信号，而不去除能量，所以信号量并不减少。即同一位置引出信号，在大小和性质上完全一样。其表示见图5-30。

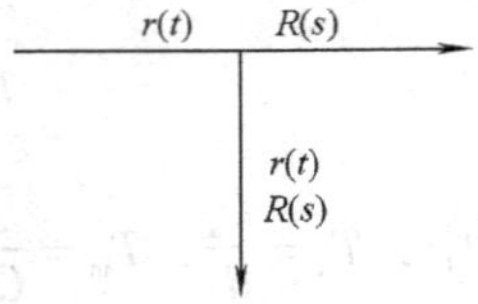

（3）比较点（综合点）　比较点代表两个或两个以上的输入信号进行加、减比较的元件，其表示见图5-31。

（4）环节　环节接收信号并把该信号变换为其他信号，通过框图输出，在方框中写上该环节的传递函数，见图5-32。

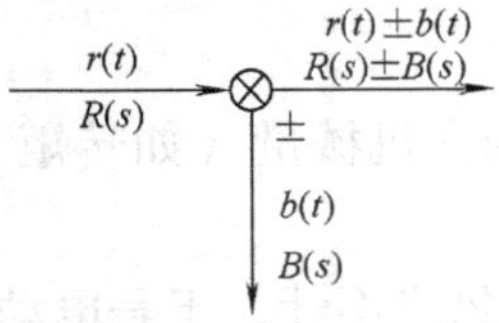

图 5-31　比较点 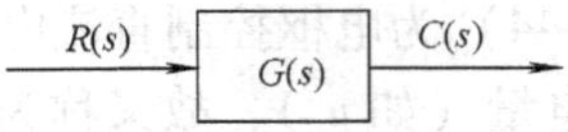　　　　　　　　图 5-32　环节

2. 框图的运算法则

系统中各环节之间一般有三种基本连接方式：串联、并联和反馈连接。

（1）串联运算法则　几个环节的串联，总的传递函数等于每个串联环节的传递函数的乘积。

图 5-33 表示两个环节 $G_1(s)$ 和 $G_2(s)$ 串联，由图可知。

$$C_1(s) = V(s)G_2(s) = R(s)G_1(s)G_2(s)$$

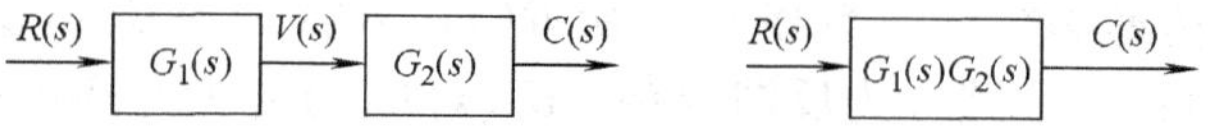

第 5 章 自动控制理论基础

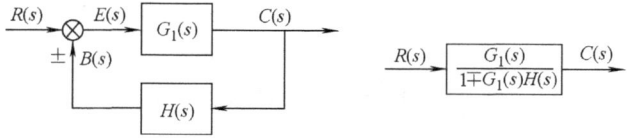

图 5-33 环节的串联

则
$$G(s) = \frac{C(s)}{R(s)} = G_1(s)G_2(s)$$

所以，串联连接的等效传递函数等于各传递函数的乘积。

（2）并联运算法则　n 个同向环节并联的传递函数等于所有并联环节传递函数之和。

图 5-34 表示两个环节的并联，由图知

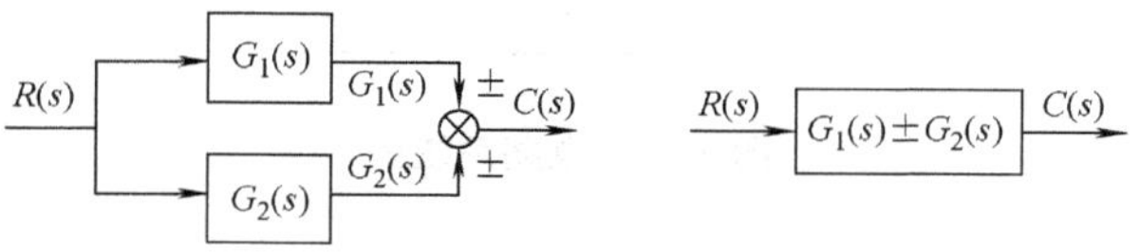

图 5-34 环节的并联

$$C_1(s) = R(s)G_1(s)$$
$$C_2(s) = R(s)G_2(s)$$
$$C(s) = C_1(s) \pm C_2(s) = R(s)[G_1(s) \pm G_2(s)]$$

则
$$G(s) = \frac{C(s)}{R(s)} = G_1(s) \pm G_2(s)$$

所以，环节并联后的等效传递函数等于所有并联环节传递函数的代数和。

（3）反馈运算法则　具有反馈环节的传递函数等于前向通路的传递函数除以 1 加（或减）向前通路和反馈通路传递函数的乘积。

图 5-35 反馈连接

图 5-35 表示了反馈连接，图中 "+" "-" 分别表示正反馈和负反馈，由图知

$$C(s) = G_1(s)E(s) \qquad (5\text{-}47)$$
$$E(s) = R(s) \pm B(s) \qquad (5\text{-}48)$$
$$B(s) = H(s)C(s) \qquad (5\text{-}49)$$

将式（5-48）、式（5-49）代入式（5-47），得

$$C(s) = \frac{R(s)G_1(s)}{1 \mp H(s)G_1(s)}$$

记
$$G(s) = \frac{C(s)}{R(s)} = \frac{G_1(s)}{1 \mp H(s)G_1(S)}$$

其中，$G(s)$ 称为闭环传递函数。图 5-35 中，从 $R(s) \to G_1(s) \to C(s)$ 这条通路称前向通路，从 $C(s) \to H(s) \to B(s)$ 这条通路称为反馈通路。$G_1(s)H(s)$ 称为开环传递函数，所以

$$G(s) = \frac{\text{前向通路的传递函数}[G_1(s)]}{1 \mp \text{开环传递函数}[G_1(s) \cdot H(s)]}$$

3. 框图的建立

以图 5-36 所示系统为例来说明系统框图的建立。

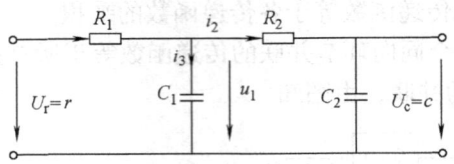

图 5-36　电路系统图

由图 5-36 得

$$I_1(s) = [U_r(s) - U_1(s)] \cdot \frac{1}{R_1} \qquad \text{得图 5-37a}$$

$$U_1(s) = \frac{1}{C_1 s} I_3(s) \qquad \text{得图 5-37b}$$

$$I_2(s) = [U_1(s) - C(s)] \frac{1}{R_2} \qquad \text{得图 5-37c}$$

$$C(s) = \frac{1}{C_2 s} I_2(s) \qquad \text{得图 5-37d}$$

$$I_1(s) - I_2(s) = I_3(s) \qquad \text{得图 5-37e}$$

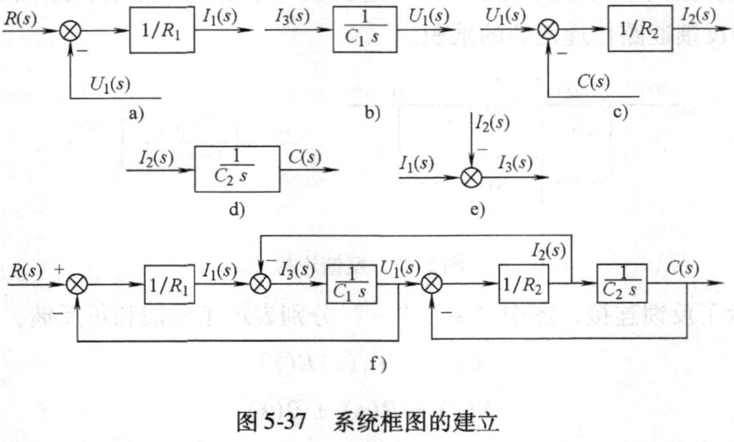

图 5-37　系统框图的建立

用信号线把上述的方框依次连接起来，得到图 5-37f，该框图就是所要建立的由图 5-36 所示电路系统的框图。

4. 框图的变换

系统的框图是根据系统中各元件的运动方程建立的，当系统各变量间的数学关系很复杂时，其框图必然也是错综复杂的。为了求出整个系统的传递函数，可以对框图进行变换和简化。框图等效变换的法则如表 5-2 所示。

表 5-2 框图等效变换法则

序号	原 框 图	等 效 框 图
	串联	
1	$A \to [G_1] \to AG_1 \to [G_2] \to AG_1G_2$	$A \to [G_1G_2] \to AG_1G_2$
	串联易位	
2	$A \to [G_1] \to AG_1 \to [G_2] \to AG_1G_2$	$A \to [G_2] \to AG_2 \to [G_1] \to AG_1G_2$
	同向并联	
3	上支路 $A \to [G_1] \to AG_1$,下支路 $A \to [G_2] \to AG_2$,汇合 $\to AG_1+AG_2$	$A \to [G_1+G_2] \to AG_1+AG_2$
	同向并联环节易位	
4	上支路 $A \to [G_1] \to AG_1$,下支路 $A \to [G_2] \to AG_2$,汇合 $\to AG_1+AG_2$	$A \to [G_2] \to [\frac{1}{G_2}] \to [G_1] \to \oplus \to AG_1+AG_2$ (带反馈至汇合点)
	反馈环节易位	
5	$A \to \ominus \to [G_1] \to \frac{G_1}{1+G_1G_2}A$,反馈 $[G_2]$	$A \to [\frac{1}{G_2}] \to \ominus \to [G_2] \to [G_1] \to \frac{G_1}{1+G_1G_2}A$
	相加点易位	
6	$A \to \oplus(C+,B-) \to A-B+C$	$A \to \oplus(B-) \to A-B \to \oplus(C+) \to A-B+C$
	相加点易位	
7	$A \to \oplus(B+) \to A-B \to \oplus(C+) \to A-B+C$	$A \to \oplus(C+) \to A+C \to \oplus(B-) \to A-B+C$

（续）

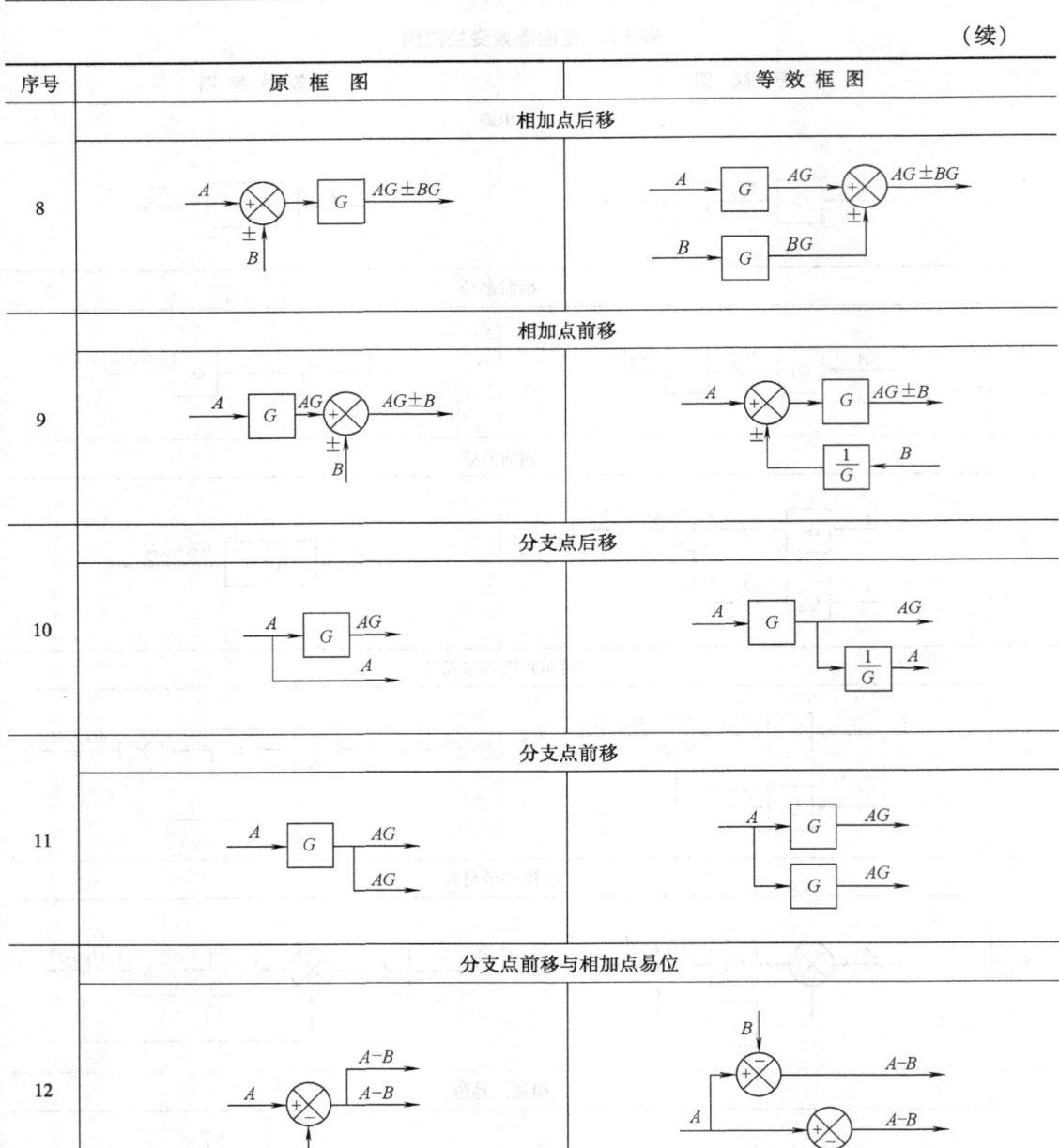

例 5-4 简化图 5-37f 的框图，并求传递函数。

解：图 5-37f 所示框图的简化过程见图 5-38a ~ 图 5-38d，所以总的传递函数为

$$G(s) = \frac{C(s)}{R(s)} = \frac{1}{1 + (R_1C_1 + R_2C_2 + R_1C_2)s + R_1R_2C_1C_2s^2}$$

其中，图 5-38a 是根据表 5-2 所示的法则 9 和 11，图 5-38b 是根据表 5-2 所示的法则 1 和 7，图 5-38c 是根据表 5-2 所示的法则 5，图 5-38d 是根据表 5-2 所示的法则 1 和 5 进行的简化。

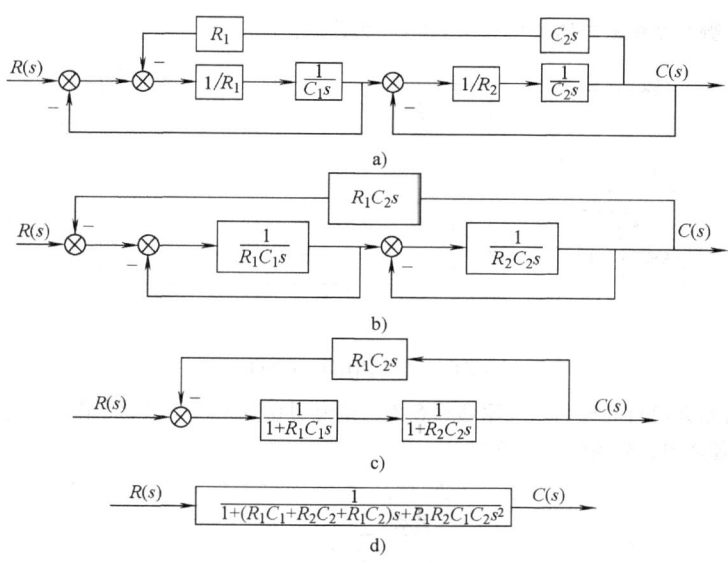

图 5-38 化简过程

例 5-5 化简图 5-39 所示的系统框图。

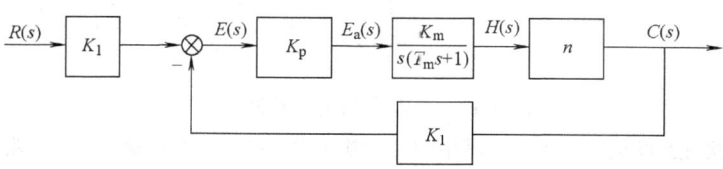

图 5-39 系统框图

解：化简过程如图 5-40 所示。

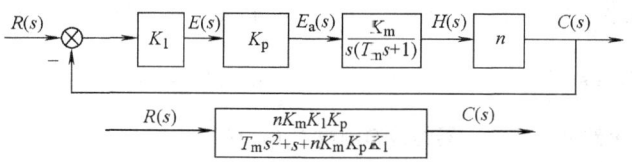

图 5-40 化简过程

其中，图 5-40a 是根据法则 9，图 5-40b 是根据法则 1 和 5 进行简化的。

复习思考题

1. 试列举一些日常生活中开环控制和闭环控制系统的例子，并说明其工作原理。
2. 说明开环和闭环控制系统的优缺点。
3. 试述控制系统的组成以及对控制系统的基本要求。
4. 图 5-7 所示的转速闭环控制系统中，若测速发电机的正负极性接反了，试问系统能否正常工作？为什么？
5. 图 5-41a 和图 5-41b 所示的系统均为自动调压系统，试分析其工作原理，画出框图。假设空载时，图 5-41a 和图 5-41b 的发电机端电压均为 110V，试问：带上负载以后图 5-41a 和图 5-41b 中哪个系统能够保持110V电压不变？哪个系统的电压会稍低于110V？为什么？

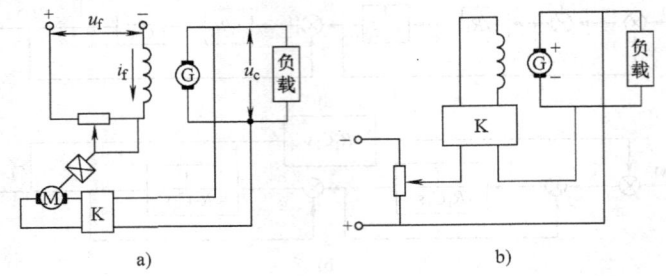

图 5-41 自动调压系统原理图

6. 图 5-42 是仓库大门自动控制系统原理示意图。试说明仓库大门开闭的工作原理并画出系统框图。如果大门不能全开或者全闭，应该怎样调整？

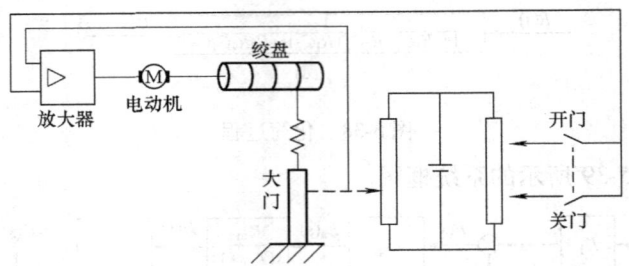

图 5-42 仓库大门自动控制系统

7. 下列各式是描述系统的微分方程，其中 $c(t)$ 为输出量，$r(t)$ 为输入量。试判断哪些是线性定常或时变系统，哪些是非线性系统？

1) $c(t) = 5 + r^2(t) + t\dfrac{d^2 r(t)}{dt^2}$
2) $c(t) = r(t)\cos wt + 5$
3) $c(t) = 3r(t) + 6\dfrac{dr(t)}{dt} + 5\int_{-\infty}^{t} r(\tau)d\tau$
4) $c(t) = r^2(t)$
5) $\dfrac{d^3 c(t)}{dt^3} + 3\dfrac{d^2 c(t)}{dt^2} + 6\dfrac{dc(t)}{dt} + 8c(t) = r(t)$
6) $t\dfrac{dc(t)}{dt} + c(t) = r(t) + 3\dfrac{dr(t)}{dt}$

8. 求图 5-43 中 RC 电路和运算放大器的传递函数 $U_o(s)/U_i(s)$。

9. 求图 5-44 所示弹簧阻尼运动系统的传递函数。

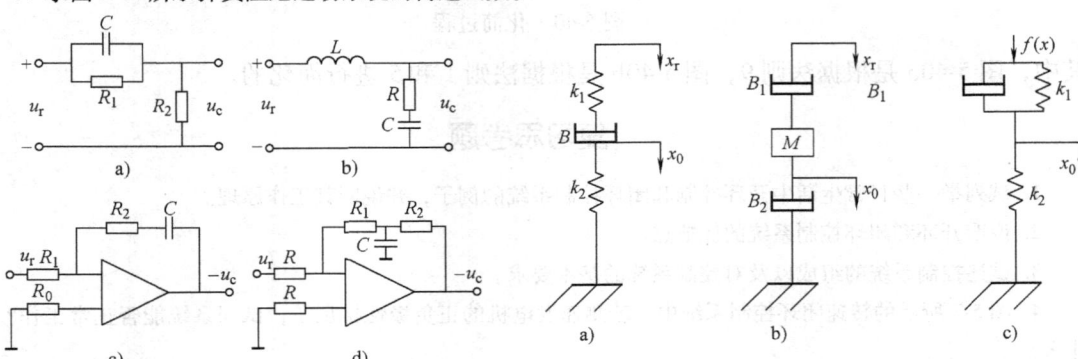

图 5-43 电路网络图   图 5-44 弹簧阻尼运动系统

1) 求图 5-44a 的 $\dfrac{X_o(s)}{X_r(s)}$

2) 求图 5-44b 的 $\dfrac{X_o(s)}{X_r(s)}$

3) 求图 5-44c 的 $\dfrac{X_o(s)}{F(s)}$

10. 试用复阻抗法画出图 5-45 所示电路的动态结构图，并求传递函数 $U_c(s)/U_r(s)$ 及 $U_o(s)/U_r(s)$。

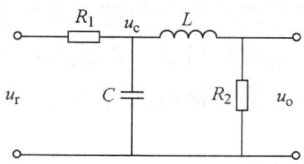

图 5-45 RLC 电路

11. 简化图 5-46 所示的系统结构图，求输出 $C(s)$ 的表达式。

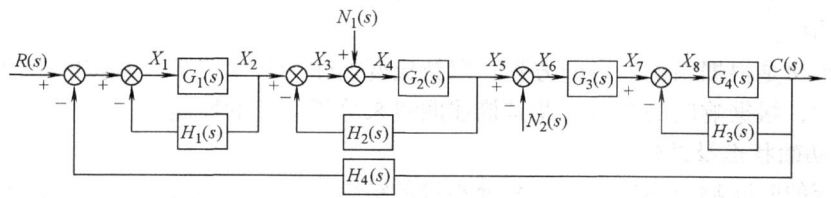

图 5-46 系统结构图

12. 简化图 5-47 所示的系统结构图，并求出传递函数 $C(s)/R(s)$。

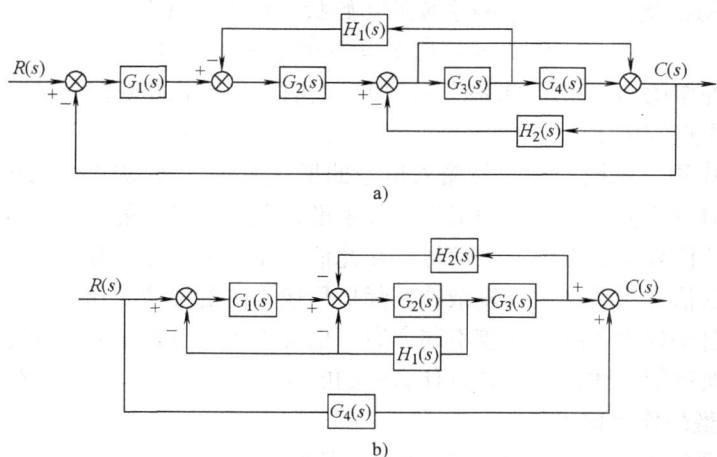

图 5-47 控制系统结构图

第6章 自动控制系统分析

在分析控制系统数学模型的基础上，可以采用不同的方法去分析控制系统的性能。从控制的观点来分析系统的性能，主要考虑的是如何使系统具有满意的性能——稳、快、准。本章首先介绍了控制工程中最常见的时域分析法。在此基础上介绍了工艺过程电动机拖动下的转速及其运动位置的闭环控制技术、熔化极电弧焊的焊接参数及电弧长度的闭环控制技术。

6.1 自动控制系统时域分析

自动控制系统分析的经典方法就是时域分析法。自动控制系统在典型初始状态及外作用下产生输出响应。

时域分析法是根据系统的微分方程，以拉氏变换作为数学工具，直接解出控制系统的时间响应。然后，根据响应的表达式及其描述曲线来分析系统的性能。

1. 典型初始状态及外作用

一个系统的时间响应不仅取决于系统本身的结构、参数，而且还同系统的初始状态以及加在系统上的外作用有关。为了描述控制系统的内部特征、分析和比较系统性能的好坏，通常对外作用和初始条件作一些典型化处理。

(1) 典型的初始状态　规定控制系统的初始状态均为零状态，即在 $t=0^-$ 时

$$c(0^-) = c(\dot{0}^-) = c(\ddot{0}^-) = \cdots = 0$$

这表明，在外作用加于系统的瞬时 ($t=0$) 之前，系统是相对静止的，被控量及各阶导数相对于平衡工作点的增量为零。

(2) 典型外作用　系统的响应与输入信号的形式有关。自动控制系统的实际输入信号具有随机性质。但对于大多数系统的工作条件来说，在所有可能的输入信号中，可以选取最典型的、最不利的信号作为系统输入信号。在此信号作用下，分析和试验系统的性能是否满足要求，从而可以估计系统在比较复杂的实际信号输入下的性能。这种处理，在很多场合是可行的，对设计自动控制系统、比较不同方案，也带来很大方便。对系统性能的要求，也就是归结为系统在典型信号作用下应具有什么样的响应。

2. 常用的典型外作用信号

(1) 单位阶跃作用 $1(t)$　如图 6-1a 所示，其数学描述为

$$1(t) = \begin{cases} 0 & t < 0 \\ 1 & t \geq 0 \end{cases}$$

其拉氏变换式为

$$L[1(t)] = \frac{1}{s}$$

指令的突然转换、电源的突然接通、负荷的突变等，均可视为单位阶跃作用。因此单位阶跃作用是评价系统动态性能时应用较多的一种典型外作用。

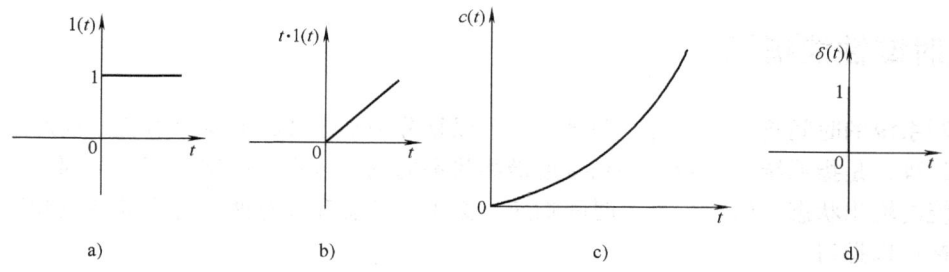

图 6-1 典型外作用

a）单位阶跃作用 b）单位斜坡作用 c）单位抛物线作用 d）单位脉冲作用

（2）单位斜坡作用 $t \cdot 1(t)$ 如图 6-1b 所示，其数学描述为

$$t \cdot 1(t) = \begin{cases} 0 & t < 0 \\ t & t \geq 0 \end{cases}$$

其拉氏变换式为

$$L[t \cdot 1(t)] = \frac{1}{s^2}$$

大型船闸匀速升降时，主拖动系统发出的位置信号、数控机床加工斜面时的进给指令等，均可看成斜坡作用。

（3）单位抛物线作用 如图 6-1c 所示，其数学描述为

$$c(t) = \begin{cases} 0 & t < 0 \\ \frac{1}{2} \cdot 1 \cdot t^2 & t \geq 0 \end{cases}$$

其拉氏变换式为

$$L[c(t)] = \frac{1}{s^3}$$

单位抛物线作用是随动系统中常见的输入信号，等加速度运动均可看成抛物作用。

（4）单位脉冲作用 $\delta(t)$ 如图 6-1d 所示，其数学描述为

$$\delta(t) = \begin{cases} \infty & t = 0 \\ 0 & t \neq 0 \end{cases}$$

其拉氏变换式为

$$L[\delta(t)] = 1$$

单位脉冲作用 $\delta(t)$ 在现实中是不存在的，它只有数学上的意义，但它却是一个重要的数学工具。脉动电压信号、冲击力、阵风或大气湍流等，可近似看成脉冲作用。

（5）正弦作用 $A\sin\omega t$ 其中，A 为振幅，ω 为角频率。

其拉氏变换式为

$$L[A\sin\omega t] = \frac{A\omega}{s^2 + \omega^2}$$

实际控制过程中，如海浪对舰艇的扰动力、伺服振动台的输入指令、电源及机械振动的噪声等，均可近似为正弦作用。

6.2 时域性能指标

控制系统的时间响应，从时间顺序上，可以划分为动态和稳态两个过程。动态过程又称为过渡过程，是指系统从初始状态到接近最终状态的响应过程；稳态过程是指时间 t 趋于无穷时系统的输出状态。研究系统的时间响应，必须对动态和稳态两个过程的特点和性能以及有关指标加以探讨。

一般认为，跟踪和复现阶跃作用对系统来说是较为严格的工作条件，故通常以阶跃响应来衡量系统控制性能的优劣和定义时域性能指标。系统的阶跃响应性能指标如下所述，控制系统的典型单位阶跃响应如图 6-2 所示。

（1）延迟时间 t_a　指单位阶跃响应曲线 $c(t)$ 上升到其稳态值的 50% 所需要的时间。

（2）上升时间 t_r　指单位阶跃响应曲线 $c(t)$，从稳态值的 10% 上升到 90% 所需要的时间。有的教科书中，指从零上升到稳态值所需要的时间。

（3）峰值时间 t_p　指单位阶跃响应曲线 $c(t)$ 超过其稳态值而达到第一个峰值所需要的时间。

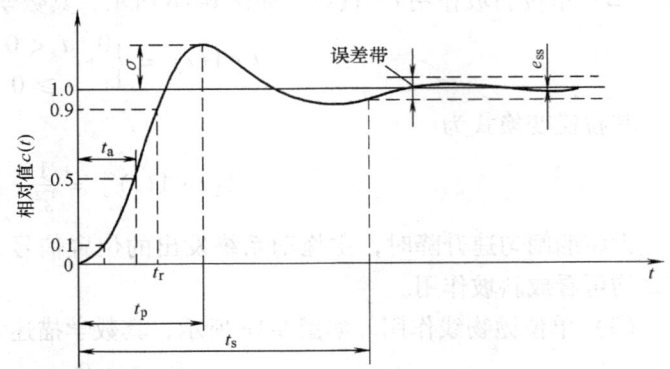

图 6-2　控制系统的典型单位阶跃响应

（4）超调量 σ　指在响应过程中，超出稳态值的最大偏离量与稳态值之比，即

$$\sigma = \frac{c(t_p) - c(\infty)}{c(\infty)} \times 100\%$$

式中，$c(\infty)$ 是单位阶跃响应的稳态值；$c(t_p)$ 是单位阶跃响应的峰值。

（5）调节时间 t_s　在单位阶跃响应曲线的稳态值附近，取 ±5%（有时也取 ±2%）作为误差带，响应曲线达到并不再超出该误差带的最小时间，称为调节时间（或过渡过程时间）。

（6）稳态误差 e_{ss}　对单位负反馈系统，当时间 t 趋于无穷时，系统单位阶跃响应的实际值（即稳态值）与期望值 [即输入量 $1(t)$] 之差，定义为稳态误差，即 $e_{ss} = 1 - c(\infty)$。

显然，当 $c(\infty) = 1$ 时，系统的稳态误差为零。

上述六项性能指标中，延迟时间 t_a、上升时间 t_r 和峰值时间 t_p 均表征系统响应初始段的快慢；调节时间 t_s 表示系统过渡过程持续的时间，从总体上反映了系统的快速性；超调量 σ 是反映系统响应过程的稳定性；稳态误差 e_{ss} 则反映了系统复现输入信号的最终（稳态）精度。

下面侧重从超调量、调节时间和稳态误差这三项指标，分别评价系统单位阶跃响应的稳定性、快速性和稳态精度。

6.3 一阶系统分析

由一阶微分方程描述的系统称为一阶系统。一些控制元部件及简单系统如 RC 电路、空气加热器、液面控制系统等都是一阶系统。

6.3.1 一阶系统的数学模型

一阶系统的微分方程为

$$T\frac{dC(t)}{dt} + C(t) = r(t) \tag{6-1}$$

式中，$C(t)$ 为输出量；$r(t)$ 为输入量；T 为时间常数。

一阶系统的结构如图 6-3 所示。其闭环传递函数为

$$G(s) = \frac{C(s)}{R(s)} = \frac{1}{\frac{1}{K}s + 1} = \frac{1}{Ts + 1} \tag{6-2}$$

式中，$T = 1/K$。

式 (6-1) 和式 (6-2) 为一阶系统的数学模型。时间常数 T 是表征系统惯性的一个主要参数，所以一阶系统也称为惯性环节。对于不同的系统，时间常数 T 具有不同的物理意义，但是由式 (6-1) 看出，它总是具有时间的量纲。

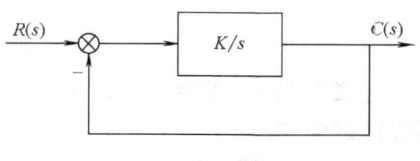

图 6-3 一阶控制系统

6.3.2 一阶系统的单位阶跃响应

因为单位阶跃输入的拉氏变换

$$R(s) = \frac{1}{s}$$

则式 (6-1)、式 (6-2) 可写成

$$C(s) = G(s)R(s) = \frac{1}{Ts+1}\frac{1}{s}$$

取 $C(s)$ 的拉氏反变换，可得单位阶跃响应

$$C(t) = L^{-1}\left[\frac{1}{Ts+1}\frac{1}{s}\right] = L^{-1}\left[\frac{1}{s} - \frac{1}{s + \frac{1}{T}}\right]$$

则

$$c(t) = 1 - e^{-\frac{1}{T}t} \quad t \geq 0 \tag{6-3}$$

或写成

$$c(t) = c_{ss} + c_{tt}$$

式中，$c_{ss} = 1$，代表稳态分量；$c_{tt} = -e^{-\frac{t}{T}}$，代表瞬态分量。

当时间 t 趋于无穷时，c_{tt} 衰减为零。显然，一阶系统的单位阶跃响应曲线是一条由零开始、按指数规律上升并最终趋于 1 的曲线，如图 6-4 所示。响应曲线具有非振荡特征，故也称非周期响应。

时间常数 T 是表征响应特性的唯一参数，它与输出值有确定的对应关系

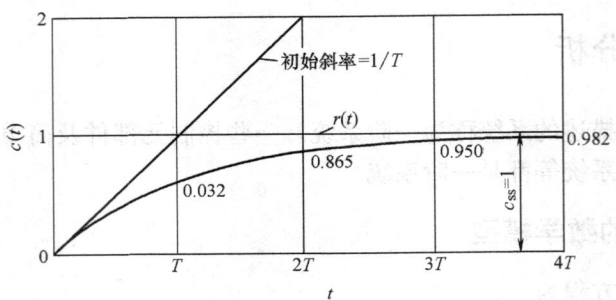

图 6-4 一阶系统的单位阶跃响应

$$t = T, \quad c(T) = 0.632$$
$$t = 2T, \quad c(2T) = 0.865$$
$$t = 3T, \quad c(3T) = 0.950$$
$$t = 4T, \quad c(4T) = 0.982$$

可以用实验方法，根据这些值鉴别和确定被测系统是否为一阶系统。

响应曲线的初始斜率为

$$\left.\frac{dc(t)}{dt}\right|_{t=0} = \left.\frac{1}{T}e^{-\frac{1}{T}t}\right|_{t=0} = \frac{1}{T}$$

上式表明，一阶系统的单位阶跃响应如果以初始速度等速上升至稳态值 1，所需要的时间应恰好为 T。

由于一阶系统的阶跃响应没有超调量，所以其性能指标主要是调节时间 t_s，它表征系统过渡过程进行的快慢。由于 $t_s = 3T$ 时，输出响应可达稳态值的 95%；$t_s = 4T$ 输出响应可达稳态值的 98%，故一般取

$$t_s = 3T(对应 5\% 误差带)$$
$$t_s = 4T(对应 2\% 误差带)$$

显然，系统的时间常数 T 越小，调节时间 t_s 越小，响应过程的快速性也越好。

由稳态误差定义及式（6-3）可以看出，图 6-4 所示系统的单位阶跃响应是没有稳态误差的，这是由于

$$e_{ss} = 1 - c(\infty) = 1 - 1 = 0$$

例 6-1 一阶系统的结构如图 6-5 所示。求该系统单位阶跃响应的调节时间 t_s。如果要求 $t_s \leq 0.1s$，试问系统的反馈系统应如何取值？

解：首先由系统结构图写出闭环传递函数

$$G(s) = \frac{C(s)}{R(s)} = \frac{\dfrac{100}{s}}{1 + \dfrac{100}{s} \times 0.1} = \frac{10}{0.1s + 1}$$

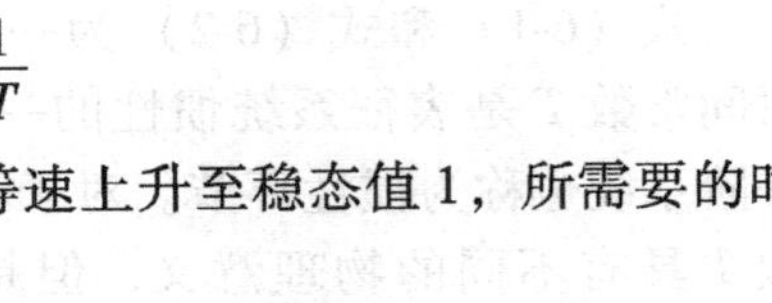

图 6-5 一阶系统结构图

由闭环传递函数得到时间常数

$$T = 0.1s$$

因此调节时间

$$t_s = 3T = 0.3s(取 5\% 误差带)$$

闭环传递函数分子上的数值 10 称为放大系数,相当于串接一个 $K=10$ 的放大器,故调节时间与它无关,只取决于时间常数 T。

下面来求满足 $t_s \leqslant 0.1\mathrm{s}$ 的反馈系数值。假设反馈系数为 $K_t(K_t > 0)$。那么同样可自结构图写出闭环传递函数

$$G(s) = \frac{100/s}{1 + \frac{100}{s}K_t} = \frac{1/K_t}{\frac{0.01}{K_t}s + 1}$$

由闭环传递函数可得

$$T = \frac{0.01}{K_t}s$$

根据题意要求 $t_s \leqslant 0.1\mathrm{s}$,则

$$t_s = 3T = 0.03/K_t \leqslant 0.1\mathrm{s}$$

所以

$$K_t \geqslant 0.3$$

例 6-2 关于模型辨识。在已知单位阶跃信号输入下,通过实验测得响应曲线如图 6-6 所示。如何来辨识此曲线所对应的模型是否为一阶系统。如果是,那么时间常数 T 应该如何确定?

这里介绍关于次割距的概念:在图 6-6 所示的响应曲线上任取一点 A,过此点 A 作响应曲线的切线交稳态值于 B 点,则 A、B 点在时间轴上所对应的时差就是 T,称 T 为次割距。同样再可任取一点 A',再过 A' 点作响应曲线的切线交稳态值于 B' 点,则 A'、B' 点在时间轴上所对应的时差仍为 T。如果响应的次割距相等,均为 T,那么该曲线所对应的模型就是一阶系统模型(读者可自行证明)。用此方法确定系统模型比求响应的初始斜率更为精确,因为原点处的信号较小,测量和显示的精度较差,所以作出的切线不能精确地代表响应的初始速度,那么辨识的模型就不如用次割距方法精确。

图 6-6 模型响应曲线

例 6-3 关于一阶系统实验中的故障状态分析。一阶系统结构如图 6-7 所示。

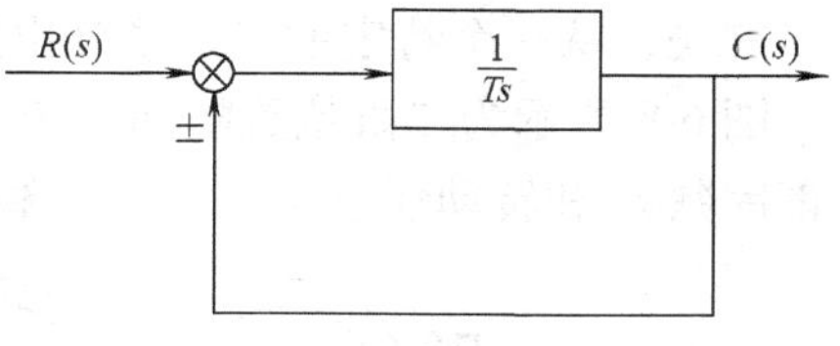

第一种情况:当输入为阶跃信号,而输出 $c(t)$ 随时间线性增长时,可以断定,积分器的反馈断开了。证明如下:

由于积分器反馈断开,所以有

$$C(s) = \frac{1}{Ts}R(s)$$

当输入信号为单位阶跃时

$$R(s) = \frac{1}{s}$$

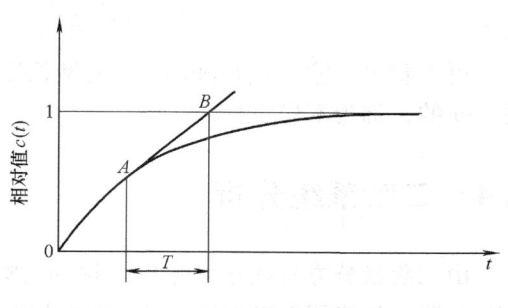

图 6-7 一阶系统故障分析结构图

则
$$C(s) = \frac{1}{Ts}\frac{1}{s} = \frac{1}{T}\frac{1}{s^2}$$

取 $C(s)$ 的拉氏反变换,得
$$c(t) = \frac{1}{T}t \quad t \geq 0$$

输出量 $c(t)$ 随 t 线性增长,即输出量等于输入信号的积分。

第二种情况:当输入为阶跃信号,而输出 $c(t)$ 随时间按指数规律无限增长时,我们可以断定,反馈错接为正反馈了。证明如下
$$C(s) = \frac{1}{Ts-1}R(s)$$

当输入信号为单位阶跃时
$$R(s) = \frac{1}{s}$$

则
$$C(s) = \frac{1}{Ts-1}\frac{1}{s}$$

取 $C(s)$ 的拉氏反变换,得
$$c(t) = L^{-1}\frac{1}{Ts-1}\frac{1}{s} = -1 + e^{\frac{t}{T}} \quad (t \geq 0)$$

可以看出,输出 $c(t)$ 随时间 t 的增长按指数规律越来越偏离稳态值。像这样的系统是无法工作的,称为不稳定系统。

6.4 二阶系统分析

由二阶微分方程描述的系统,称为二阶系统。它在控制工程中的应用极为广泛。例如 RLC 电路、忽略了电枢电感 L_a 后的电动机、物体的运动等都是二阶系统的例子。此外,许多高阶系统,在一定的条件下,常常简化以后近似成二阶系统来研究。因此,详细讨论和分析二阶系统的特性,具有极为重要的实际意义。

6.4.1 二阶系统的数学模型

首先,从一个特定的二阶系统出发,推导出数学模型,然后抽象为一般形式进行讨论。

图 6-8 所示为二阶位置随动系统,该系统的任务是控制一个转动负载,该负载具有粘性摩擦因数 f_L 和转动惯量 J_L,要使负载的位置保持与给定手柄的位置同步。

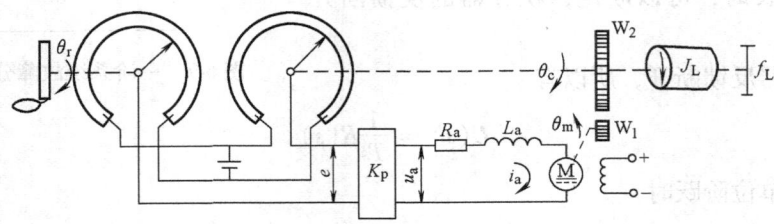

图 6-8 二阶位置随动系统原理图

图 6-9 为电枢控制直流电动机的传递函数。在图示系统中，R_a 为电枢绕组的电阻；i_a 为电枢绕组中的电流；u_a 为电枢电压；e_b 为电枢旋转电动势；u_f 为励磁电压；J_L 为负载转动惯量；θ_m 为电机轴的角位移。

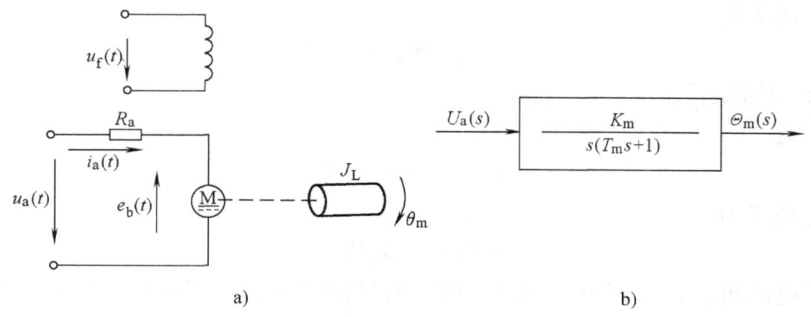

图 6-9　电枢控制直流电动机的传递函数
a) 电枢控制直流电动机　b) 框图

根据直流电动机工作原理

$$i_a = [u_a - e_b]\frac{1}{R_a} \tag{6-4}$$

$$e_b = K_b \frac{d\theta_m}{dt} \tag{6-5}$$

式中，K_b 是电动机旋转电动势系数。电动机的电磁转矩

$$M_m = C_m i_a \tag{6-6}$$

电动机的力矩系数 C_m、电磁转矩 M_m 驱动负载并克服摩擦力。如果只考虑与速度成正比的粘性摩擦，则

$$M_m = J\frac{d^2\theta_m}{dt^2} + f_m \frac{d\theta_m}{dt} \tag{6-7}$$

式中，J 是电动机轴上的总转动惯量，$J = J_m + J_L$，J_m 是电动机的转动惯量；f_m 是电动机轴上的粘性摩擦因数。对式（6-4）~式（6-7）两边分别取拉氏变换，并解之可得

$$\frac{\Theta_m(s)}{u_a(s)} = \frac{K_m}{s(T_m s + 1)} \tag{6-8}$$

式（6-8）即为电枢控制的直流电动机的近似（忽略了电动机的电感 L_m）传递函数，式中

$$T_m = \frac{JR_a}{R_a f_m + K_b c_m}$$

$$K_m = \frac{c_m}{R_a f_m + K_b c_m}$$

式中，T_m 称为电动机的机电时间常数（单位为 s）；K_m 称为电动机的传递系数[单位是 rad/(s·V)]。

现在可以进一步讨论图 6-8 所示的位置随动系统。图中 θ_r 为参考输入轴的角位移；θ_c 为输出轴的角位移；i_a 为电枢电流；f_L 为负载的粘性摩擦因数；n 为传动比 N_1/N_2，N_1、N_2 分别为 W_1、W_2 的匝数。

描述位置随动系统的方程如下。
对于电位器式误差检测器

$$e = K_1(\theta_r - \theta_c)$$

其拉氏变换式为

$$E(s) = K_1[\Theta_r(s) - \Theta_c(s)] \tag{6-9}$$

式中，K_1 为电位器误差检测器的增益。
对于放大器

$$u_a(t) = K_p e(t)$$

其拉氏变换式为

$$U_a(s) = K_p E(s) \tag{6-10}$$

对于直流电动机，折合到电动机轴上的等效转动惯量 J' 和等效粘性摩擦因数分别为

$$J' = J_m + n^2 J_L \tag{6-11}$$

$$f = f_m + n^2 f_L \approx n^2 f_L \tag{6-12}$$

式中，J_m 为电动机的转动惯量；f_m 为电动机粘性摩擦因数（忽略不计）。
参考图 6-8 及式（6-8）可得

$$\frac{\Theta_m(s)}{U_a(s)} = \frac{K'_m}{s(T'_m s + 1)} \tag{6-13}$$

式中

$$K'_m = \frac{c_m}{R_a f + K_b c_m}$$

$$T'_m = \frac{J R_a}{R_a f + K_b c_m}$$

式中，K_a 为电动机旋转电动势常数。
输出轴的角位移

$$\theta_c = n\theta_m$$

$$\Theta_c(s) = n\Theta_m(s) \tag{6-14}$$

解方程式（6-9）~式（6-14）可得

$$\Theta_c(s) = \frac{nK'_m K_p K_1}{s(T'_m s + 1)}[\Theta_r(s) - \Theta_c(s)]$$

$$\frac{\Theta_c(s)}{\Theta_r(s)} = \frac{nK'_m K_p K_1}{T'_m s^2 + s + nK'_m K_p K_1}$$

$$= \frac{nc_m K_p K_1}{JR_a s^2 + (R_m f + K_p c_m)s + nc_m K_p K_1}$$

令

$$K = \frac{nc_m K_p K_1}{R_a}$$

$$F = f + \frac{K_b c_m}{R_a}$$

则

$$\frac{\Theta_c(s)}{\Theta_r(s)} = \frac{K}{Js^2 + Fs + K}$$

令 $\omega_n = \sqrt{\dfrac{K}{J}}$，$\omega_n$ 称为无阻尼自然振荡频率；$\zeta = \dfrac{F}{2\sqrt{JK}}$，$\zeta$ 称为系统的阻尼系数。

则得二阶系统的传递函数

$$\frac{\Theta_c(s)}{\Theta_r(s)} = \frac{\omega_n^2}{s^2 + 2\zeta\omega_n s + \omega_n^2} \quad (6\text{-}15)$$

其结构如图 6-10 所示。

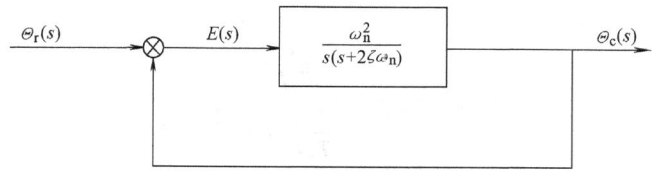

图 6-10　一般形式的二阶系统图

二阶系统一般形式的闭环特征方程为

$$s^2 + 2\zeta\omega_n s + \omega_n^2 = 0 \quad (6\text{-}16)$$

方程的特征根为

$$s_{1,2} = -\zeta\omega_n \pm \omega_n\sqrt{\zeta^2 - 1} \quad (6\text{-}17)$$

从式（6-17）也可以看出

当 $0 < \zeta < 1$ 时，系统时间响应具有振荡性，称为欠阻尼状态。

当 $\zeta > 1$ 时，系统称为过阻尼状态。

当 $\zeta = 1$ 时，系统称为临界阻尼状态。

当 $\zeta = 0$ 时，系统称为零阻尼状态，其输出响应为持续的等幅振荡。

二阶系统的响应特性完全由 ζ 和 ω_n 两个数来描述，所以说 ζ 和 ω_n 是二阶系统的重要结构参数。

6.4.2　二阶系统的单位阶跃响应

1. 过阻尼二阶系统的单位阶跃响应

当阻尼系数（或称阻尼比）$\zeta > 1$ 时，二阶系统的闭环特征方程有两个不相等的实根，可写成

$$s^2 + 2\zeta\omega_n s + \omega_n^2 = 0$$

$$\left(s + \frac{1}{T_1}\right)\left(s + \frac{1}{T_2}\right) = 0$$

式中

$$T_1 = \frac{1}{\omega_n\left(\zeta - \sqrt{\zeta^2 - 1}\right)}$$

$$T_2 = \frac{1}{\omega_n\left(\zeta + \sqrt{\zeta^2 - 1}\right)}$$

且 $T_1 > T_2$，$\omega_n^2 = \frac{1}{T_1 T_2}$，于是闭环传递函数为

$$\frac{\Theta_c(s)}{\Theta_r(s)} = \frac{\frac{1}{T_1 T_2}}{\left(s + \frac{1}{T_1}\right)\left(s + \frac{1}{T_2}\right)} = \frac{1}{(T_1 s + 1)(T_2 s + 1)}$$

因此,过阻尼二阶系统可以看成两个时间常数不同的惯性环节的串联。

当输入信号为单位阶跃作用时

$$\Theta_r(s) = \frac{1}{s}$$

系统的输出

$$\Theta_c(s) = \frac{\frac{1}{T_1 T_2}}{\left(s + \frac{1}{T_1}\right)\left(s + \frac{1}{T_2}\right)} \frac{1}{s}$$

取 $\Theta_c(s)$ 的拉氏反变换,得单位阶跃响应

$$\theta_c(t) = 1 + \frac{1}{\frac{T_2}{T_1} - 1} e^{-\frac{1}{T_1}t} + \frac{1}{\frac{T_1}{T_2} - 1} e^{-\frac{1}{T_2}t} \quad (t \geq 0) \tag{6-18}$$

式 (6-18) 中稳态分量为 1,瞬态分量为后两项,是指数项。可以看出,瞬态分量随时间 t 的增长而衰减到零,最终输出稳态值为 1,所以系数不存在稳态误差。其响应曲线如图 6-11 所示。

由图 6-11 看出,响应是非振荡的,但它是由两个惯性环节串联的,所以又不同于一阶系统的单位阶跃响应。过阻尼二阶系统的单位阶跃响应,起始速度很小,然后逐渐加大到某一值后又减小,直到趋于零。因此,响应曲线有一个拐点。

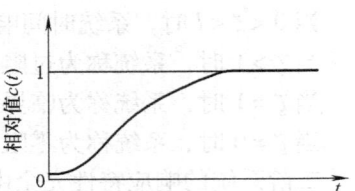

图 6-11 过阻尼二阶系统的单位阶跃响应曲线

对于过阻尼二阶系统的性能指标,只着重讨论调节时间 t_s,它反映了系统响应的快速性。确定 t_s 的表达式是很困难的。一般由式 (6-18) 取相对变量 t_s/T_1 及 T_1/T_2 经机器解算后制成曲线。图 6-12 是取误差带为 5% 的调节时间特性。由曲线看出

当 $T_1 = T_2$ 即 $\zeta = 1$ 的临界阻尼情况,其调节时间 $t_s = 4.75T_1$;

当 $T_1 = 4T_2$,即 $\zeta = 1.25$,调节时间 $t_s \approx 3.3T_1$;

当 $T_1 > 4T_2$,即 $\zeta > 1.25$,调节时间 $t_s \approx (3.0 \sim 3.3)T_1$。

上述分析说明,当系统两个惯性环节的时间常数相差 4 倍以上时,则系统可以等效为一阶系统,其调节时间 t_s 可近似估算为 $3T_1$,误差不大于 10%,这也可以由式 (6-18) 看出。由于 $T_1 > 4T_2$,所以 $e^{-\frac{1}{T_2}}$ 项比 $e^{-\frac{1}{T_1}}$ 项衰减快得多,即响应特性主要取决于大时间常数 T_1 确定的环节。这样,过阻尼二阶系统调节时间 t_s 的计算,实际上只局限

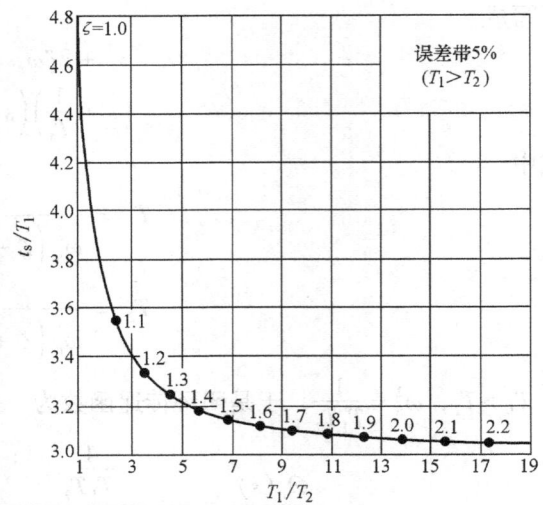

图 6-12 过阻尼二阶系统调节时间特性

于 $\zeta = 1 \sim 1.25$ 的范围,当 $\zeta > 1.25$ 后,就可将系统等效成一阶系统。

对于 $\zeta = 1$ 的临界阻尼状态,由于

$$T_1 = T_2 \frac{1}{\omega_n}$$

所以

$$\Theta_c(s) = \frac{\omega_n^2}{(s+\omega_n)^2} \frac{1}{s}$$

取 $C(s)$ 的拉氏反变换,得临界阻尼状态下二阶系统的单位阶跃响应

$$\theta_c(t) = 1 - (1 + \omega_n t)e^{-\omega_n t} \quad (t \geq 0)$$

例 6-4 设角度指示随动系统结构如图 6-13 所示。图中 T 为伺服电动机时间常数,$T = 0.1s$,K 为开环增益。若要求系统的单位阶跃响应无超调,且调节时间 t_s 为 1s,问增益 K 应取何值?

解:根据题意,应取 $\zeta = 1$,但考虑到在过阻尼范围内,$\zeta = 1$ 时响应速度最快,所以在图 6-14 的曲线上,试取 $T_1/T_2 = 1.5$,对应 $\zeta \approx 1.02$,查得 $t_s/T_1 = 4$。

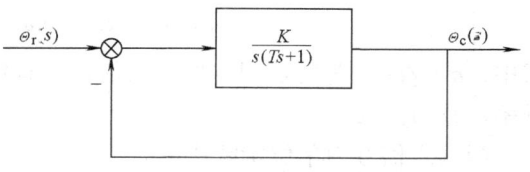

图 6-13 角度指示随动系统

题意要求 $t_s = 1s$,得

$$T_1 = 0.25s$$
$$T_2 = 0.167s$$

系统闭环传递函数为

$$G(s) = \frac{\dfrac{K}{s(Ts+1)}}{1 + \dfrac{K}{s(Ts+1)}} = \frac{\dfrac{K}{T}}{s^2 + \dfrac{s}{T} + \dfrac{K}{T}}$$

故闭环特征方程为

$$s^2 + \frac{1}{T}s + \frac{K}{T} = \left(s - \frac{1}{T_1}\right)\left(s + \frac{1}{T_2}\right) = 0$$

得

$$\frac{K}{T} = \frac{1}{T_1 T_2}$$

已知 $T = 0.1s$,所以

$$K = \frac{T}{T_1 T_2} = \frac{0.1}{0.25 \times 0.167}s^{-1} = 2.4 s^{-1}$$

又由特征方程得

$$\frac{1}{T_1} + \frac{1}{T_2} = \frac{1}{T}$$

所以还应检验一下,所选择的 T_1、T_2 是否满足上式。由 $T_1 = 0.25s$,$T_1/T_2 = 1.5$,得

$$\frac{1}{T_1} = 4s^{-1},\ \frac{1}{T_2} = 6s^{-1}$$

所以

$$\frac{1}{T_1} + \frac{1}{T_2} = (4+6)\mathrm{s}^{-1} = 10\mathrm{s}^{-1} = \frac{1}{T}$$

满足要求。如果不满足，则 T_1、T_2 还应重新选择。

2. 欠阻尼二阶系统的单位阶跃响应

当 $0 < \zeta < 1$ 时称为欠阻尼。在二阶系统中，欠阻尼二阶系统是常见的二阶系统。由于这种系统具有一对实部为负的共轭复根，时间响应呈衰减振荡特性，故又称为振荡环节。系统闭环传递函数的一般形式为

$$\frac{\Theta_c(s)}{\Theta_r(s)} = \frac{\omega_n^2}{s^2 + 2\zeta\omega_n s + \omega_n^2}$$

由于 $0 < \zeta < 1$，所以一对共轭复根为

$$s_{1,2} = -\xi\omega_n \pm j\omega_n\sqrt{1-\xi^2} = -\sigma \pm j\omega_d$$

式中，$\sigma = \zeta\omega_n$，为特征根实部的模值，具有角频率量纲；$\omega_d = \omega_n\sqrt{1-\xi^2}$，称为阻尼振荡角频率，且 $\omega_d < \omega_n$。

当输入信号为单位阶跃作用时

$$\Theta_c(s) = \frac{\omega_n^2}{s^2 + 2\xi\omega_n + \omega_n^2}\frac{1}{s} = \frac{1}{s} - \frac{s+\xi\omega_n}{(s+\xi\omega_n)^2 + \omega_d^2} - \frac{\xi\omega_n}{(s+\xi\omega_n)^2 + \omega_d^2}$$

取 $C(s)$ 的拉氏反变换，得欠阻尼二阶系统的单位阶跃响应

$$\theta_c(t) = 1 - \mathrm{e}^{-\zeta\omega_n t}\left(\cos\omega_d t + \frac{\zeta}{\sqrt{1-\zeta^2}}\sin\omega_d t\right) \quad (t \geq 0) \tag{6-19}$$

也可以写成

$$\theta_c(t) = 1 - \frac{\mathrm{e}^{-\zeta\omega_n t}}{\sqrt{1-\zeta^2}}\sin(\omega_d t + \beta) \quad (t \geq 0) \tag{6-20}$$

式中

$$\beta = \arctan\frac{\sqrt{1-\zeta^2}}{\zeta}$$

或

$$\beta = \arccos\xi \tag{6-21}$$

由式（6-20）可以看出，系统的响应由稳态分量与瞬态分量两部分组成；稳态分量值等于 1；瞬态分量是一个随着时间 t 的增长而衰减的振荡过程，振荡角频率为 ω_d，其值取决于阻尼比 ζ 及无阻尼自然频率 ω_n。我们采用无量纲时间 $\omega_n t$ 作为横坐标，这样，时间响应仅仅为阻尼比 ζ 的函数。则式（6-20）为

$$\theta_c(t) = 1 - \frac{\mathrm{e}^{-\xi(\omega_n t)}}{\sqrt{1-\xi^2}}\sin\left[\sqrt{1-\xi^2}(\omega_n t) + \arccos\xi\right] \tag{6-22}$$

图 6-14 为二阶系统单位阶跃响应的通用曲线。下面根据此曲线来分析系统结构参数 ζ、ω_n 对阶跃响应性能的影响。

平稳性：由曲线看出，阻尼比 ζ 越大，超调量越小，响应的振荡倾向越弱，平稳性好。反之，阻尼比 ζ 越小，振荡越强，平稳性越差。当 $\zeta = 0$ 时，零阻尼响应为

$$\theta_c(t) = 1 - \sin(\omega_n t + 90°) = 1 - \cos\omega_n t \quad t \geq 0 \tag{6-23}$$

这时，响应为具有频率为 ω_n 的不衰减（等幅）振荡。

由于

$$\omega_d = \omega_n\sqrt{1-\xi^2}$$

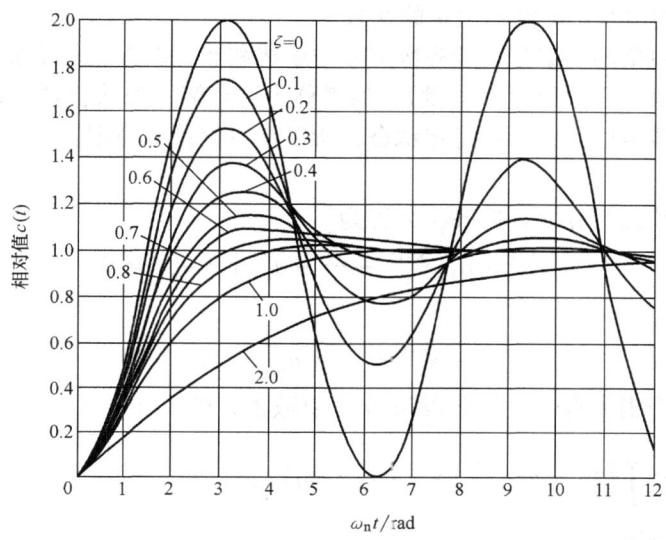

图 6-14 二阶系统单位阶跃响应的通用曲线

所以，在一定的阻尼比 ζ 下，ω_n 越大，振荡频率 ω_d 也越高，系统响应的平稳性越差。

总之，要使系统单位阶跃响应的平稳性好，则要求阻尼比 ζ 大，自然频率 ω_n 小。

快速性：由图 6-14 曲线可以看出，ζ 过大，例如 ζ 值接近于 1，系统响应迟钝，但调节时间 t_s 小。当 ζ 较小时，虽然响应的起始速度较快，但因为振荡强烈、衰减缓慢，所以调节时间 t_s 亦长，快速性差。

当 $\zeta = 0.707$ 时，超调量 $\sigma < 5\%$，平稳性也是令人满意的，故 $\zeta = 0.707$ 为最佳阻尼比。

6.5 稳定性与代数判据

一个控制系统，一旦受到外界或内部扰动（如负载、能源的波动），就偏离原来的工作状态，并且越偏越远，在扰动消失后也无法恢复到原来状态，这样的系统是无法工作的。这类问题就是系统的稳定性问题。

1. 稳定的概念

如果系统受到扰动偏离原来的平衡状态，当扰动取消后，系统又能够逐渐恢复到原来状态，这样的系统就是稳定的，或具有稳定性。否则，系统就是不稳定的，或不具有稳定性。稳定性是系统去掉扰动以后，自身的一种恢复能力，所以是系统的一种固有特性，这种固有的稳定性只取决于系统结构参数而与初始条件及外部作用无关。

2. 稳定的条件

一个线性系统可以用微分方程来描述，即

$$a_0 y^{(n)}(t) + a_1 y^{(n-1)}(t) + \cdots + a_{n-1} y^{(1)}(t) + a_n y^{(0)}(t)$$
$$= b_0 x^{(m)}(t) + b_1 x^{(m-1)}(t) + \cdots + b_{m-1} x^{(1)}(t) + b_m x^{(0)}(t)$$

式中，$y^{(n)}(t)$、$y^{(n-1)}(t)$、$\cdots$、$y^{(1)}(t)$、$y^{(0)}(t)$ 为系统的输出量及其各阶导数；$x^{(m)}(t)$、$x^{(m-1)}(t)$、$\cdots$、$x^{(1)}(t)$、$x^{(0)}(t)$ 为系统的输入量及其各阶导数；a_0、a_1、$\cdots$、a_{n-1}、a_n、b_0

b_1、…、b_{m-1}、b_m 为由系统的结构决定的系数。

这个方程的解包括两个部分,即齐次方程的通解和非齐次方程的特解。在自动调节原理中,前者称为自由解(即过渡过程分量),后者称为稳态解。如前所述,系统的稳定性取决于扰动消失后系统能否回到原来的稳定状态,所以在讨论系统稳定性问题时,应从研究齐次方程的解入手。

设描述控制系统的微分方程的齐次方程为

$$a_0 y^{(n)} + a_1 y^{(n-1)} + \cdots + a_{n-1} y + a_n y = 0 \tag{6-24}$$

其特征方程为

$$a_0 s^n + a_1 s^{n-1} + \cdots + a_{n-1} s + a_n = 0 \tag{6-25}$$

如果这个方程的 n 个根中有 h 个实数根和 $2r$ 个复数根,则式(6-25)可写为

$$a_0 \prod_{i=1}^{h}(s - p_i) \prod_{i=1}^{r}[s - (\delta_i + j\omega_i)][s - (\delta_i - j\omega_i)] = 0 \tag{6-26}$$

显然,式(6-24)的解为

$$y(t) = \sum_{i=1}^{h} c_i e^{p_i t} + \sum_{i=1}^{r} e^{\delta_i t}(A_i \cos\omega_i t + B_i \sin\omega_i t) \tag{6-27}$$

由式(6-27)可知,如果 p_i、δ_i 都是负数,当 $t \to \infty$ 时,输出量 $y(t) \to 0$。这就是说当扰动作用消失后,经过充分长的时间,系统最终返回了原来的状态,这种系统是稳定的。由于式(6-27)中 $\omega_i \neq 0$,所以 $y(t)$ 返回原来状态的过程是衰减振荡的,如图 6-15a 所示。

若 p_i、δ_i 中有一个或一个以上的正数,那么当 $t \to \infty$ 时,式(6-27)中 p_i、δ_i 是正数的那些项将无限增大,尽管其余各项已经消失,而 $y(t)$ 仍无限制地偏离系统原来的平衡状态(见图 6-15c),这种系统是不稳定的。

如果 p_i、δ_i 中有一个或一个以上为零,其余是负数,则系统的输出 $y(t)$ 最终将为等幅振荡或趋于某一常数,此时系统处于稳定的边界(图 6-15b)。

由以上分析可知,线性系统稳定的充要条件是系统特征方程的所有根的实部都为负数。由于系统特征方程的根就是系统传递函数的极点,所以,上述条件也就是系统传递函数的全部极点均位于 S 平面虚轴的左侧(或者说系统的全部极点都位于左半 S 平面上)。这个结论是非常重要的,所有讨论线性化系统的稳定判据,都是从这个结论出发的。

3. 劳斯稳定判据

在讨论系统稳定性的基本概念中,已经把描述系统运动的微分方程的特征方程式(6-25)写成式(6-26)的形式。为了判定系统是否稳定,事实上不必求出特征方程根的具体数值,只要找到满足这些根都具有负实部的充要条

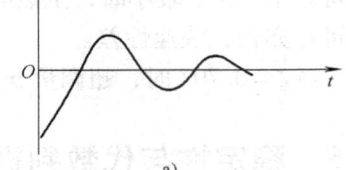
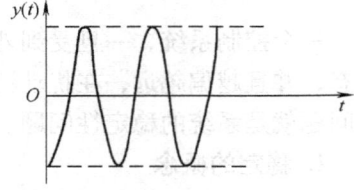
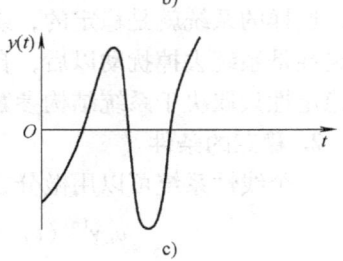

图 6-15 系统的瞬态响应曲线
a) 稳定系统 b) 稳定边界情况
c) 不稳定系统

件就够了。

为此,把方程式(6-25)分解为若干个一次因式与若干个二次因式的乘积的形式。设一次因式的形式为$(s+a)$,它显然给出特征方程的实数根,二次因式的形式为(s^2+bs+c),它给出特征方程的复数根。若系统是稳定的,即特征方程的全部根都具有负实部,则必然是a、b、c 都是实数,且大于零。那么具备了这些条件的若干个因式相乘,得到的乘积多项式的各项系数一定都大于零。这就是说,对于稳定的系统,其特征方程各项的系数都是大于零的实数。如果特征方程的某些项的系数为负数或零,则系统必定存在实部为正或者为零的根;根的实部是正值的系统是不稳定系统,根的实部是零的系统处于稳定边界。

系统特征方程的各项系数都存在,并且都是正数(如果都是负数,可在等号两端乘以 -1,使其变成正数),这只是保证系统稳定的必要条件,而不是充分条件。劳斯(Routh)研究了系统稳定性的一种方法,这就是下面讨论的劳斯稳定判据,它在线性控制系统的稳定性分析中,得到了十分广泛的应用。

设系统的特征方程为

$$a_0 s^n + a_1 s^{n-1} + \cdots + a_{n-1} s + a_n = 0$$

其各项系数都存在且都是正数,可以把多项式的各项系数排列为下面形式的数表

$$s^n : a_0, a_2, a_4, a_6, a_8, \cdots$$

$$s^{n-1} : a_1, a_3, a_5, a_7, \cdots$$

$$s^{n-2} : b_1, b_2, b_3, b_4, \cdots$$

$$s^{n-3} : c_1, c_2, c_3, c_4, \cdots$$

$$\cdots$$

$$s^2 : d_1, d_2$$

$$s^1 : e_1, e_2$$

$$s^0 : f_1$$

这个数表通常称为劳斯阵列。其排列方法如下:若特征方程有 $n+1$ 项,则阵列有 $n+1$ 行,分别用 s^n、s^{n-1}、s^{n-2}、s^{n-3}、$\cdots$、s^1、s^0 表示。s^n 的各元素为 s^n、s^{n-2}、s^{n-4}、s^{n-6} $\cdots$ 的各项系数为 a_0, a_2, a_4, a_6, $\cdots$,依次排列而成。s^{n-1} 行的各元素由 s^{n-1}、s^{n-3}、s^{n-5}、s^{n-7} $\cdots$ 各项系数 a_1, a_3, a_5, a_7, $\cdots$ 依次排列而成。s^{n-2}、s^{n-3}、$\cdots$ 各行的元素 b_1, b_2, b_3, $\cdots$, c_1, c_2, c_3, $\cdots$。按下面公式计算求得。即

$$\left. \begin{array}{l} b_1 = \dfrac{a_1 a_2 - a_0 a_3}{a_1} \\[2mm] b_2 = \dfrac{a_1 a_4 - a_0 a_5}{a_1} \\[2mm] b_3 = \dfrac{a_1 a_6 - a_0 a_7}{a_1} \\[2mm] \cdots \end{array} \right\} \quad (6\text{-}28)$$

$$c_1 = \frac{b_1 a_3 - a_1 b_2}{b_1}$$

$$c_2 = \frac{b_1 a_5 - a_1 b_3}{b_1} \tag{6-29}$$

$$\cdots$$

系统稳定的充要条件是特征方程各项的系数都大于零,并且排列成劳斯阵列后,第一列各元素都大于零。即 $a_0 > 0$, $a_1 > 0$, $b_1 > 0$, $c_1 > 0$, $\cdots$, $d_1 > 0$, $e_1 > 0$, $f > 0$。如果劳斯阵列中第一列某些元素小于零或等于零,则系统不稳定;并且,劳斯阵列中第一列元素符号变化的次数,就等于特征方程中具有正实部根的数目。

下面通过一简单例子说明劳斯阵列的排列方法。

设某系统的特征方程为

$$s^3 + 150s^2 + 5000s + 1.056 \times 10^6 = 0$$

劳斯阵列的第一、第二行由特征方程各项系数排列而成,即:

$$\begin{matrix} 1 & 5000 \\ 150 & 1.056 \times 10^6 \end{matrix}$$

系数 b_1、c_1 按式 (6-28)、式 (6-29) 计算得到,即

$$b_1 = \frac{150 \times 5000 - 1.056 \times 10^6 \times 1}{150} = -2040$$

$$c_1 = \frac{-2040 \times 1.056 \times 10^6 - 150 \times 0}{-2040} = 1.056 \times 10^6$$

这样得到完整的劳斯阵列为

$$\begin{matrix} s^3 & 1 & 5000 \\ s^2 & 150 & 1.065 \times 10^6 \\ s^1 & -2040 & \\ s^0 & 1.065 \times 10^6 & \end{matrix}$$

因为劳斯阵列的 s^1 行第一元素为 -2040,符号为负,所以这个系统是不稳定的。还可以看到,第一列元素的符号变化有两次,说明这个系统的特征方程有两个实部为正数的根。

4. 劳斯稳定性判据的应用

劳斯稳定性判据在分析控制系统中的应用是有局限性的,因为它只回答系统是否稳定的问题,而不能像奈奎斯特判据那样,指出系统的稳定余量。但是,这个判据可以告诉人们某个参数变化对系统稳定性的影响。下面通过具体的例子来说明劳斯稳定判据的应用。

例 6-5 某控制系统的特征方程式为

$$s^3 + 6s^2 + 11s + 6 = 0$$

试用劳斯稳定判据判断该系统是否稳定。

解:该系统对应的劳斯阵列如下

s^3	1	11
s^2	6	6
s^1	$\dfrac{6\times 11 - 1\times 6}{6}=10$	0
s^0	6	0

因为劳斯阵列中第一列各元素都大于零,所以判断系统是稳定的。

例 6-6 某系统的框图如图 6-16 所示,已知系统的开环传递函数为

$$G(s)H(s) = \frac{K}{s(s+1)(s+2)}$$

试用劳斯稳定判据确定 K 值在什么范围内系统是稳定的。

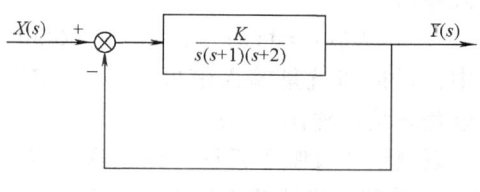

图 6-16 控制系统

解:系统的闭环传递函数为

$$\frac{Y(s)}{X(s)} = \frac{K}{s^3 + 3s^2 + 2s + K}$$

显然,系统的特征方程为

$$s^3 + 3s^2 + 2s + K = 0$$

按前面讲述的计算方法得劳斯阵列如下

s^3	1	2
s^2	3	K
s^1	$2-\dfrac{K}{3}$	0
s^0	K	

使控制系统稳定的条件是 $2-\dfrac{K}{3}>0$,$K>0$,因此得到开环放大系数的变化范围是

$$6 > K > 0$$

$K=6$ 对应于系统特征方程有实部为零的根的边界情况,通常称它为系统的临界放大系数。

根据以上分析,对系统稳定性可总结以下几点。

1) 线性系统的稳定性问题可以通过描述系统运动的微分方程的齐次方程进行研究。通过对齐次方程解的讨论得出结论,系统稳定的充要条件是特征方程的全部根的实部都是负数。或者说,系统传递函数的全部极点都分布在左半 S 平面。

2) 劳斯稳定判据是根据特征方程系数判断系统是否稳定的代数判据,在应用它分析系统是否稳定时,应该先分析特征方程各项系数是否满足系统稳定的必要条件,即各项系数都存在,而且都是正实数。如果满足必要条件,则应列出劳斯阵列来判断系统是否稳定。

若特征方程的系数不满足系统稳定的必要条件,系统一定是不稳定的,在这种情况下就没有必要再列出劳斯阵列进行判断了。

3) 劳斯稳定判据不仅可以判断系统是否稳定,还可以用它确定系统某一参数变化对系统稳定性的影响,例如用它来确定系统的临界放大系数等。

6.6 稳态误差分析

控制系统对输出量进行控制，使实际输出量达到控制目标的要求。本节介绍控制系统实际输出量与控制目标之间的偏差问题。

6.6.1 误差及稳态误差的定义

系统的误差 $e(t)$ 定义为目标值与实际值之差，即 $e(t)$ = 目标值 – 实际值。

对于图 6-17 所示的系统典型结构，其误差为

$$E(s) = X(s) - Y(s) \quad (6-30)$$

式中，目标值就是输入信号 $X(s)$；实际值就是系统的输出 $Y(s)$。

系统误差反映了系统在跟踪输入信号 $X(s)$ 和受到干扰的整个过程中的精度。

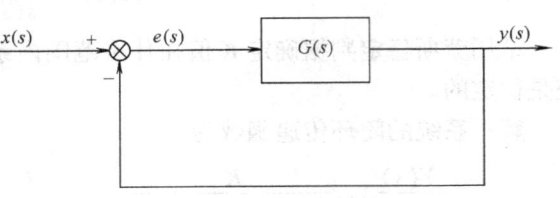

图 6-17 控制系统

稳态误差是系统控制过程平稳下来以后的误差，也就是系统误差响应的瞬态分量消失以后的稳态误差。稳态误差是系统最终控制精度的重要指标。

稳态误差定义：稳定系统误差的终值为稳态误差。当时间 t 趋于无穷时，$e(t)$ 的极限存在，则稳态误差为

$$e_{ss} = \lim_{t \to 0} e(t)$$

由图 6-17 不难求出，被调量 $y(t)$ 的拉氏变换式为

$$Y(s) = \frac{G(s)}{1+G(s)} X(s)$$

显然，误差信号 $e(t)$ 的拉氏变换式为

$$E(s) = X(s) - Y(s) = X(s) - \frac{G(s)}{1+G(s)} X(s)$$

$$= \left[1 - \frac{G(s)}{1+G(s)}\right] X(s) = \frac{1}{1+G(s)} X(s) \quad (6-31)$$

有了误差信号的拉氏变换式，利用终值定理可求得系统的稳态误差，即

$$e_{ss} = \lim_{t \to \infty} e(t) = \lim_{s \to 0} \frac{s}{1+G(s)} X(s) \quad (6-32)$$

式（6-32）表明系统的稳态误差与 $G(s)$ 和 $X(s)$ 有关，也就是与系统的开环传递函数和输入量的形式有关。为了便于讨论稳态误差与系统开环传递函数间的关系，把开环传递函数的分子、分母都分解为因式乘积的形式，即

$$G(s) = \frac{K(\tau_1 s+1)(\tau_2 s+1) \cdots (\tau_m s+1)}{s^N (T_1 s+1)(T_2 s+1) \cdots (T_n s+1)} \quad (6-33)$$

式中，n、m = 0、1、2、3 等整数，并且 $n > m$。

并且按式（6-33）中 n = 0、1、2、3…，把系统进行分类分别称它们为 0 型系统、1 型系统、2 型系统…。显然，0 型系统在开环传递函数中不包含串联的积分环节，1 型、2 型…

系统分别包含一个、两个…串联的积分环节。

因为控制系统的稳态误差与系统输入量的形式有关,所以在讨论系统的稳态误差时,同样要选择若干种典型信号作为系统的输入。在本节中将讨论三种典型信号即单位阶跃函数、斜坡函数和抛物线函数作用下的系统稳态误差。在实际系统中,输出量可能是位置、速度、温度、压力、流量等各种物理量,然而在稳态误差分析中,输出量是何种物理量并不重要,重要的则是输出量随时间的变化规律。因此,在讨论中称输出为位置、速度、加速度等。例如在温度控制系统中,位置代表输出温度,速度代表输出温度的变化率,加速度则表示输出温度的二阶导数。其他系统也依此类推。

6.6.2 典型外作用下系统的稳态误差分析

下面来讨论在单位阶跃输入、单位斜坡输入和单位抛物线型输入作用下,0 型、1 型、2 型系统的稳态误差。

(1) 稳态位置误差 稳态位置误差是指系统在单位阶跃函数作用下的稳态误差,由式 (6-32) 可得系统在单位阶跃函数作用下的稳态误差为

$$e_{ss} = \lim_{s \to 0} \frac{s}{1+G(s)} \frac{1}{s} = \lim_{s \to 0} \frac{1}{1+G(s)} = \frac{1}{1+G(0)}$$

定义

$$k_p = \lim_{s \to 0} G(s) = G(0)$$

叫做系统的稳态位置误差系数,于是得

$$e_{ss} = \frac{1}{1+k_p} \tag{6-34}$$

对 0 型系统而言

$$k_p = \lim_{s \to 0} G(s) = \lim_{s \to 0} \frac{K(\tau_1 s+1)(\tau_2 s+1)\cdots(\tau_m s+1)}{(T_1 s+1)(T_2 s+1)\cdots(T_n s+1)} = K$$

对于 1 型和高于 1 型的系统,则

$$k_p = \lim_{s \to 0} G(s) = \lim_{s \to 0} \frac{K(\tau_1 s+1)(\tau_2 s+1)\cdots(\tau_m s+1)}{s^N(T_1 s+1)(T_2 s+1)\cdots(T_n s+1)} = \infty \quad N \geqslant 1$$

因为 0 型系统 $k_p = K$ 是一有限值,由式 (6-34) 不难看出系统的稳态位置误差 $e_{ss} = \frac{1}{1+k_p}$ 也是有限值,当 $k_p = K \gg 1$ 时,$e_{ss} \approx \frac{1}{K}$。对于 1 型或高于 1 型的系统,因为 $k_p = \infty$,所以其稳态位置误差为零。

(2) 稳态速度误差 控制系统在单位斜坡函数输入(或称单位速度输入)的稳态误差叫做稳态速度误差。单位斜坡函数的表达式为

$$x(t) = \begin{cases} t & (t \geqslant 0) \\ 0 & (t < 0) \end{cases}$$

显然,其拉氏变换式为

$$X(s) = \frac{1}{s^2}$$

代入式（6-32）可得系统在单位斜坡输入时的稳态误差为

$$e_{ss} = \lim_{s \to 0} \frac{s}{1+G(s)} \frac{1}{s^2} = \lim_{s \to 0} \frac{1}{sG(s)}$$

定义

$$k_v = \lim_{s \to 0} G(s)$$

为稳态速度误差系数，于是得稳态速度误差为

$$e_{ss} = \lim_{s \to 0} \frac{1}{sG(s)} = \frac{1}{k_v} \tag{6-35}$$

对于 0 型系统

$$k_v = \lim_{s \to 0} sG(s) = \lim_{s \to 0} \frac{sK(\tau_1 s + 1)(\tau_2 s + 1)\cdots(\tau_m s + 1)}{(T_1 s + 1)(T_2 s + 1)\cdots(T_n s + 1)} = 0$$

1 型系统

$$k_v = \lim_{s \to 0} sG(s) = \lim_{s \to 0} \frac{sK(\tau_1 s + 1)(\tau_2 s + 1)\cdots(\tau_m s + 1)}{s(T_1 s + 1)(T_2 s + 1)\cdots(T_n s + 1)} = K$$

2 型和高于 2 型的系统

$$k_v = \lim_{s \to 0} sG(s) = \lim_{s \to 0} \frac{sK(\tau_1 s + 1)(\tau_2 s + 1)\cdots(\tau_m s + 1)}{s^N(T_1 s + 1)(T_2 s + 1)\cdots(T_n s + 1)} = \infty \quad N \geq 2$$

将 0 型、1 型、2 型系统的速度误差系数代入式（6-35），可得各型系统的稳态速度误差。

0 型系统

$$e_{ss} = \frac{1}{k_v} = \infty$$

1 型系统

$$e_{ss} = \frac{1}{k_v} = \frac{1}{K}$$

2 型和高于 2 型系统

$$e_{ss} = \frac{1}{k_v} = 0$$

以上分析表明，0 型系统在稳态时不能跟踪斜坡输入，具有单位反馈的 1 型系统能够跟踪斜坡输入，但有一定误差。也就是在稳态时输出速度与输入速度相同，而输入、输出之间在位置上有误差，其大小反比于系统的放大系数 K（见图 6-18）。2 型和高于 2 型的系统，因其在斜坡输入作用下稳态误差为零，所以能够准确地跟踪斜坡输入。

（3）稳态加速度误差　控制系统在单位抛物线函数（或称加速度输入）作用下，产生的稳态误差称为稳态加速度误差。这里所说的单位抛物线函数是指下面的函数

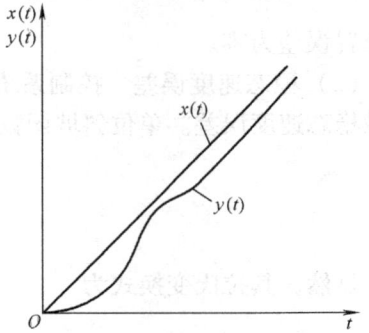

图 6-18　1 型系统对斜坡输入的响应

$$X(t) = \begin{cases} 0 & (t<0) \\ \dfrac{t^2}{2} & (t \geqslant 0) \end{cases}$$

上式的拉氏变换式为 $X(s) = \dfrac{1}{s^3}$，所以在这样的输入作用下，系统的稳态误差表达式为

$$e_{ss} = \lim_{s \to 0} \frac{s}{1+G(s)} \frac{1}{s^3} = \lim_{s \to 0} \frac{1}{s^2 G(s)}$$

定义

$$k_a = \lim_{s \to 0} s^2 G(s)$$

为稳态加速度误差系数，则系统的稳态加速度误差为

$$e_{ss} = \frac{1}{k_a} \tag{6-36}$$

k_a 的数值可由以下各式求得

0 型系统

$$k_a = \lim_{s \to 0} \frac{s^2 K(\tau_1 s + 1)(\tau_2 s + 1) \cdots (\tau_m s + 1)}{(T_1 s + 1)(T_2 s + 1) \cdots (T_n s + 1)} = 0$$

1 型系统

$$k_a = \lim_{s \to 0} \frac{s^2 K(\tau_1 s + 1)(\tau_2 s + 1) \cdots (\tau_m s + 1)}{s(T_1 s + 1)(T_2 s + 1) \cdots (T_n s + 1)} = 0$$

2 型系统

$$k_a = \lim_{s \to 0} \frac{s^2 K(\tau_1 s + 1)(\tau_2 s + 1) \cdots (\tau_m s + 1)}{s^2 (T_1 s + 1)(T_2 s + 1) \cdots (T_n s + 1)} = K$$

3 型或高于 3 型的系统

$$k_a = \lim_{s \to 0} \frac{s^2 K(\tau_1 s + 1)(\tau_2 s + 1) \cdots (\tau_m s + 1)}{s^N (T_1 s + 1)(T_2 s + 1) \cdots (T_n s + 1)} = \infty \quad (N \geqslant 3)$$

于是，可得出各型系统对单位抛物线输入作用的稳态误差为

0 型系统及 1 型系统　　$e_{ss} = \infty$

2 型系统　　$e_{ss} = \dfrac{1}{K}$

3 型及高于 3 型的系统　$e_{ss} = 0$

以上分析说明，0 型和 1 型系统在稳态时都不能跟踪抛物线输入，具有单位反馈的 2 型系统可以跟踪抛物线输入，但有一定的误差（见图 6-19）。具有单位反馈的 3 型及高于 3 型的系统，因为在稳定状态时的加速度误差为零，所以能够准确地跟踪抛物线输入。

以上讨论了当输入为单位阶跃函数，单位斜坡

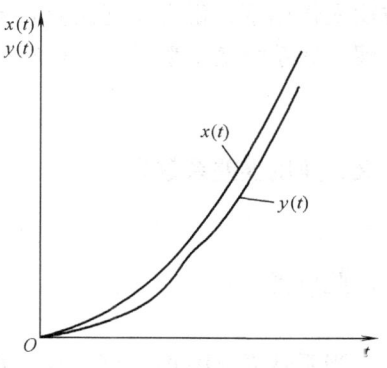

图 6-19　2 型系统对抛物线输入的响应

函数和单位抛物线函数时各型系统的稳态误差,其结论可概括为表 6-1。由表 6-1 可见,在对角线上,稳态误差是有限值,在对角线以上稳态误差为无穷大,对角线以下稳态误差为零。

表 6-1 系统的稳态误差

稳态误差 系统类型	单位阶跃输入 $[x(t)=1(t)]$	单位斜坡输入 $[x(t)=t]$	抛物线输入 $\left[x(t)=\dfrac{1}{2}t^2\right]$
0 型系统	$\dfrac{1}{1+K}$	∞	∞
1 型系统	0	$\dfrac{1}{K}$	∞
2 型系统	0	0	$\dfrac{1}{K}$

最后强调一下,本节所用的速度误差、加速度误差这些术语的含义并不是输入速度与输出速度之间或者输入加速度与输出加速度之间的误差,而是输入信号为速度或者加速度时,造成输出与输入之间在位置上的误差。

6.6.3 稳态误差与开环放大系数的关系

通过上面分析可以得到一个结论,这就是系统的稳态误差与系统的开环放大系数直接相关。系统的开环放大系数越大,稳态误差越小;相反,系统的开环放大系数越小,稳态误差就越大。在自动控制系统的设计中,要根据系统允许的稳态误差或者要求的稳态误差系数来计算系统的开环放大系数,这一计算常称为控制系统的静态计算。相反,如果已知系统的稳态误差系数或开环放大系数,也可以很容易地计算出系统的稳态误差。

例 6-7 设有一控制系统如图 6-20 所示,其开环传递函数为 $G(s)=\dfrac{4K}{s(s+2)}$。若要求系统在单位斜坡输入作用下,稳态速度误差 $e(\infty)\leqslant 0.05$,试确定系数 K。

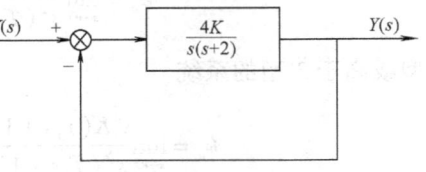

图 6-20 控制系统

解:此系统是 1 型系统,在斜坡输入作用下其稳态速度误差为

$$e(\infty)=\frac{1}{k_v}\leqslant 0.05$$

又,速度误差系数为

$$k_v=\lim_{s\to 0}\frac{s\cdot 4K}{s(s+2)}=2K\geqslant 20$$

由此可得

$$K\geqslant 10$$

可见,当系数 $K\geqslant 10$ 时,就可满足稳态速度误差小于或等于 0.05 的要求。

以上讨论了时域分析法,通过讨论可小结如下几点。

1）时域分析是通过直接求解系统在典型输入信号作用下的时间响应来分析系统的控制性能的。工程上常用单位阶跃响应的超调量、调节时间和稳态误差等性能指标，评价系统的优劣。

2）许多自动控制系统，经过参数整定和调试，其动态特征往往近似于一阶或二阶系统。因此一阶、二阶系统的理论分析结果，常是高阶系统分析的基础。

3）稳定性是系统正常工作的首要条件，一个不稳定的系统，是根本无法复现任何指令和抑止任何干扰的。

4）线性系统的稳定性是系统固有的一种特性，完全由系统自身的结构、参数决定。劳斯判据是判别这种稳定性的代数方法。

5）系统的稳态误差是很重要的性能指标，它标志着系统最终可能达到的控制精度。稳态误差既和系统的结构、参数有关，又和外作用的形式及大小有关，讨论问题必须同时明确这两个方面。系统的稳态误差，可以根据框图求出误差信号的拉氏变换式，然后，给定输入信号的形式，用终值定理求得。

6）系统的型别和稳态误差系数也是精度的一种标志，型别越高，稳态误差系数越大，系统的稳态误差则越小。系统的型别越高，系统的稳定性将变坏，所以从系统的稳态和动态指标两方面考虑，实际系统中，1 型最常见，2 型、0 型次之。

6.7 速度控制系统分析

在材料成形工艺设备的控制系统中，电动机作为将电能转换为机械能的主要动力设备，广泛应用于生产工程中。在实际应用中，有很大一部分生产机械要求控制和改变电动机的运行速度。为了控制电动机的运行速度，就要为电动机配上控制装置，而这种控制电动机运行速度的装置就称为调速系统或速度控制系统。

随着科学技术的不断发展，尤其电力电子学、电机学、计算机科学、自动控制理论的发展，直流电动机在生产过程中的起动和调速要求所采用的方法和设备都有了长足的发展。直流电动机调速系统的控制理论原理和控制装置的小型化、集成化、工作的稳定性都比以前有了极大的提高。

6.7.1 开环调速系统

第 4 章讨论了直流伺服电动机的电枢电压调速原理。目前，由电力器件（如晶闸器）组成的半导体变流装置，可将单相或三相交流电转换成可调输出电压的直流电流，给直流电动机供电，其开环控制系统如图 6-21 所示。

图中的 L 为电抗器，其作用是使电动机的工作电流连续平稳，使电动机的机械特性变硬。稳定运行时，忽略电抗器 L 的绕线电阻后，可得到

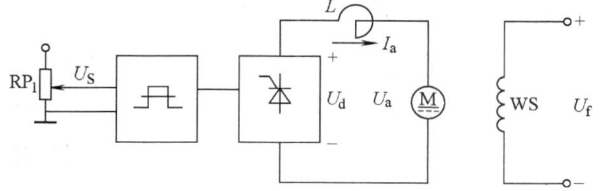

图 6-21 开环直流调速系统原理图

$$U_a = U_d \tag{6-37}$$

$$n = \frac{U_a - I_a R_a}{K_e \phi} = \frac{U_a - T_L R_a/(K_r \phi)}{K_e \phi} = \frac{U_a}{K_e \phi} - \frac{R_a T_L}{K_r K_e \phi^2} \quad (6\text{-}38)$$

从上式可知，稳定后的转速 n 与负载阻力矩 T_L 呈线性关系，负载阻力矩 T_L 引起的转速变化部分为

$$\Delta n = \frac{I_a R_a}{K_e \phi} = \frac{U_a - T_L R_a/(K_r \phi)}{K_e \phi} = \frac{U_a}{K_e \phi} - \frac{R_a T_L}{K_r K_e \phi^2} \quad (6\text{-}39)$$

当 $T_L = 0$，即理想空载的情况下，其转速为理想空载转速 n_0，则 $n_0 = \frac{U_a}{K_e \phi}$，$n = n_0 - \Delta n$。$\Delta n$ 也就称为负载引起的转速降。

例 6-8 假设在图 6-21 中的电动机型号为 Z33 型，其铭牌额定参数为：$P_N = 3\text{kW}$，$U_N = 160\text{V}$，$I_N = 16.5\text{A}$，$n_N = 1500\text{r/min}$，$R_a = 0.93\Omega$，$K_e \phi = 0.096\text{V/(r/min)}$，要求计算出加上额定负载后的转速降为多少？

解：加上额定负载后的转速降 $\Delta n = \frac{I_a R_a}{K_e \phi} = \frac{16.5 \times 0.93}{0.096} \text{r/min} = 160 \text{r/min}$。

由上例可知，当电动机的转速在 150r/min 以下时，负载引起的转速降使开环调速系统的调速范围和调速精度都变差，而这又是开环调速系统所无法解决的，为减小调速精度对整个调速系统的影响，可以采用闭环调速系统。

6.7.2 转速负反馈闭环调速系统

闭环系统是把反映输出转速的电压信号反馈到系统输入端，与给定电压比较，形成一个闭环。由于反馈的作用，系统可以自行调整转速，这种方式也称为反馈控制。

典型的单闭环直流调速系统由他励直流电动机、整流装置、永磁式测速发电机、放大器和触发器等组成，测速发电机通过对直流电动机转速的测量，实现转速电压变换和速度负反馈，这称为转速负反馈自动调速系统。

图 6-22 为转速负反馈调速系统原理图，检测的反馈信号 U_{fn} 与转速 n 成正比，$U_{fn} = \alpha n$，α 又称为转速反馈系数。

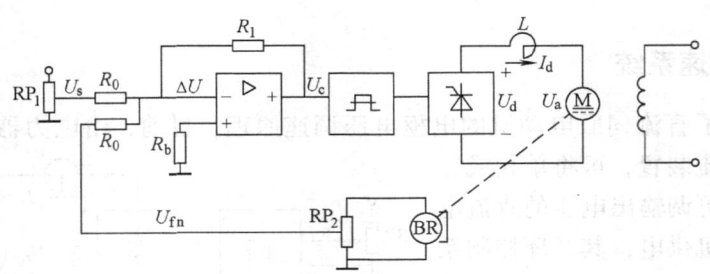

图 6-22 转速负反馈调速系统原理图

由图 6-22 可得

$$\Delta U = U_s - U_{fn} \quad (6\text{-}40)$$

$$U_c = K_p \Delta U \quad (6\text{-}41)$$

$$U_a = K_s U_c \tag{6-42}$$

$$n = \frac{U_a - I_a R_a}{K_e \phi} \tag{6-43}$$

式中，ΔU 为电压偏差信号；K_p 为放大器的电压放大倍数；K_s 为整流装置的电压放大倍数；U_a 为整流输出理想空载电压（忽略直流装置的内阻抗）；R_a 为电枢回路总电阻；I_a 为电动机工作电流；$K_e \phi$ 为电动机常数。

$$n = \frac{K_p K_s U_s}{K_e \phi} = \frac{1}{1+K} \frac{I_a R_a}{K_e \phi} = n_0 - \Delta n' \tag{6-44}$$

式中，以 n_0 为系统理想空载（$I_a = 0$）时的转速；$\Delta n'$ 为负载引起的转速降；$K = \dfrac{K_p K_s \alpha}{K_e \phi}$ 称为开环增益系数。同时，推出 $\Delta n' = \dfrac{1}{1+K} \dfrac{I_a R_a}{K_e \phi}$。

由此可知，对照开环调速系统的转速变化的公式（6-39）可知，调速系统增加了电压负反馈环节后，将使转速降为开环时的 $1/(1+K)$ 倍，大大提高了系统的控制精度，从而提高了整个系统对于工艺状况要求的适应性。

加入转速负反馈环节后的自动调节过程见图 6-23（忽略电动机内部自动调节过程）。负载转矩 T_L 增加时，转速负反馈电压 U_{fn} 下降，偏差电压 ΔU 增加，整流装置电压 U_d 上升，电枢电压 U_a 上升，使得电枢电流 I_a 增加。在电枢电流增加的情况下，由于磁场的作用，将使直流电动机电枢电路中的电磁转矩 T_e 增加，以适应机械负载转矩 T_L 的增加，这个过程将一直进行到 $T_L = T_e$ 时才结束。

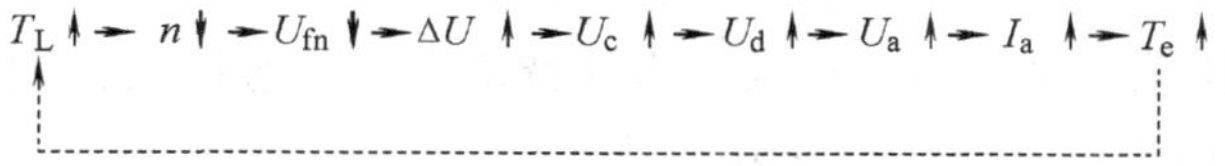

$T_L \uparrow \rightarrow n \downarrow \rightarrow U_{fn} \downarrow \rightarrow \Delta U \uparrow \rightarrow U_c \uparrow \rightarrow U_d \uparrow \rightarrow U_a \uparrow \rightarrow I_a \uparrow \rightarrow T_e \uparrow$

图 6-23 加入转速负反馈环节后的自动调节过程

同理，在机械负载转矩 T_L 减少的情况下，也会同样减小电枢回路的电流 I_a，而引起电枢电路中电磁转矩 T_e 的减小，一直进行到 $T_L = T_e$ 为止。

图 6-24 表示在自动调节过程中，带转速负反馈环节与开环环节对调速系统机械特性的影响。I_d 为整流装置输出电流，即直流电动机的电枢电流 I_a。T_L 为负载转矩，当负载转矩由 T_1 变为 T_3 时，对于开环系统，此时，转速由 n_a 降到 n_d。加入转速负反馈环节后，负载转矩 T_L 的增加将使转速 n 下降，而导致 U_{fn} 的下降，使 $\Delta U = U_a - U_{fn}$ 增加，整流装置的电压输出值由 U_{d1} 增加到 U_{d3}，这样使机械负载增加后电动机的转速由 n_a 变为 n_c，由图 6-24 可知 $n_c > n_d$，显然对于转速降来说，带转速负反馈环节的直流调速系统的机械特性比开环直流调速系统的机械特性"硬"多了。

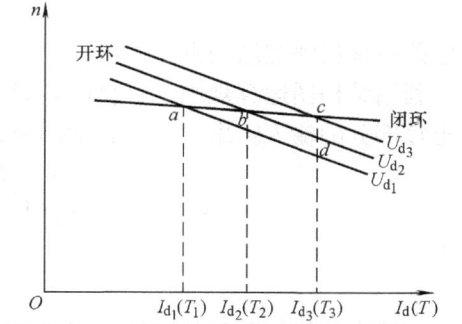

图 6-24 开环与闭环（带有转速负反馈环节）对直流调速系统机械特性的影响

6.7.3 电压负反馈直流调速系统

被调量的负反馈是闭环控制系统的基本反馈形式,对调速系统来说,就是要用转速负反馈。但是,要实现转速负反馈必须有转速检测装置,例如前述的测速发电机,以及数字测速用的光电编码盘、电磁脉冲测速器等,其安装和维护都比较麻烦,常常是系统装置中可靠性的薄弱环节。因此,人们自然会想到,对于调速指标要求不高的系统来说,能不能采用其他更方便的反馈方式来代替测速反馈呢?电压反馈和电流补偿控制正是用来解决这个问题的。

当电动机转速不是很低时,电枢电阻压降比电枢端电压要小得多,因而可以认为,直流电动机的反电动势与端电压近似相等,或者说,电动机转速近似与端电压成正比。在这种情况下,采用电压负反馈就能基本上代替转速负反馈的作用了,而检测电压显然要比检测转速方便得多。电压负反馈直流调速系统的原理图见图 6-25,图中作为反馈检测元件的只是一个起分压作用的电位器(或用其他电压检测装置)。

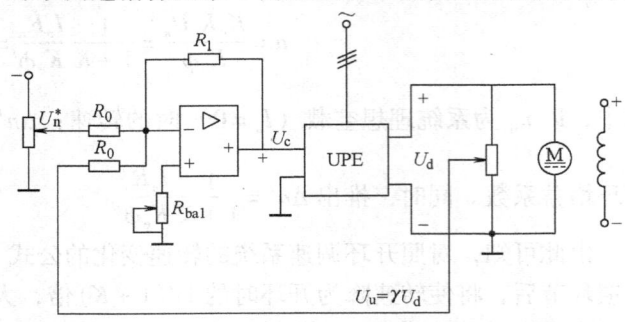

图 6-25 电压负反馈直流调速系统原理图

电压反馈信号为

$$U_u = \gamma U_d \tag{6-45}$$

式中,U_u 为电压反馈信号(V);γ 为电压反馈系数。

图 6-26a 所示是比例控制的电压负反馈直流调速系统稳态结构框图,它和转速负反馈系统框图不同的地方仅在于负反馈信号的取出处。

电压负反馈取自电枢端电压 U_d,为了在结构框图上把 U_d 显示出来,须把电枢回路总电阻 R 分成两个部分,即

$$R = R_{pe} + R_a$$

式中,R_{pe} 是电力电子变换器内阻(Ω);R_a 是电动机电枢电阻(Ω)。

因而

$$U_{d0} - I_d R_{pe} = U_d$$

$$U_d - I_d R_a = E$$

这些关系都反映在结构框图中了。

利用结构图运算规则,可将图 6-26a 分解为图 6-26b、图 2-26c、图 2-26d 三部分,分别求出每部分的输入输出关系,叠加起来,即得电压负反馈直流调速系统的静特性方程

$$n = \frac{K_p K_s U_n^*}{C_e(1+K)} - \frac{R_{pe} I_d}{C_e(1+K)} - \frac{R_a I_d}{C_e} \tag{6-46}$$

式中

$$K = \gamma K_p K_s \tag{6-47}$$

由稳态结构框图和静特性方程可以看出,因为电压负反馈系统实际上只是一个自动调压系统,所以只有被反馈环包围的电力电子装置的内阻引起的稳态速降被减小到 $1/(1+K)$,

而电枢电阻速降 $R_a I_d / C_e$ 处于反馈环外,其大小仍和开环系统中一样。显然,电压负反馈系统的稳态性能比带同样放大器的转速负反馈系统要差一些。在实际系统中,为了尽量减小静态速降,电压负反馈信号的引出线应尽量靠近电动机电枢两端。

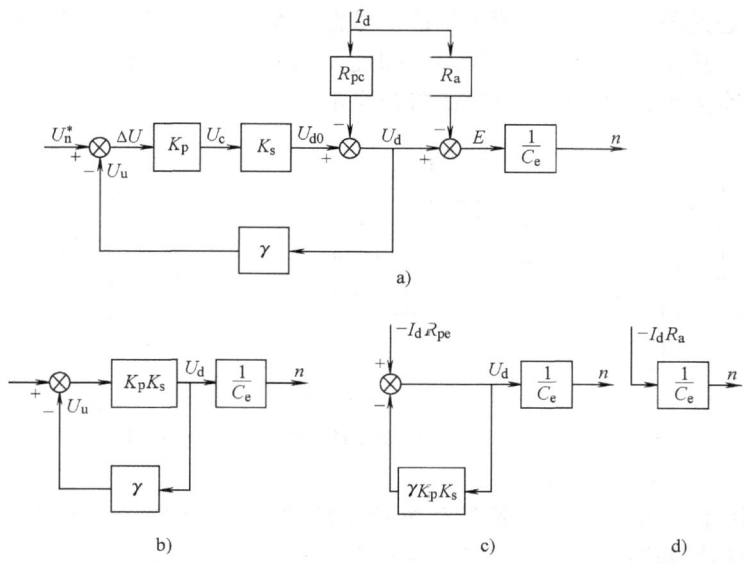

图 6-26 比例控制电压负反馈直流调速系统稳态结构框图
a) 整个系统的稳态结构框图 b) 只有给定输入 U_n^* 时的结构框图
c) 只有扰动输入 $-I_d R_{pe}$ 时的结构框图 d) 只有扰动输入 $-I_d R_a$ 时的结构框图

需要指出,电力电子变换器的输出电压除了直流分量 U_d 外,还含有交流分量。把交流分量引入运算放大器,非但不起调节作用,反而会产生干扰,严重时会造成放大器局部饱和,从而破坏了它的正常工作。为此,电压反馈信号必须经过滤波,这在图 6-25 中没有画出。此外,图中用电位器输出电压反馈信号,这固然简单,但却把主电路和低压的控制电路串起来了,从安全角度上看并不合适。对于小容量调速系统还可容许,对于电动机容量较大、电压较高的系统,最好改用电压隔离变换器,使主电路与控制电路之间没有直接电的联系。

6.7.4 电流正反馈和补偿控制规律

仅采用电压负反馈的调速系统固然可以省去一台测速发电机,但是由于它不能弥补电枢压降所造成的转速降落,调速性能不如转速负反馈系统。在采用电压负反馈的基础上,再增加一些简单的措施,使系统能够接近转速负反馈系统的性能是完全可行的,电流正反馈便是这样的一种措施。

图 6-27 所示是附加电流正反馈的电压负反馈直流调速系统原理图。图中电压负反馈系统部分与图 6-25 相同。除此以外,在主电路中再串入取样电阻 R_s,由 $I_d R_s$ 取出电流正反馈信号。要注意串接 R_s 的位置,须使 $I_d R_s$ 的极性与转速给定信号 U_n^* 的极性一致,而与电压负反馈信号 $U_u = \gamma U_d$ 的极性相反。在运算放大器的输入端,转速给定和电压负反馈的输入回路电阻都是 R_0,电流正反馈输入回路的电阻是 R_2,以便获得适当的电流反馈系数 β,其

定义为

$$\beta = \frac{R_0}{R_2} R_s \tag{6-48}$$

当负载增大使静态速降增加时，电流正反馈信号也增大，通过运算放大器使电力电子装置控制电压随之增加，从而补偿了转速的降落。因此，电流正反馈的作用又称作电流补偿控制。具体的补偿作用有多少，由系统各环节的参数决定。

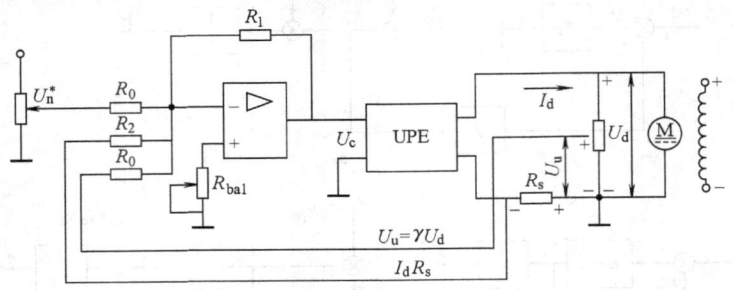

图 6-27　附加电流正反馈的电压负反馈直流调速系统原理图

根据原理图可以绘出带电压负反馈和电流正反馈的直流调速系统稳态结构框图，如图 6-28 所示。再利用结构图运算规则，可直接写出系统的静特性方程式。

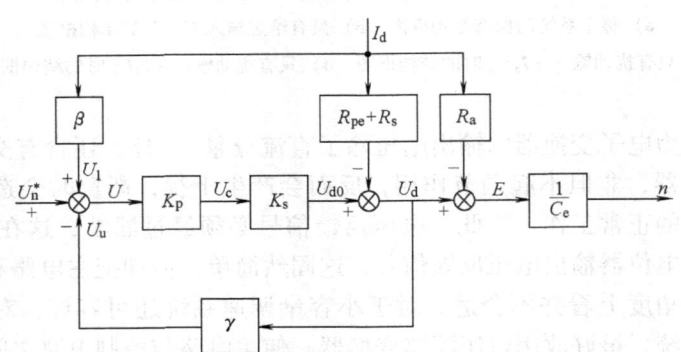

图 6-28　带电压负反馈和电流正反馈的直流调速系统稳态结构图

$$n = \frac{K_p K_s U_n^*}{C_e(1+K)} + \frac{K_p K_s \beta I_d}{C_e(1+K)} - \frac{(R_{pr}+R_s)I_d}{C_e(1+K)} - \frac{(R_{pe}+R_s)I_d}{C_e(1+K)} - \frac{R_a I_d}{C_e} \tag{6-49}$$

式中，$K = \gamma K_p K_s$。

由式 (6-49) 可见，表示电流正反馈作用的 $\dfrac{K_p K_s \beta I_d}{C_e(1+K)}$ 项能够补偿两项稳态速降，当然就可以减少静差了。很明显，加大电流反馈系数 β 可以减少静差。那么，把 β 加大到一定程度，岂不是可以实现无静差了吗？是的，由式 (6-49) 可知，如果

$$\frac{K_p K_s \beta}{1+K} - \frac{R_{pe}+R_e}{1+K} - R_a = 0$$

就做到了无静差。整理后，可得无静差的条件是

$$\beta = \frac{R + KR_a}{K_p K_s} = \beta_{cr} \qquad (6\text{-}50)$$

式中，R 为电枢回路总电阻（Ω），$R = R_{pe} + R_s + R_a$；β_{cr} 为临界电流反馈系数。

采用补偿控制的方法使静差为零，叫做"全补偿"。不同补偿条件下的特性绘于图 6-29 中，特性曲线 1 是带电压负反馈和适当电流正反馈的全补偿特性，是一条水平线。如果 $\beta < \beta_{cr}$，则仍有一些静差，叫做"欠补偿"（特性曲线 2）；如果 $\beta > \beta_{cr}$，则特性上翘，叫做"过补偿"（特性曲线 3）。图中还绘出了只有电压负反馈系统的静特性（特性曲线 4）和开环系统的机械特性（特性曲线 5），以进行比较。所有的特性曲线都是以同样的理想空载转速 n_0 为基准的。

如果取消电压负反馈，单纯采用电流正反馈的补偿控制，则静特性方程式变成

$$n = \frac{K_p K_s U_n^*}{C_e} + \frac{K_p K_s \beta I_d}{C_e} - \frac{R I_d}{C_e} \qquad (6\text{-}51)$$

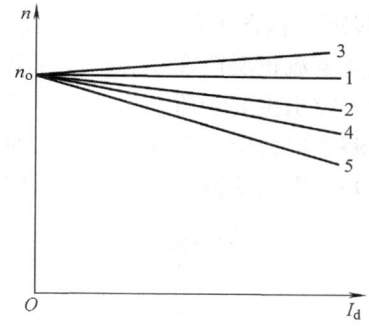

图 6-29 补偿控制和电压
负反馈控制的静特性
1—全补偿特性 2—欠补偿特性
3—过补偿特性 4—只有电压负
反馈系统的静特性 5—开环系统机械特性

这时，全补偿的条件是

$$\beta = \frac{R}{K_p K_s} \qquad (6\text{-}52)$$

可见，无论有没有其他负反馈控制，只用电流正反馈就足以把静差补偿到零。

总起来看，由被调量负反馈构成的反馈控制和由扰动量正反馈构成的补偿控制，是性质不同的两种控制规律。反馈控制只能使静差减小，补偿控制却能把静差完全消除，这似乎是补偿控制的优越性。但是，反馈控制在原理上是自动调节的作用，无论环境如何变化，都能可靠地减小静差。而补偿控制则要靠参数的配合，当参数受温度等因素的影响而发生变化时，补偿的条件就要受到破坏，消除静差的效果就改变了。再进一步看，反馈控制对一切被包在负反馈环内前向通道上的扰动都有抑制效果，而补偿控制则只是针对某一种扰动而言的。电流正反馈只能补偿负载扰动，如果遇到电网电压波动那样的扰动，它反而会起负面作用。因此，在实际调速系统中，很少单独使用电流正反馈补偿控制。只是在电压（或转速）负反馈系统的基础上，加上电流正反馈补偿，作为减少静差的补充措施。此外，决不能用到全补偿这种临界状态上，因为如果设计好全补偿之后，万一参数发生变化，偏到过补偿区域，不仅静特性要上翘，还会出现动态不稳定。

有一种特殊的欠补偿状态，当参数配合适当，使电流正反馈作用恰好抵消电枢电阻产生的那部分速降，即 $K_p K_s \beta = K R_a$ 时，则式（6-49）变成

$$n = \frac{K_p K_s U_n^*}{C_e (1 + K)} - \frac{R I_d}{C_e (1 + K)} \qquad (6\text{-}53)$$

于是，带电流补偿控制的电压负反馈系统的静特性方程[式（6-53）]和转速负反馈系统的静特性方程就完全一样了。这时的电压负反馈加电流正反馈与转速负反馈完全相当，一般把这种电压负反馈加电流正反馈称作电动势负反馈。但是，这只是参数的一种巧妙配合，系统的本质并未改变。虽然可以认为电动势是正比于转速的，但是这样的"电动势负反馈"调

速系统绝不是真正的转速负反馈调速系统。

6.7.5 电流补偿控制直流调速系统的数学模型和稳定条件

前述说明，从稳态上看，电流正反馈是对负载扰动的补偿控制。但是从动态上看，电流（代表转矩）包含了负载电流和动态电流两部分，电流正反馈就不纯粹是负载扰动的补偿了。究竟电流正反馈在动态中起什么作用，必须分析系统的动态数学模型才能说明。

为了突出主要矛盾，先分析一下只有电流正反馈的系统，其动态结构框图见图 6-30a。图中忽略了电力电子变换器的滞后时间常数 T_s（若考虑 T_s，只是多了一个负极点，推导复杂些，并不影响所得的结论），并认为 $T_L = 0$。

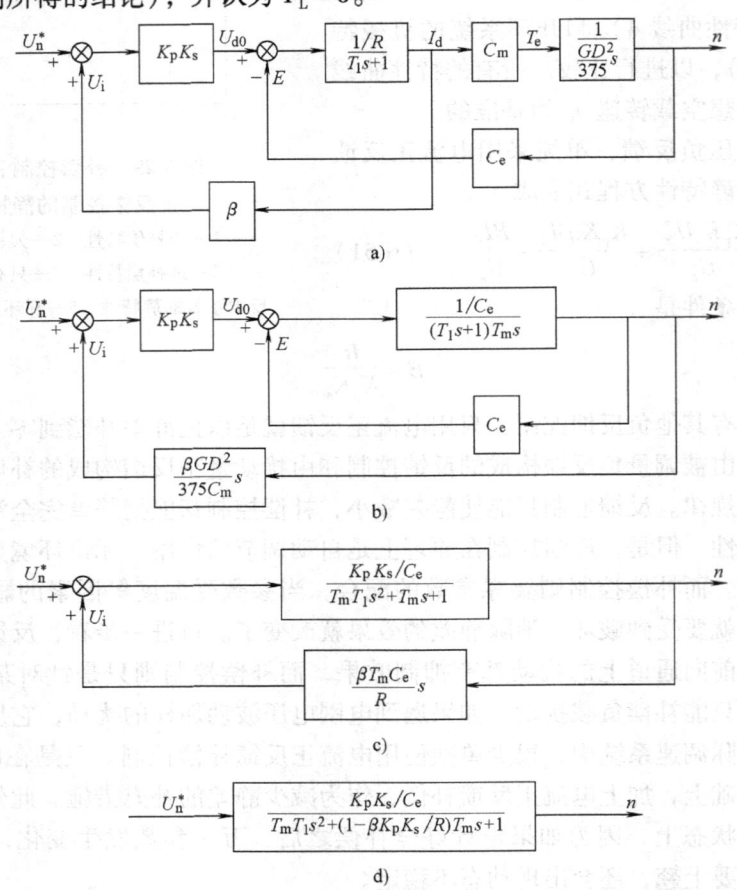

图 6-30　只有电流正反馈的直流调速系统动态结构框图及其等效变换（忽略 T_s，$T_L = 0$）

将图 6-30a 中电流反馈的引出点右移到转速 n 处，化简后，得图 6-30b；把图中的小闭环等效变换成一个环节，并与前面的 $K_p K_s$ 环节合并，得图 6-30c；再利用正反馈连接的等效变换，最后得到图 6-30d，方框内即为整个系统的闭环传递函数。

$$W_{cl}(s) = \frac{K_p K_s / C_e}{T_m T_l s^2 + (1 - \beta K_p K_s / R) T_m s + 1} \tag{6-54}$$

显然，该系统的临界稳定条件是

$$1 - \frac{\beta K_p K_s}{R} = 0$$

或

$$\beta = \frac{R}{K_p K_s} \tag{6-55}$$

比较式（6-55）和式（6-52）可知，只有电流正反馈的调速系统的临界稳定条件正是其静特性的全补偿条件。不难看出，过补偿系统是不稳定的。

对于带电压负反馈和电流正反馈的调速系统，也可以得出临界稳定条件就是全补偿条件的结论，只是推导过程复杂一些。

总之，电流正反馈可以用来补偿一部分静差，以提高调速系统的稳态性能。但是，不能指望电流正反馈来实现无静差，因为这时系统已经达到稳定的边缘了。

6.8 焊接电弧控制系统分析

本章前面介绍了一些自动控制系统分析方法。本节拟以目前广泛应用的焊接电弧控制系统为例，进行系统分析，作为本章分析方法的应用和总结。

目前生产中广泛应用的熔化极电弧焊方法，按其弧长调节原理可分为等速送丝系统和均匀调节系统两类。这两类焊接电弧控制系统，许多文献已从焊接工艺角度进行了定性分析。本节将从自动控制要求的角度进行定量的分析。通过分析，不仅有助于了解和掌握分析方法，并对目前广泛应用的这两种控制系统有更本质的了解，提出改进的措施。

6.8.1 等速送丝焊接电弧控制系统

1. 系统的数学模型及框图

等速送丝焊接电弧控制系统原理结构图见图 6-31。它又称恒速送丝的电弧自身调节系统。此系统是一种弧长稳定系统。但其弧长稳定，不是借助于调节器，而是借助于电弧自身调节弧长的功能，故常称做电弧的自身调节特性。

电弧弧长的自身调节作用是指在此系统中，当电弧受到扰动后、弧长发生变化时，电弧本身具有恢复原来弧长的能力。由于用于这种系统的电源外特性通常是平的或者是缓降的，所以弧长增长时，引起电弧电流明显变小，焊丝熔化速度 v_m 会迅速自动减小；而弧长缩短时，引起电弧电流明显增大，焊丝熔化速度 v_m 会迅速自动增加，这种效应称之为电弧自身调节作用。

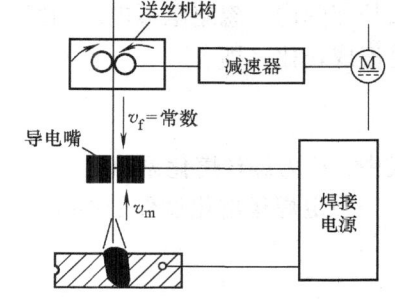

图 6-31 等速送丝焊接电弧控制系统

此控制系统应包括焊接电源、焊接回路、焊丝送进速度 v_f 以及焊接电弧。要分析此系统必须有系统框图，首先建立系统各物理量之间的数学模型。

1）根据闭合回路电压定律，焊接回路各部分的电压应满足下列方程

$$L\frac{\mathrm{d}i}{\mathrm{d}t} + iR + U_a = U_e$$

式中，L 为焊接回路及电源内部电感量；R 为焊接回路电阻；U_e 为焊接电源电压；U_a 为电弧电压；i 为电弧电流。

经拉氏变换得

$$LsI(s) + RI(s) + U_a(s) = U_e(s) \tag{6-56}$$

2）根据电弧静特性，电弧电压 U_a 为

$$U_a = al + b + K_a i$$

式中，l 为电弧长度；K_a 为电弧静特性曲线斜率，$k_a = \dfrac{\partial U_a}{\partial i}$，气体保护焊电弧 K_a 为正，埋弧焊电弧 $k_a \approx 0$；a、b 为电弧参数，取决于焊丝直径、材料、保护气体等。

经拉氏变换得

$$U_a(s) = aL(s) + K_a I(s) \tag{6-57}$$

3）根据电源外特性，电源电压 U_e 为

$$U_e = U_{eo} + Ki = K_0 U + K_1 K_0 i$$

式中，U_{eo} 为空载电压；K_0 为焊接电源的电压放大系数；K_1 为焊接电流反馈系数；U 为焊接电源给定的输入电压；$K = K_1 K_0$ 为电源外特性曲线斜率；当 $K = 0$ 时电源为恒压外特性，当 $K < 0$ 时电源为下降外特性，当 $K > 0$ 时电源为上升外特性。

经拉氏变换得

$$U_e(s) = K_0 U(s) + K_0 K_1 I(s) \tag{6-58}$$

4）根据焊丝熔化速度、送丝速度和弧长之间关系，电弧弧长 l 的变化率 $\mathrm{d}l/\mathrm{d}t$ 等于焊丝熔化速度 v_m 与送丝速度 v_f 之差

$$\frac{\mathrm{d}l}{\mathrm{d}t} = v_m - v_f$$

即

$$l = \int (v_m - v_f) \mathrm{d}t$$

焊丝熔化速度 v_m 取决于焊接电流 i 和电弧电压 U_a，但主要取决于焊接电流，在正常的弧长范围内，忽略电弧电压的影响，不会引起很大误差，因此可以认为焊丝熔化速度与焊接电流成正比，即

$$v_m = Ci$$

式中，C 为焊丝熔化系数。

假定焊丝熔化过程是连续的，则

$$l = \int (Ci - v_f) \mathrm{d}t$$

经拉氏变换得

$$L(s) = \frac{CI(s) - V_f(s)}{s} \tag{6-59}$$

设 N 为弧长的干扰信号，则可根据上述数学模型建立等速送丝焊接电弧控制系统框图，

如图 6-32 所示。

根据系统框图，可以获得系统的传递函数为

$$\frac{L(s)}{U(s)} = \frac{K_0 C}{Ls^2 + (R + K_a - K)s + \alpha C} \tag{6-60}$$

有了系统的传递函数就可以对系统进行分析了。

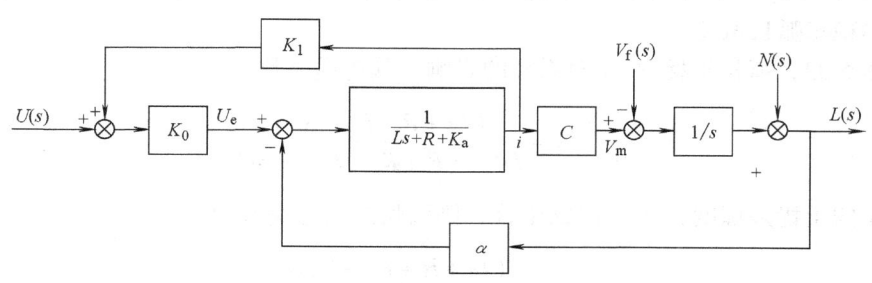

图 6-32　等速送丝焊接电弧控制系统框图

2. 系统分析

由式（6-60）可知，此系统是属于二阶系统。其特征方程为

$$Ls^2 + (R + K_a - K)s + \alpha C = 0$$

根据前面介绍的时域分析法中的二阶系统分析法，此二阶系统的阻尼比、无阻尼自然频率等特征参量为

$$\begin{aligned} \zeta &= \frac{R + K_a - K}{2\sqrt{L\alpha C}} \\ \omega_n &= \sqrt{\frac{\alpha C}{L}} \end{aligned} \tag{6-61}$$

按目前生产中常用的等速送丝电弧控制系统，将电弧、电路参数、电源参数代入式（6-61）中，一般都处于过阻尼状态，即 $\zeta > 1$。

下面将按照二阶系统的单位阶跃响应对此系统的稳定性、稳态精度及快速性等方面进行分析。

（1）稳定性　根据式（6-60）的特征方程分析，按照劳斯稳定性判据，特征方程中每项系数必须为正实数，系统才是稳定的，所以只有当焊接电源外特性斜率为 $K < R + K_a$ 时，系统才是稳定的。若 $R = 0$，则系统稳定条件为 $K < K_a$，即 $\frac{\partial U}{\partial i} < \frac{\partial U_a}{\partial i}$，这就是说电源外特性曲线斜率必须小于电弧静特性曲线斜率，系统才能稳定。

若 $\zeta > 1$，该系统处于过阻尼状态，则在单位阶跃作用下，其响应是非振荡的，系统无超调问题。

（2）稳态精度　根据图 6-32，送丝速度 v_f 的干扰对弧长的影响为

$$\frac{L(s)}{V_f(s)} = -\frac{Ls + R + K_a - K}{Ls^2 + (R + K_a - K)s + \alpha C}$$

若送丝速度干扰是幅值为 Δv_f 的阶跃输入，则弧长的变化为

$$L(s) = -\frac{(Ls + R + K_a - K)\Delta v_f}{[Ls^2 + (R + K_a - K)s + \alpha C]s}$$

根据终值定理，在上述送丝速度的干扰下，稳态弧长偏差为

$$\lim_{t\to\infty} l(t) = \lim_{s\to 0} sL(t) = \frac{(R + K_a - K)\Delta v_f}{\alpha C} \tag{6-62}$$

根据式（6-62）在保证系统稳定的前提下，增加电源外特性的斜率 K，可以减小送丝速度干扰时的稳态弧长偏差。

根据图 6-32，弧长干扰 $N(s)$ 对系统的影响，其传递函数为

$$\frac{L(s)}{N(s)} = -\frac{(Ls + R + K_a - K)s}{Ls^2 + (R + K_a - K)s + \alpha C}$$

若弧长的干扰是幅度为 N 的阶跃干扰，则弧长的动态偏差为

$$L(s) = \frac{(Ls + R + K_a - K)N}{Ls^2 + (R + K_a - K)s + \alpha C} \tag{6-63}$$

稳态精度：

$$\lim_{t\to\infty} l(t) = \lim_{s\to 0} sL(s) = 0 \tag{6-64}$$

由上式可见，对于弧长干扰，稳态误差为零。

（3）**快速性** 将式（6-63）进行拉氏反变换，可以计算出弧长恢复过程中每一时刻的弧长偏差量

式中

$$\begin{cases} l(t) = \dfrac{s_2 N}{s_2 - s_1} e^{-s_1 t} + \dfrac{s_1 N}{s_1 - s_2} e^{-s_2 t} \\[2mm] s_1 = \dfrac{(R + K_a - K) + \sqrt{(R + K_a - K)^2 - 4L\alpha C}}{2L} \\[2mm] s_2 = \dfrac{(R + K_a - K) - \sqrt{(R + K_a - K)^2 - 4L\alpha C}}{2L} \end{cases} \tag{6-65}$$

由式（6-63）及式（6-65）可知，增加电源外特性斜率，当弧长遇到干扰时，可以加速恢复过程。因此从增强电弧自调作用考虑，等速送丝电弧控制系统应选择缓升电源外特性为宜。同时还可看到，焊丝直径越细，α、C 值越大，系统的 ξ 值减小，ω_n 值增大，系统动态品质好，电弧自调作用增强，快速性越好。由式（6-62）可知，焊丝越细，α、C 值越大，送丝速度的干扰对弧长影响也越小。因此这种弧长控制系统用于细丝焊比粗丝焊具有更好的动态品质。

但这种电弧控制系统的弧长遇到干扰后，是靠焊接电流的变化大小来决定恢复速度的，即电弧自调性的提高和电流稳定性的改善有矛盾。电弧自调性能越强，电流变化越大，这对熔滴过渡的稳定性和电弧燃烧的连续性是不利的。

6.8.2 均匀调节电弧控制系统

均匀调节电弧控制系统是目前熔化极弧焊常用的控制系统。它是电弧电压稳定系统，通

过改变送丝速度来调整弧长。在此系统中引进了调节器环节，包括电弧电压的检测和反馈环节，比较器、放大器及送丝机构等环节。其系统结构原理图如图6-33所示。

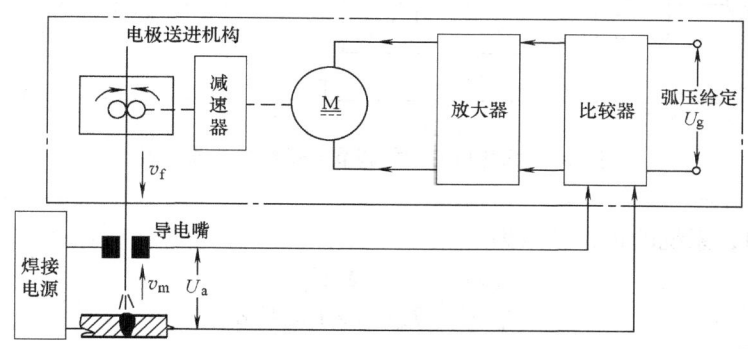

图6-33　均匀调节电弧控制系统

对于熔化极弧焊均匀调节控制系统，在稳定工作状态下应有如下的关系式

$$v_f = v_m (送丝速度 = 熔化速度)$$

$$v_m = Ci (忽略电弧电压的影响)$$

$$\frac{dl}{dt} = Ci - v_f，即 l = \int (Ci - v_f) dt$$

在焊接向下送丝时，反映弧长的反馈电压应为 $\alpha l(s)$，这里 α 为反馈系数，此反馈电压大于给定电压 U_g，此时送丝机构的电压为

$$K_2[\alpha L(s) - U_g(s)] = -K_2[U_g(s) - \alpha L(s)]$$

式中，K_2 为放大器的放大系数。

设送丝机构的传递函数经简化为一惯性环节

$$G(s) = \frac{K_m}{T_m s + 1} \tag{6-66}$$

式中，K_m 为送丝机构的增益系数；T_m 为送丝机构的时间常数。

1. 系统框图及传递函数

为了对系统进行动态性能分析，必须首先建立系统的框图及传递函数。

由图6-33可知，均匀调节电弧控制系统与等速送丝电弧控制系统不同之处，在于前者引入了电弧电压的调节器环节。等速送丝系统的反馈作用是通过弧长变化，电弧本身与电源特性作用产生新的工作点引起电流变化而获得弧长的恢复，均匀调节系统是通过弧压反馈与给定电压进行比较而引起送丝速度的改变来获得弧长的恢复。

为了分析方便，我们先不考虑电弧自调作用，并且假设焊接电源为恒流特性，还忽略焊丝外伸长变化对熔化系数的影响等，采取简化措施之后，按照上述关系式得出均匀调节电弧控制系统框图，如图6-34所示。

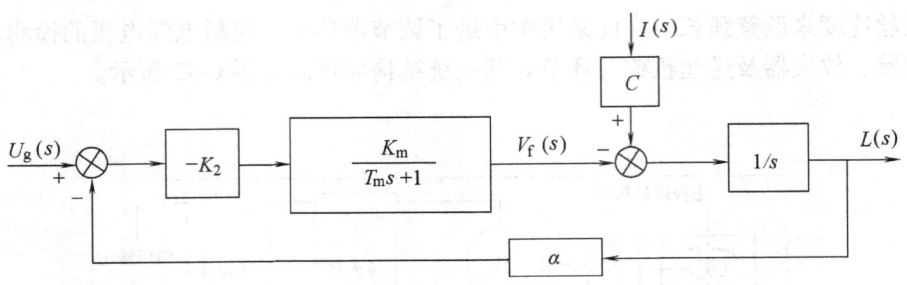

图 6-34　简化后的均匀调节电弧控制系统框图

根据图 6-34，系统的传递函数为

$$\frac{L(s)}{U_g(s)} = \frac{K_2 K_m}{T_m s^2 + s + K_2 K_m \alpha} \tag{6-67}$$

2. 系统分析

由式（6-67）求得系统动态特征参数如下

阻尼比
$$\zeta = \frac{1}{2\sqrt{K_2 K_m \alpha T_m}} \tag{6-68}$$

自然频率
$$\omega_n = \sqrt{\frac{K_2 K_m \alpha}{T_m}} \tag{6-69}$$

阻尼振荡角频率
$$\omega_d = \omega_n \sqrt{1-\zeta^2} = \sqrt{\frac{4K_2 K_m \alpha T_m - 1}{2 T_m}} \approx \sqrt{\frac{K_2 K_m \alpha}{T_m}} \tag{6-70}$$

特征根实部的模为
$$\sigma = \zeta \omega_n = \frac{1}{2T_m} \tag{6-71}$$

按照目前生产中使用的均匀调节控制系统的情况，$0 < \zeta < 1$，即一般都处于欠阻尼状态。

由式（6-68）～式（6-71）可知：系统的动态特征参数 ζ、ω_n、ω_d、σ 都受送丝机构的时间常数 T_m 的影响。若 T_m 增大，ζ 减小，则系统易于振荡、超调量增加、调整时间变长，系统平稳性下降。若 T_m 减小，能提高系统的动态品质。要 T_m 减小，首先要选择动态品质好的送丝电动机、合理设计机械传动机构以及设计一个动态性能好的送丝控制电路。

通过上列分析还可以看到，若焊丝直径减小，电弧直径变小，α 值将增加，则 ζ 减小、ω_n 减小，系统的动态性能变坏，甚至会发生振荡，所以该系统只宜用于粗丝焊接。如果此系统也要用于细丝焊接，则必须将送丝机构的 T_m 大幅度减小。

复习思考题

1. 说明对自动控制系统进行时域分析时的典型初始状态，叙述典型外作用的类型及其数学函数。
2. 自动控制系统的时域性能指标有哪些？写出其典型外作用的数学函数。
3. 画出一阶控制系统的结构图，写出其闭环传递函数，说明其单位阶跃响应曲线与系统参数之间的关系。
4. 画出二阶控制系统的结构图，写出其闭环传递函数，说明其单位阶跃响应曲线与系统参数之间的关系。
5. 已知系统开环传递函数 $G(s) = \dfrac{1}{s(s^2 + 3s + 19)}$，当输入信号为 $R(s) = \dfrac{1}{s}$ 时，求稳态误差。

6. 从物理概念上说明系统稳定与不稳定现象。为什么空制系统会产生不稳定的情况？系统的稳定性和特征方程的根有何关系？
7. 已知系统特征方程为 $s^4+s^3+3s^2+5s+9=0$，用劳斯稳定判据判定该系统的稳定性。
8. 比较直流电动机的电压负反馈调速系统与转速负反馈闭环调速系统的速度控制精度。
9. 叙述直流电动机的电压负反馈调速系统中引入电流正反馈的必要性。
10. 为什么等速送丝焊接电弧控制系统的电源外特性曲线斜率必须小于电弧静特性曲线斜率？

第 7 章　液压传动元器件

一部完整的机器一般由三部分组成：原动机、传动机构和工作机，其中传动机构在机器中起着重要作用，将原动机所提供的能源或运动方式、方向以及速度进行转换、传递和控制，满足执行机构在速度、力、转矩或运动等方面的要求，被人们有目的地加以利用。根据作用形式的不同，一般将传动机构分为三类：机械传动、电气传动和流体传动，液压传动属于流体传动的重要形式之一，在国民经济多个领域应用广泛，成为衡量工业经济发展水平的重要标志之一。

液压传动是依靠液体作为工作介质进行能量传递的一种方式，主要利用液体的压力能传递能量，其理论基础是流体静力学，与依靠液体动能传递能量的液力传动有本质区别。

由于液压传动系统中的油液是在受调节、控制的状态下进行工作，传动与控制难以截然分开，是一种集传动与控制为一体的传动方式，因此在现代工业领域，液压传动应用范围较广，在国外，95%的工程机械、90%的数控加工中心、95%以上的自动线均采用液压传动。在材料加工领域，大量设备，如压力机、模锻机、空气锤、造型机、压铸机等，均采用液压传动方式实现生产过程。

液压传动系统主要优点有体积小、重量轻、惯性小、结构紧凑、工作比较平稳、反应快、冲击小、能高速启动、易于实现自动化、易于实现过载保护、元件能自行润滑、寿命长等。

7.1　液压传动的工作原理、系统组成

图 7-1 为一个铸型输送机的液压传动系统，现通过该系统了解液压传动的工作原理及其系统组成。

图 7-1a 所示为换向阀处于中位、非工作状态的液压系统，图 7-1b、图 7-1c 分别为换向阀处于左位、右位状态，换向阀的不同位置状态决定了整个系统的运动方向和状态，现假设换向阀处于图 7-1b 所示的左位状态，液压系统的工作过程可描述为：液压泵 3 在电动机（图中未画出）的带动下工作，油箱 1 中的油液经滤油器 2 被吸入液压泵，并在液压泵的推动下转化为高压油提供给系统，液压泵出口输油压力决定于油液前进过程中所遇到的阻力，阻力越大，压力越高，液压泵的输油压力与油液前进过程中所需克服的阻力相平衡。为使液压系统的压力可控，设置一个液流阀 4 调节液压泵出口液油压力，使其保持一恒定值，此时一部分液油可通过 4 直接返回油箱，大部分液压油经节流阀 5、换向阀 6 进入液压缸 7 的左腔，驱动工作台 8 向右运动，工作台 8 在液压缸 7 的带动下最终能否实现右移，不仅取决于液压缸进油状态，也受液压缸回油情况所限制，在换向阀处于左位状态下，液压缸 7 回油经换向阀 6、油管 9 畅通无阻地回到油箱，此时工作台能以正常速度向右走，带动输送小车往右移动一个预定距离。之后，操作手柄使换向阀完成换向，使其处于右位，如图 7-1c 所示，工作台在液压缸的带动下向左运动，返回最左端，完成一个工作循环。

上述以铸型输送为例,描述了一个液压传动系统的工作过程,液压油为工作介质,经油箱、滤网、油管被液压泵吸入,将原动机输入的机械能转变为压力能,经过溢流阀、节流阀、换向阀等液压控制元件,最终由执行元件(液压缸)将压力能转变为机械能输出,驱动工作台运动,可见,液压系统的构成可归纳为五个部分:

(1) 动力元件(液压泵) 其作用是向液压系统提供压力油,是系统的动力源。从能量转换的角度看,它是将原动机输出的机械能转换成液压能的能量转换装置。

(2) 执行元件(液压缸或液压马达) 是液压系统的执行机构,它将液体的压力能转换为机械能,用以驱动负载。其中,液压缸是实现直线运动的液压元件,液压马达是实现旋转运动的液压元件。

(3) 控制元件 包括溢流阀、节流阀、换向阀等各类阀,分别控制系统的压力、流量和液流方向,以满足执行元件对力、速度和运动方向的要求。

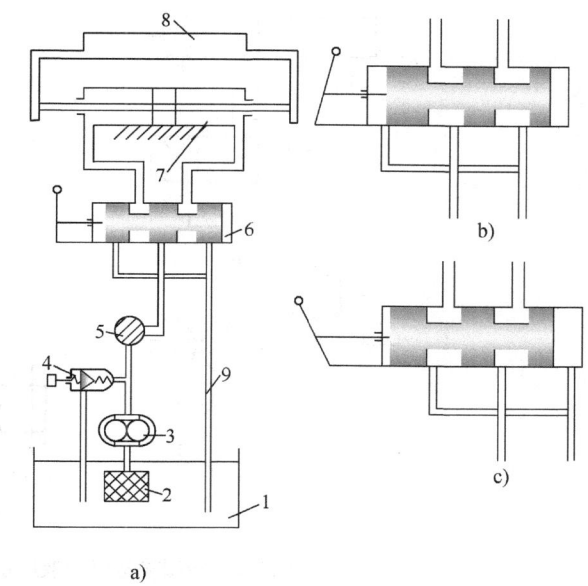

图 7-1 铸型输送机的液压传动系统
a) 系统 b) 换向阀左位 c) 换向阀右位
1—油箱 2—滤网 3—液压泵 4—溢流阀 5—节流阀
6—换向阀 7—液压缸 8—工作台 9—油管

(4) 辅助元件 如油箱、过滤器等,在系统中起着输送、贮存、散热以及过滤液体等作用,对保证液压系统可靠持久地工作起着重要作用。

(5) 工作介质(液压油) 依靠液压泵和液压缸实现能量转换,包括石油基液压油和难燃液压油等。

上述五个部分是一个完整液压系统的必备部分,其不同的排列组合,构成了功能不同的液压系统。

需要说明的是,图 7-1 所示的液压系统中,各元件均以结构符号表示,称为结构原理图,其优点是直观性强、容易理解,但不足之处为图形复杂、绘制困难。为了简化液压系统图,图中各元件均采用简化的职能符号代替,按照国际标准 GB/T 786.1—2009 所规定的职能符号绘制元件、液压系统图。图 7-1 对应的职能符号图见图 7-2。

液压元件的职能符号只表示其功能,而不表示其具体结构和工作原理,反映各元件的连接关系,而不反映其空间位置,绘制职能符号系统图时应遵循以下规定:

1) 图中各元件的符号均为静止状态或零工位表法,如图 7-2a 所示,换向阀 6 处于中间位置,这时表示液压缸静止不动;

2) 系统图中的主油路(包括主压油路和主回油路)以标准实线表示,泄漏油路用细实线表示,控制油路以细虚线表示。

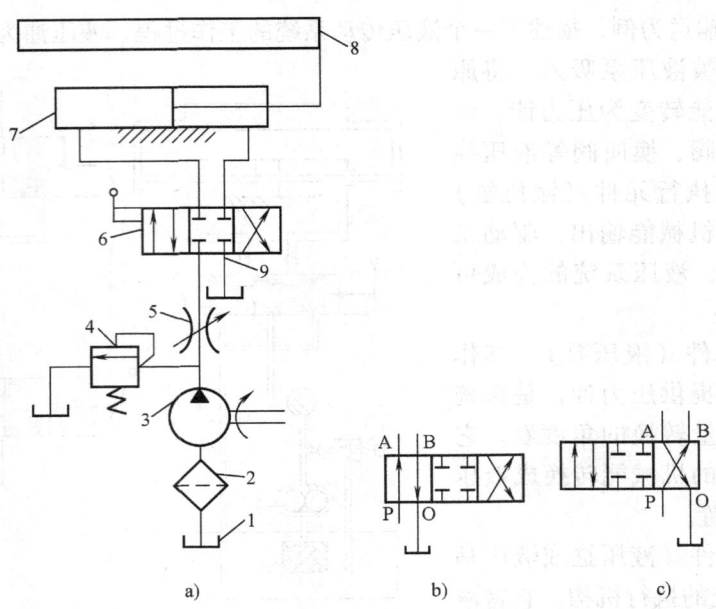

图 7-2 铸型输送机的液压系统职能符号图
1—油箱 2—滤网 3—油泵 4—溢流阀 5—节流阀
6—换向阀 7—油缸 8—工作台 9—油管

7.2 液压泵的工作原理、分类以及主要性能参数

液压泵属于动力元件,从能量转换角度看,液压泵是一种把原动机的机械能转换成液油压力能的能量转换装置,是液压系统的动力源。

7.2.1 液压泵的工作原理和分类

图 7-3 所示为一单柱塞容积式泵的工作原理结构图,柱塞 2 在弹簧 4 的作用下紧贴在偏心凸轮 1 的外圆表面,当电动机带动偏心凸轮旋转时,柱塞在偏心凸轮和弹簧的作用下作往复运动,通过密封腔 5 的不断变化完成吸油、压油过程。在图示情况下,密封腔 5 的体积最大,随着偏心凸轮进一步旋转,柱塞向左运动,密封腔 5 减小,处于正压状态,单向阀 6 因此关闭,而单向阀 7 被打开,密封腔中的高压油由 7 的出口输出到液压系统,完成液压泵的压油过程,凸轮旋转 180°后,密封腔 5 的体积最小;随着偏心凸轮进一步旋转,柱塞在压缩弹簧的作用下向右运动,密封腔 5 的体积随之增大,并处于负压状态,单向阀 7 因此关闭,而单向阀 6 被打开,在大气压力的作用下,液油从油箱被吸入,经由油管、单向阀 6 被吸入密封腔 5 中,完成液压泵的吸油过程。可见,随着偏

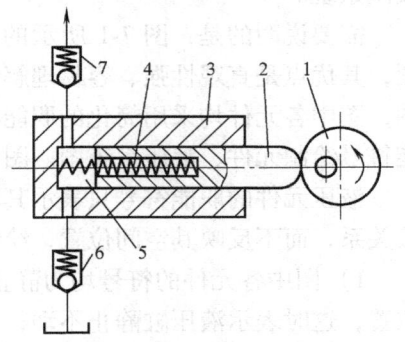

图 7-3 液压泵的工作原理
1—偏心凸轮 2—柱塞 3—泵体 4—弹簧
5—密封腔 6、7—单向阀

心凸轮的不断旋转，液压泵不断经历吸油和压油过程。

从上述分析可得出液压泵工作的基本条件：

1）必须具备一个以上的密封油腔，而且密封油腔的容积在运转过程中应不断变化，液压泵就是靠密封容积不断变化而完成吸油和压油的，密封腔由大变小时，处于压油状态，密封腔由小变大时，处于吸油状态，不同类型的液压泵，引起密封腔变化的原因也不相同。凡利用密封容积变化而工作的液压泵皆称容积式泵，其输油量取决于密封容积的大小及其变化率。

2）在图7-3中，液压泵的吸油是靠弹簧4克服摩擦、惯性等阻力推动柱塞移动，使密封腔容积扩大而实现吸油的，凡运转过程中密封容积能自行扩大的液压泵都具备自吸能力，此时油箱必须与大气相通，这是自吸式液压泵的吸油条件。

3）单向阀6、7是液压泵的配油装置，其作用是保证吸油、压油两个通道截然分开，各种泵的配油装置形式各异，但它们是液压泵工作必不可少的部件。

按照输出流量能否调节，液压泵可分为定量液压泵和变量液压泵；按其结构形式不同，液压泵可分为齿轮泵、螺杆泵、叶片泵、柱塞泵。螺杆泵在采油系统中应用较多，在材料加工设备上应用较少，故本书只讲述前三种液压泵，液压泵的职能符号见图7-4。

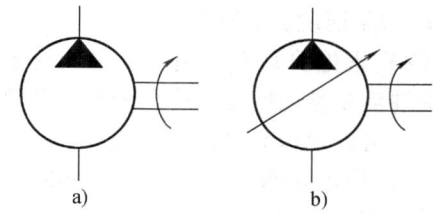

图7-4 液压泵的职能符号
a) 定量泵 b) 变量泵

7.2.2 液压泵的性能参数

在选用液压泵时，一般要根据系统的要求和液压泵的性能参数作为选择依据，故对液压泵的主要性能参数所代表的意义应有所了解，液压泵的性能参数主要包括压力、流量、转速、功率和效率。

1. 压力

液压泵的最大工作压力由泵自身条件所决定，它受泵的零件结构强度和泄露程度所限制，随着泵工作压力的提高，泵的泄露量增大，容积效率降低，当降到一定程度时就不允许再降低。液压泵中的压力概念有三个，分别为额定压力、最高压力和工作压力。

（1）额定压力　根据液压泵零件强度和容积效率进行综合试验所得出的最合理的工作压力，一般通过标准试验测得。

（2）最高压力　允许超过额定压力短暂运行的最高压力。

（3）工作压力　液压泵实际工作的压力，即图7-3中单向阀7的出口压力，由负载决定，后面将介绍液压泵工作压力的形成过程。

2. 流量

流量是指液压泵单位时间内输出油液的体积（m^3/s），包括理论流量、额定流量和实际流量。

（1）理论流量 q_t　在不考虑泄露的情况下，根据泵的几何尺寸计算得到的流量。

（2）实际流量 q　泵工作时的实际输出流量，由于泄露和压缩等因素导致泵输出液油体积变化，实际流量不严格等于额定流量，受压力影响较大，随泵的工作压力升高而下降。

(3) 额定流量 q_n 在额定转速和额定压力下泵的输出（马达输入）流量，是按试验标准规定必须保证的流量。

3. 转速

(1) 额定转速 在额定压力下，能连续长时间正常运转的最高转速。

(2) 最高转速 额定压力下允许超过额定转速短暂运行的转速。超过这个转速就会引起气蚀现象。

(3) 最低转速 正常运转所允许的最低转速。

4. 功率

液压泵受原动机驱动，输入量为转矩 T 和角速度 ω，输出量是液体的压力 p 和流量 q。

(1) 输入功率 P_i 液压泵的输入功率等于原动机的输出功率，$P_i = T\omega = 2\pi nT$，T 为转矩，ω 为角速度，n 为转速。

(2) 理论功率 P_t 指液压泵理论上需要的输入功率，等于实际输入功率减去机械损失（包括油液粘性内摩擦产生的液压损失和相对运动零件之间、运动件和密封件间的机械摩擦损失），可以表示为泵出口压强 p 和理论流量的乘积，即 $P_t = pq_t$。

(3) 输出功率 P_o 指液压泵实际输出的液压功率，它等于理论功率减去容积损失（泄漏、气穴和油液在高压下压缩等造成的流量损失），也就是泵出口压强 p 和实际流量 q 的乘积，即 $P_o = pq$。

5. 效率

液压泵的效率主要表现为机械效率、容积效率和总效率三种，分别表述如下。

(1) 机械效率 η_m 理论功率与输入功率之比，即 $\eta_m = P_t/P_i$。

(2) 容积效率 η_v 液压泵输出功率与理论功率之比，即 $\eta_v = P_o/P_t$。

(3) 总效率 η 泵的输出功率与输入功率之比，即 $\eta = P_o/P_i = (P_o/P_t) \cdot (P_t/P_i) = \eta_v \eta_m$。

液压泵的总效率 η 和容积效率 η_v 可用测量的方法得到，机械效率 η_m 不能直接测出，只能通过计算获得。各类液压泵的容积效率和总效率见表 7-1。

表 7-1 各类液压泵的效率和总效率

效率 \ 泵类	齿轮泵	叶片泵	柱塞泵
η	0.6~0.8	0.75~0.85	0.8~0.9
η_v	0.7~0.9	0.8~0.95	0.85~0.98

7.2.3 液压泵的实际工作压力

与电气元件不同，液压泵的实际工作压力与额定压力往往不同，实际工作压力由负载大小决定。由工程流体力学知识可知，液体的压缩系数 κ 很小，如矿物油的 $\kappa = 6 \times 10^{-10} \text{m}^2/\text{N}$，故当密封容积内的油液受到压缩或有受到压缩的趋势而使其容积缩小时就会产生压力，并会急速升高，当该值达到负载所对应的阻力时，负载开始运动，由于液压泵源源不断地提供液压油，补充因负载运动导致的液压缸体积的增大，又因负载阻力时刻存在，故泵出口压力总是保持该阻力值，以此驱动负载运动，这就是液压泵在实际工作状态下所产生的工作压力，即液压泵的实际工作压力。

从上述分析可得出 3 个结论：

1) 液压系统中油液的压力是由于油液处于一种"前阻后推"的状态。只有"前阻"而没有"后推"，或只有"后推"而没有"前阻"，油液都不可能产生压力。

2) 液压泵工作压力的高低，决定于液压泵输出油液时所遇到的阻力大小，阻力越大，压力越高；若阻力为零，则液压泵输油压力为零。

3) 不论在何种状态下工作，液压泵的额定工作压力不会改变，但其实际工作压力则取决于液压系统的具体工作状态。

7.3 齿轮泵、叶片泵、柱塞泵

7.3.1 齿轮泵

齿轮泵具有结构简单、体积小、重量轻、容易制造、成本低、对污物不敏感、工作可靠、维护方便、寿命长等优点，故广泛应用于各种低压液压系统中。随着齿轮泵结构的不断完善，中、高压齿轮泵的应用逐渐增多，目前国内高压齿轮泵的压力已达到 17～25MPa，国外高压齿轮泵的压力约为 21～35MPa，但低压齿轮泵的应用仍较多，常用做液压系统中的控制液压泵（即辅助泵）。

1. 齿轮泵的分类及工作原理

按齿轮啮合形式不同，齿轮泵可分为外啮合齿轮泵和内啮合齿轮泵两大类，其中外啮合齿轮泵应用广泛。依据压力等级划分，齿轮泵可分为低压（$p < 2.5$MPa）、中压（$p \geqslant 2.5 \sim 8$MPa）、高压（$p \geqslant 8 \sim 16$MPa）和超高压（$p > 16$MPa）四类。

图 7-5 所示为外啮合齿轮泵，其结构主要包括主动齿轮、从动齿轮、驱动轴、壳体及端盖、配油装置等，主动齿轮和从动齿轮的参数相同，齿轮两端面靠端盖密封，密封腔由泵体、端盖和齿轮的各个齿间槽构成。当主动齿轮按图 7-5 所示的逆时针方向旋转时，啮合点右侧啮合着的轮齿逐渐脱离啮合，密封工作腔的容积逐渐增大，形成负压，在大气压力作用下，油箱里的油经吸油管进入此密封腔，完成吸油过程，被吸入齿间的油液随着齿轮的旋转被带到左侧。啮合点左侧的轮齿逐渐进入啮合，密封腔容积减小，形成正压，挤出齿隙中的油液，完成压油过程。可见，齿轮泵的工作主要依靠

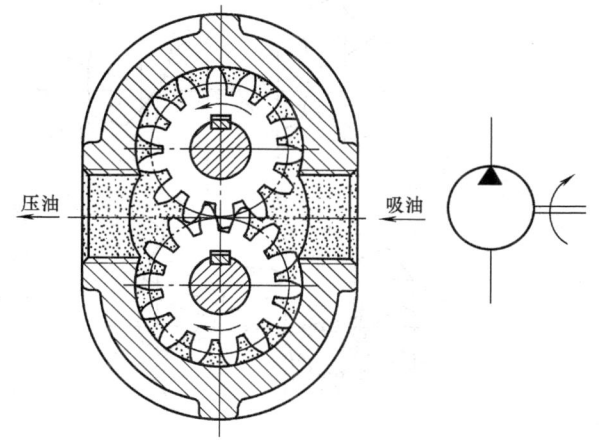

图 7-5 外啮合齿轮泵

齿轮的啮合和脱离啮合两个过程，齿轮泵的持续旋转可不断完成吸油和压油两个过程。

一般外啮合齿轮泵存在困油、泄露、脉动流量大、径向受力不均等问题，其中困油、泄露两个问题必须考虑，应予以解决。

2. 齿轮泵的困油现象及其消除措施

为了保证齿轮泵工作时齿轮传动平稳、吸压油腔严格密封以及均匀而连续地供油，必须使齿轮啮合重叠系数 $\varepsilon>1$，即要求前一对轮齿即将脱离啮合时，后一对轮齿必须已进入啮合状态。此时，由于两对轮齿处于啮合状态，留在其齿间的油液就被困在两对轮齿所形成的密封死区之间，如图 7-6a 所示。随着齿轮的旋转，密封死区经历了由大变小、然后又由小变大两个过程，这对应了困油现象的两个阶段。这种油液被困在密闭死区之间，而密闭死区的大小又随齿轮的旋转而变化的现象称为困油现象。在旋转轴中心连线左侧，当密闭死区由大变小时，该封闭区形成正压，其中的油液受到强烈挤压，由于油液的压缩系数较小，油液压力急剧升高，并被迫从各种缝隙中强行挤出，使齿轮受到很大的径向压力，造成功率损失、油液发热，并产生振动、噪声，降低了泵的工作平稳性和寿命；在旋转轴中心连线右侧，随着齿轮继续旋转，密闭死区 V 必然经历由小变大的过程，其内产生强烈负压，液油中的气体分离出来产生空穴，引起泵的流量不均匀、振动和噪声，同时，气泡的存在还易产生气蚀。所以困油现象对齿轮泵的工作性能、强度和寿命都非常有害，必须加以消除。

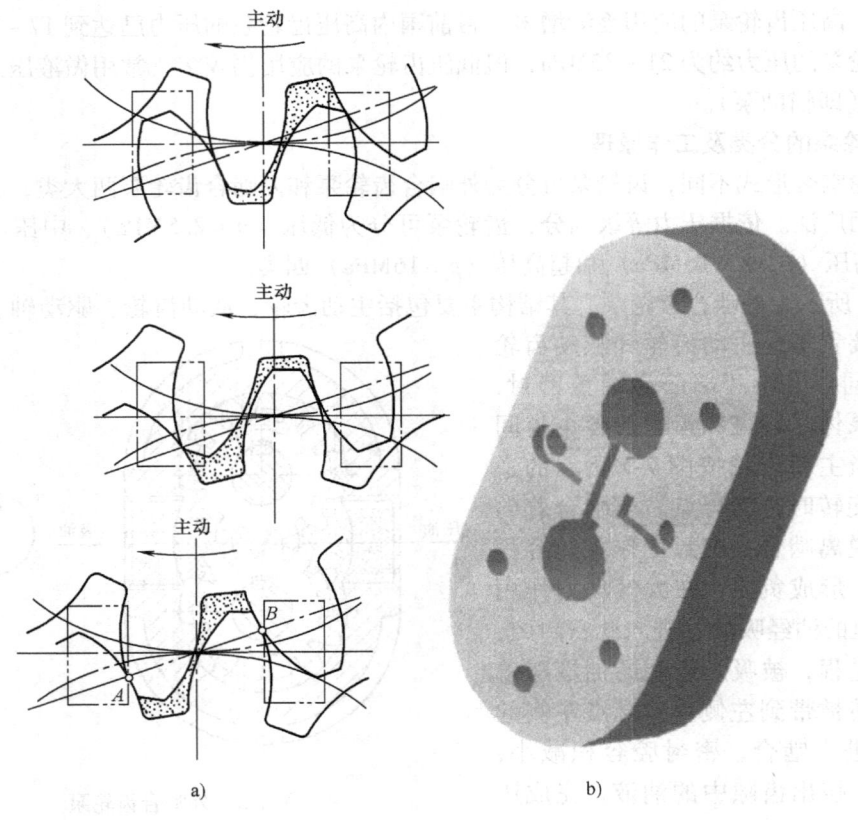

图 7-6 齿轮泵的困油现象及解决措施
a）困油现象 b）解决措施

困油现象所产生的根本原因是当密闭死区变化时油液无法排出和吸入，因此，若能设法使密闭死区在变化过程中成为不封闭状态，即能消除困油现象。目前，消除困油现象最常用的方法是在与齿轮端面接触的前后端盖上开设卸荷槽，如图 7-6a 中的虚线所示。使密闭容积由大变小时左边的卸荷槽与压油腔相通；密闭容由小变大时，右边的卸荷槽与吸油腔相通；在密闭容积最小时，即不与压油腔相通也不与吸油腔相通，吸压油腔在任何时候都相互隔开。卸荷槽的位置见图 7-6b。

3. 齿轮泵的泄露及其消除措施

外啮合齿轮运转时的泄漏途径有两个，一为齿顶与齿轮壳体的间隙，其次为齿端面与端盖的间隙（占总泄漏的 80%～85%），当压力增加时，前者不会改变，但后者的泄漏量剧增，这是外啮合齿轮泵泄漏的最主要原因，故齿轮泵不适合用做高压泵，端面间隙的泄露问题需要解决。端面间隙补偿可采用静压平衡措施，在齿轮和盖板之间增加一个补偿零件，如浮动轴套、浮动侧板，图 7-7 所示的采用浮动轴套解决端面泄露问题的方法。

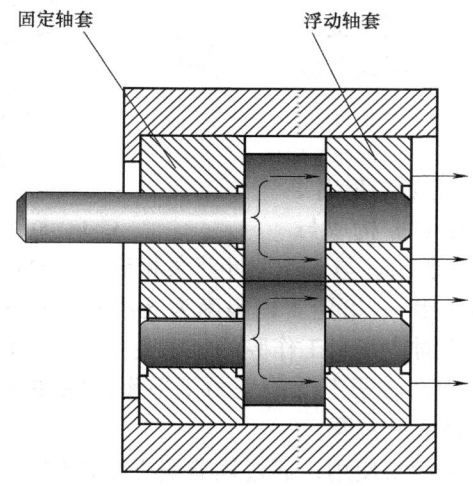

图 7-7　采用浮动轴套解决端面泄露问题

7.3.2　叶片泵

叶片泵具有结构紧凑、运转平稳、噪声小、输油量均匀、寿命长等优点，因此广泛应用于机械制造中的专用机床、自动线等中、低压液压系统中，近年来随着液压泵结构设计的不断改进以及制造工艺和金属材料性能的不断提高，叶片泵也向中高压和高压方向发展，目前国内单级叶片泵的最高压力级为 17.5MPa，国外叶片泵的压力级达 17～35MPa，个别小流量叶片泵的压力可高达 70MPa。

按其输出流量是否可调，叶片泵分为定量叶片泵和变量叶片泵两类；依据叶片旋转一周完成吸、压油次数，叶片泵可分为单作用叶片泵和双作用叶片泵，其旋转一周分别完成 1 次、2 次吸压油。

1. 双作用叶片泵

液压泵主要由定子 1、转子 2、叶片 3、轴 4、配油盘 5、壳体 6 等组成，如图 7-8 所示，其结构特点为：①转子和定子中心重合；②定子内表面近似椭圆形，由 8 段曲线连接而成，包括两段长径 R 和两段短径 r 的工作曲线和四段过渡曲线（等加速和等减速曲线）；③两套配油装置。叶片泵的密封腔由定子、转子、叶片和配油盘形成，在原动机带动下转子旋转时,在离心力和由高压腔引入叶片底部的压力油与压缩弹簧的作用下,叶片紧贴在定子内表面,密封腔随着转子的转动而变化,当叶片从 r 向 R 方向运动时,叶片伸出,密封容积逐渐扩大,腔内处于负压状态而吸油;相反,当叶片从 R 向 r 方向运动时,叶片缩进,密封容积逐渐缩小,腔内处于正压状态而压油。从图 7-8 可以看出,叶片泵转子转一周,每个密封腔完成两次吸油和压油过程,故属于双作用叶片泵。此外,由于液压泵两个吸油口和压油口的布置对称于传动轴,因此作用于传动轴上的液压力相互平衡,轴承不承受径向作用力,故又称为卸荷式叶片泵,这种结构形式有利于提高输油压力及延长泵的使用寿命,因此其应用较为广泛。

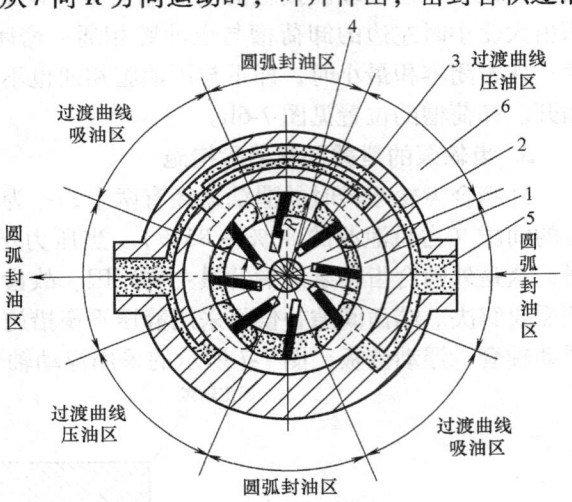

图 7-8 双作用叶片泵
1—定子 2—转子 3—叶片
4—轴 5—配油盘 6—壳体

2. 单作用叶片泵

单作用叶片泵由转子、定子、叶片、轴、配油盘、壳体等组成,密封腔构成与双作用叶片泵相同,如图 7-9 所示。与双作用叶片泵相比,该泵结构显著不同:①转子中心和定子中心不重合,有一偏心距 e;②定子内表面为光滑圆形;③有一套配油装置。单作用叶片泵工作时,转子每转一周对应密封工作腔的容积变化一次,即每个密封工作腔只进行一次吸油和压油,这就使得作用在转子上的液压力不平衡,轴和轴承上承受很大的径向作用力,故又称其为单作用非卸荷式叶片泵。

单作用叶片泵也可作为变量泵使用,通过调节偏心距 e 来实现变量,e 越大,流量越大,e 的大小可由人工调节,也可自动调节。自动调节的变量泵又分为限压式及恒压式两种。目前国内使用较多的是限压式变量叶片泵,图 7-10 所示为一外反馈限压式变量叶片泵。

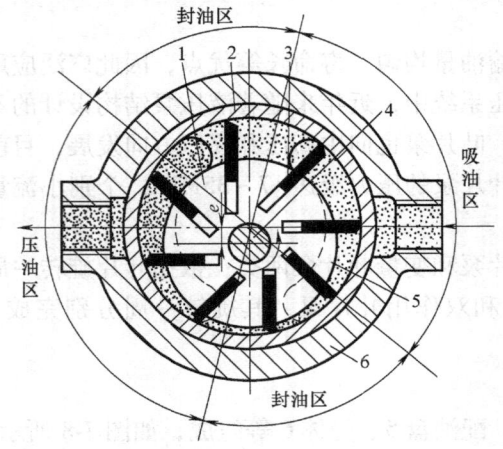

图 7-9 单作用叶片泵
1—转子 2—定子 3—叶片
4—轴 5—配油盘 6—壳体

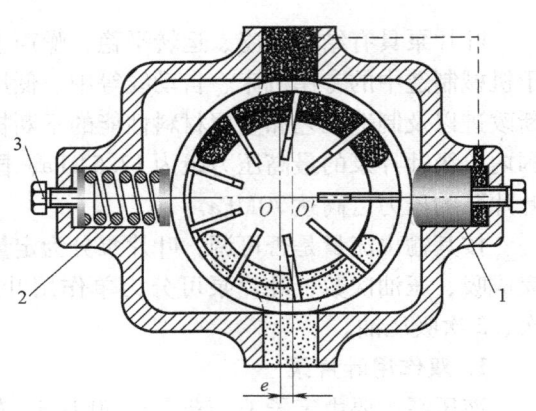

图 7-10 外反馈限压式变量叶片泵
1—活塞 2—调压弹簧 3—调压螺钉

外反馈限压式变量叶片泵主要由单作用叶片泵、活塞、调压弹簧组成，活塞1的一端紧贴定子，另一端则通入高压油，通过定子的弹簧力和液油压力维持平衡的方式调节压力。预调压力确定后，定子所受的液压力与弹簧力平衡，叶片泵处于稳定工作状态；当负载增大时，泵出口压力升高，活塞对定子的作用力随油压升高而增大，大于调压弹簧2的预调压力，定子受力平衡被改变，向左偏移，偏心距 e 减小，液压泵输油量减小，出口压力降低，以维持稳定的预调压力；反之，当负载减小时，泵出口压力降低，活塞对定子的作用力减小，定子受力平衡被改变，弹簧作用力占优，定子向右偏移，e 增大，液压泵输油量增加，使出口压力升高，维持预调压力不变。可见，无论负载导致泵的出口压力是升高还是降低，通过泵自身的调节与控制，都能通过调节流量使压力维持一个定值。外反馈式变量泵的变量机构较复杂，但具有性能稳定、流量脉动小的优点。

7.3.3 柱塞泵

柱塞泵依靠柱塞在缸体内往复运动时密封工作腔容积的变化来完成吸油和压油，与齿轮泵和叶片泵相比，该泵能以最小的尺寸和最小的重量提供最大的动力，为一种高效率泵。由于缸体内孔及柱塞均为圆柱形，加工方便，配合精度高，密封性能好，容积效率高，故可在高压下工作，但制造成本相对较高，此外，该泵也用于大流量、大功率的场合。

依据柱塞与传动轴的位向关系不同，柱塞泵可分为轴向式和径向式两种，柱塞平行于传动轴的泵为轴向柱塞泵，柱塞垂直于传动轴的泵为径向柱塞泵。为了保证吸油和压油的连续性，柱塞数必须大于等于3。

1. 轴向柱塞泵

轴向柱塞泵又分为直轴式（斜盘式）和斜轴式两种，其中直轴式应用较广，图7-11所示为一直轴式柱塞泵。

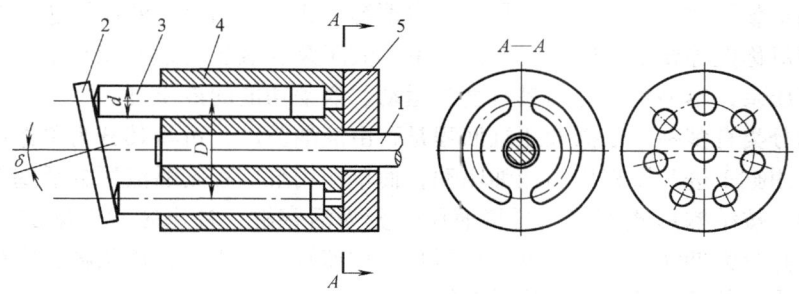

图7-11 直轴式柱塞泵
1—传动轴 2—斜盘 3—柱塞 4—缸体 5—配油盘

该类泵主要由传动轴1、斜盘2、柱塞3、缸体4、配油盘5等组成。缸体4由传动轴带动旋转，配油盘和斜盘固定不动，柱塞装在缸体内，沿轴向圆周均匀分布，柱塞的头部靠机械装置或液压油的作用压紧在斜盘上，密封腔为缸体内孔与柱塞之间的容积。当传动轴旋转时，柱塞形成2个自由度运动方式，其一为随缸体的旋转运动，其二为相对缸体的直线往复运动。柱塞在其自下向上回转的半周内逐渐向外伸出，密封腔体积不断增大，腔内形成负压而实现吸油过程；柱塞在其自上而下回转的半周内，柱塞逐渐压入缸内，密封腔体积减小，腔内形成正压而完成压油过程，并通过配油盘的压油口输出。缸体每转一周，柱塞往复运动一次，完成一次吸油和压油，当传动轴不断转动时液压泵就不断输出压力油。

上述柱塞泵的斜盘固定不动，为定量泵，当斜盘的倾角做成可调节时，柱塞泵也为变量泵，通过改变斜盘的 δ 倾角，便可改变柱塞的往复行程，从而改变液压泵的流量。若斜盘除能改变倾角外还能改变其倾斜方向，那么液压泵的进出口还能互换，成为双向变量轴向柱塞泵。

2. 径向柱塞泵

径向柱塞泵的柱塞与传动轴呈垂直关系，其结构示于图 7-12，从各部分结构的空间布置看，径向柱塞泵有些类似于单作用叶片泵，尤其偏心的结构形式，但通过比较，不难发现两者的差异之处，具体表现为：①密封腔不同，径向柱塞泵的密封腔为缸体内孔和柱塞之间；②运动零部件不同，柱塞泵为柱塞，叶片泵为叶片。

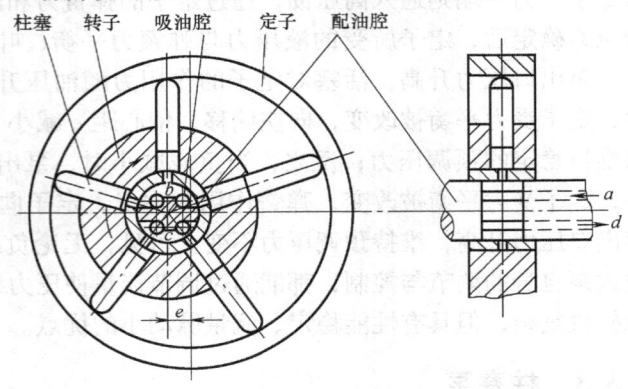

图 7-12　径向柱塞泵

7.4　双作用单、双活塞杆式液压缸

液压缸是将油液的压力能转换为机械能的能量转换装置，是液压系统中的执行元件，用来实现往复直线运动、摆动和旋转运动。具有旋转运动功能的液压缸也称液压马达，该元件与液压泵的功能相反。从原理上讲，向容积式泵中输入压力油，将负载与转轴连接，即可实现液压油驱动负载转动，就成为液压马达，也即容积式泵反用就是液压马达，但在实际中由于性能及结构对称性等要求不同，一般情况下，液压泵和液压马达不能互换使用，其结构和功能可参照液压泵，本书主要介绍具有直线运动、摆动功能的液压缸。

液压缸的分类有多种，依据液压缸回程是否由液油驱动，可将其分为单作用缸和双作用缸，其中双作用缸工进和回程均由液油驱动，而单作用缸回程则靠液压缸活塞自重或弹簧等机械装置驱动；按结构形式不同，可将液压缸分为活塞缸、柱塞缸、摆动缸等；按用途不同，可将液压缸分为伸缩缸、串联缸、增压缸、增速缸、步进缸、齿条缸、定位缸等；按活塞杆形式可分为：单杆活塞缸、双杆活塞缸。

具有直线运动的液压缸及其职能符号见图 7-13。图 7-13a 为弹簧复位杆式液压缸，属于单作用缸，活塞仅单向受力运动，反向回程则依靠活塞自重或外力；图 7-13b 为双作用单杆活塞液压缸，活塞单侧有杆，但可双向运动，双向运动的推力和速度都不相等；图 7-13c 为双作用双杆活塞液压缸，活塞两侧均有杆，可双向受力运动，往复运动的推力和速度均相等；图 7-13d 为柱塞缸，属于单作用缸，柱塞仅单向受力运动，回程运动是依靠柱塞自重或外力；图 7-13e 为伸缩缸，属于单作用缸，有多个互相连动的活塞，可依次伸出，获得较大行程，由外力使活塞返回；图 7-13f 为增压液压缸，也称增压器，由两个直径不同的压力室组成，可使小直径压力室的油液压力增大，一般不作最终执行元件使用，仅起压力变换作用。

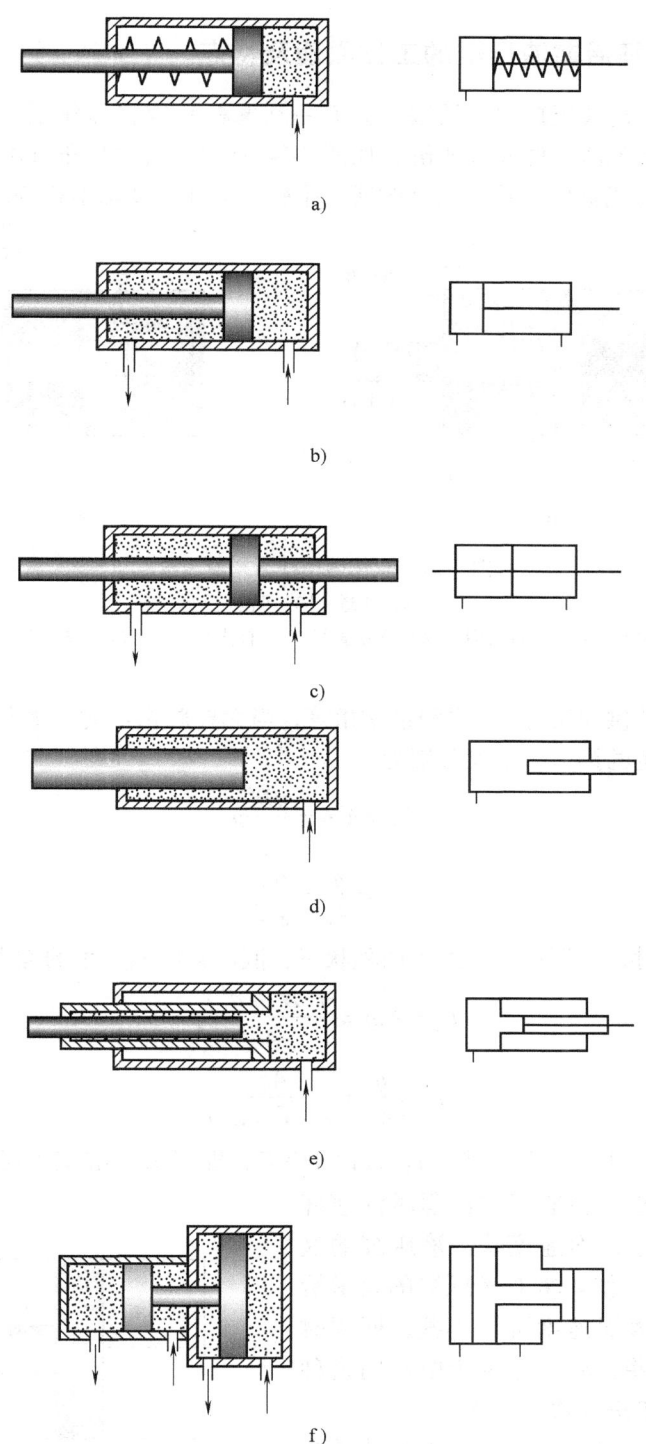

图 7-13 常用的液压缸及其职能符号
a) 弹簧复位杆式活塞液压缸 b) 双作用单杆活塞液压缸
c) 双作用双杆活塞液压缸 d) 柱塞缸 e) 伸缩缸 f) 增压缸

7.4.1 双作用单杆活塞液压缸的工作原理及特点

利用油液压力推动液压缸中的活塞（只有一活塞杆）或缸体作正、反两个方向运动的液压缸，称为双作用单活塞杆式液压缸，如图7-14所示。这种液压缸由于活塞两侧的受力面积不等，故活塞（或缸体）往返运动时所产生的推力和速度均不相等。

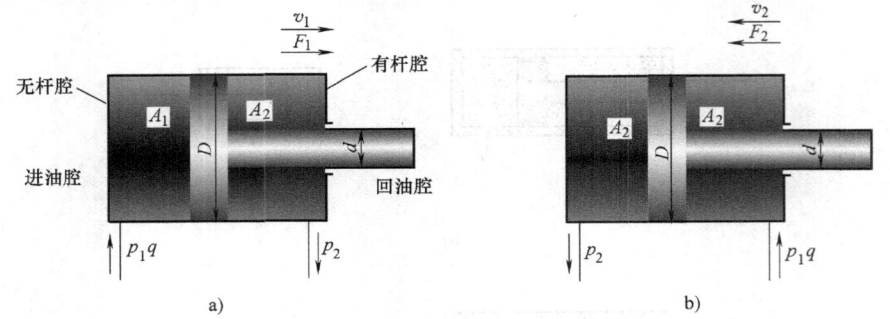

图 7-14 双作用单杆活塞液压缸
a) 工进 b) 回程

A_1—无杆腔面积 A_2—有杆腔面积 D—活塞直径 d—杆直径 F_1、F_2—作用力 v_1、v_2—速度

设液压缸两端的供油压力 p、供油量 q 相等，当无杆腔供油时，液压缸一般处于工进状态，液压缸所能产生的推力、速度分别为

$$F_1 = A_1 p = \frac{\pi D^2}{4} p \tag{7-1}$$

$$v_1 = \frac{q}{A_1} = \frac{4q}{\pi D^2} \tag{7-2}$$

当有杆腔供油时，液压缸一般处于回程状态，液压缸所能产生的推力、速度分别为

$$F_2 = A_2 p = \frac{\pi (D^2 - d^2)}{4} p \tag{7-3}$$

$$v_2 = \frac{q}{A_2} = \frac{4q}{\pi (D^2 - d^2)} \tag{7-4}$$

对比上述公式，可见有 $F_1 > F_2$、$v_1 < v_2$ 的特点，即当液压缸工进时活塞杆外伸，产生的推力大，而速度小；当液压缸回程时活塞杆内缩，产生的推力小，而速度快。液压缸的这种工作状态与实际工作环境对液压缸的要求恰好匹配，工进时力大而速度可以小些，回程时力小而速度需要快些，故工业生产中常用这种液压缸来实现慢速工进和快速回程。

图7-15是双作用单杆活塞液压缸的特殊应用形式——差动连接，即液压缸有杆腔、无杆腔均与液压泵连接，其作用是实现液压缸的快速运动。差动连接的增速原理为：当液压缸工

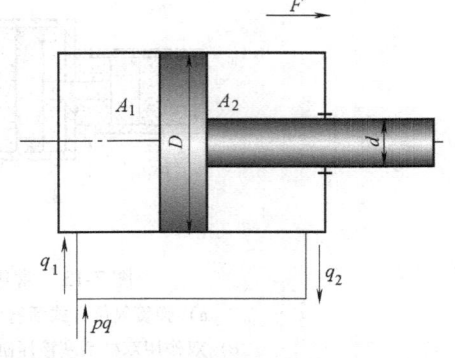

图 7-15 双作用单杆活塞液压缸的差动连接

作时,不仅液压泵为无杆腔供油,有杆腔的回油也进入无杆腔,使得无杆腔供油量增大,实现活塞的快速运动。由于有杆腔、无杆腔连通,活塞两侧的液油压强相同,但活塞两侧的受压面积不等,无杆腔液油作用面积大,故活塞将向右运动,这也是有杆腔液油必须返回无杆腔的原因。液压缸处于差动连接状态时,只能向右运动,自身不能实现回程,同时液压缸产生的推力减小。

现推导差动连接时的速度公式,根据流量平衡原理

$$vA_1 = q + vA_2 \Rightarrow v\frac{\pi D^2}{4} = q + v\frac{\pi(D^2-d^2)}{4} \tag{7-5}$$

求解上述方程,可得速度表达公式

$$v = \frac{4q}{\pi d^2} \tag{7-6}$$

由于杆的直径较小,所以液压缸的速度很大。

7.4.2 双作用双杆活塞液压缸

双作用双杆活塞液压缸的工作原理与双作用单活塞杆式液压缸相同,仅在结构上稍有差异,即活塞两端均有活塞杆,如图 7-16 所示。

由于活塞两侧的受压面积相同,故当液压缸两端的供油压力 p 和供油量 q 相同时,其往返运动速度及产生的推力均分别相等。

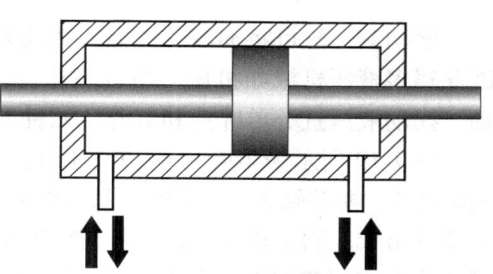

图 7-16 双作用双杆活塞杆式液压缸

$$v = \frac{4q}{\pi(D^2-d^2)} \tag{7-7}$$

$$F = \frac{\pi}{4}(D^2-d^2)p \tag{7-8}$$

7.4.3 柱塞液压缸

柱塞液压缸是一种常用的单作用液压缸。如铸造生产中的三相电弧炉的倾转液压缸、抛砂机中的升降液压缸,机床工业中的液压龙门刨床、导轨磨床中的工作台驱动缸都采用柱塞液压缸。

柱塞液压缸由缸筒、柱塞、导套、密封圈、压盖等零件组成,图 7-17 为柱塞液压缸简图。柱塞液压缸是单作用缸,其回程需要借助自重或弹簧等其他外力来完成。若想获得双向运动,可将两柱塞液压缸成对使用。为减轻柱塞的重量,有时柱塞加工为空心形式,见图 7-18。

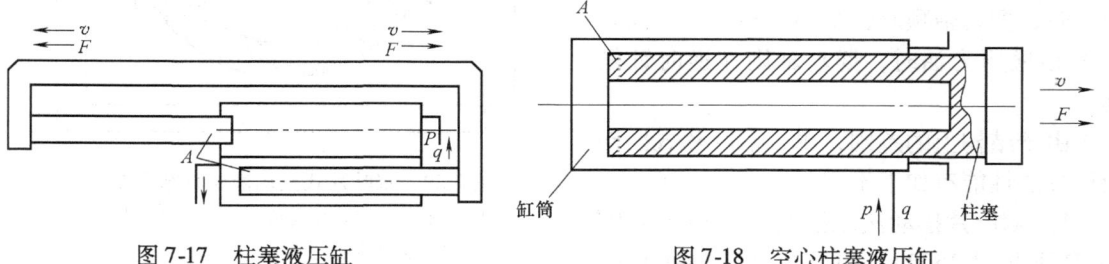

图 7-17 柱塞液压缸   图 7-18 空心柱塞液压缸

柱塞液压缸具有如下特点：

1）因柱塞重量大，水平安装时易造成导向套与密封圈单面磨损，故柱塞液压缸常竖直或倾斜安装。

2）柱塞和缸体内壁不接触，它是依靠铜质导向套来保证其位置，故液压缸内孔只需粗加工，甚至不加工，从而简化了缸体的加工工艺，使其制作简便。

3）柱塞工作时总是承受压力，故柱塞必须有足够的刚度，因此直径比较大。

7.5 单、双叶片式摆动液压缸及增压液压缸

7.5.1 单叶片摆动液压缸

摆动液压缸可将油液的压力能转换为轴的摆动机械能，其结构简单、体积小、重量轻，因此很多液压机械如机床、组合机床、机械手、抛砂机等都采用摆动液压缸来实现回转运动。摆动液压缸分单叶片和双叶片两种形式。

图 7-19 所示为单叶片摆动液压缸，它由固定块 1、摆动轴 2、摆动块 3 和缸体 4 等主要零件组成。固定块 1、缸体 4、摆动轴 2 和摆动块 3 均用螺钉和键连接在一起，利用密封圈来实现油缸内壁和摆动轴面的密封。固定块安置在缸体上，叶片和摆动轴固连在一起，当两油口相继通入压力油时，叶片即带动摆动轴作往复摆动。

设计摆动液压缸时，应注意在摆动块转到极限位置时，不能将油口堵死，而且还应该保证摆动块在极限位置起动时具有足够大的承压面积。

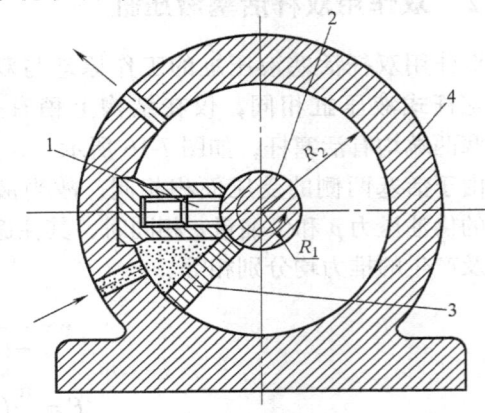

图 7-19 单叶片摆动缸
1—固定块 2—摆动轴 3—摆动块 4—缸体

7.5.2 双叶片摆动液压缸

图 7-20 所示为一双叶片摆动液压缸，由图可知它具有两个摆动块（又称为叶片）、两个固定块和四个油口。油口 8、10 和油口 7、9 分别互相连通。当油口 8、10 接通压力油时，摆动轴顺时针摆动；相反，当油口 7、9 接通压力油时，摆动轴则作逆时针摆动。

由于结构上的差别，单、双叶片式摆动液压缸的性能有如下不同：

1）双叶片摆动液压缸的摆角小于 180°（一般不超过 150°），单叶片摆动液压缸的

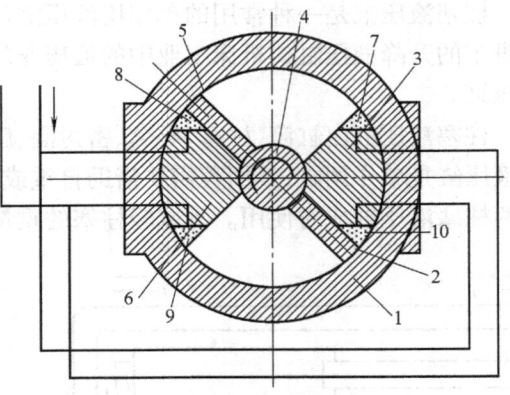

图 7-20 双叶片式摆动液压缸结构图
1—缸体 2、5—摆动块 3、6—固定块
4—摆动轴 7、8、9、10—油口

摆角小于360°（一般不超过280°）。

2）当液压缸的结构尺寸相同时，双叶片摆动液压缸输出的转矩比单叶片摆动液压缸输出的转矩大一倍。

3）双叶片摆动液压缸的摆动轴承受的油液压力对称，故只承受转矩作用；单叶片摆动液压缸的摆动轴仅有一侧承受油液压力，故同时承受弯矩和转矩的作用。

7.5.3 增压液压缸

当液压系统局部要求高压时，常采用增压液压缸与低压液压泵配合工作，这样既能满足系统要求又可降低设备费用。增压液压缸又名增压器，它由两个直径不等的压力室及连成一体的两个直径不等的活塞组成，包括单作用增压液压缸和双作用增压液压缸，如图 7-21 所示。

图 7-21a 所示为单作用增压液压缸。设其大、小活塞的直径分别为 D 和 d，D 端输入油液压力为 p_1，d 端输出油液压力为 p_2，若不考虑摩擦力，则根据受力平衡原理，可得下式

$$\frac{\pi D^2}{4} p_1 = \frac{\pi d^2}{4} p_2 \tag{7-9}$$

则有

$$\frac{p_1}{p_2} = \frac{d^2}{D^2} \tag{7-10}$$

由式（7-10）可知，增压液压缸的进、出口油液压力之比与相应活塞直径的平方成反比。

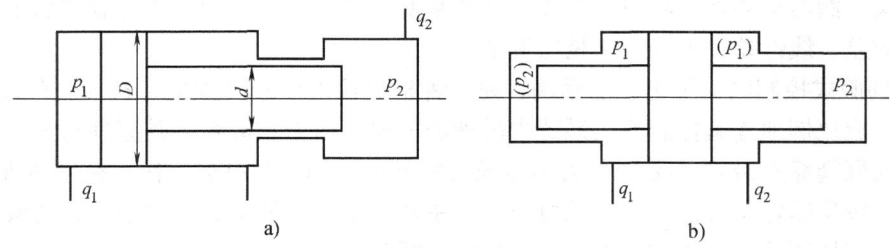

图 7-21 增压缸结构图
a）单作用增压缸 b）双作用增压缸

图 7-21b 所示为双作用增压液压缸。它的特点是往返均可增压，故能连续输出高压油。

应当指出，增压液压缸本身不能直接用做执行元件，它只能将其输出的高压油通入工作液压缸来获得大的压力，故安装时，应尽量使增压液压缸靠近工作液压缸以减小阻力损失。此外，由于增压液压缸输出端活塞面积小，故输出流量较小，工作液压缸在获得大推力的同时速度降低。

7.6 液压阀的分类

液压阀属于控制元件，是用来控制与调节液压系统中油液的流动方向、压力和流量的液压元件，以保证各液压传动机械获得平稳和协调的动作。

根据各种液压阀的工作原理和用途不同，液压阀可分为三类：

（1）方向控制阀 其作用是控制液油的油动方向以控制液压机械的运动方向、起动和停止。如单向阀、换向阀等。

（2）压力控制阀 用以控制液油压力的阀通称为压力控制阀。其功能较多，如保持液压系统的油压恒定，限制液压系统的最高压力以保证液压元件及系统的安全，利用回路压力来控制执行元件的顺序动作，稳定和降低回路压力等。根据阀所起的作用不同，压力控制阀分为溢流阀、顺序阀、减压阀、平衡阀、卸荷阀和压力继电器。

（3）流量控制阀 用以控制液油流量的阀通称为流量控制阀，其作用是利用节流原理来调节通过阀的流量，控制执行元件的运动速度，如节流阀、调速阀和分流阀等。

为了缩短管道和减少液压元件的数目，常把两个或两个以上的阀类元件装在一个阀体内以构成复合阀。复合阀的种类很多，最常用的是由单向阀和其他阀组成的复合阀。如单向减压阀、单向顺序阀、单向节流阀等，所有的复合阀一般均可根据其主要用途分别属于上述三大类阀中的一种。

按控制方式不同，液压阀可分为开关式定值控制阀、电液比例控制阀和伺服式控制阀等几种。

（1）开关式定值控制阀 又称普通液压阀。它们借助于机械、电磁铁或液压力来开闭液流通路，定值控制液流的压力、流量和流动方向。

（2）电液比例控制阀 连续或按比例地随输入电气信号的变化而调节和控制液流压力、方向和流量，阀芯运动靠电磁吸力与弹簧力的平衡实现，结构比伺服式控制阀简单，该阀精度低、响应差、线性差，不能用于精密调节。

（3）伺服式控制阀 又称为随动阀，是一种根据输入信号（如电、机械、气动等信号）及反馈量，成比例地连续控制液压系统中的液流方向、压力和流量，其原理与比例阀无本质区别，但伺服阀靠永磁式（磁铁）力马达或力矩马达驱动，具有响应快、精度高等特点。

此外，按操纵定位方式，液压阀可以分为手动、电动、液动、电液动、机动液压阀；按连接方式，液压阀可分为管式、板式、叠加式、插装式液压阀。

控制元件是液压系统中应用较为广泛的一类元件，正因为控制元件的存在，才使得液压系统的功能多种多样，因此对液压阀的性能要求也较高，基本要求为：①动作灵敏，工作平稳可靠，冲击、振动尽可能小；②油液流经阀时的阻力损失要小；③密封性能好，泄露量要少；④结构简单紧凑，体积小；⑤保养维修方便，通用性大，寿命长。

7.7 方向控制阀

方向控制阀通过控制液体流动的方向，进而操纵执行元件的运动，如液压缸的前进、后退与停止，液压马达的正反转与停止等，分为单向阀和换向阀。

7.7.1 单向阀

单向阀分为普通单向阀和液控单向阀两种。普通单向阀的作用是只允许液流单方向通过，反向不能流通，因此又称为止回阀。液控单向阀也起止回作用，但其功能较单向阀有所增加，当液压控制起作用时，阀的进、出口接通，液油可双向流动，从而解除逆止。

1. 普通单向阀

普通单向阀有直通式和角通式两种形式。直通式单向阀采用管式连接，具体结构见图 7-22，其工作原理为：当压力油从进油口 P_1 流入时，克服弹簧 3 的作用力，顶开阀芯 2，经阀芯 2 圆周上均匀分布的四个径向孔 4，进入阀芯中心内孔 5，从出油口 P_2 流出；当液流反向时，在弹簧 3 及压力油的作用下，阀芯锥面紧压在阀体 1 的阀座上，使液流不能通过，液油截止。

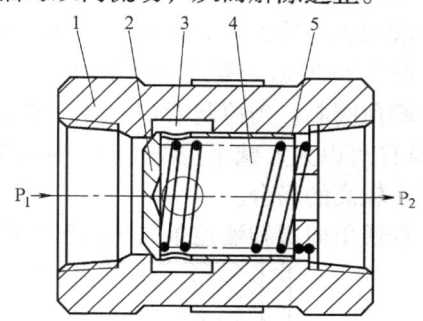

图 7-22 直通单向阀
1—阀体 2—阀芯 3—径向孔
4—弹簧 5—阀芯中心内孔

与直通单向阀不同，角通单向阀采用板式连接，见图 7-23。角通单向阀的工作原理和直通单向阀基本相同，所不同的是，油液顶开阀芯后直接流向出油口 P_2 而不是经过阀芯的中心孔，这样液油流通路径上的阻力相对较小，压力损失少。

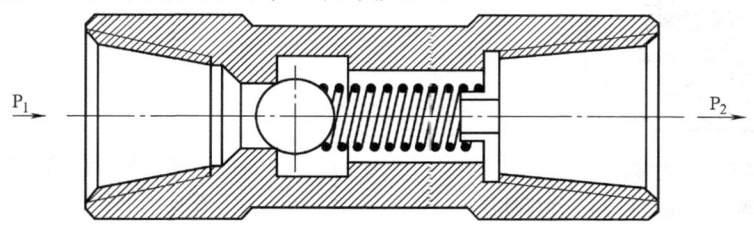

图 7-23 角通单向阀

两种单向阀的特点分别为：角通单向阀的阻力小、压力损失小，工作平衡，更换弹簧容易，一般可用于高压大流量场合；直通单向阀的体积小，结构简单，但阻力大，且易产生振动和噪声，一般用于低压小流量场合。

单向阀中的弹簧主要是用来克服阀芯的摩擦阻力和惯性力。为了使单向阀的工作灵敏可靠，弹簧刚度应较小，以免液流通过单向阀时产生过大的压力降。一般单向阀的开起压力为 35~50kPa 左右。当全部流量通过单向阀时，压力损失一般应不超过 100~300kPa。

2. 液控单向阀

按其结构特点不同，液控单向阀可分为简式液控单向阀和复式液控单向阀两类。从

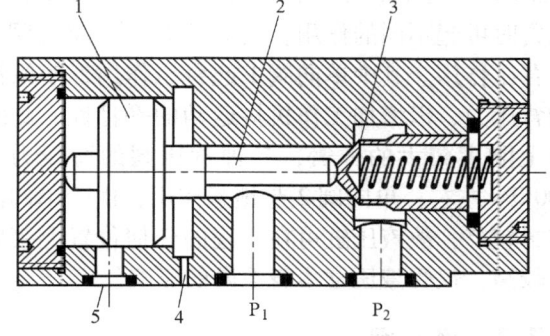

图 7-24 简式液控单向阀
1—活塞 2—活塞杆 3—阀芯
4—出油口 5—进油口

结构特点看，相当于由普通单向阀和液压缸组合构成。

图7-24 所示为简式液控单向阀，当控制油口5不通压力油时，油只能从油口P_1进入，顶开阀芯从油口P_2流出，反向不能流通。只有当控制油口5接通压力油时，由于控制活塞1左腔受油压作用，回油腔通过出油口4流出，因而活塞1向右运动并通过活塞杆2将阀芯3向右推动，使P_1和P_2两油口相通。这时，油可从两个方向自油流通。简式液控单向阀的最小液控压力约为主油路压力的30%~40%。

图7-25 所示为复式液控单向阀。这种阀与简式液控单向阀的主要区别是主阀芯中套有一个卸荷阀芯。当控制活塞上移时首先顶开卸荷阀芯3，使主油路卸压，然后再顶开主阀芯2，这样可以大大减小控制压力，使控制压力与工作压力之比降到4~5%，因此这种阀可用于压力较高的场合。

普通单向阀和液控单向阀的职能符号见图7-26。

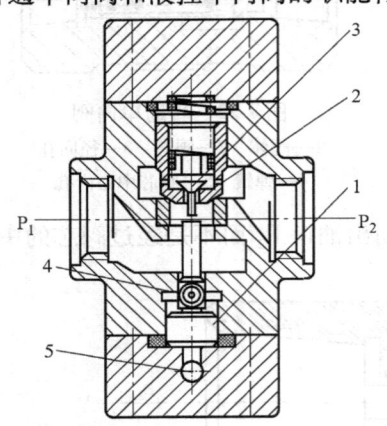

图7-25 复式液控单向阀
1—控制活塞 2—主阀芯 3—卸荷阀芯
4—辅进油口 5—主进油口

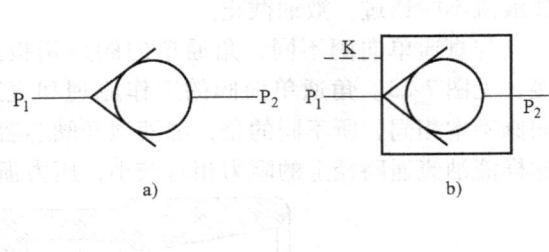

图7-26 单向阀的职能符号
a) 普通单向阀 b) 液控单向阀

3. 单向阀的应用举例

单向阀在液压系统中的应用非常广泛，它可单独使用，也可与其他阀并联组成复合阀（如单向顺序阀、单向减压阀等）。单向阀安装在系统的不同位置时可起不同的作用，图7-27 的两个单向阀分别起到锁紧和背压作用。其中单向阀1起背压作用，使回油路保持一定的背压力，以增加工作机构运动的平稳性，此时单向阀必须换上刚度较大的弹簧，各种背压阀的背压力一般在200~600kPa左右；单向阀2起锁紧作用，由于单向阀反向截止时密封较严，故液压缸可在行程的任何位置上锁紧，锁紧精度比较高，仅受液压缸本身泄露的影响。

7.7.2 换向阀

换向阀是利用阀芯和阀体间相对位置的不同，控制阀体

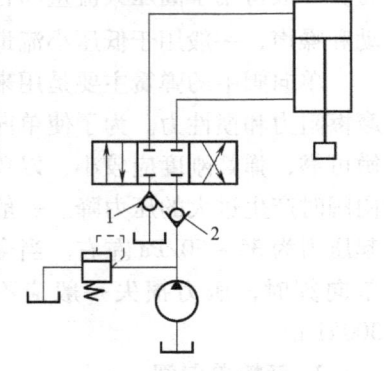

图7-27 单向阀的应用
1—背压 2—锁紧

上各油口的通断关系,使油路接通或关闭或改变油液的流向,以达到控制执行元件的运动方向、启动或停止。任何换向阀都是由阀体和阀芯两个主要部件组成,它们的工作原理都是通过外力(机械力、电磁力、液压力等)使阀芯在阀体内作相对运动来达到控制油路的目的。

根据阀芯运动方式的不同,换向阀可分为滑阀、转阀等;按阀芯工作时所处位置和数目不同,可分为二位、三位、四位等多位换向阀;按阀体独立通油口数目不同,可分为二通、三通、四通等多通换向阀;按换向阀阀芯的操作定位方式不同,可分为手动、机动、液动、电动和电液动换向阀。为了全面的反映阀的结构和特性,一般命名某一换向阀时,上述四个命名特点均被包括进去,如三位四通电磁换向滑阀、二位四通手动换向转阀等。

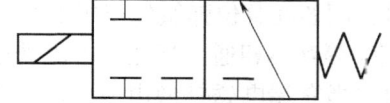

图 7-28 二位三通电磁滑阀职能符号

由于换向阀的种类较多,其职能符号表达也较为复杂,现以图 7-28 为例,说明换向阀职能符号的对应关系。

图 7-28 所示职能符号的含义如下:

1)用方框表示阀的工作位置数,有几个方框就有几个"位",每个"位"需标注出当前阀芯位置状态下的各油口连通情况。

2)用箭头表示两个油口连通状态,注意其方向不代表油液流动方向,箭头仅表示"连通"。

3)用"⊤"和"⊥"表示当前阀芯位置状态下该油口不与任一油口连通。

4)换向阀"通"的个数计算,以任一方框为例:箭头个数×2 +"⊤、⊥"的个数。

5)通常换向阀与泵油口连接用"P"表示,与油箱连接的油口用"T"表示,而与液压缸左右两腔连接的油口用"A"、"B"表示;

6)图例所示的换向阀有两个工作位置,左位时,电磁力是操作定位力源,以"▨"表示,此时阀芯受向右的力,阀芯应在阀体的最右侧;右位时,弹簧力是操作定位力源(电磁铁断电),以"W"表示,此时阀芯受向左的弹簧力,阀芯应在阀体的最左侧。

在实际使用中,滑阀比转阀用得较多,在铸造、锻压设备的液压系统中主要采用滑阀式换向阀,故下面仅对滑阀式换向阀进行论述。滑阀有手动、机动、电磁动、液动和电液动等多种形式,特别是电磁滑阀,它是连接电气和液压气动系统的元件,多是通过系统中的按钮开关、限位开关、压力继电器等元件给出电信号使电磁滑阀动作,从而控制执行元件的换向及起停等。下面按换向阀的操作定位分类方式,详细分析换向阀的工作原理及结构。

1. 电磁换向阀(简称电磁阀)

电磁换向阀是利用电磁铁吸力驱动阀芯,使其在阀体内作相对运动来改变阀的工作位置,以此来达到控制油液流动方向的目的。

按电磁换向阀按所用的电磁铁是交流电磁铁还是直流电磁铁,分为交流和直流两种,其特性显著不同。交流电磁阀的优点是:不需要特殊电源,电磁铁动作快,换向时间短(约 0.01~0.02s)。缺点是:推力和电能消耗随衔铁的位置而异,即开始时消耗电能最大,推力最小,行程最终时则相反,由于起动时消耗电能大,故发热量大。因此交流电磁阀不宜动作过于频繁(不超过 30 次/min),否则会因过热而烧坏;同理,当阀芯卡住或吸力不够,吸不动铁心时,电磁铁也会因电流过大而烧坏;此外,交流电磁阀换向冲击大、寿命短、易产生振动和噪声。直流电磁阀的优点是:消耗电能不随衔铁的位置而变化,启动电流与工作电流相近,因此当铁心或滑阀卡住时不易烧坏,电磁阀体积小、发热少、换向冲击小、噪声小、寿命长且允许换向频率较高;缺点是:换向时间长(约为 0.1~0.15s)且需专门的直流电源。

图 7-29 所示为弹簧对中式三位五通电磁换向阀及职能符号。电磁换向阀主要由复位弹簧 1、阀芯 2、阀体 3、橡皮密封皮碗 4、推杆 5、电磁铁 6 等组成。当左、右端电磁铁都断电时,阀芯在复位弹簧的作用下处于中位。此时,进油口 P 与油缸连接的 A、B 口,回油口 T_1、T_2 等互不相通。当左端电磁铁通电时,推杆把阀芯推向右端,使 P 与 A 相通,B 与 T_2 相通。当右端电磁铁通电时,阀芯在推杆 5 的作用下左移,使 P 与 B 相通,A 与 T_1 相通。橡皮密封皮碗的作用是避免油液进入电磁铁中,它的密封效果比"O"形密封圈可靠,且对阀芯和推杆的移动阻力小。如将该阀的两个回油口 T_1、T_2 在阀体内连通,则构成三位四通阀。必须注意,在设计电路时,电磁阀两端的电磁铁必须考虑互锁。

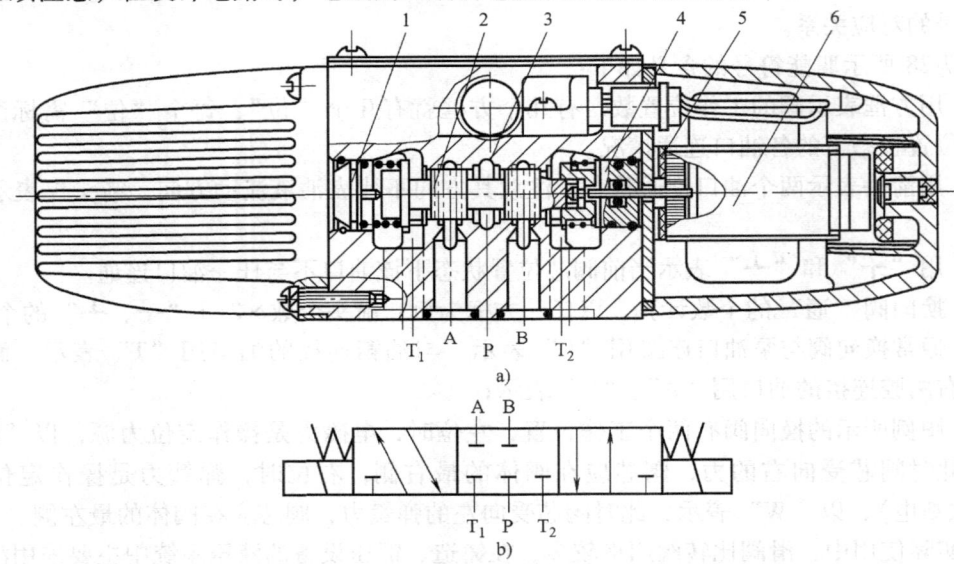

图 7-29 弹簧对中式三位五通电磁换向阀及职能符号
1—复位弹簧 2—阀芯 3—阀体 4—橡皮密封皮碗 5—推杆 6—电磁铁

作为阀芯推动力的电磁铁,有干式和湿式之分,上述电磁阀所用的是干式电磁铁,其结构见图 7-30,其工作原理为:当线圈 3 通电时,衔铁 2 被吸合,通过推杆 1 推动阀芯 6 移动。

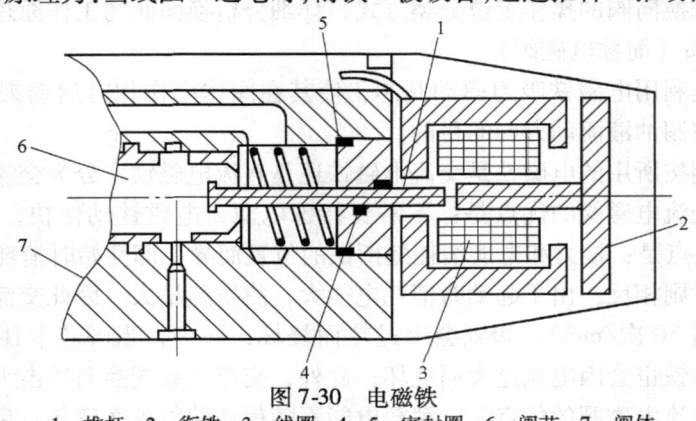

图 7-30 电磁铁
1—推杆 2—衔铁 3—线圈 4、5—密封圈 6—阀芯 7—阀体

电磁阀的优点是动作迅速、操作轻便、便于遥控,因此在提高设备自动化程度上发挥了很大的作用,但电磁铁的吸力有限,只适用于流量不大的场合,一般流量不超过 $1.05 \times 10^{-3} \mathrm{m}^3/\mathrm{s}$(63L/min)。流量较大的液压系统,一般采用液动换向阀或电液动换向阀。

2. 液动换向阀

液动换向阀是靠液压力来改变阀芯位置的换向阀。图7-31所示为三位四通液动换向阀及职能符号,当左右两端控制油口 K_1 及 K_2 都没有接通压力油时,阀芯在弹簧的作用下处于中位,P、A、B、T互不相通。当控制油口 K_1 接通压力油时,阀芯在左端油液的压力作用下右移,使P与A相接通,B与T接通;反之,当油口 K_2 接通压力油时,阀芯左移,使P与B通、A与T通。

液动换向阀的优点是结构简单,动作可靠、平稳,换向速度易于控制。由于液压驱动力大,可用于流量大的液压系统,但其左右两端控制油也需换向装置,增加了操作复杂性。

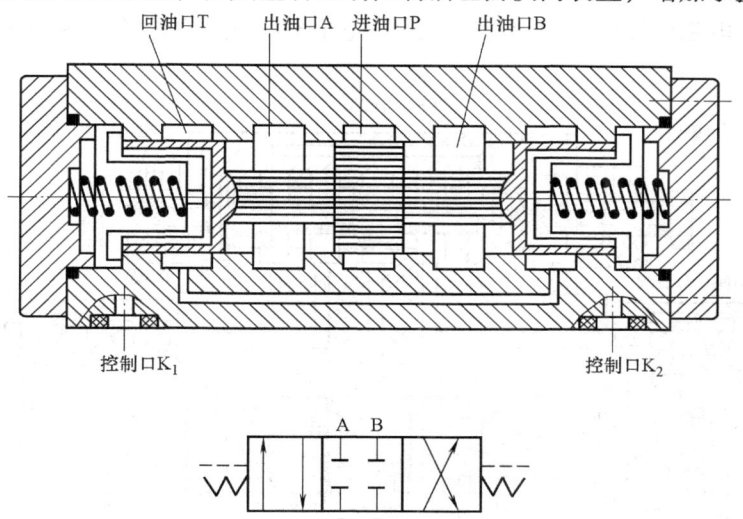

图 7-31 三位四通液动换向阀及其职能符号

3. 电液换向阀

换向阀换向时,通过换向阀的压力油有一轴向液动力作用于阀芯上,使阀芯轴向移动受到一定的阻力。此外,由于阀芯与阀孔的加工误差造成配合间隙不均匀,使压力油在挤进间隙时的压力损失不同,在阀芯上形成了径向不平衡的液压力而使阀芯偏移,这也使阀芯轴向移动受到阻力。因此,移动阀芯以改变油液方向时,必须在滑阀上加一推力以克服摩擦阻力以及轴向液动力等力,流量越大,压力越高时,上述两种阻力越大,因而移动阀芯所需的推力也就越大。所以,在高压大流量时,若采用电磁阀,就需要很大的电磁铁才能产生使阀芯移动所需的推力,这样,电磁铁本身的体积要比换向阀大好几倍,显然这是不合适的,故电磁阀只适用于流量不大的场合;而液动阀由于控制油路的液压力能产生很大的推力,故适用于大流量的场合,但液动阀的控制油路需要有一个开关或换向装置才能完成不断换向的动作要求。为了综合利用电磁阀和液动阀的优点并克服它们的缺点,人们把电磁阀和液动阀组合成电液换向阀。其中,电磁阀负责液动阀控制回路的换向,起先导控制作用;液动阀则负责主油路的换向，起主阀作用。

图 7-32 所示为电液换向阀及其职能符号。当先导阀左右的电磁铁均断电时，电磁先导阀处于中位，控制油液被切断，无压力油进入液动阀的左右两端，因而液动阀的阀芯在两侧弹簧作用下处于中位，P、A、B、T 四腔均不相通，当先导阀左侧电磁铁通电时，控制压力油通过先导阀和单向节流阀（即阻尼器）进入液动阀的左端，推动主阀芯右移，使 P 与 A 通，B 与 T 通，液动阀右端的控制油液经右边的阻尼器及先导阀流回油箱，通过调节阻尼器节流缝隙的大小，便可改变控制油液的回油速度，从而达到调节液动阀换向快慢的目的，使换向平稳而无冲击。反之，当先导阀右端电磁铁通电时，先导阀阀芯被推向左端，控制压力油经先导阀及阻尼器进入液动阀右端，推动主阀芯左移，这时，P 与 B 通，A 与 T 通。综上所述，电液换向阀的工作原理是：当电信号传给先导阀时，先导阀工作，使控制压力油通往液动阀的某一控制端，使液动阀阀芯移动，从而使压力油得以通过液动阀而送到执行元件中。必须注意，电磁先导阀的滑阀必须保证当先导阀在中间位置时液动阀两端的控制油路卸荷。

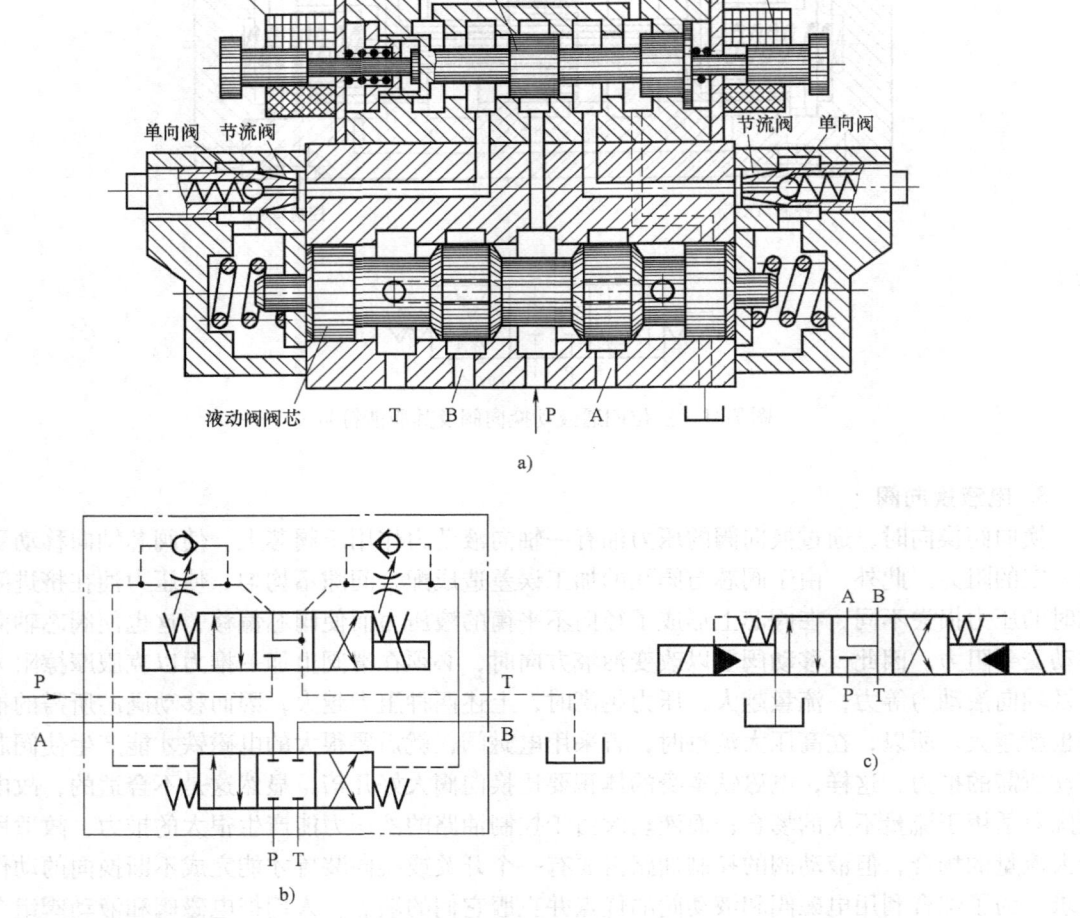

图 7-32 电液换向阀及其职能符号
a) 电液动阀　b) 职能符号　c) 简化职能符号

4. 机动滑阀

该类阀利用机械装置控制阀芯的工作位置，从而决定阀各油口的连通状态，一般通过安装在执行机构上的挡块或滚轮操纵阀芯的运动，此类阀常用来确定工作部件的行程，故也称为行程阀，图7-33所示为二位两通机动滑阀及其职能符号。

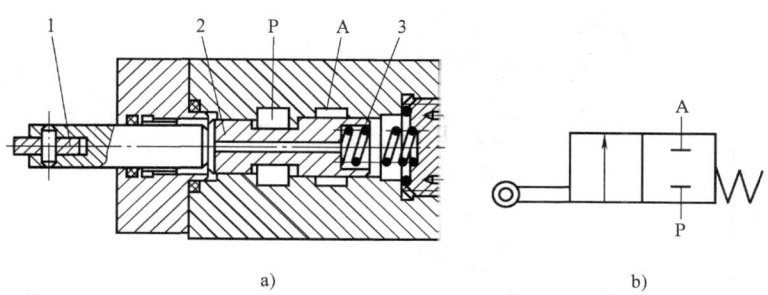

图7-33 二位二通机动滑阀及其职能符号
1—滚轮 2—阀芯 3—弹簧

5. 手动滑阀

该阀利用手柄控制阀芯的工作位置，见图7-34，该手动滑阀为弹簧自动复位式手动换向阀，所谓弹簧自动复位式，是指手离开操纵杆后，阀芯在弹簧力的作用下自动复位。

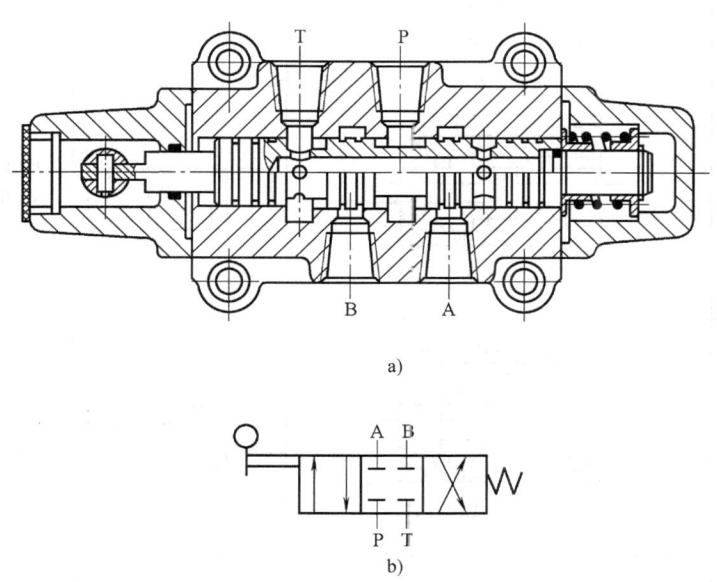

图7-34 手动滑阀及其职能符号
a）手动滑阀 b）职能符号

6. 三位换向阀的滑阀机能

所有三位换向阀都可根据系统的不同要求，将滑阀中间位置的各油口以不同的方式连通，这种连通方式一般称为滑阀机能（中位机能），三位换向阀的滑阀机能见表7-2。

表7-2 三位换向阀的滑阀机能

滑阀机能型式	中间位置时的滑阀状态	中间位置时的性能特点 三位四通	
O			各油口全部关闭，系统保持压力，液压缸封闭
H			各油口 A、B、P、T 全部连通，液压泵卸荷。液压缸两腔连通
Y			A、B、T 连通，P 口保持压力，液压缸两腔连通
J			P 口保持压力，液压缸 A 口封闭，B 口和回油口 T 接通
C			液压缸 A 口通压力油，B 口与回油口 T 不通
P			P 和 A、B 口都连通，回油口封闭

（续）

滑阀机能型式	中间位置时的滑阀状态	中间位置时的性能特点	
		三位四通	
K			P、A、T 连通,液压泵卸荷,液压缸 B 口封闭
N			P、T 连通,液压泵卸荷,液压缸 A、B 两油口封闭
U			A、B 接通,液压缸两腔连通;P、T 封闭,P 口保持压力

7. 换向阀的应用举例

图 7-35 所示为一典型控制液压缸回路,换向阀处于中位时,液压缸不动;换向阀处于左位时,液油进入液压缸左侧,驱动液压缸向右运动;换向阀处于右位时,液油进入液压缸右侧,驱动液压缸向左运动。

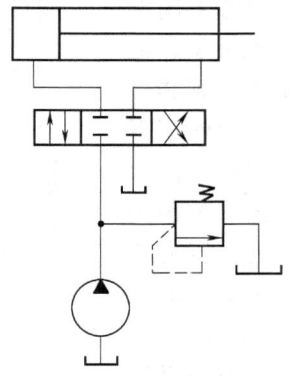

图 7-35 典型控制液压缸回路

7.8 压力控制阀

压力控制阀的主要作用是控制液压油压力高低，所有压力阀的共性特征是利用阀芯上的液压力和弹簧力相平衡的原理进行工作，包括溢流阀、减压阀、顺序阀、平衡阀和卸荷阀。

7.8.1 溢流阀

溢流阀主要功能是维持阀进口液油压强恒定，在液压系统中可以用于定压、溢流，以及过载保护作用。溢流阀分为直动式溢流阀和先导式溢流阀。

1. 直动式溢流阀

图 7-36 是钢球式阀芯的直动式溢流阀的结构简图。阀芯 2 在弹簧 1 的作用下压在阀座 3 上，阀座上开有进、出油口 4 和 5，油液压力从下面作用于阀芯上。当油液作用力小于弹簧力时，阀芯压在阀座上不动，此时起不到溢流作用，能克服弹簧力而使液压阀正常工作的最小压力称为开启压力；当油液作用力大于弹簧力时，阀芯离开阀座，油液通过缝隙从出油口 5 流出，回到油箱，从而保持溢流作用，液压力与弹簧力维持平衡；当进口压力增大时，则缝隙也随之增加，通过阀的流量增多，从而将进口压强降低，维持系统中的油压不超过调定值；反之，当进口压力减小时，则缝隙也随之减小，通过阀的流量减少，从而使进口压强升高。一般而言，此类溢流阀调压精度、灵敏度等都不高，不适合用于大流量、大压力工作对象。

图 7-37 所示为另一种直动式溢流阀——P 型低压溢流阀的结构图。这种阀的阀芯采用滑阀式结构，阀芯下端开有阻尼孔 6。油液从进油口 P 进入，通过阀芯 4 的阻尼孔 a 进入阀芯底部。当油压较低时，阀芯 4 在弹簧 2 的作用下处于下端位置，溢流阀关闭。当油压升高使油液对阀芯的向上作用力大于调压弹簧 2 的预调压力时，阀芯上移，溢流阀打开，进入压力调节状态，P 腔与 T 腔接通，系统中多余的油液通过排油口 T 溢回油箱，使系统压力不再升高。

直动式溢流阀阀芯所承受的液压力是直接依靠调压弹簧的弹力进行平衡，设作用于阀芯

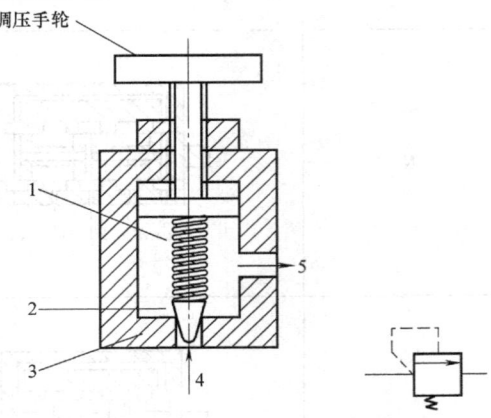

图 7-36　普通溢流阀及其职能符号
1—弹簧　2—阀芯　3—阀体
4—进油口　5—出油口

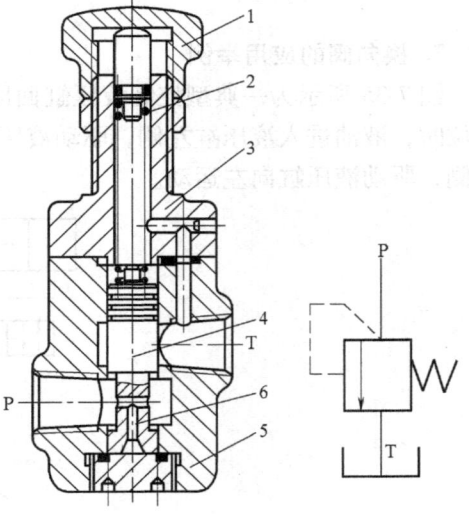

图 7-37　低压直动溢流阀及职能符号
1—螺帽　2—弹簧　3—上盖
4—阀芯　5—阀体　6—阻尼孔

底部的油液作用力为 F_y，调压弹簧的预调压力为 F_t，弹簧的初始压缩量是 x_0，则

$$F_y = pA_f \tag{7-11}$$
$$F_t = Kx_0 \tag{7-12}$$

当 $F_y < F_t$ 时，溢流阀关闭，当 $F_y \geq F_t$ 时，溢流阀打开并溢流，一般把 $F_y = F_t$ 时的油液压力称为溢流阀的开启压力，当溢流阀用做定压阀时，阀芯基本稳定在某一开口位置上，保持系统油液压力 p 基本稳定。此时，阀芯处于油液作用力和弹簧力相平衡的状态，其平衡方程式为：

$$pA_f = K(x_0 + \Delta x) \tag{7-13}$$

由式（7-13）可以分析直动式溢流阀的工作特点，如下所述：

1）阀芯所承受的油液作用力完全由调压弹簧的弹力来平衡，故系统压力较高时，必须采用刚度很大的硬弹簧来与之平衡，从而使阀的结构笨重，且弹簧越硬，装配和调压越困难，启闭特性变坏，灵敏度降低并易产生弹簧振动和引起油压脉动。

2）通过溢流阀的溢流量是随负载变化而变化的，即工作过程中阀的开口量发生变化，若弹簧刚度较大，其弹簧力的变化也就比较大，系统油液压力 p 也相应地产生较大的波动，使所控制压力的精确度（稳定性）降低。

直动式溢流阀结构简单，容易制造，制造精度要求较低。但由于具有上述的两个主要缺点，使这种阀只能用于油压为 2～5MPa 的低压系统，特别是钢球式直动溢流阀，一般只用做安全阀。P 型低压溢流阀由于阀芯上采用了阻尼孔结构，避免了由于阀口压力波动时阀芯的动作过快所造成的振动，提高了阀的工作平衡性。故性能有所提高，可作为定压阀使用。

2. 先导式溢流阀

图 7-38 所示为先导式溢流阀的结构图，此阀由上、下两部分组成。

系统中的压力油从输油口 3 流入油腔 5，再通过阻尼管 6、油室 12、孔 9 作用于针阀阀芯 10 上。当系统压力 p 较低，还不能打开针阀时，溢流阀各腔中的油液没有流动，此时阻尼孔前后没有压力差，因此主阀芯处于最下端位置，将溢流口封闭，溢流阀不工作。

当系统压力升高到一定值时，针阀阀芯 10 被顶开，极少部分液油通过针阀、主阀芯中孔 7、出油口 4 溢流出去，由此，通过针阀打开上述通路，其作用是建立了上述通路的流动关系，液油流动使压力油通过阻尼孔时要产生压力降，使得主阀芯下部压强大于上部压强，阀

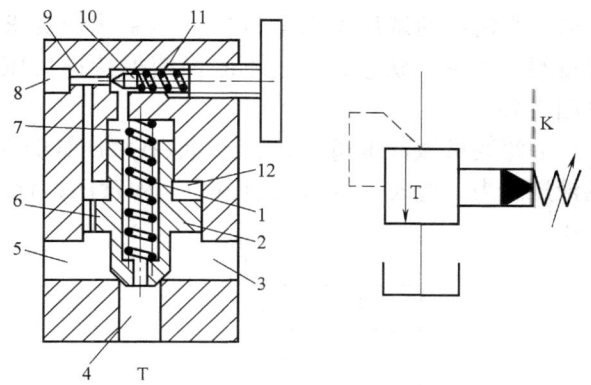

图 7-38 先导式溢流阀及其职能符号
1—主阀弹簧 2—主阀芯 3—输油口 4—出油口
5—油腔 6—阻尼管 7—主阀芯中孔 8—远程调控口
9—孔 10—针阀阀芯 11—针阀弹簧 12—油室

芯受向上的合力，阀芯上移而被打开，大部分液油从出油口 4 溢流到油箱。

由于针阀承压面积很小，因此，即使系统的调定压力较高，调压弹簧 11 的刚度也不必很大，故调压比较轻便，动作灵敏。可以通过调节手轮来调节调压弹簧 11 的顶压力，或采用不同刚度的调压弹簧以适应各种调压范围的要求，先导式溢流阀最大调整压力可达

38MPa。

下面分析溢流阀调压和稳压原理。当溢流阀稳定工作时，针阀阀芯 10 及主阀芯 2 都处于力的平衡状态，若不考虑阀芯自重、摩擦力及液动力时，主阀应满足下列条件

$$p_1 A_1 = p_2 A_2 + F_t \tag{7-14}$$

主阀芯一般作成蘑菇状，上、下腔承受面积较大，且阀芯上面积 A_2 略大于阀芯下面积 A_1，使得阀芯受液油向上的合力较小，因而主阀弹簧 1 的刚度可以很小。当溢流阀进口液油压力变化时，阀芯位移量也随之变化，但因主阀弹簧刚度系数小，因而弹簧力 F_t 变化较小，此外，当调压弹簧调整好之后，溢流阀工作时阀芯上腔压力 p_2 基本上是个定值，故进油口压力的数值 p_1 随进口压强变化时的变动较小，克服了直动式溢流阀的缺点。应注意的是，当进口液油压强变化时，阀芯将随之移动，出油口大小改变，使溢流量发生变化。

远程调控口 8 的本质是其与针阀始终处于一种竞争关系，当它所承受的阻力小于针阀弹簧力时，则远程调控口在竞争中处于优势而被打开，液油通过阻尼孔、远程调控口流出，同样在阀内建立了流动关系，使阻尼管前后产生压力差，主阀芯被打开，大部分液油从出口溢流到油箱。

3. 溢流阀的应用

为保护系统安全，溢流阀可做安全阀，见图 7-39。此时，溢流阀的调压弹簧应调至液压系统所允许达到的最高压力（即系统不破坏所允许超载的极限压力），在液压系统正常工作时，溢流阀关闭。只有当液压系统的压力达到所调极限压力值时，溢流阀才打开溢流，以防止系统压力过载，保证液压系统的安全。

为保持系统压力基本稳定，可使溢流阀起定压和溢流作用，此时，溢流阀的调压弹簧应调至液压系统所要求的工作压力，溢流阀处于常开状态，通过不断溢流保持进口压强维持恒定，见图 7-40。

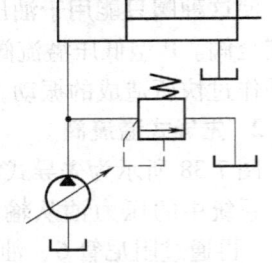

图 7-39　溢流阀为安全阀

溢流阀可做背压阀。把溢流阀装在液压缸的回油路上，就相当于给系统加上一个可调节的液压阻力，造成一定的回油阻力，即背压，背压可以提高执行元件的运动平衡性，见图 7-41。

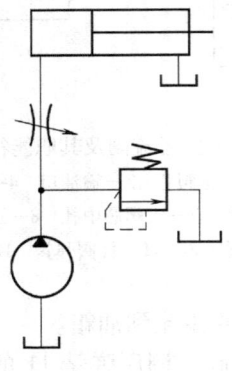

图 7-40　溢流阀定压

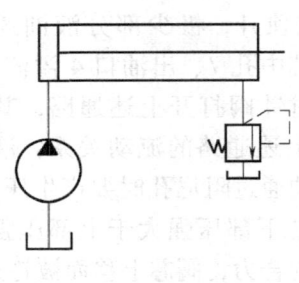

图 7-41　溢流阀背压

此外，溢流阀可以在多级调压回路、卸荷回路中使用，具体情况后面将予以介绍。

7.8.2 减压阀

减压阀是用来降低液压系统中某回路压力的液压元件，它还可用来稳定其出口油路压力，使出口油路压力不受油液压力波动及其他阀门工作时所引起压力波动的影响。减压阀根据其具体作用不同，分为定值减压阀、定差减压阀和定比减压阀等。定值减压阀的作用是保持阀的出口压力为恒定值，它广泛应用于各种控制系统、润滑系统和夹紧系统中；定差减压阀的作用是保持阀的出口压力与某一压力之差为恒定，它常用来和节流阀串联组成调速阀，其工作原理将在调速阀一节中说明，本节不介绍定比减压阀。

定值减压阀根据其工作原理不同，分为直动式和先导式两类。并以后者应用较多，下面以先导式减压阀为例说明其工作原理及应用。图7-42所示为J型减压阀的结构图及其职能符号。

压力为 p_1 的压力油从进油口1进入，经节流口4减压后压力降为 p_2 并从油口2流出。出油口2通过孔3与阀芯的下腔连通。当出油口的压力小于阀芯的调定压力时，阀芯在弹簧的作用下处于最下端位置，节流口4全部打开，减压阀不起减压作用；当减压阀节流口具有一定开度时，出油口处于稳定工作状态，阀芯在弹簧力、液压力的共同作用下处于平衡状态，此时减压阀开始起作用；因某种原因出油口2的压力增大时，其出口液油经通孔3作用在阀芯下端，阀芯上移，使节流口4的缝隙减小，从4流过的液油量减小，这样液油经节流口4时产生的压力降增加，从而降低了出油口2的压力，直到使作用在锥阀芯上的液压力和调压弹簧力在新的位置上重新达到平衡，出口压力等于调定压力时为止；反之，出油孔2的压力因某种原因减小时，其出口液油经通孔3作用在调压锥阀阀芯下端，阀芯上移，使节流口4的缝隙增大，从4流过的液油量增多，这样液油经节流口4时产生的压力降减小，从而增加了出油口2的压力，直到使作用在锥阀芯上的液压力和调压弹簧力在新的位置上重新达到平衡，出口压力等于调定压力时为止。当进油压力或流经减压阀的流量变化时，出口处的压力仍可维持在调定压力不变，减压阀出口压力的大小可通过调压弹簧调定。

对比减压阀和溢流阀的工作原理可以看出，它们的自动调节原理相似，所不同的是减压阀保持出油口处的压力基本不变，而溢流阀是保持液油进口

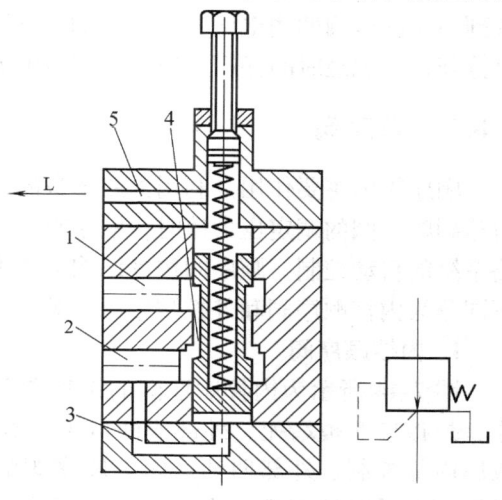

图7-42 减压阀及其职能符号
1—进油口 2—出油口 3—通孔
4—节流口 5—外部泄油口

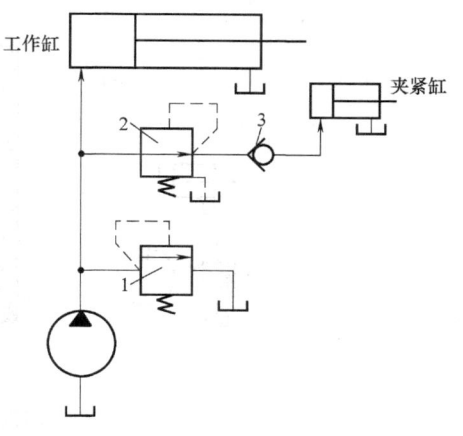

图7-43 夹紧机构中常用的减压回路

处的压力基本不变，此外，由于减压阀出油口的液油也是压力油，所以它的泄油口 5 需要从阀的外部单独接回油箱，称外部回油。而溢流阀由于出油口接回油箱，故泄油口从阀体内部与回油管接通，称为内部回油。

图 7-43 所示为夹紧机构中常用的减压回路，主液压泵的供油压力根据负载要求由溢流阀 1 调定。夹紧液压缸所需的压力由减压阀 2 来调节。单向阀 3 的作用是，当主油路压力降低到小于减压阀的调定压力时（例如主轴缸快速运动或换向阀换向时），使夹紧油路和主油路分开，实现短时间保压之用，此例为单级减压回路。

7.8.3 顺序阀

顺序阀的主要作用是利用油路本身的压力来控制液压缸马达动作的先后顺序，当油路压力达到顺序阀的调定压力值时，顺序阀动作，压力油经过顺序阀而流入另一油路，以实现油路系统的自动控制。顺序阀按其结构形式不同分为直动式和先导式两类，按照控制油来源的不同分为内控顺序阀和外控顺序阀两类。

1. 内控顺序阀

图 7-44 所示为内控顺序阀的结构图及职能符号，它直接利用油路压力来控制阀的动作，外控口 5 被堵死，外部泄油口 4 与回油箱相通，因此，泄露油液从回油管流回油箱，故属内部控制、外部回油。内控顺序阀的工作原理如下：压力油从进油口 1 进入后，经通孔到达活塞的底部。当油液在活塞底部产生的向上作用力小于弹簧的预调作用力时，活塞处于底部，阀芯上的节流口 3 没有将进出油口 1、2 连通，顺序阀关闭；当作用力大于弹簧的预调作用力时，活塞上移，顺序阀打开，阀芯上的节流口 3 将进出油口 1、2 连通，油液通过顺序阀从出油口流出，按预先调整的压力高低次序进入另一液压缸。可见，顺序阀打开的前提是进油口的油压必须达到一定压力，足以克服弹簧作用后，顺序阀才可能被打开。

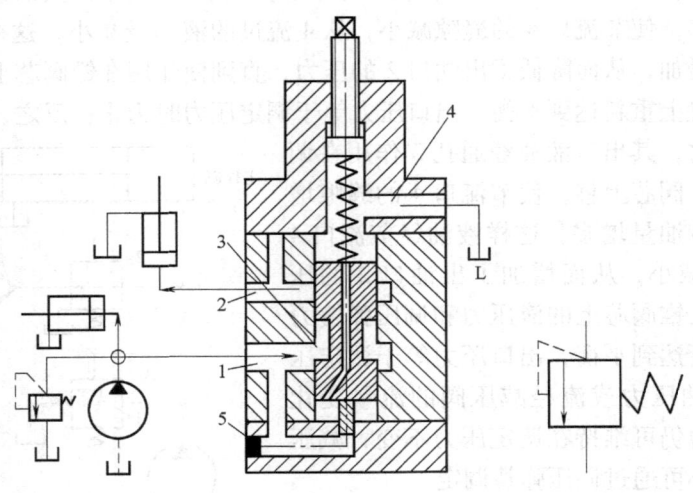

图 7-44 内控顺序阀的结构图及其职能符号
1—进油口 2—出油口 3—节流口 4—外部泄油口 5—外控口

2. 外控顺序阀

将上述内控顺序阀的 5 口堵头打开，并将通道 6 切断，控制压力油从阀外经外控油口 5 引入，即为外控顺序阀，如图 7-45 所示。当外控压力小于顺序阀的预调压力时，顺序阀关闭；当外控压力超过预调压力时，顺序阀打开，故外控顺序阀属于外部控制，外部回油。

3. 顺序阀的应用实例

图 7-46 所示为顺序阀控制液压缸顺序动作的回路。当电磁阀通电时，压力油进入液压缸 1 的左端，使缸 1 的活塞向右运动。当活塞运动至终点时，油压升高，压力油顶开顺序阀 4 进入缸 2 的左腔，推动缸 2 的活塞右移，右移到终点时，电磁阀断电，阀芯在弹簧力的作用下复位而处于右位，压力油进入液压缸 2 的右腔，使缸 2 的活塞向左返回。返回到终点时，油压升高，压力油顶开顺序阀 3，进入液压缸 1 的右腔，使缸 1 的活塞返回。

这种顺序动作回路的可靠性在很大程度上决定于顺序阀的性能和压力调定值。为了确保严格的动作顺序，顺序阀的调定压力必须比先动作的液压缸的工作压力高 400～500kPa。

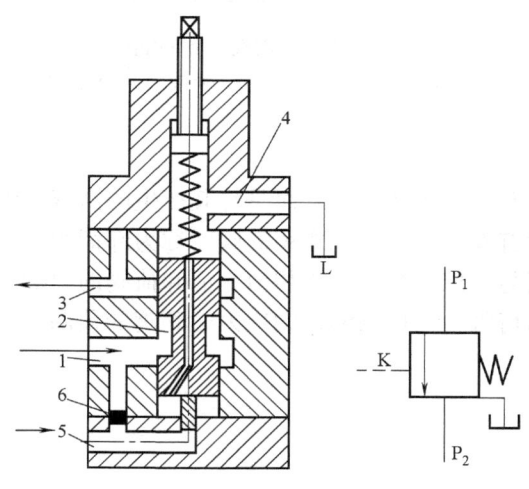

图 7-45 外控顺序阀的结构图及其职能符号
1—进油口 2—节流口 3—出油口
4—外部泄油口 5—控制油口 6—通道

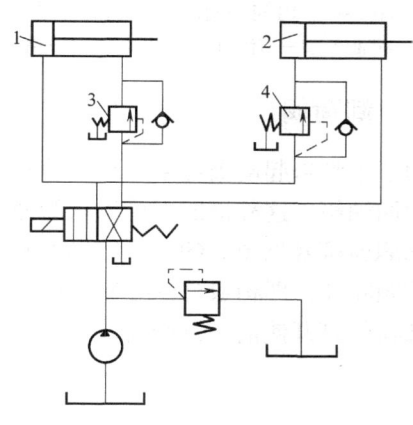

图 7-46 顺序阀控制液压缸顺序动作
1、2—液压缸 3、4—顺序阀

7.8.4 平衡阀

平衡阀的作用是用来防止垂直液压缸及工作机构因本身重量自行下降所造成的事故或冲击，分为外控平衡阀和内控平衡阀两种。平衡阀与顺序阀极为相似，泄漏油液回油方式不同是两者的主要区别，平衡阀属于内部回油，而顺序阀属于外部回油。

图 7-47 所示为内控平衡阀及其职能符号，控制油源于系统液压油，属内部控制、内部回油。图 7-48 所示为外控平衡阀及其职能符号，控制油取自外部，属外部控制、内部回油。

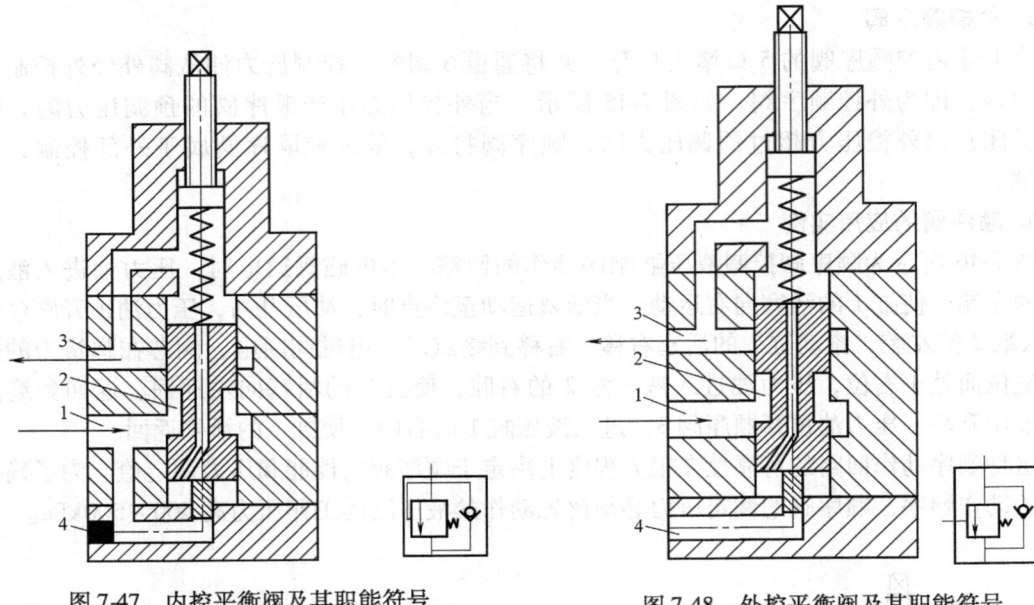

图 7-47 内控平衡阀及其职能符号
1—进油口 2—节流口 3—出油口 4—堵头

图 7-48 外控平衡阀及其职能符号
1—进油口 2—节流口 3—出油口 4—控制油口

7.8.5 卸荷阀

为了不频繁起动液压泵,在系统不工作时,并不关闭液压泵,而是将其产生的高液压油直接返回油箱,这种情况下可以认为液压泵并没有作功,起这一作用的阀就称为卸荷阀,其结构和职能符号见图 7-49。从结构上看,卸荷阀与外控平衡阀极为相似,但卸荷阀的出油直接与油箱相连,即构成外部控制、内部回油的卸荷阀,当控制油路的压力达到阀的预调压力时,卸荷阀打开使液压泵卸荷。

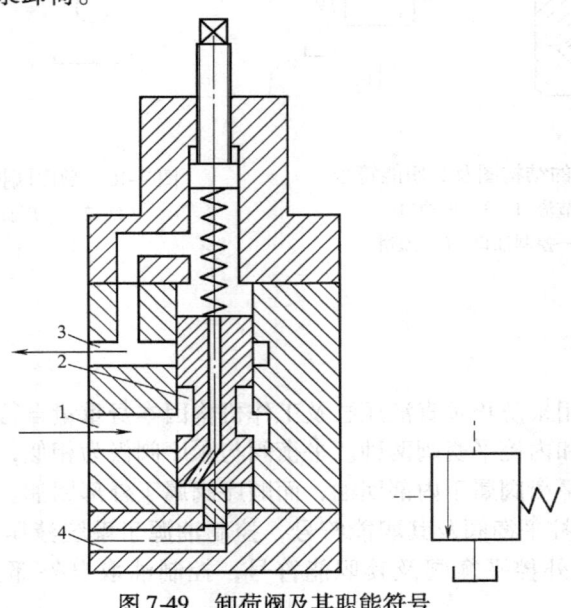

图 7-49 卸荷阀及其职能符号
1—进油口 2—节流口 3—出油口 4—控制油口

7.8.6 压力继电器

压力继电器是一种将压力信号转换为电信号的压力控制元件。当液压系统中的油压达到压力继电器的预调压力时,压力继电器发出电信号使电气元件(如电磁阀、时间断电器、电动机等)动作,以实现液压-电气系统的自动程序控制和安全保护作用。

压力继电器的种类繁多,按其结构特点不同可分为柱塞式、膜片式、弹簧管式和波纹管式四种,前三种利用液压力与弹簧力相平衡的原理进行工作,最后一种是基于液压力使波纹管变形的原理进行工作。下面以膜片式压力继电器为例,详细说明其结构及工作原理。

图 7-50 所示为压力继电器及其职能符号。控制油口 4 和液压油相通。当液压系统压力达到继电器的预调压力时,油压力通过薄膜使柱塞 1 上移,2 为杠杆的自由端,在柱塞 1 的作用下上移,接通或断开触电;在压力小于预定压力时,2 在弹簧的作用下分开,电路断开。可见,弹簧 3 的压缩程度可以调节压力继电器的预调压力。

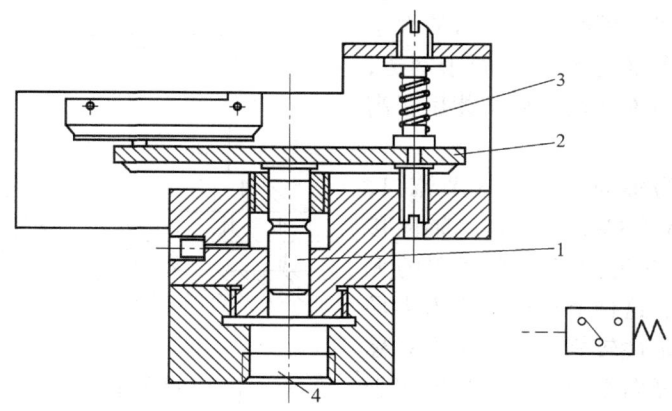

图 7-50 压力继电器及其职能符号
1—柱塞 2—杠杆 3—弹簧 4—控制油口

7.9 流量控制阀

在液压系统中用来控制液体流量的阀通称为流量控制阀,其工作原理是在一定的压差下依靠改变通流截面或阀的流道长度来调节流量的大小来改变液阻,从而控制通过流量的多少,使执行元件获得需要的速度。因为油液流经小孔或狭缝时,会遇到阻力,阀口的通流面积变小或流道变长,油液流过阀口时所受到的阻力就变大,因而通过的流量就变小。

流量控制阀包括节流阀、调速阀和分流阀等,本文只介绍前两种。

7.9.1 节流口的形式

任何一个流量控制阀都有一个节流部分,称为节流口,改变节流口的开度和大小,就可以改变油液流经节流口时所产生的阻力损失,从而改变通过节流口的流量大小而调节执行元件的运动速度。节流口的形状及大小不但关系到通过阀的流量大小,而且直接影响到流量阀的调速性能。

根据液阻可否调节，节流口分为固定节流口和可变节流口两种，其中可变节流口使用居多，它由阀芯和阀体组成，通过阀芯与阀体的相对运动来改变节流口的大小，可变节流口的种类很多，最常用的节流口类型见图7-51。

图 7-51a 所示为针阀式节流口，轴向移动针阀就可改变环形通道面积的大小，以调节流量，这种节流口结构简单，容易制造，但节流长度大，水力半径小，因此容易堵塞，流量受温度的影响较大。

图 7-51b 所示为偏心槽式节流口，在阀芯上开了一个截面为三角形（或矩形）的偏心槽，当转动阀芯时，可改变节流口的大小以调节流量。这种结构也较简单便于制造，但由于阀芯径向受力不平衡，故不能用于高压系统。

图 7-51c 所示为轴向三角沟式节流口，阀芯端部开有 1～3 个斜的三角沟，轴向移动阀芯时，可改变三角沟通流截面积的大小，从而改变流量。这种节流口的水力半径较大，小流量时稳定性较好。当三角沟对称布置时，由于阀芯径向受力平衡，故能用于高压系统。

图 7-51d 所示为周向缝隙式节流口，在阀芯上开有狭缝（狭缝可以是等宽型、阶梯型或渐变型），油液通过狭缝流入阀芯内孔，然后再经左边的孔流出。旋转阀芯就可以改变缝隙通流面积的大小，这种节流口可以作成薄刃结构，故调速性能较好，可获得较小的最低稳定流量，但由于阀芯径向受力不平衡，故仅适用于中、低压系统。

图 7-51e 所示为轴向缝隙式节流口，这种节流口在套筒上开有轴向缝隙，轴向移动阀芯就可以改变缝隙通流面积的大小以调节流量。由于套筒在节流口的位置上铣了一个槽，使节流口的厚度减薄到 0.07～0.09mm，成为薄刃式节流口，故调速性能最好。

图 7-51f 所示为叠片式小孔节流装置，这种节流装置是由许多 1mm 厚的薄片相隔

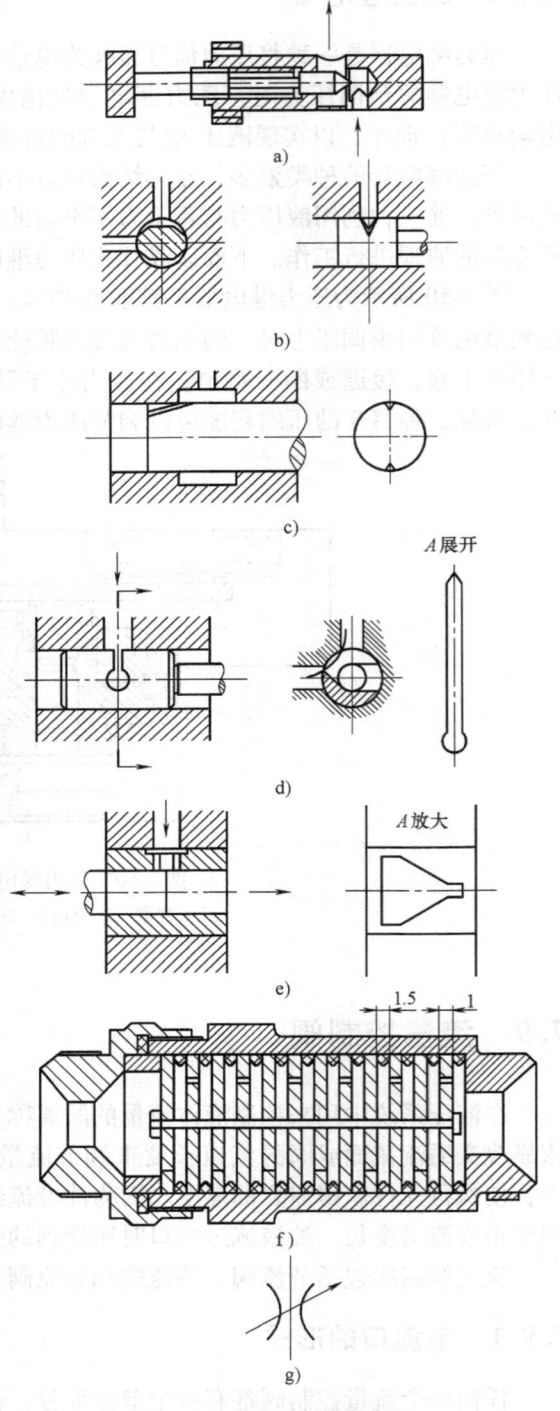

图 7-51 节流口及职能符号
a) 针阀式节流口 b) 偏心槽式节流口
c) 轴向三角沟式节流口 d) 周向缝隙式节流口
e) 轴向缝隙式节流口 f) 叠片式小孔节流 g) 职能符号

1~5mm 的距离叠合而成（见图 7-51f），每个薄片上钻有直径为 0.6~1mm 的小孔。因此，它的节流口实际上是由许多小孔串联而成，故又称为多级节流。与单个小孔节流相比，在产生相同液阻的条件下，叠片式结构薄片上的小孔直径可以作得大一些。因此它的小流量稳定性好，多用来做微量节流阀。

7.9.2 节流口的流量特性

油液流经节流阀后，产生能量损失，从而使流经节流口的油液压力从进油压力 p_1 降到出油压力 p_2，节流口前后压力差 $\Delta p = p_1 - p_2$ 即为节流压力损失，节流口形式不同，其压力损失也不相同，节流口的特征定义见图 7-52。

当 $L/d \leqslant 0 \sim 0.5$ 时，称为薄壁孔，能量损失以局部损失为主；当 $L/d \geqslant 4$ 时，称为细长管，能量损失主要以沿程损失为主。利用流体力学里的伯努利方程，通过理论推导和实验研究可以发

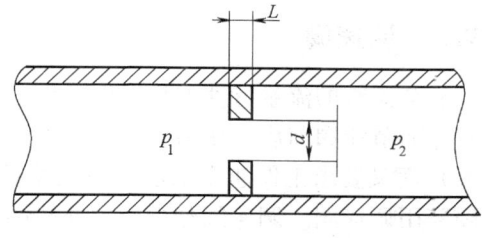

图 7-52 节流口的特征定义

现，不论节流口的形式如何，通过节流口的流量 q 都和节流口前后的压力差成正比，流量 q 的表达式为

$$q = KA_t \Delta p^m \tag{7-15}$$

式中，K 为由节流口的断面形状、大小、油液性质和温度等决定的系数，A_t 为节流口的通流面积，Δp 为节流阀前后的压力差，m 为节流口开度决定的指数，近似薄壁孔时 $m = 0~5$，近似细长孔时 $m = 1$。

式（7-15）称为节流阀的流量特性方程，从特性方程中可以看出，通过节流阀的流量除了和节流口的通流面积大小有关外，还与节流口的形状、节流阀的前后压力、油液的性质、油液的质量等因素有关。

当节流口的通流面积及其他条件不变时，节流阀前后压力差 Δp 的变化对通过节流阀的流量的影响程度可用节流阀的刚度大小来表示，节流阀的刚度 T 定义为节流阀前后压力差 Δp 的变化与流量波动值的比值，即

$$T = \frac{d\Delta p}{dq} \tag{7-16}$$

节流阀的刚度 T 越大，说明压力差 Δp 的变化对流量 q 的影响越小，节流阀的调速性能越稳定。因为 q 与 Δp^m 成正比，所以 m 越大，压力差 Δp 的变化对流量的影响越大，即节流阀的刚度越小。因此，具有薄刃节流口（即薄壁孔 $m = 0.5$）的节流阀的刚度 T 比节流口为细长孔（$m = 1$）的节流阀的刚度大，调速性能好，换言之，具有薄刃节流口的节流阀抵抗外界干扰（负载变化）、保持流量稳定的能力要大。

除了压力差，油的温度 T、密度 ρ、动力粘度 μ 等因素也影响节流口的流量，因此，对于不同性质的油液流经同一节流阀时，流量也不相同，这说明了油液性质对流量是有影响的。但对于一般液压传动来讲，油液已经选定，这时油的温度就成为影响流量的一个重要因素，因为油温影响油液的粘度，油温高时油的粘度降低，油液流经节流口的沿程阻力损失变小，使通过节流口的流量增加。对于薄壁孔，温度对流量稳定性的影响较小，而对细长孔，温度对流量稳定性的影响较大，试验表明，薄刃结构的节流阀，当温度为 15~55℃ 时，其

流量基本上不受影响。

当油液中含有机械杂质，或由于油液局部高温引起油液氧化而析出胶质、沥青质、灰渣等杂质较多时，会引起节流口部分堵塞，使原来调节好的节流口变小，从而使阀的通流量发生变化，严重时会使执行元件产生爬行现象（由于杂质堵塞而被液流冲走而引起）甚至断流（节流口被杂质堵死）。为了减少堵塞现象，必须保证油的质量和高的过滤精度，同时限制阀的最小工作流量，此外，节流口表面越光滑、通道越短和水力半径越大，节流口越不容易堵塞。

7.9.3 调速阀

从节流阀的流量特性方程可以看出，节流阀前后的压力差是影响节流阀流量的一个重要因素，而节流阀前后的压力差受载荷变化影响，因此，对于载荷有波动（特别是载荷变化较大）而又要求工作速度稳定的液压系统，使用一般的节流阀调速就不能满足要求，此时必须采用调速阀。调速阀分为压力补偿调速阀和温度补偿调速阀等。

1. 压力补偿调速阀

压力补偿调速阀由一个普通节流阀和一个压力补偿装置（稳压阀）组成。压力补偿装置的作用是保证节流口前后的压力差 Δp 基本恒定，使通过节流口的流量 q 只与节流阀通流面积的大小有关而与载荷基本无关，以达到稳定流量的目的。压力补偿装置的形式有两种，一种是定差减压阀，一种是溢流阀，当为定差减压阀时，与节流阀串联；当为溢流阀时，与节流阀并联。

下面我们以压力补偿装置为定差减压阀的调速阀为例，详细说明调速阀的工作原理。图 7-53 所示为调速阀的工作原理和职能符号，可以看出，该阀由节流阀和定差减压阀构成，节流口有 2 个，即图中结构 1、5。调速阀进油口的压力 p_1 就是液压泵的供油压力（略去管道损失），其值由溢流阀 7 调定，调速阀出口处压力为 p_2，也就是液压缸左腔的压力。

从定差减压阀阀芯几何特征看，因为阀芯下腔 2 和底腔 8 的面积总和与上腔 3 的面积相等，所以当阀稳定工作时，调速阀整个压力差为：

$$\Delta p = p_2 - p_1 = (p_1 - p_m) + (p_m - p_2)$$
$$= \Delta p_1 + \Delta p_2 \qquad (7\text{-}17)$$

可见整个阀的压力降分成两个部分，分别对应两个节流口的压力差。

减压阀阀芯上端的油腔 3 经孔 4 与节流阀 5 出口的压力油相通，压力为 p_2，该值是节流阀 5 的出口压力。减压阀肩部的油腔 2 和下端的油腔 8 经孔道 6 相通，压力 p_m，该值也是节流阀 5 的进口压力、节流阀 1 的出口压力。当载荷 R 增大时，液压缸压力也增大，这时，通过孔 4 作用在减压阀阀芯上端的力增大，使阀芯原来的受力平衡状态破坏而向下移动，使减压阀进

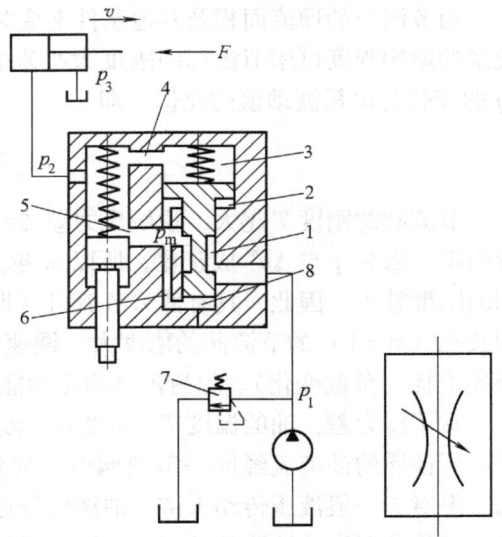

图 7-53 调速阀的工作原理和职能符号
1—减压阀 2—阀芯下腔 3—阀芯上腔 4、6—通孔
5—节流阀 7—溢流阀 8—阀芯底腔

油口处的节流阀 1 开口加大，液油流量增大，该节流阀的压力降 $(p_1 - p_m)$ 减小，p_1 由溢流阀定压，因此 p_m 增大，保持节流阀前后的压力差 $(p_m - p_2)$ 基本不变，即 Δp_2 不变。相反，如果载荷 R 减小，则 p_2 减小，阀芯上部的液油压力减小，阀芯在油腔 2 和 8 中的油压作用下向上移动。使节流阀 1 开口减小，压力降 $(p_1 - p_m)$ 增大，p_1 由溢流阀定压，p_m 必随之减小，结果保持节流阀前后的压力差 $(p_m - p_2)$ 仍然保持不变，即 Δp_2 不变。

减压阀弹簧很软，当阀芯上下移动时其数值变化不大，故整个调速阀的压力差 Δp 虽然变化，但节流阀 5 的前后压力差基本上为一常数，因此通过节流阀 5 的流量基本恒定，与载荷变化无关，从而使执行机构的运动速度保持稳定。

图 7-54 为调速阀与节流阀的性能比较，可见节流阀的流量受压力差的影响较大，且 m 值越大影响越大。而调速阀在压力差大于一定值后，流量与压力差无关。当调速阀的压力差很小时，减压阀阀芯被弹簧压在最下端，减压阀的节流口全部打开，即减压阀不能起减压作用，即 p_m 不能被调节，此时调速阀的性能与节流阀的性能相同。所以，为使调速阀正常工作，一般最小应保证有 $400 \sim 500 \mathrm{kPa}$ 的压力差。

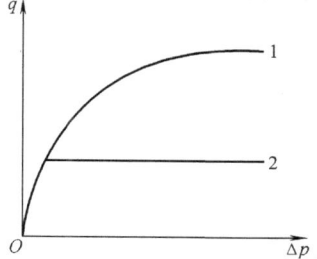

图 7-54　调速阀与节流阀的性能比较
1—节流阀的特性曲线　2—调速阀的特性曲线

2. 温度补偿调速阀

尽管节流口前后的压力差 Δp 不变，但由于温度变化引起了节流阀的流量变化，需要进行补偿。图 7-55 所示为温度补偿调速阀，在节流阀阀芯和调节螺钉之间放置一个温度膨胀系数较大的聚氯乙烯推杆，当油温升高时，由于粘度下降，导致流量增加，此时只有适当减小节流阀的开口面积，方能保证 q 不变，补偿杆因温度升高膨胀而伸长，使节流口减小，从而补偿了油温升高增加的流量。

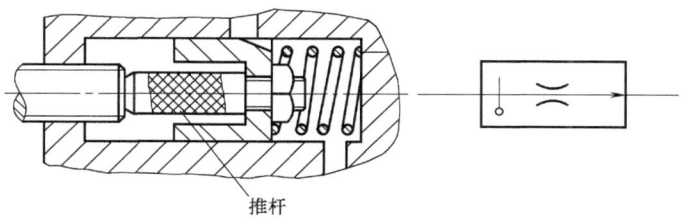

图 7-55　温度补偿调速阀

复习思考题

1. 典型的液压系统由哪几部分组成？使用职能符号表示液压元件时有哪些规定？
2. 简述容积式液压泵的分类、工作原理。液压泵工作的基本条件是什么？液压泵出口的实际工作压力是由什么因素决定的？简述液压泵实际工作压力与额定压力的区别。
3. 齿轮泵的结构、工作原理是什么？困油现象的产生原因是什么？定量叶片泵与变量叶片泵的结构特点有哪些？简述定量叶片泵的工作原理、柱塞泵的结构和工作原理。
4. 双作用单活塞杆式液压缸的往、复运动间在受力分析运动上有什么特点？双作用单活塞杆式液压缸差动连接是如何实现快速运动的？请用理论解释之。

5. 单叶片、双叶片摆动液压缸的主要区别（结构、性能两个方面评述）是什么？简述增压液压缸的结构以及如何实现增压的。单作用增压液压缸的进出口压力与其活塞的尺寸有什么关系？

6. 液压阀分为哪三大类？简述单向阀的种类以及液控单向阀的结构、工作原理。

7. 简述电磁换向阀、液动换向阀以及电液换向阀的工作原理。简述三位滑阀的中位机能。

8. 简述先导式溢流阀的工作原理以及溢流阀的应用。简述溢流阀在系统中做溢流阀和做安全阀的区别以及减压阀的工作原理。

9. 节流阀中流量的影响因素有哪些？简述调速阀的工作原理。

第 8 章 液压基本回路

任何液压系统都由一些基本回路组成,所谓基本回路就是由有关液压元件组成,用以完成某种特定功能的典型油路,介于元件、系统中间的环节,类似于 C 语言中的函数。例如:调压回路可以调整系统压力,卸荷回路可使液压泵卸荷,速度控制回路能实现执行机构的快速运动以及对执行机构的运动速度进行调节等。具有同一功能的基本回路可以有多种不同的设计方案,相同的液压元件进行不同的组合可以实现各异的功能,一个完善的液压系统应选择由哪些基本回路来组成,必须根据实际情况作具体分析。

8.1 压力控制回路

压力控制回路利用压力控制阀进行系统压力控制,以实现调压、稳压、减压、增压、卸荷等目的,满足执行元件对力或力矩的要求。

8.1.1 调压回路

调压回路的作用是控制液压系统的压力,使系统压力不超过某个数值,或使系统在工作过程的各个阶段有不同的压力以适应载荷的要求。当系统的调压范围不大或工作机构只需要一个工作压力时,采用单级调压回路,如图 8-1 所示。在定量泵系统中,液压泵的供油压力可以通过溢流阀来调节;在变量泵系统中,用安全阀来限定系统的最高压力,防止系统过载。

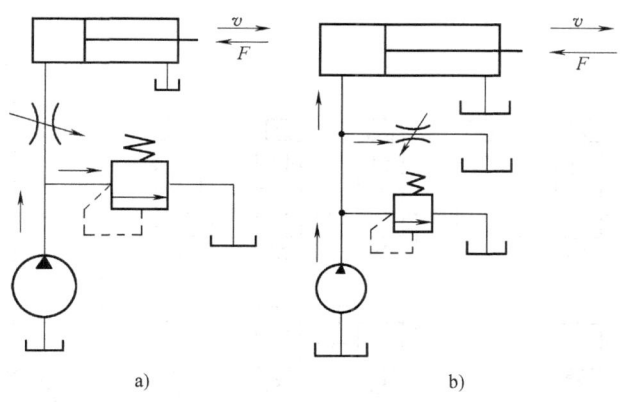

图 8-1 单级调压回路
a) 调压 b) 限压

若系统中需要两种以上的压力,则可采用多级调压回路,图 8-2 所示为三级调压回路。溢流阀 2 的调定压力最高。溢流阀 3 和 5 的压力各不相同,均低于溢流阀 2 的调定压力。当电磁阀 4 的上、下电磁铁都断电时，系统压力由溢流阀 2 调定。当电磁铁 2YA 通电时，系统压力由溢流阀 3 的调定压力决定。当电磁铁 1YA 通电（2YA 断电时），系统压力由溢流阀 5 调定。

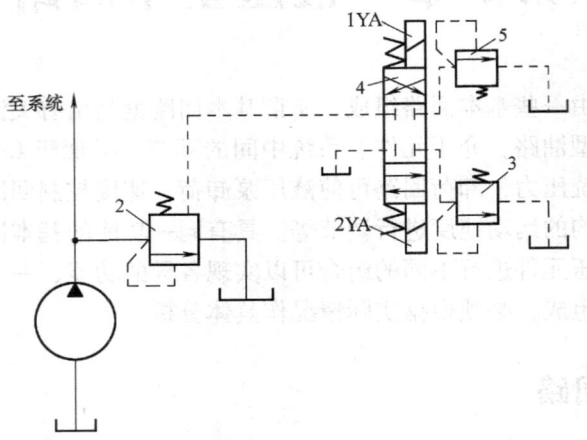

图 8-2　三级调压回路

图 8-3 为数字压力控制回路，它由多个二位二通电磁阀串联，每一个电磁阀同时与一个溢流阀并联。溢流阀是按几何级数来调定压力的，每一个溢流阀的调定压力为前一级溢流阀的二倍。图 8-3 所示的状态为系统的卸荷位置（电磁阀均断电，即 $A = B = C = D = E = 0$）；当电磁阀 A 通电，其余均断电（即 $A = 1, B = C = D = E = 0$）时，系统压力为 0.5MPa；当 A、B、D 通电，其余断电时，系统压力为 5.5MPa。由于本回路采用了五个溢流阀，故可得到 0~15.5MPa、级差为 0.5MPa 的 32 级压力组合，如表 8-1 所示。若再增加溢流阀，则可增加调节压力的级数。减小或增大公比可减小或增大系统的调压范围。

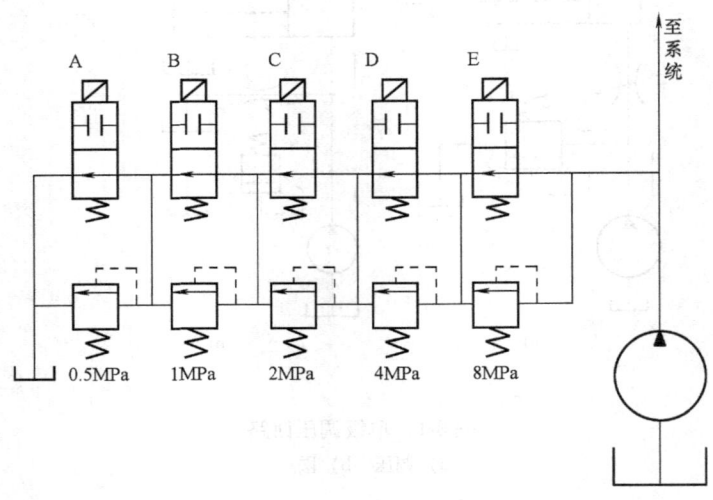

图 8-3　数字压力控制回路

表 8-1 数字调压回路压力等级

换向阀动作 EDCBA	系统压力/MPa	换向阀动作 EDCBA	系统压力/MPa
00000	0	10000	8
00001	0.5	10001	8.5
00010	1	10010	9
00011	1.5	10011	9.5
00100	2	10100	10
00101	2.5	10101	10.5
00110	3	10110	11
00111	3.5	10111	11.5
01000	4	11000	12
01001	4.5	11001	12.5
01010	5	11010	13
01011	5.5	11011	13.5
01100	6	11100	14
01101	6.5	11101	14.5
01110	7	11110	15
01111	7.5	11111	15.5

8.1.2 保压回路

液压系统在工作过程中，要求某一个液压缸在工作循环的某一个阶段内保持一定的压力时，可采用保压回路。保压回路须能满足保压时间、压力稳定性、工作可靠性等多方面的要求。图 8-4 为单向阀保压回路。当液压泵工作时，液油经减压阀、单向阀进入液压缸 2，当液压泵停止工作时，利用单向阀的反向截止作用，保持液压缸 2 的液油压力不变。

图 8-5 为蓄能器保压回路，这种回路主要用于一个液压泵同时驱动两个以上液压缸的工况下，并且要求当一个液压缸快速运动时，另一个液压缸保持压力不变的液压系统中。为了在液压缸 1 快速运动时，液压缸 2 的压力能保持稳定，系统中设置了蓄能器 3 和单向阀 4。系统工作时，压力油首先进入液压缸 2（一般多为夹紧液压缸），当液压缸 2 的压力达到某一定值时，压力继电器 5 发出电信号，操纵液压缸 1 的主阀换向，压力油进入液压缸 1。当液压缸 1 快速运动时，液压缸 2 的压力由蓄能器 3 保持。单向阀 4 的作用是防止液压缸 2 油路中的油液在液压缸 1 快速运动时倒流。这种回路保压时间长，压力稳定性高。但工作循环中必须有一定的时间保证蓄能器充液，充液时间的长短决定于蓄能器的容量及液压缸 2 油路中泄露油量的大小。

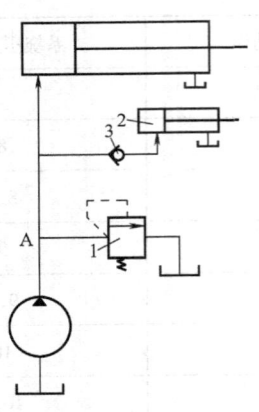
图 8-4 单向阀保压回路

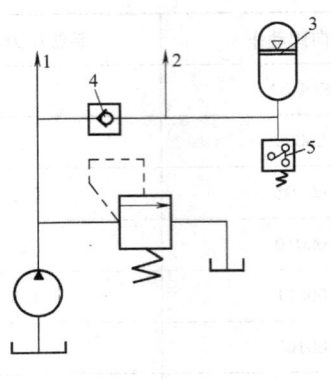
图 8-5 蓄能器保压回路

8.1.3 增压回路

增压回路是利用增压缸来提高系统中某局部油路或某个液压缸的工作压力，以达到使额定压力较低的液压泵得到较高压力的目的。

图 8-6 是单作用增压缸增压回路。液压泵 1 输出的低压油进入增压缸 4 的左腔，推动活塞右移，使增压缸的小缸输出高压油，进入工作液压缸 2。换向阀换向时，油液进入增压缸大缸的右腔，使活塞向左退回。工作液压缸 2 的活塞在弹簧力的作用下复位。高位液压箱 5 中的油液可通过单向阀 3 进入增压缸内，以补充高压油的漏损。这种增压缸的缺点是不能获得连续的高压，某些压铸机的压射缸及高压造型机的增压缸就是采用这种增压回路进行增压。

为了克服单作用增压缸不能获得连续高压的缺点，可采用双作用增压缸的增压回路，如图 8-7 所示。当系统工作时，弹簧使换向阀 8 处于左位，压力油经阀 1、油管 6 进入液压缸左侧，大活塞右侧液油经 7 直接返回液压箱，而右侧小活塞得到高压油，高压油经单向阀 4 输出，P_2 为高压油；当 1YA 通电时，液油经油管 7、单向阀 2 进入增压缸右侧，大活塞左侧液油经油管 6 直接回液压箱，小活塞左侧输出高压油，经单向阀 3 输出，P_2 仍为高压油，重复上述循环。双作用增压缸即可连续向液压缸提供高压油。应当注意，在设计增压回路时，增压缸应尽量接近其使用的工作液压缸，以减少压力损失。

8.1.4 减压回路

当液压系统只采用一个液压泵供油，而系统中某个支路或某个液压缸又需要获得比溢流阀调定压力低的工作压力时，这时可采用减压回路，这种回路常用于夹紧油路、润滑油路中。

图 8-8 所示为单级减压回路，主液压泵的供油压力根据负载要求由溢流阀 1 调定。夹紧液压缸 4 所需压力由减压阀 2 来调节。单向阀 3 的作用是当主油路压力降低到小于减压阀的调定压力时（例如主轴缸快速运动或换向阀换向时），使夹紧油路和主油路分开，实现短时

间保压之用。即为单级减压回路。

图 8-9 所示为两级减压回路。它是在先导式减压阀 1 的遥控口上用一根通道和一个远程调压阀 2 相连。在图示位置时，减压油路上的压力由减压阀 1 调定，当电磁阀通电时，减压油路上的压力由远程调压阀 2 调定。应该注意，调压阀 2 的调定压力应低于减压阀 1 的调定压力。

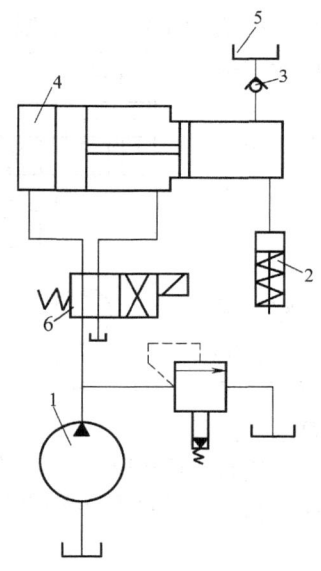

图 8-6 单作用增压缸增压回路

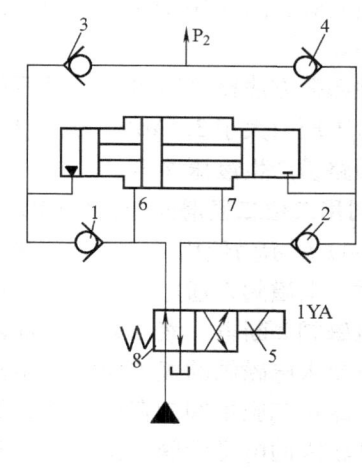

图 8-7 双作用增压缸增压回路

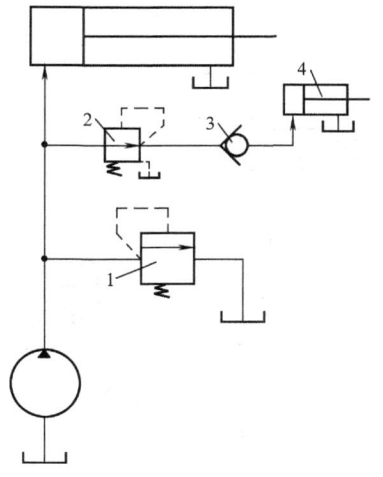

图 8-8 单级减压回路

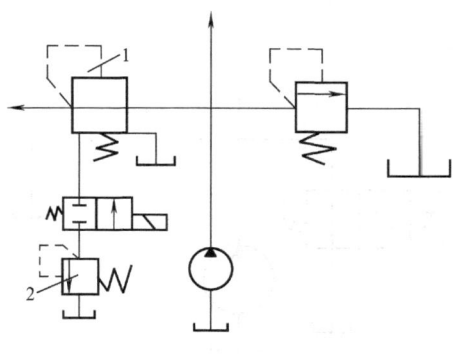

图 8-9 两级减压回路

8.1.5 卸荷回路

当液压系统中的执行元件短时间停止工作或执行元件在工作循环中的某段时间内要保持很大的力，但运动速度极慢或不动时，应使液压泵卸荷，所谓液压泵卸荷是指液压泵在很小的输出功率下运转。液压泵卸荷的目的是节省功率消耗、减少液压系统的发热和液压泵的磨损,以延长液压泵的使用寿命,避免经常启闭液压泵的传动电动机。

液压泵卸荷有两种可能情况:一种是执行元件不需要压力油(即暂停工作);另一种是执行元件不运动而要保持一定的输出力。前者是泵和系统同时卸荷的情况,后者则只是液压泵卸荷,而系统保持一定的压力。

1. 利用三位四通换向阀中位机能卸荷的回路

就是利用换向阀的中间位置使液压泵和油箱连通,进行卸荷,如 M 型、H 型或 K 型三位四通换向阀,图 8-10 是采用 M 型三位四通换向阀中位机能卸荷的回路图。

这种卸荷方法比较简单,但只适用于单缸和流量较小的液压系统。对于压力大于 3.5MPa,流量大于 40L/min 的液压系统,采用这种回路易产生液压冲击。

2. 利用二位二通滑阀卸荷的回路

图 8-11 所示为使用二位二通电磁阀使液压泵卸荷的回路。系统工作时,电磁阀 2 通电,二位二通滑阀的油路断开;当需要卸荷时,电磁阀 2 断电,液压泵 1 的油液经电磁阀流回液压箱,此种情况下要求电磁阀的规格应能满足液压泵全部流量的要求。这种卸荷回路可克服主阀卸荷的缺点,卸荷效果好,但需要多增加一个尺寸较大的电磁滑阀。由于受电磁吸力的限制,这种卸荷方式只适用于液压泵流量小于 63L/min 的场合。

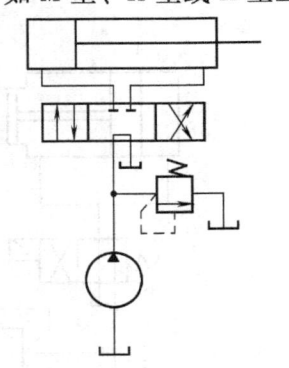

图 8-10 M 型三位四通换向阀中位机能卸荷回路

图 8-12 所示为 J1125 型压铸机所采用的卸荷回路,它采用液动二位二通滑阀卸荷,用一个电磁阀作液动阀的先导控制阀,这种卸荷方式能用于大流量的液压系统。

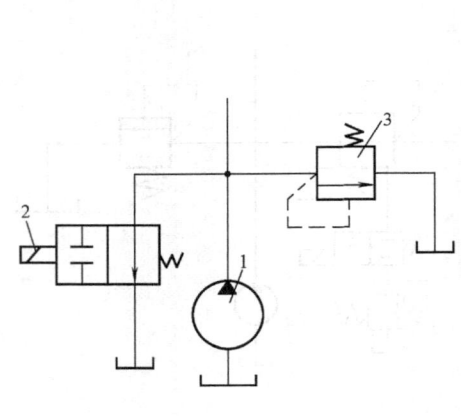

图 8-11 二位二通滑阀卸荷回路

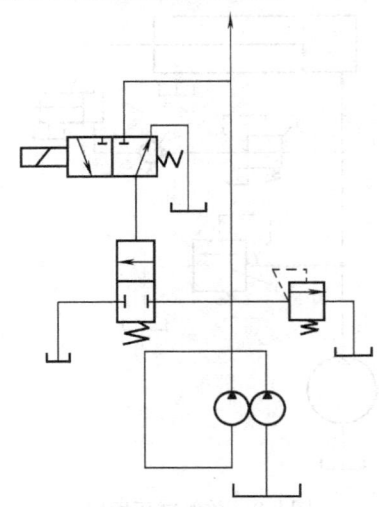

图 8-12 J1125 型压铸机采用的卸荷回路

3. 利用卸荷阀卸荷的回路

利用卸荷阀卸荷是液压系统中常用的方法之一,特别是在双泵供油的液压系统中的应用更为广泛。铸造设备中如 ZB318 高压造型机及脉动式铸型输送机的液压系统中均采用卸荷阀卸荷，如图 8-13 所示。在快速行程时，两泵同时向系统供油，进入压实阶段后，压力升高，卸荷阀被外控油液打开，使低压大流量泵卸荷，单向阀的作用是对高压小流量泵的高压油起止回作用。

4. 利用先导式溢流阀卸荷的回路

采用先导式溢流阀卸荷也是液压系统常用的方法之一，图 8-14 所示为一种用小型二位二通电磁阀做先导阀来控制先导式溢流阀远程调控口的开、关，以实现卸荷的回路。

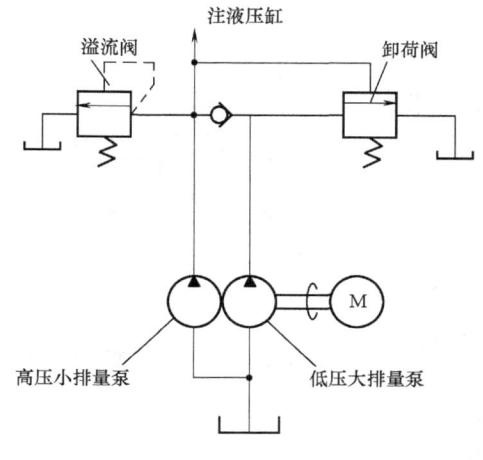

图 8-13　卸荷阀卸荷回路

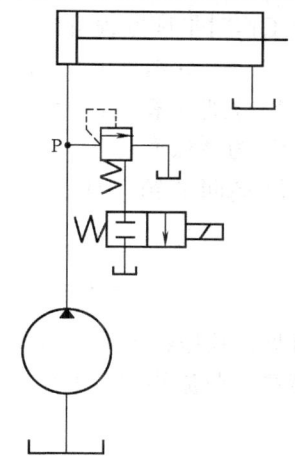

图 8-14　先导式溢流阀卸荷回路

8.2　速度控制回路

速度控制回路包括调整工作行程速度的回路（调速回路）、获得快速行程的回路（增速回路）和速度换接回路。

8.2.1　调速回路

随着技术的进步，无级调速回路越来越多，目前常用的无级调速方法有：节流调速、容积调速和容积节流调速三大类。

（1）节流调速　采用定量泵供油，由节流阀（或调速阀）改变进入或流出执行元件（液压缸或液压马达）的流量来实现速度调节的方法。

（2）容积调速　通过调节变量泵的流量来实现速度调节的方法。

（3）容积节流调速　采用变量泵供油，由节流阀（或调速阀）改变流入或流出执行机构的流量，使液压泵的供油量与节流阀（或调速阀）的通过量相适应，从而实现速度调节的方法。

1. 节流调速回路

采用定量泵供油、节流调速的优点是结构简单可靠、成本低以及使用维修方便，因此在一般工程机械上的应用非常广泛。节流调速回路按照节流阀（或调速器）在系统中的安装位置不同，分为进油、回油、旁路节流调速三种方式。

(1) 进油节流调速回路 图 8-15 所示为进油节流调速回路，节流阀装在进油路上，液压泵的供油量为 q_0，进入液压缸的流量为 q_1，多余的流量 $\Delta q = q_0 - q_1$ 由溢流阀流回油箱，调节节流口的通流面积 A_t，可改变 q_1，从而调节液压缸中活塞的运动速度。

液压泵供油压力 p_0 由溢流阀调定，基本上保持定值。液压缸出口压力为 p_2，如果液压缸出口直接通回油箱，则 $p_2 \approx 0$。液压缸的进口压力 p_1 可通过液压缸的平衡方程式求得，系统工作时平衡方程可描述为

$$p_1 A_1 = p_2 A_2 + F + F_m \tag{8-1}$$

式中，A_1、A_2 分别为液压缸无杆腔、有杆腔的活塞面积；F 为负载；F_m 为摩擦力。

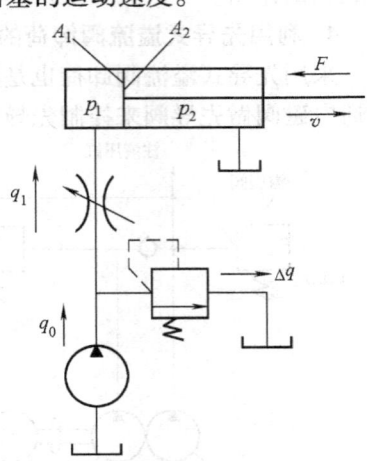

图 8-15 进油节流调速回路

若液压缸接回油箱，且不考虑摩擦力，则式（8-1）变为

$$p_1 A_1 = F \Rightarrow p_1 = \frac{F}{A_1} \tag{8-2}$$

由此可见，液压缸的进口压力决定于负载的大小，F 越大，p_1 越高。节流阀前后的压力差 $\Delta p = p_0 - p_1$，即

$$\Delta p = p_0 - \frac{F}{A_1} \tag{8-3}$$

因为 p_0 及 A_1 为定值，故节流阀前后的压力差 Δp 也随负载变化而变化，负载 F 越大，Δp 越小。

通过式（8-3）及节流阀流量特性公式，可计算出进入液压缸的流量

$$q_1 = K A_t \Delta p^m = K A_t \left(p_0 - \frac{F}{A_1} \right)^m \tag{8-4}$$

由此可求出液压缸活塞的运动速度为

$$v = \frac{q_1}{A_1} = \frac{K A_t \Delta p^m}{A_1} = \frac{K A_t}{A_1} \left(p_0 - \frac{F}{A_1} \right)^m = \frac{K A_t}{A_1^{m+1}} (A_1 p_0 - F)^m \tag{8-5}$$

从式（8-5）可以看出，活塞的运动速度与活塞的有效作用面积 A_1、节流口通流面积 A_t、溢流阀的调定压力 p_0 及液压缸的负载 F（包括工作负载、摩擦负载、惯性负载等）有关，当 A_t 调定后，液压缸活塞的速度随负载而变化，随负载增大而减小。当 $F = 0$ 时，活塞的运动速度最大，而当 $F = p_0 A_1$ 时，活塞的运动速度降为零，此时，液压缸活塞克服不了负载的阻力而停止运动。

若以活塞的运动速度为纵坐标，负载 F 为横坐标，按式（8-5）作图，则可得出一组进油节流调速回路的速度负载特性曲线，如图 8-16 所示，各曲线是按不同的节流阀通流面积 A_t 作出的，其中 $A_{t_1} < A_{t_2}$。可见特性曲线的斜率越大，负载变化对活塞运动速度的影响就越大，为此，把特性曲线上某一点切线斜率倒数的绝对值称为速度刚度 T，用它来衡量调速回路对负载变化的适应能力。速度刚度 T 越大，说明该调速回路在静态下，速度受负载波动的影响越小，调速稳定性好。

$$T = \left| \frac{\partial F}{\partial v} \right| = \frac{A_1^{m+1} (A_1 p_0 - F)^{1-m}}{m K A_t} = \frac{A_1 p_0 - F}{m v} \tag{8-6}$$

由式（8-6）可得出如下结论：

1) 当节流阀通流面积 A_t 不变时，负载 F 越小，速度刚度 T 越高，即曲线斜率越小。

2) 对于同一负载，节流阀通流面积 A_t 越小，也就是速度越低，则速度刚度 T 越高。

3) 增大液压泵的供油压力（即溢流阀的调定压力）和活塞面积以及减小节流阀的指数 m（即采用薄壁节流口）可以提高调速回路的速度刚度 T。

由上述分析可知，进油节流调速回路在低速、小负载、速度变化小时，速度刚度系数高，因此该调速回路不宜用于负载较重、速度较高或负载变化较大的场合。

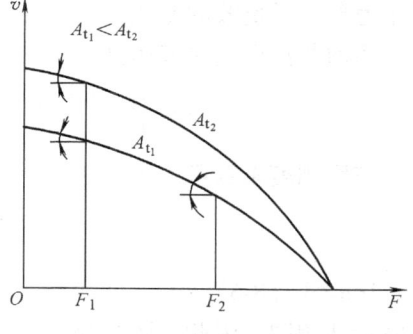

图 8-16 速度负载特性曲线

液压泵的输出功率为 $W_0 = p_0 q_0$，液压缸的有效功率为 $W_1 = p_1 A_1 q_1 = p_1 q_1$，因此，在不考虑液压泵、液压缸和管路上功率损失的情况下，进油节流调速回路的功率损失 ΔW 为

$$\begin{aligned} \Delta W &= W_0 - W_1 \\ &= p_0 q_0 - p_1 q_1 \\ &= p_0 (q_0 + \Delta q) - (p_1 - \Delta p) q_1 \\ &= p_0 \Delta q + q_1 \Delta p \end{aligned} \tag{8-7}$$

式 (8-7) 表明，进油节流调速回路的功率损失由两部分组成，其一为溢流损失 $p_0 \Delta q$，它代表流量为 Δq 的液油在压力 p_0 下流过溢流阀所损失的功率；其二为节流损失 $q_1 \Delta p$，它代表流量为 q_1 的液油在压差 Δp 下通过节流阀所产生的功率损失。这两部分功率损失都转变为热能，使液压系统温度升高，影响系统的工作，同时还使进油节流调速回路的效率降低。因此，为了减少功率损失，提高回路的效率，最主要的方法是减少溢流损失。

进油节流调速的优点是：液压缸回油腔和回泊管路中的压力较低；另外，当采用单活塞杆液压缸并在工作行程时使油液进入无活塞杆腔时，就可以在获得较大推力的同时，得到较低的工作速度。进油节流调速的主要缺点是：液压缸没有背压，运动不平稳，容易产生振动和爬行。在回油路上加一背压阀可以改善这种情况，但背压阀要消耗一部分能量。此外，油液通过节流阀时要发热，使进入液压缸的油温升高，增加泄露。

(2) 回油节流调速回路 图 8-17 所示为回油节流调速回路，节流阀装在回流油路上，用它来控制从液压缸流回油箱的流量 q_2，从而控制了液压缸的运动速度。

液压泵的供油压力 p_0 由溢流阀调定，基本上为一定值；液压缸进口压力 p_1 等于液压泵的供油压力 p_0（不考虑管道的压力损失）；设液压缸的出口压力为 p_2，它可根据活塞的受力平衡方程式求出，可参考式 (8-1)，仍不考虑摩擦力，则有

$$p_0 A_1 = p_2 A_2 + F \Rightarrow p_2 = p_0 \frac{A_1}{A_2} - \frac{F}{A_2} \tag{8-8}$$

由式 (8-8) 可看出，液压缸的出口压力 p_2 决定于负载 F 的大小，负载 F 越大，p_2 越小，当 $F = 0$ 或 F 很小时，p_2 可大于 p_0（因为一般 $A_1 > A_2$）。

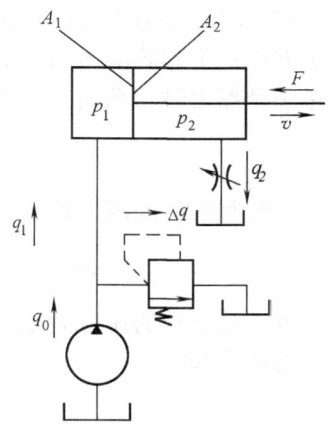

图 8-17 回油节流调速回路

由于节流阀的出口直接接回油箱,所以,节流阀前后的压力差 $\Delta p = p_2$,即节流阀前后的压力差亦随负载的变化而变化。

回油节流调速时液压缸活塞的运动速度可表示为

$$v = \frac{q_2}{A_2} = \frac{KA_t \Delta p^m}{A_2} = \frac{KA_t}{A_2}\left(p_0 \frac{A_1}{A_2} - \frac{F}{A_2}\right)^m = \frac{KA_t}{A_2^{m+1}}(p_0 A_1 - F)^m \tag{8-9}$$

速度刚度系数可以表示为

$$T = \frac{A_1 p_0 - F}{mv} \tag{8-10}$$

比较式(8-6)和式(8-10),可以看出,回油节流调速回路和进油节流调速回路的速度负载特性相同。因此,图 8-16 以及由该图所得的三条结论,完全适用于回油节流调速回路。此外,分析回油节流调速的功率损失,可以得出该调速回路的功率损失也包括溢流损失和节流损失两个部分,因此,减小功率损失和提高效率的措施也和进油节流调速相同。

与进油节流调速比较,回油节流调速的优点是:回油节流调速能承受负性负载(即与活塞运动方向相同的负载)、液压缸有一定背压,空气不易渗入,运动比较平稳,此外,油液通过节流阀发热后直接排回油箱冷却,温升较小,液压缸泄露较小;其缺点是:液压缸工作腔和回油腔的压力都比进油节流调速时高(在相同负载的情况下),特别是回油腔的背压有时非常高,从而提高了对液压缸和回油管的强度和密封的要求。其次,在回油节流调速回路中,工作部件起动时冲击大,这是由于停车时,回油腔中油液泄露一部分而形成空隙,第二次起动时,液压泵的全部流量进入液压缸的工作腔,推动活塞快速前进,直到消除回油腔的空隙,由节流阀形成背压为止。这种冲击运动可能损坏机件。因此,必须防止停车时回油路通油箱。

综上所述,回油节流调速和进油节流调速特征相近,一般只用于功率较小、负载变化不大的液压系统中,但由于回油节流调速回路运动较平稳,在许多工作场合得到较多应用。

(3)旁路节流调速回路 图 8-18 所示为旁路节流调速回路,节流阀设置在旁路,溢流阀起安全阀作用,处于常闭状态,定量泵的供油量 q_0 为一定值,其中一部分 Δq 通过节流阀流回油箱,其余部分进入工作液压缸,推动液压缸工作。改变通过节流阀的流量可改变进入液压缸的流量 q_1,实现液压缸工作速度的控制。

在不考虑压力损失的情况下,液压泵的供油压力 p_0 等于液压缸工作腔的压力 p_1,若液压缸出口接回油箱且不考虑摩擦力时,则 p_1 可描述为

$$p_1 = \frac{F}{A_1} \tag{8-11}$$

节流阀前后的压力差 Δp 为

$$\Delta p = p_1 - 0 = \frac{F}{A_1} \tag{8-12}$$

进入液压缸的流量为 $q_1 = q_0 - \Delta q$,由此可求出活塞的运动速度为

$$v = \frac{q_1}{A_1} = \frac{q_0 - KA_t\left(\frac{F}{A_1}\right)^m}{A_1} \tag{8-13}$$

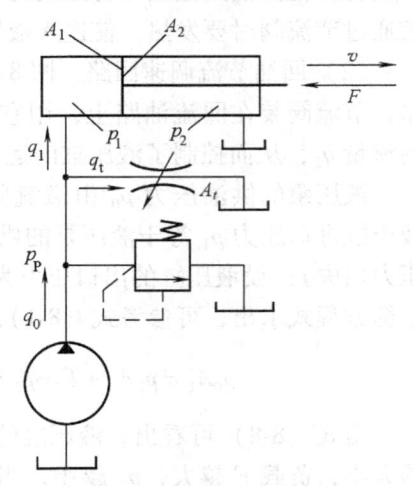

图 8-18 旁路节流调速回路

根据式（8-12）按不同节流阀通流面积作图，可得一组曲线，如图 8-19 所示，这就是旁路节流调速回路的速度负载特性曲线，它反映了速度随负载变化的情况。

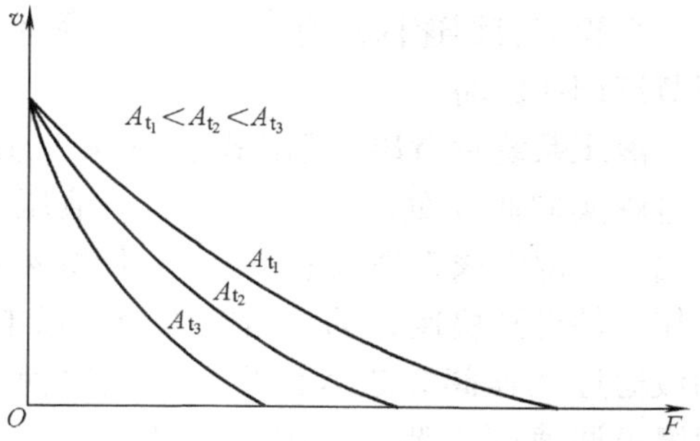

根据式（8-10）可求得旁路节流调速时的速度刚度系数

$$T = \frac{A_1 F}{m(q_0 - A_1 v)} \quad (8\text{-}14)$$

从式（8-14）和图（8-18）中可以看出

1) 当节流阀通流面积不变时，负载越大，速度刚度越大。

图 8-19 旁路节流调速回路速度负载特性曲线

2) 当负载不变时，速度越大，速度刚度越大。
3) 减小液压泵的流量和 q_0 节流阀的指数 m，加大活塞面积 A_1，可增大速度刚度。

由上述分析可知，旁路节流调速回路适用于负载大和速度高的场合。

旁路节流调速回路的功率损失只有节流损失，而无溢流损失。因此，旁路节流调速回路的效率较进（回）油节流调速时高，而且活塞运动速度越高，效率越高。

2. 容积调速回路

采用变量泵容积调速的主要优点是没有节流阀调速部分的油液从溢流阀流回油箱的溢流损失和通过节流阀时的能量损失，所以效率较高，适用于功率较大并需要有一定调速范围的液压机械，如垂直分型无箱射压造型机就是采用这种调速方法。这种调速回路的主要特点是变量泵的构造比较复杂，成本较高，而且当变量泵输出流量太小时（即工作部件速度很小时），效率较低。因此，采用容积调速时，高压下工作的流量应选用在液压泵额定流量的 15% 以上较为经济。

按油路循环方式的不同，容积调速回路有开式回路和闭式回路两种。开式回路中的变量泵从油箱吸油，执行机构的回油直接回到油箱，油箱容积大，油液能得到比较充分的冷却，但空气和脏物易进入回路。闭式回路中，液压泵将油输出到执行机构的进油腔，又从执行机构的回油腔吸油。闭式回路结构紧凑，只需很小的补油箱，但冷却条件差。

开式容积调速回路如图 8-20a 所示，改变变量泵 1 的流量，就可以调节液压缸 5 的运动速度。换向阀 4 用来改变活塞运动的方向，单向阀 3 用来防止当液压泵停止工作时液压系统中的油液倒流和进入空气，2 是安全阀，6 是背压阀。图 8-20b 所示为闭式回路，1、3 为定量泵和变量马达，2 为单向阀、4 为安全阀，6 为低压溢流阀，5 为补油泵，此回路是由调节变量马达的排量来实现调速的，当主油路中流量不够时，可通过补油泵 5 进行补油。

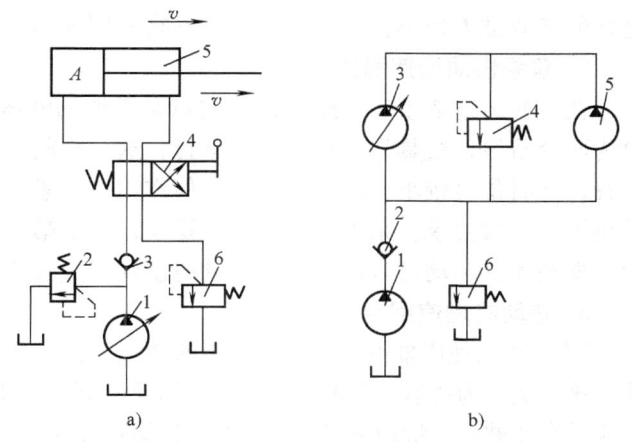

图 8-20　容积调速回路
a）开式　b）闭式

3. 容积节流调速回路

容积节流调速回路有多种形式，图 8-21 所示为 YBN 型限压式变量泵和调速阀组成的容积节流调速回路。

液压系统由 YBN 型限式变量泵 1 供油，当电磁换向阀 3 处于图示位置时，液压泵的输油量全部经阀 3 进入液压缸 4，使缸 4 带动工作部件得到快速运动。当电磁阀 3 通电时，油液通过调速阀 2 进入液压缸，这时液压缸速度由调速阀 2 调节，由于油液不能全部通过调速阀而使泵压升高，液压泵输油量减少，直至泵的排油量与系统需要量相适应为止。这种调速回路的优点是泵的压力和流量在工作行程为快速空行程时能自行变换，减少了能量损耗和系统发热，且运动平稳性好。缺点是成本较高。

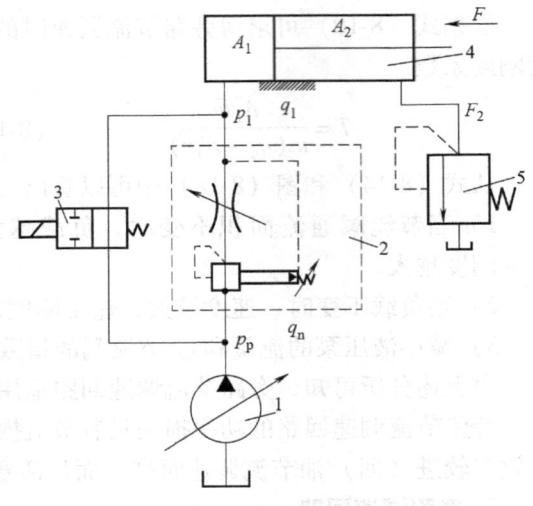

图 8-21　容积节流调速回路

8.2.2　增速回路

有的执行机构要求增速，但为了减少能量消耗，提高系统效率，又不希望采用大流量泵，这种情况下可采用增速回路，即采用辅助措施增加流量或加快速度，以达到利用小流量泵而获得较高的速度，提高系统效率的目的。

1. 差动连接增速回路

采用差动连接实现液压缸快速运动的方法，称为差动连接增速回路，这在液压系统中得到广泛的应用，如图 8-22 所示。液压缸的无杆腔始终和液压泵连通，当电动换向阀换向为左位时，液压泵输出的压力油进入液压缸的无杆腔，由于无杆腔活塞的工作面积大，活塞向右运动，液压缸有杆腔排出的油液又进入液压缸的无杆腔，从而加快了活塞向右运动的速度，达到增速的目的。差动连接时的有效工作面积为活塞杆的面积。所以液压缸前进时，活塞杆的有效推力减小，故负载较大时不宜采用这种回路。

2. 双泵供油增速回路

在一些铸造造型生产线上，采用双泵供油的液压系统进行增速，如图 8-23 所示。造型分为两个阶段，模具先是自上而下运行，这一阶段的作用力不大，但速度快；之后进入压实过程，此时位移较小，因而速度低，但作用力要求大。双泵供油中，泵 2 为低压大流量泵，满足第一阶段要求；泵 1 为高压小流量泵，满足第二阶段要求。实际上，增速体现在第一阶段，即在模具运动过程中，两个泵同时供油，进入液压缸的流量增大，从而实现增速。

3. 辅助缸增速回路

图 8-24 为使用辅助缸与高位油箱的增速回路，利用辅助缸尺寸小于柱塞缸的特点实现增速，该实例也为铸造工艺的造型过程。当换向阀 2 处于右位时，压力油进入辅助缸 7 的顶部。压实活塞 8 被缸 7 带动下降，并从高位油箱 4 吸油，直到压实板 9 触及工件。此后进入压实过程，油压上升，油液通过顺序阀 6 进入柱塞液压缸进行压实。压实结束后，换向阀换至左位，油液进入辅助缸 7 的下腔，压实活塞返回，压实缸中的油液通过液控单向阀返回高位油箱。

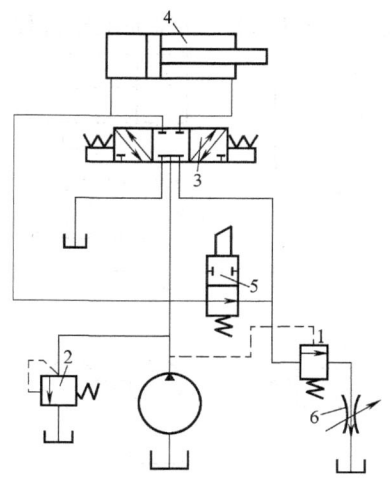
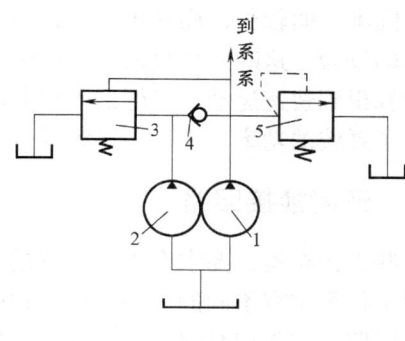

图 8-22　差动连接增速回路　　　　　　图 8-23　双泵供油增速回路

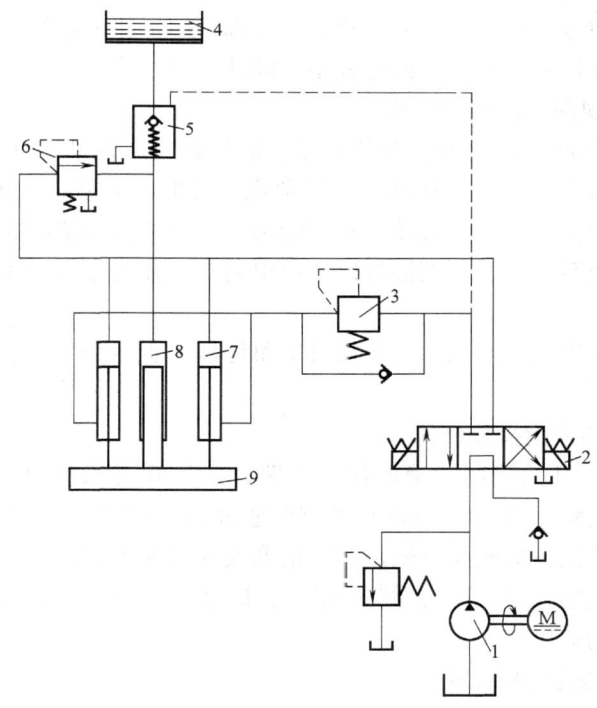

图 8-24　辅助缸增速回路

4. 蓄能器增速回路

图 8-25 所示是一种借助于蓄能器的增速回路。当换向阀 2 处于左位时，液压缸 3 停止，

这时液压泵输出的压力油经单向阀 1 向蓄能器充液，当蓄能器压力达到预定压力值时，打开溢流阀 4 使液压泵卸荷；当换向阀换到右位时，液压泵和蓄能器同时向液压缸供油，使液压缸快速运动。此处，溢流阀 4 的调整压力必须高于系统的工作压力，以保证工作行程期间液压泵向液压缸供油。这种回路适用于液压缸间歇工作，且间歇时间较长，而在短的工作时间内又需要大流量的场合。这时系统只需要用一个小流量泵即可使活塞得到快速运动。蓄能器不仅起增速作用而且节省了系统的功率，提高了系统的效率。

8.2.3 速度换接回路

有些工作机构，要求在工作行程的不同阶段或前后两个行程中有不同的运动速度，这时可采用速度换接回路，其作用是将一种运动速度转换成另一种运动速度。这种回路在各种类型的液压系统中得到广泛的应用，例如：铸造中高压造型机工作台的

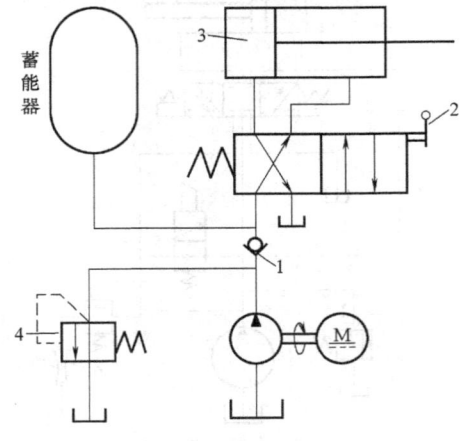

图 8-25 蓄能器增速回路

上升接箱过程、回程起模过程，机床切削加工过程中，刀架从快速趋近转为慢速工作时进给，或从第一种进给速度变换为第二种进给速度等都采用了速度换接回路。一般而言，要求速度换接平稳，即不允许在速度变换的过程中有前冲（速度突然增加）现象。

1. 利用行程阀实现速度换接的回路

图 8-26 为利用行程阀实现速度换接的回路，液压缸左腔进油，向右运动，其右腔的油经行程阀 2 回油箱，活塞快速向右运动，当到预定位置时，活塞杆上的挡块压下行程阀 2，使其处于上位，行程阀关闭，此时液压缸右腔的油液必须经过节流阀 3 流回油箱，活塞慢速前进。当手动换向阀换至左位时，液油可以通过单向阀 1 直接进入液压缸的有杆腔，使液压缸快速返回左位。

上述速度换接回路中的单向阀 1、节流阀 2 和行程 3 也可用一单向行程阀节流阀代替，其效果完全等同。

2. 行程开关控制的速度换接回路

图 8-27 所示为行程开关控制的速度换接回路，A 与 B 都通电时，液压缸为差动连接，活塞向左快速前进。当液压缸活塞前进到预定位置碰通行程开关 1 时，发出电信号使阀 B 断电，液压缸左腔油液经节流阀 3 流回油箱，活塞改为慢速进给。当活塞到达终点时，碰通另一个行程开关，使电磁阀 B 通电、阀 A 断电，活塞快速退回。调节节流阀的通流面积，可调节活塞慢速进给的速度。

3. 节流阀控制的速度换接回路

利用节流阀控制的速度换接回路如图 8-28 所示。图 8-28a 中两个节流阀并联使用，其工作状态由二位三通电磁滑阀 C 控制，图示位置的电磁换向阀处于左位，液压缸速度为节流阀 1 所调定的速度；若电磁阀 C 左侧通电，则液压缸速度为节流阀 2 所调定的速度。图 8-28b 中两个节流阀串联使用，其工作状态仍由二位二通电磁滑阀 C 控制，图示位置的电磁换向阀处于左位，液压缸速度为节流阀 1 所调定的速度；若电磁阀 C 左侧通电，液压缸速度由节流阀 1、2 共同调定。

第8章 液压基本回路

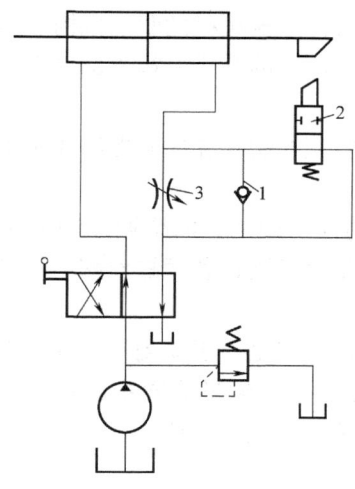 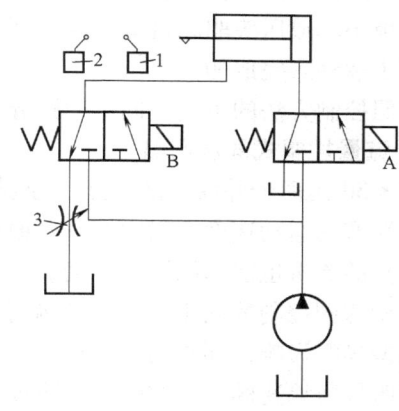

图 8-26 利用行程阀实现速度换接的回路　　图 8-27 行程开关控制的速度换接回路

4. 利用缸自身结构进行速度换接回路

图 8-29 是利用液压缸本身的管路连接实现的速度换接回路。在图示位置时，活塞快速向右移动，液压缸右腔的回油经油路 1 和换向阀流回油箱，当活塞运动到将油路 1 封闭后，液压缸右腔的回油须经节流阀 3 流回油箱，活塞则由快速运动变换为工作进给运动。

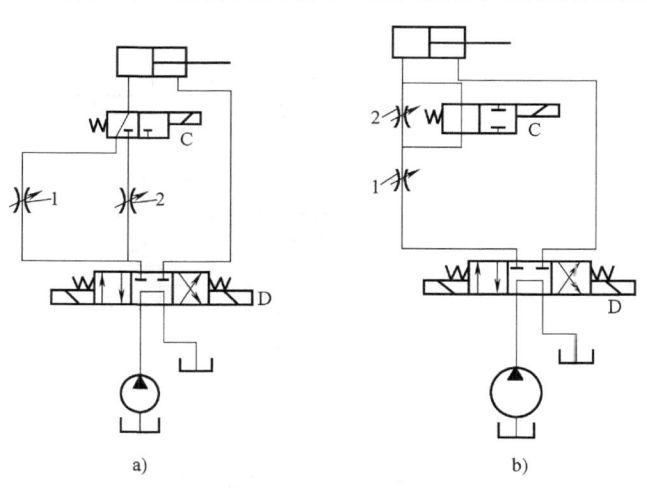 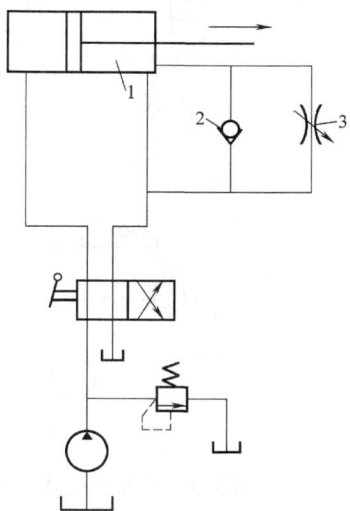

图 8-28 节流阀控制的速度换接回路
a) 并联　b) 串联

图 8-29 利用液压缸本身的管路连接实现的速度换接回路

8.3 多缸工作回路

8.3.1 同步回路

有些液压设备要求有两个或两个以上的液压缸同时工作，并要求它们在运动过程中维持相同的速度或相同的位移，即作同步运动。例如：步移式铸工输送机的驱动机构、高压造型机的型板小车或压头驱动机构，龙门刨床和龙门铣床横梁两端的升降机构等都是由两个液压缸作同步运动来完成的。

按照控制方法的不同，同步回路分为流量控制式、容积控制式和伺服控制式三类。

1. 流量控制式同步回路

图 8-30 是两个并联的液压缸，分别用调速阀控制的同步回路。两个调速阀分别调节两液压缸活塞的运动速度，当两缸有效面积相等时，则流量也相同；若两缸面积不等时，则改变调速阀的流量也能达到同步运动。

用调速阀控制的同步回路，结构简单，并且可以调速，但是由于受到油温变化以及调速阀性能差异等影响，同步精度较低，一般在 5%～7% 左右。在流量式同步回路中，可用单向节流阀代替调速阀，但此时控制精度更低，且不适合负载变化的系统。

2. 容积控制式同步回路

图 8-31 所示为两个双杆活塞液压缸的串联同步回路。图中液压缸 1 回油腔排出的油液，被送入到液压缸 2 的进油腔，只要两个液压缸的大小相等、有效工作面积相等就能得到同步运动。这种同步回路结构简单、效率高，但对液压缸的密封性能要求较高；该回路中两缸可承受不同的负载，此时要求泵的供油压力大于两缸工作压力之和。

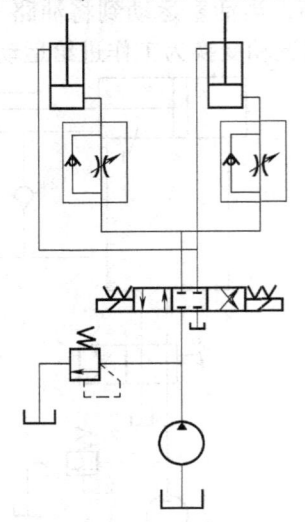

图 8-30　流量控制式同步回路

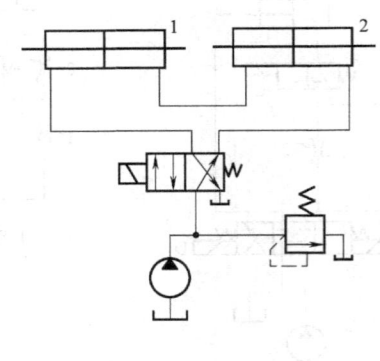

图 8-31　容积控制式同步回路

通常，由于泄漏和制造误差，串联液压缸的同步精度将受到影响，当活塞往复多次后，会产生严重的非同步现象。为此，可采用带补油装置的双作用液压缸的串联同步回路解决这一问题，如图 8-32 所示，这种回路可在两液压缸行程的端点处消除两缸的位置误差。其工作原理为：当两活塞同时向下运动时，若缸 5 的活塞比缸 7 的活塞先到达行程终点，则行程开关 4 先被挡块压下，电磁铁 1YA 通电，换向阀 3 的左位接入回路，压力油经换向阀 3 和液控单向阀 6 进入缸 7 的上腔进行补油，使缸 7 继续运动到行程终点。反之，若缸 7 的活塞比缸 5 的活塞先到达行程开关处，则行程开关 8 先被挡块压下，电磁铁 2YA 通电，阀 3 右位接入回路，液控单向阀 6 液控端工作，使缸 7 下腔与油箱连通，缸 7 活塞继续运动到终点。机械连接同步回路也能保证两个液压缸速度和位移的同步，如图 8-33 所示。

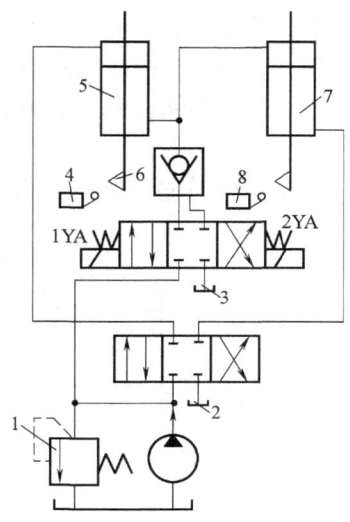

图 8-32　带补油装置的双作用
液压缸串联同步回路

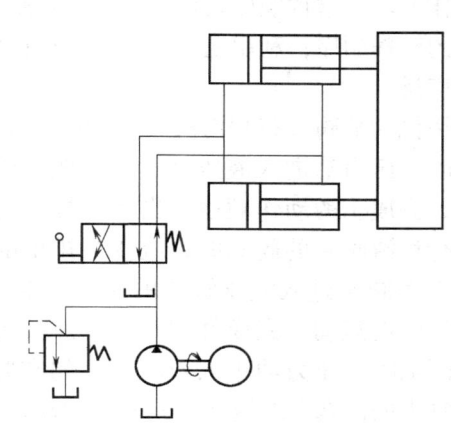

图 8-33　机械连接同步回路

8.3.2　顺序动作回路

当用一个液压泵驱动几个执行元件，而这些执行元件又需要按照一定的顺序依次动作时，应采用顺序动作回路。例如，在一些高压造型机的液压系统中，具有接砂缸、压实缸、型板小车移动缸、压头移动缸和型板锁紧缸等，这些液压缸需要根据工艺要求，按照一定的先后次序进行工作。又如转位机构的转位与定位，夹紧机构的定位和夹紧等都需采用顺序动作回路。

顺序动作回路根据其控制方法不同，分为行程控制、压力控制和时间控制三类。其中前两种应用居多。

1. 用行程控制的顺序动作回路

图 8-34 采用行程开关和电磁换向阀配合的顺序动作回路，操作时，首先按起动电钮使 1YA 通电，压力油进入液压缸 2 的左腔，使活塞按箭头①所示方向向右运动，到达预定位置时，挡块压下行程开关 4，通过电气连接使 1YA 断电，3YA 通电。油缸 2 的活塞停止运动，压力油进入油缸 5 的左腔，使其活塞按箭头②所示的方向运动。当活塞运动到预定位置时，挡块压下行程开关 7，使 3YA 断电，4YA 通电，压力油进入液压缸 5 右腔，使其活塞按箭头③所示方向向左运动。当活塞运动到预定位

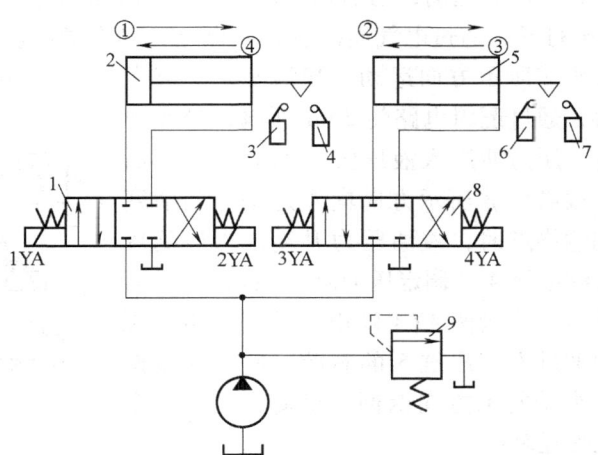

图 8-34　行程开关和电磁换向阀配合
的顺序动作回路

置时，压下行程开关6，使4YA断电，2YA通电，压力油进入液压缸2的右腔，使其活塞按箭头④所示方向返回。当挡铁压下行程开关3时，2YA断电，活塞停止运动。至此，完成一个工作循环。这种顺序动作回路的优点是：调整行程较方便，改变电气控制线路即可改变液压缸的动作顺序；利用电气互锁可以保证顺序动作的可靠性。这种回路在铸造机械中的应用非常广泛。

用机动滑阀（行程滑阀）控制的顺序动作回路见图8-35，其工作过程如下：当电磁阀3通电时，压力油进入液压缸1的左腔，使活塞右移，完成①的动作顺序。当活塞杆上的挡铁压下行程滑阀4的阀芯时，液压泵排出的压力油经行程阀4进入液压缸2的左腔，推动缸2的活塞向右运动，完成②的动作顺序。当电磁阀3断电时，压力油进入液压缸1的右腔，使液压缸1的活塞向左返回，完成③的动作顺序。当活塞杆上的挡块松开行程阀4时，行程阀4在弹簧力的作用下复位，压力油进入液压缸2的右腔，液压缸2的活塞向左返回，完成④的动作顺序。这种回路的优点在于能可靠地保证

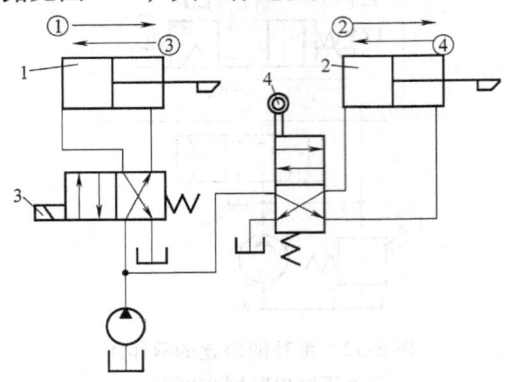

图8-35 用机动滑阀控制的顺序动作回路

先移动的液压缸运动到预定位置后，才使第二个液压缸开始动作。其缺点是不便于改变液压缸的先后动作顺序。这种回路在铸造设备中也有应用。例如Q3113抛丸清理滚筒的液压系统就是采用这种回路实现顺序动作的。

2. 压力控制的顺序动作回路

压力控制就是利用油液本身的压力变化来控制液压缸的先后动作顺序。这种回路一般用顺序阀来实现，图8-35所示的液压缸顺序动作回路；也可用压力继电器实现，本节将介绍采用压力继电器控制的顺序回路，如图8-36所示。

操作时，首先按起动电钮使1YA通电，压力油进入油缸5的左腔，使活塞按箭头①所示方向向右运动，当活塞到达终点时，液油压力升高，当达到压力继电器3的调定压力时，3被打开，通过电气连接使1YA断电，3YA通电。压力油进入液压缸6的左腔，使其活塞按箭头②所示方向运动。当活塞到达终点时，通过逻辑电路使3YA断电，4YA通电，压力油进入液压缸6右腔，使其活塞按箭头③所示方向向左运动。当活塞到达终点时，液油压力升高，当达到压力继电器4的调定压力时，4被打开，通过电气连接使4YA断电，2YA通电，压力油进入液压缸5的右腔，使其活塞按箭头④所示方向返回。至此，完成一个工作循环。

铸造设备的液压系统中，这种回路用得很多，如ZB318高压造型机由低压

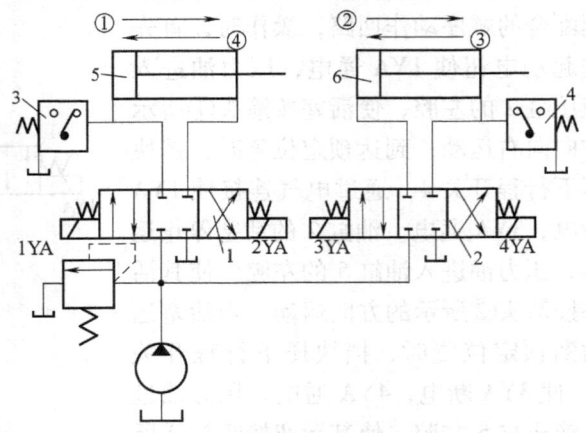

图8-36 压力继电器控制同步回路

压实转为高压压实；水平分型挤压活塞环造型机中液压缸的顺序动作等都是采用压力控制的方法来实现顺序动作的。

8.3.3 其他多缸回路

1. 多缸卸荷回路

由一个液压泵驱动多个液压缸进行工作的系统，当要求所有液压缸都停止工作时液压泵自动卸荷，而任一液压泵需要工作时，液压泵立即由卸荷状态自动转换为工作状态，这时，可采用图 8-37 所示的多缸卸荷回路。

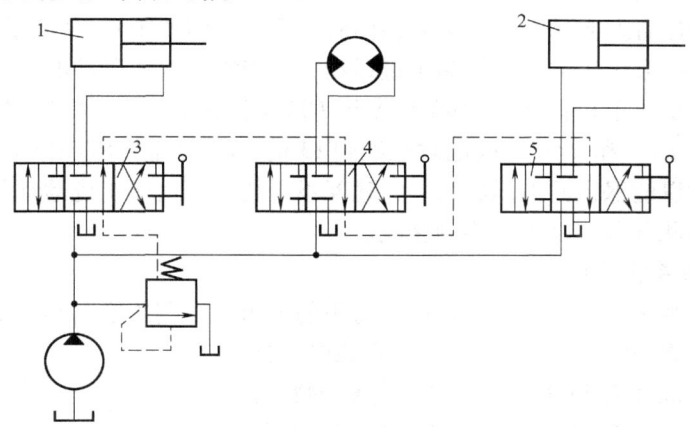

图 8-37 多缸卸荷回路

当各主油路中换向阀 3、4、5 都处于中间位置时（即各阀均断电），先导式溢流阀的远程调控口通油箱，实现卸荷。而当任一液压缸需要进入工作状态时，溢流阀的远程调控口均被关闭即可。

2. 多缸快慢速互不干扰回路

在多缸液压系统中，如果有两个以上的液压缸都有快速运动和慢速工作运动。这时，为了节省功率和防止一个液压缸快速运动时大量吸入油液而降低整个系统压力，干涉其他液压缸的慢速工进运动，可以采用专门的多缸快、慢速互不干扰回路，以节省功率，如图 8-38 所示。图中 1 为高压小流量泵，2 为低压大流量泵。其工作情况如下：当电磁铁 3YA 和 4YA 通电、1YA 和 2YA 断电时，液压缸 6 和 7 为差动连接，泵 2 输出的压力油分别经阀 4、阀 5 进入缸 6、经阀 9、阀 8 进入液压缸 7，推动两缸活塞快速向右运动。如果其中一个液压缸（例如缸 6）的活塞先走完其快速行程，则

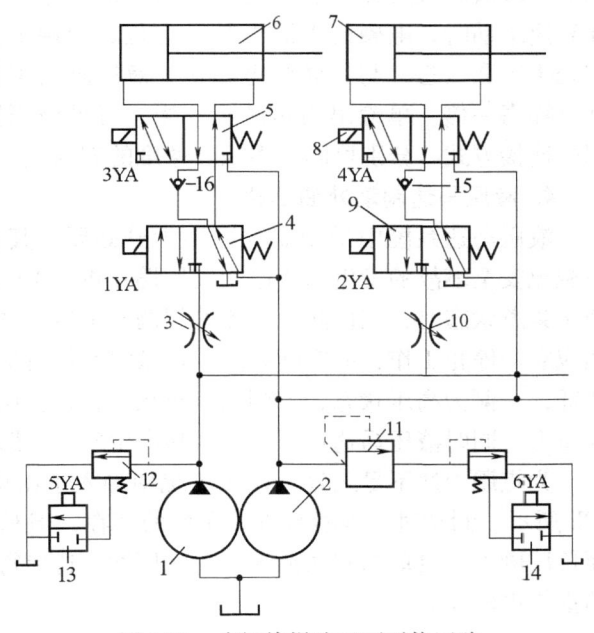

图 8-38 多缸快慢速互不干扰回路

其挡块压下行程开关使 1YA 通电，3YA 断电，这个缸改由液压泵 1 供油。液压泵 1 输出的压力油经调速阀 3、换向阀 5、单向阀 15 和电磁阀 5 进入液压缸 6 的左腔，液压缸 6 右腔的油液经电磁阀 5 和 4 排回油箱。缸 6 的活塞转为慢速工进，并且不受液压缸 7 快速运动的影响（缸 7 仍由液压泵 2 供油）。当缸 7 也走完其快速行程时，其挡块压下行程开关，使 4YA 断电，2YA 通电，缸 7 也转为慢速工进运动并由液压泵 1 供油。当 3YA 和 4YA 都断电时，电磁阀 14 的 6YA 通电，使液压泵 2 卸荷（卸荷回路）。此后，如果其中一个液压缸（如缸 6）先完成工进行程，则其挡块压下另一行程开关，使 3YA 通电，6YA 断电（此时 1YA 仍通电），这时，缸 6 改由液压泵 2 来供油（即液压泵 2 输出的压力油经电磁换向阀 5 进入液压缸 6 的右腔，液压缸左腔的油液经电磁换向阀 5 及 4 排回油箱），使其活塞快速向左返回。这时，液压缸 7 仍由泵 1 供油并作慢速工进运动，不受缸 6 快速运动的影响。当缸 7 也完成工进运动时，其挡块压下行程开关使 4YA 通电（2YA 仍通电），缸 7 活塞快速向左返回。电气线路设计保证当 1YA 和 2YA 均断电时电磁阀 13 的 5YA 通电，液压泵 1 卸荷。

这种回路之所以能保证两液压缸快、慢速互不干扰，是由于工进运动和快速运动各由一个液压泵供油，彼此分开，互不牵连的缘故。

3. 液压马达串并联回路

为了满足不同情况下液压马达对速度、力矩的要求，可利用换向阀改变两个液压缸的连接方式，如图 8-39 所示。图示位置中三位四通电磁换向阀 2 处于中位，液压泵卸荷，液压缸串并联的状态由二位三通电磁滑阀 1 控制；整个系统工作时，可先将电磁阀 2 左侧通电，液压油可经换向阀供给液压缸，当电磁阀 1 处于当前工作状态时，两个液压缸为并联状态，系统输出的力矩较大，但由于系统采用定量泵供油，故液压缸工作速度应为串联供油的一半；当需要高速运动时，电磁阀 1 通电处于上位，使两个液压缸处于串联状态，与并联状态相比，液压缸的工作速度可提高一倍，单输出力矩减小一半。可见液压缸不同的连接方式，分别可满足力矩、速度的需求。

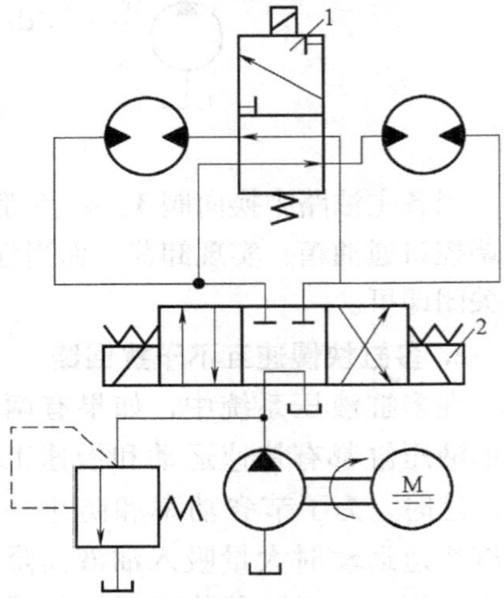

4. 液压马达制动补油回路

液压马达系统中采用制动回路十分必要，其目的是避免安全事故的发生。普通制动回路见图 8-40a，当处于紧急状态时，三位四通电磁滑阀调至中位，系统不再被提供液压油，理论上讲，液压马达应立即停止工作，但实际系统因机械惯性仍将旋转一定角度，液压马达两侧体现不同压力特征，一侧为高压状态，一侧为负压状态，这种压力特征作用于换向阀上，使换向阀承受较大压力，同时液压马达负压端也极易产生气蚀，影响液压元件的寿命。

图 8-39 液压马达串并联回路

为克服上述不足之处，在该系统中加入了由单向阀和溢流阀组成的补油装置，如图 8-40b 所示。制动时，虽然有机械惯性的存在，但马达高压侧的液油可经溢流阀流回到油箱；而负压侧可通过单向阀从油箱补充液压油，这使得制动回路变得更为平缓，同时对液压元件的损伤也较少。

第8章 液压基本回路

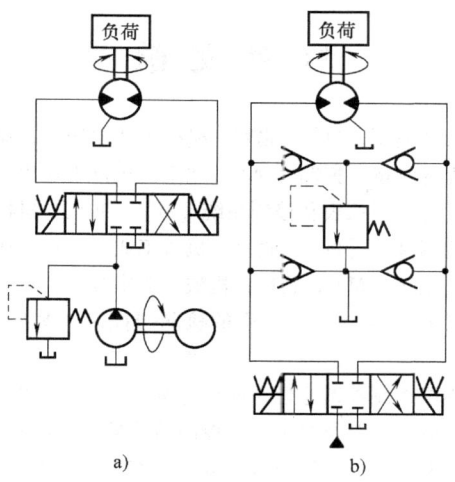

图 8-40 液压马达制动回路
a) 普通 b) 补油

复习思考题

1. 压力控制回路包括哪几部分？
2. 节流调速回路包括几类？分析各类调速回路中的压力分布、速度负载关系、速度刚度系数、功率损失的推导过程。
3. 调速的方法可分为哪三类？
4. 用限压式变量泵和调速阀组成的联合调速回路的工作原理是什么？
5. 简述带补偿装置的双作用油缸串连同步回路的工作原理。
6. 简述用行程开关和电磁阀配合控制的顺序动作回路的工作原理。
7. 用机动滑阀控制的顺序动作回路工作原理是什么？

参 考 文 献

[1] 胡绳荪. 焊接自动化技术及其应用 [M]. 北京：机械工业出版社，2007.
[2] 卢本，王君. 材料成形过程的测量与控制 [M]. 北京：机械工业出版社，2005.
[3] 林德杰，廉迎战，向阳. 过程控制仪表及控制系统 [M]. 北京：机械工业出版社，2004.
[4] 赵家瑞，董挺. 焊接自动控制基础 [M]. 北京：机械工业出版社，1990.
[5] 陈伯时. 电力拖动自动控制系统 [M]. 北京：机械工业出版社，2006.
[6] 杨思乾，李富国，张建国. 材料加工工艺过程的检测与控制 [M]. 西安：西北工业大学出版社，2006.
[7] 陈立定. 电气控制与可编程序控制器的原理及应用 [M]. 北京：机械工业出版社，2005.
[8] 林明星，董爱梅，张华强. 电气控制及可编程序控制器 [M]. 北京：机械工业出版社，2005.
[9] 李晨希，曲迎东，杭争翔. 材料成形检测技术 [M]. 北京：化学工业出版社，2007.
[10] 王俊峰，张玉生. 机电一体化检测与控制技术 [M]. 北京：人民邮电出版社，2006.
[11] 李凤阁，佟为明. 电气控制与可编程控制器应用技术 [M]. 北京：机械工业出版社，2008.
[12] 孟庆明. 自动控制原理 [M]. 北京：高等教育出版社，2003.
[13] 李友善. 自动控制原理 [M]. 北京：国防工业出版社，1987.
[14] 杨位钦，谢锡祺. 自动控制原理 [M]. 北京：电力工业出版社，1995.
[15] 庞国仲. 自动控制原理 [M]. 合肥：中国科学技术大学出版社，1998.
[16] 孙炳达，梁志坤. 自动控制原理 [M]. 北京：机械工业出版社，2000.
[17] 胡寿松. 自动控制原理 [M]. 5 版. 北京：科学出版社，2007.
[18] 陈玉宏，胡学敏. 自动控制原理 [M]. 重庆：重庆大学出版社，1997.
[19] 谭福年. 常用传感器应用电路 [M]. 成都：电子科技大学出版社，1996.
[20] 王雪文，张志勇. 传感器原理及应用 [M]. 北京：北京航空航天大学出版社，2004.
[21] 朱立明，柯葵. 流体力学 [M]. 上海：同济大学出版社，2009.
[22] 张红俊，熊光荣，苏明. 液压传动技术 [M]. 武汉：华中科技大学出版社，2009.
[23] 李壮云，万会雄，贺晓风，等. 液压元件与系统 [M]. 北京：机械工业出版社，2005.
[24] 章宏甲，黄宜，王积伟. 液压与气压传动 [M]. 北京：机械工业出版社，2000.
[25] 路甬祥. 流体传动与控制技术的历史进展与展望 [J]. 机械工程学报，2001，37（10）：1-9.
[26] 杨尔庄. 液压技术的发展动向及展望 [J]. 液压气动与密封，2003（4）：1-9.
[27] 周家林. 材料成型设备 [M]. 北京：冶金工业出版社，2008.
[28] 董选普. 铸造工艺学 [M]. 北京：化学工业出版社，2009.
[29] 刘振北. 液压元件制造工艺学 [M]. 哈尔滨：哈尔滨工业大学出版社，1992.